地理信息系统基础与实验教程

田永中　徐永进　黎　明
吴文戬　陈　杰　张佳会　编

西南大学教师教育创新平台建设项目
西南大学“5·18质量工程”建设项目
西南大学研究生重点教材建设项目
国家科技支撑计划（2006BAC08B04）
资助出版

科学出版社
北京

内 容 简 介

地理信息系统（GIS）在当前社会经济建设中发挥着重要作用，是解决诸多空间问题的主要技术手段。本书是长期从事GIS课程教学与科研工作的教师在开展“GIS专业建设与高校课程改革”研究中取得的重要成果。全书共分7章，主要内容包括绪论、空间数据基础、空间数据的输入与处理、空间分析、空间数据的可视化与输出、地理信息系统的开发与应用，地理信息系统的发展等。

全书以GIS基本理论为主线，结合大量的具体实例，并配备相关数据，具有很强的可操作性。随书光盘中除了实验数据外，还配有各章的课件，便于教师教学和学生学习。

本书可作为GIS、地理科学、测绘、城乡规划、土地管理等专业的本科生、研究生的课程教材，也可供其他相关专业的师生、工程技术人员和研究人员学习参考。

审图号：GS京（2022）0730号

图书在版编目（CIP）数据

地理信息系统基础与实验教程/田永中等编．—北京：科学出版社，2010.6

ISBN 978-7-03-027750-3

Ⅰ.①地…　Ⅱ.①田…　Ⅲ.①地理信息系统-教材　Ⅳ.①P208

中国版本图书馆CIP数据核字（2010）第096375号

责任编辑：董　墨／责任校对：陈玉凤

责任印制：吴兆东／封面设计：王　浩

科学出版社出版

北京东黄城根北街16号

邮政编码：100717

http://www.sciencep.com

天津市新科印刷有限公司印刷

科学出版社发行　各地新华书店经销

*

2010年6月第　一　版　开本：787×1092　1/16

2026年1月第十七次印刷　印张：21 1/2

字数：492 000

定价：79.00 元

（如有印装质量问题，我社负责调换）

序

从20世纪60年代初的萌芽，到逐步社会化的今天，GIS在短短50年的发展时间内，从研究室走向生产一线，从空间数据管理转变为空间信息服务，从技术升华为科学，它作为“数字地球”的基础，“3S”一体化的核心，已几乎渗透到国民经济的所有部门，逐步影响和改变着人们的生产、生活和工作方式，并将最终导致人类空间数字思维方式的产生。据初步估算，目前全球与地理信息系统相关的产值已超过1000亿美元，我国超过400亿元人民币。随着GIS产业的迅速增长，GIS教育事业也蓬勃发展，GIS观念已逐渐深入人心。GIS在中国经历了30多年的发展历史，而高校GIS专业自1998年开设至今已历时10余年。据不完全统计，目前全国高等院校中已开设GIS相关本科专业的多达150余所，数十所院校设置了GIS的硕士点与博士点，每年毕业的GIS专业学生超过3000人，我国已经建成世界最大的GIS人才培养体系。

“地理信息系统基础”或“地理信息系统概论”是GIS专业的核心课程之一，在GIS专业的课程体系中具有举足轻重的地位。除GIS相关本科专业开设此门课程之外，目前全国高等院校中尚有数十个其他专业将其作为必修课或选修课。由于近年来我国GIS教育发展极其迅速，担任此门课程的许多教师并未受到过GIS专业方面的系统训练，因此教材建设对于地理信息系统基础课程教学质量的保证尤为重要。自1989年黄杏元教授编著大陆第一部《地理信息系统概论》教材并在高等教育出版社出版以来，至今已有10余部地理信息系统基础方面的教材或专著出版，为我国GIS专业人才的培养作出了不可或缺的贡献。西南大学田永中等老师长期致力于GIS本科专业及其他相关专业“地理信息系统基础”课程的教学工作，《地理信息系统基础与实验教程》是其长期教学与科研工作的总结。该教材从有利于教师教学和学生学习为基本出发点，将地理信息系统的基本理论与实践有机结合起来。全书以数据流程为主线，将GIS基本理论分为7个章节，并以ArcGIS为实验平台，在每章之后辅以与理论关联的专项实验，对地理空间数据的输入、编辑与处理、分析与输出等过程进行了较为详尽的阐述，是一本较具特色的地理信息系统基础教材。

教育是GIS发展的基础，教师素质与教学质量是GIS相关专业人才培养的基本保证，教材建设对于教师教学能力的提高和教学质量的保证具有较大的促进作用。欢迎更多的GIS同仁为我国的GIS教育添砖加瓦，共同促进我国GIS各领域的健康发展。

中国GIS协会教育与科普专业委员会主任

2010年5月31日

前　言

结合地理学基本思想与计算机科学而发展起来的地理信息系统（GIS），以其强大的生命力和应用潜能，在短短的40多年里，不断发展壮大，逐渐成为当今IT产业中的一朵奇葩。尽管地理信息系统脱胎于地图学，但它的主要功能早已不再局限于地图制图，空间分析已成为其核心功能。通过对空间数据的输入、存储与处理、分析、输出，GIS能够为用户提供基于位置的各种服务，目前已广泛应用于测绘与制图、资源管理、城乡规划、灾害监测与评估、交通运输、公共事业、军事、政府与企业决策等众多领域。事实上，只要是与位置相关的服务，GIS均可以发挥作用。据统计，在所有的信息中，有80%左右的信息是与位置有关的空间信息。当今社会，对于基于位置服务的需求日益增加，因此GIS有着广阔的服务领域与美好的发展前景。正如ESRI公司总裁Jack Dangermond所说："GIS的应用只与一件事有关，那就是想象力"。从学科发展的角度看，地理信息系统已经成为现代地理学的三大分支学科之一，它是继地图学之后，地理学的"第三语言"。正是有了地理信息系统的支撑，地理学才真正步入了信息化的发展阶段。

高校地理信息系统课程一般是作为地理等相关专业的必修课程进行开设的，由于该课程具有很强的基础性和实践性，因此选用一本合适的教材至关重要。在多年的教学过程中，我们试用了很多种教材，无论是教师或是学生，总感觉现有的许多教材理论性太强、可操作性很弱，学完之后学生的动手能力很差，无法很好地满足社会对GIS人才的需求。编制一本浅显易懂、易于操作、面向社会需求的地理信息系统教材，是我们长期以来的梦想。因此，本书对于地理信息系统的理论部分未作过多的论述，而是重点介绍地理信息系统的一些基本知识和基本技能。对每个知识点，一般先对基本原理和方法作简要的介绍，然后结合ArcGIS软件介绍相关的操作。全书安排了25个专项实验，在正文中还介绍了一些常见的操作技巧，如空间数据裁切与拼接、地图符号制作等，内容涉及空间数据从输入至输出的全过程。

全书共7章。第1章为绪论，介绍GIS的基本概念与知识；第2章是全书的基础，介绍空间数据的基础知识；第3章介绍空间数据的输入与处理方法；第4章是全书的核心，介绍空间分析的常用方法；第5章介绍空间数据的可视化方法与数据输出；第6章结合具体的案例介绍地理信息系统软件开发与应用；第7章简要介绍GIS的发展历程及未来。

在成书之前，编者整理了国内外大量的GIS教材和最新研究成果，并收集了各类学生对GIS教材的相关诉求，充分调查了社会对GIS的需求情况，精心安排教材内容和实验。在编写过程中，西南大学地理信息系统系的各位老师付出了艰辛的努力，他们多次讨论本书的提纲、知识点，共享多年教学过程中获得的经验、资料及数据，分工协作，按本书宗旨保质保量地完成了各项工作。初稿完成后，又多方征求专家意见，并在教学过程中反复试用。最后历经多次修改，才正式成稿。在本书的编写过程中，易佳、王瑞青、赵克会、陈军、王林松、石永明、钟燕林、王冰、高志勇、杨海、何静、徐旭晨、汪永丰、孙平、马玲、张露、马黎莉、姜良恒、张硕、赵南等给予了大力协助，他们为本书整理了大量的资料和数据。

由于本书涉及 GIS 的内容较为广泛，且安排有相当数量的实验，因此对不同专业的学生，可采取不同的应用策略，有针对性地选取相关学习内容。例如，对 GIS 专业的学生而言，由于后续课程一般都开设空间分析，因此对空间分析中的部分内容可以作为选修或粗略了解；对地理科学、城乡规划等专业的学生及其他相关人员，则应尽可能通读全书，完成所有的实验，这对以后的学习和工作会有很大的帮助。

由于编者水平有限，书中难免存在不足和不妥之处，敬请读者不吝指正。

田永中

2010 年 3 月于西南大学

目　　录

第1章　绪　　论

内容提要：本章介绍数据、信息、地理数据、地理信息、信息系统和地理信息系统（GIS）等基本概念，重点阐述GIS的组成与功能、GIS的主要研究内容以及GIS与相关学科（如测量学、地图学、地理学、遥感学等）之间的关系、GIS的应用领域等几个方面的内容，最后介绍国内外一些常用的GIS软件，如ArcGIS、MapInfo、MapGIS、SuperMap等。

1.1　地理信息系统的基本概念

伴随着席卷全球的数字化浪潮，信息逐渐成为当今社会最重要的资源之一。美国学者Alvin Toffler在其著名的《第三次浪潮》一书中指出，全球发展经历了农业革命的第一次浪潮和工业革命的第二次浪潮，现在正在经历着以信息化、数字化为代表的第三次浪潮。作为全球信息化浪潮重要组成部分的地理信息系统技术，越来越受到科技界、企业界、政府部门以及普通百姓的广泛关注。

1.1.1　数据与信息

数据（data）是对某一目标进行定性、定量地表达、记录或描述时所取得的原始资料。它可以以多种形式存在，如数字、文字、符号、图形、图像、声音等。信息（information）是从数据中提取出来的，能够反映目标对象的数量、质量、结构、相互关系等特征的消息。

信息与数据是相互区别但又密切联系的两个概念。数据是信息的表达，或称载体；信息则是一种加工后的数据，是数据的内涵，即对数据进行解释后产生的含义（邬伦等，2001）。尽管数据是对客观对象的表示，但它并不就是信息，只有当数据与对象发生联系，或者将人的知识作用到数据上时才可以获得信息。例如，将万分之一（数据）与地图比例尺（对象）相联系时，可以得到这样的信息：图上1cm相当于实际距离100m。数据可用不同的形式表示，而信息不会因数据形式的不同而改变。例如，某一河流水位上涨就是一个信息，它不会因为这个信息的表达形式是数字、文字或图表而改变。

一般而言，信息具有以下特征：

1）客观性，任何信息都是与客观事物或现象紧密相关的；

2）实用性，信息往往具有一定的价值，它可以作为决策的依据；

3）传输性，信息可以在系统内部或各系统之间以一定形式或格式进行流转和交换；

4）共享性，信息的可传输性使其能被多个用户共享，而它本身并无损失。

此外，信息还具有不灭性（信息产生后，其载体可以变换，但信息本身不会消灭）、时效性（信息的价值随时间的变化而变化）、价值的相对性（同一信息对不同的人具有不同的价值）、载体的依附性（信息必须依赖一定的载体才能体现出来）、可伪性（信息可以是虚假的）等特征。

1.1.2 地理数据与地理信息

1. 地理数据与地理信息

地理数据（geographical data）是指用来表示地理实体或现象的位置、形状、大小及其分布等诸多方面特征的数据。地理信息（geographical information）是有关地理实体的性质、特征和运动状态的表征和一切有用的知识，它是对地理数据的解释（陈述彭等，1999）。由于地理对象都具有一定的空间位置，因此可以简单地认为，地理数据和地理信息就是与空间位置相关的数据和信息。正因为如此，地理数据和地理信息有时也被称为空间数据（spatial data）和空间信息（spatial information）。

2. 地理数据的组成

一个完整的地理数据应当包括以下三个部分。

1）空间位置：描述地理对象所在的位置。这种位置既可以根据大地参照系定义，如大地经纬度坐标，也可以依据地物间的相对位置关系定义，如空间上的距离、邻接、重叠和包含等。

2）属性：描述地理对象特征的定性或定量指标（如井的深度、河流的污染物浓度、土地的类型等），它是地理数据中的非空间组成部分。

3）时间：反映地理数据采集或地理现象发生的时刻或时段。缺少时间的地理数据往往在应用上会受到很大的限制。

例如，对于一条河流的地理数据，除了要表达河流的空间位置外，还需要知道河流的宽度、水位高低、水质状况等属性数据，以及采集这些数据的时间。

3. 地理信息的特征

地理信息除了具有信息的一般特征外，还具有其独特之处。

1）空间性：由于地理数据是基于一定空间的地理对象而产生的，因此从地理数据中提取出的地理信息具有空间特征，这是地理信息区别于其他信息的根本标志。

2）数据量大：地理数据空间位置的存储需要大量的存储空间，此外，它还需要存储众多的属性数据，并且还需要存储不同时间的数据，因此其数据量往往比非地理数据要大得多。特别是当地理数据采用栅格数据结构，并且栅格像元较小时，数据量会变得更大。

3）时序性强：在众多的应用中，除了需要了解研究对象在某一时间上的地理信息外，还需要对其数据和信息进行及时更新，了解最新状况，同时开展对比研究，分析其发展变化历程，找出引起这些变化的原因，并对其未来状况作出科学的预测。

4）多维性：地理空间本身具有三维特征，若加上时间、一项或多项属性，则地理信息的维数可以拓展至四维甚至更多维。

1.1.3 信息系统

系统是由具有特定功能、相互有机联系的多要素构成的整体，要素间通过信息流联系。信息系统（information system）是指由硬件、软件、数据、用户四大要素构成的，具有数据采集、管理、分析和表达能力的系统（陈述彭等，1999）。按功能的不同，信息系统可以分为两大类型，即事务处理系统和决策支持系统。前者强调对数据的记录和操作，如民航订票系统、校园卡管理系统；后者需要提供决策支持，强调对问题的解答，如税务稽查系统、银行风险投资决策系统、电信部门的VIP分析系统、地价评估信息系统等。

1.1.4 地理信息系统

什么是地理信息系统（geographical information system，GIS）？一般认为，地理信息系统是指在计算机硬件、软件系统支持下，对空间数据进行采集、操作、储存与管理、分析、输出的技术系统。简而言之，地理信息系统是综合处理和分析空间数据的一种技术系统。

不同的部门从不同的应用目的出发，对GIS的认识略有不同。1988年，美国国家地理信息与分析中心认为，地理信息系统是为了获取、存储、检索、分析和显示空间定位数据而建立的计算机化的数据库管理系统。1987年，英国教育部给出了这样的定义："地理信息系统是一种获取、存储、检查、操作、分析和显示地球空间数据的计算机系统。"国外许多学者对GIS有着类似的理解，DoE认为，GIS是"A system for capturing，storing，checking，manipulating，analyzing and displaying data which are spatially referenced to the Earth"。David J. Cowen认为，GIS是"A decision support system involving the integration of spatially referenced data in a problem-solving environment"（陈述彭等，1999）。Demers（1999）认为，"Geographic Information Systems are tools that allow for the processing of spatial data into information，generally information tied explicitly to，and used to make decisions about，some portion of the earth"。在国内也有很多类似的定义，例如，陈述彭等（1999）认为，GIS是"由计算机系统、地理数据和GIS人员组成的，通过对地理数据的集成、存储、检索、操作和分析，生成并输出各种地理信息，从而为土地利用、资源管理、环境监测、交通运输、经济建设、城市规划以及政府部门行政管理提供新的知识，为工程设计和规划、管理决策服务"。

GIS与一般的信息系统不同，它既是管理和分析空间数据的应用工程技术，又是跨越地球科学、信息科学和空间科学的应用基础学科。其技术系统由计算机硬件、软件和相关的方法过程所组成，用以支持空间数据的采集、管理、处理、分析、建模和显示，以便解决复杂的规划和管理等空间问题。

对于 GIS，通常有以下三种不同的理解。

1）从系统的角度看，地理信息系统是以空间数据库（spatial database）为基础，采用地理模型分析方法，适时提供多种空间的和动态的信息，为地理研究和地理决策服务的计算机技术系统。

2）从学科的角度看，地理信息系统已经超越了技术与工具的范畴而成为一门科学。它是描述、存储、分析和输出空间信息的理论和方法的一门新兴的交叉学科，属于空间信息科学，跨越地理学、计算机科学、数学等学科。

3）从应用的角度，地理信息系统也被认为是一种服务。它包括的范围很广，涉及所有基于位置的各种服务。从最简单地为用户获取和处理数据，到较为复杂的空间分析和应用系统开发，从常规的测绘与制图、资源管理领域，到商业、城市管理等领域，只要与位置有关，均可成为地理信息系统的服务对象。

因此，对“GIS”本身，除了可以理解为“geographical information system”外，还可以理解为“geographical information science”和“geographical information service”。总的来说，随着 GIS 应用的拓展，人们对 GIS 的理解也在不断深入。可以说，GIS 起源于实际应用，开始是一门技术，后来是一个技术系统，之后再进一步发展成为一门交叉性边缘学科，现在它已作为一种社会产品服务于众多行业。

前述几个基本概念之间的关系，可用图 1.1 来表示。

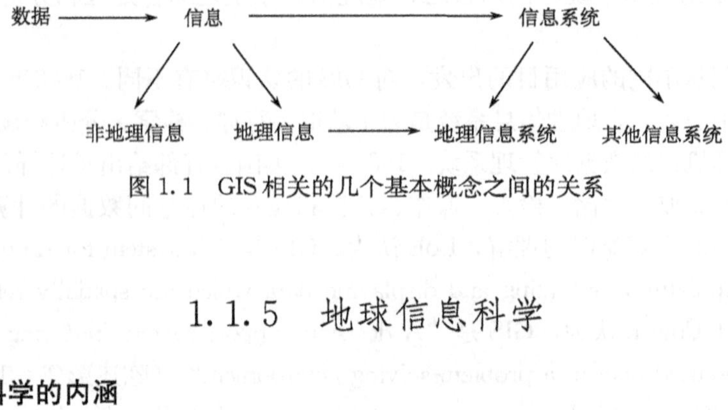

图 1.1 GIS 相关的几个基本概念之间的关系

1.1.5 地球信息科学

1. 地球信息科学的内涵

地球信息科学（geo-information sciences）是基于信息科学和地球系统科学，集成了地理信息系统、遥感（RS）、全球定位系统（GPS）、数字通信网络、计算机制图与电子制图、虚拟技术和多媒体技术等于一体的科学技术体系，也是 20 世纪 90 年代才兴起的一门新兴交叉科学（陈述彭，2007）。

地球信息科学旨在对地球系统信息研究的基础上，为全球变化研究和可持续发展服务。它通过对地球系统内部多源信息获取、传输、感受、处理、响应与反馈信息的机理与信息流过程等进行深入研究，揭示复杂的地球系统各圈层相互作用与影响，阐明全球变化、人地系统、区域可持续发展中的物质流、能量流、信息流的全过程及其时空变化规律，以及信息流对物质流与能量流的调控作用，为地球系统科学提供全新的研究技术，为各部门宏观调控、规划决策与工程设计提供全方位的信息服务（廖克，2007）。

2. 地球信息科学的研究内容

地球信息科学是经历了地球科学、地球系统科学的发展而形成的新兴学科，对它的研究还处于起步阶段。许多学者当前比较认同的观点是，地球信息科学的研究包括其理论基础研究和应用技术研究两个方面。前者包括信息场、信息流、空间结构、承载力等方面的内容，后者包括地球信息获取、集成、应用等技术（图 1.2）。

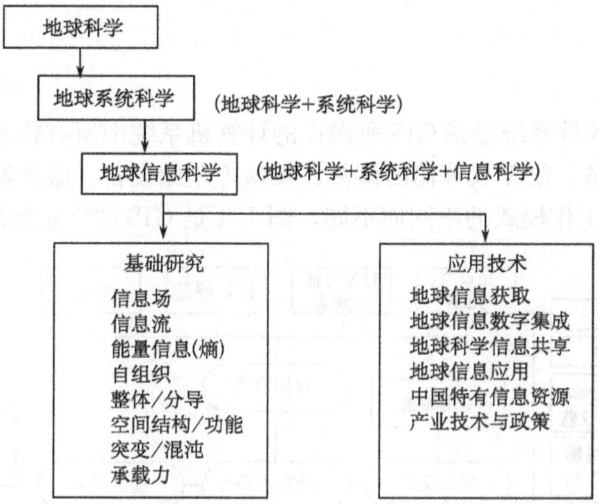

图 1.2 地球信息科学理论与实践（陈述彭，2007）

3. 地球信息科学在地学中的应用

随着遥感方法和对地观测技术的发展、地理信息系统功能的进一步扩展、计算机技术和多媒体技术的日趋成熟，以及数字地球和虚拟现实技术的应用，地球信息科学进入了飞速发展阶段。与此同时，地球信息科学的应用领域也日益扩大，目前已包括资源清查与管理、经济与社会可持续发展的规划决策与管理、城市规划与现代化管理、农业规划决策与生产管理、灾害预测与灾情评估、环境污染与生态变化监测、全球变化监测与研究等诸多领域。

1.2 地理信息系统的组成与功能

1.2.1 地理信息系统的组成

从信息系统论的角度看，一个完整的 GIS 主要由四个部分组成（图 1.3），即计算机硬件系统、计算机软件系统、地理数据（或空间数据）和 GIS 人员（系统管理、操作、使用人员与机构)。四个部分中，计算机系统（包括软件和硬件）是基础；空间数据是核心，反映GIS的地理内容；而GIS人员则决定了系统的工作方式和信息表示方式。也有部分专家认为，GIS还应当有第五部分，即空间处理，它是GIS中的模型和方法，它将前述四个部分有机结合在一起。

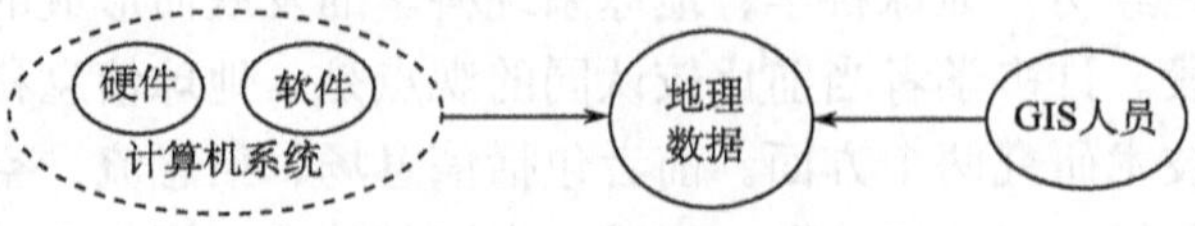

图 1.3　GIS的组成

1. 计算机硬件系统

GIS的计算机硬件系统是指GIS所操作的计算机系统中所有物理设备的总称。它包括扫描仪等输入设备、绘图仪等输出设备、硬盘等存储设备、服务器等处理设备。具体的硬件配置随GIS工作模式的不同而不同，图1.4是GIS硬件系统的常用配置。

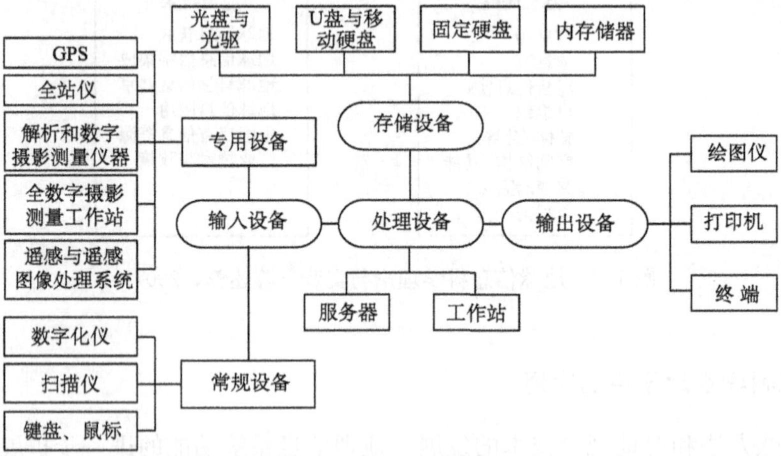

图 1.4　GIS硬件系统的常用配置（汤国安等，2007）

2. 计算机软件系统

GIS的计算机软件系统主要由系统软件、基础软件和GIS软件组成（图1.5），用于执行GIS功能的各项操作，包括数据采集、存储、处理、数据库管理、空间分析、建模、输出和显示空间数据等。系统软件如Windows等操作系统软件，基础软件如Photoshop、AutoCAD等图形像处理软件，GIS软件如ArcGIS、MapGIS、SuperMap等。

3. 地理数据

地理数据也称空间数据，它是GIS的操作对象和管理内容。地理数据以地球表面空间位置为参照，描述各种自然和社会经济现象。它可以采用点、线、面等抽象方式，

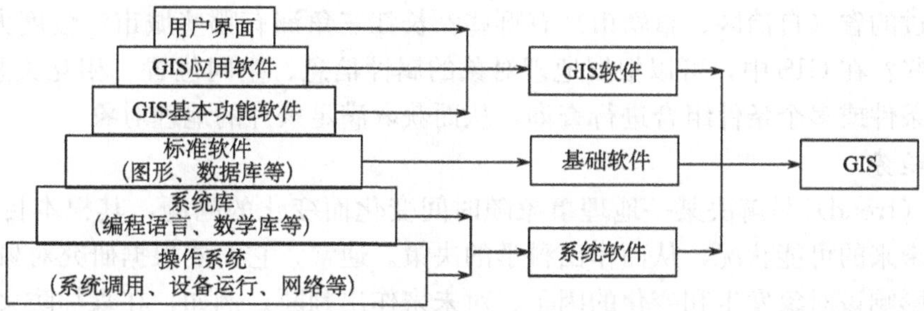

图 1.5　GIS 的计算机软件系统

利用编码技术对空间对象进行特征描述，也可以采用栅格阵列来描述空间对象的位置及属性信息。地理数据可以是数字、文字、表格等，也可以是图形、图像等。通过数字化仪、扫描仪、键盘或其他输入设备可以将地理数据输入计算机，也可以通过其他系统的通信接口直接输入。地理数据必须按一定的数据结构进行存储和组织，建立起标准的数据文件或地理数据库，以便于 GIS 把不同来源的地理数据集成在一起，用于空间问题的综合分析。

4. GIS 人员

GIS 是一个动态的地理模型，是一个复杂的人机系统。仅仅有系统硬件、软件和数据还不能构成一个完整的 GIS，它必须处于相应的机构或组织环境内，需要专门人员进行系统组织、管理、维护和数据更新、系统扩充等工作。因此，系统管理、维护和使用的人员是 GIS 中的重要构成因素。GIS 人员既包括从事 GIS 开发的专业人员，也包括采用 GIS 完成日常工作的终端用户。广义的 GIS 人员还包括相关的机构和部门。

1.2.2　地理信息系统的功能

1. 地理信息系统的应用功能

地理信息系统作为空间数据的处理、管理和分析系统，在应用方面，就其能够回答和解决的问题而言，归纳起来有以下五类：位置、条件、趋势、模式和模拟（陈述彭等，1999）。

(1) 位置

位置（location）是地理学领域最基本的问题。GIS 可以用于解决某一事物或现象在什么位置、在特定的位置有什么和是什么等问题。例如，沙尘暴的源头在什么地方？受其影响的区域在哪里？天生路 2 号是什么单位？离事故现场最近的医院在什么地方？位置的表达可以有多种形式，如由地理坐标确定的绝对位置、由空间关系确定的相对位置、由行政区划代码或邮政编码确定的位置、由地名或建筑物名称确定的位置等。在 GIS 中，可以通过查询分析、适宜性分析等方式获取地理位置。

(2) 条件

条件（condition）解决符合某些条件的地理对象是什么、在哪里等问题。例如，京九铁路经过的省（自治区、直辖市）有哪些？长江三角洲有哪些城市？坡度大于25°的耕地有哪些？在GIS中，可以根据地理对象的属性信息、空间位置、相互关系等特征，采用一个条件或多个条件组合进行查询，从而获取满足条件的地理对象。

（3）趋势

趋势（trend）是解决某一地理事象随时间变化而变化的问题，其根本目的是预测该事象在未来的可能状况，从而作出科学的决策。通常，它需要根据研究对象的发生机理，结合影响该对象发生和变化的因子，对未来作出判断。例如，在森林防火中，当发现火源时，需要根据风向、植被、地形等因素，确定火灾的蔓延趋势，从而采取适当的抗灾措施；在暴雨之后，需要根据降水量、地形、植被等因素，确定河流水位在未来6小时、12小时等的变化情况，从而进行洪灾预警，减少人员和财产的损失。在GIS中，可以根据趋势因子的相关数据，采用叠加分析、缓冲区分析、模型分析等方法来解决此类问题。

（4）模式

把解决某类问题的方法总结归纳到理论高度，那就是模式。因此，模式（pattern）是解决某一类问题的方法论。GIS所能解决的模式问题主要是指地理对象实体或现象之间的空间关系模式、地球系统内部各要素之间或各子系统之间的关系模式等，如河流产沙模式、全球变化与温室效应模式、城市扩张与耕地保护模式、交通网络模式等。模式的确定通常需要长期的观察，熟悉现有各种数据，分析已经发生或正在发生事件的相关因素，通过地理信息系统将现有数据整合在一起，了解数据之间的潜在关系，找出事件发生与哪些因素有关，并建立关系模型，最终获得解决问题的方法。

（5）模拟

模拟（simulation）主要解决某个系统如果具备或改变某种条件，就会发生什么相关地理事件等问题。通过模拟，可以对高度复杂的地球系统进行研究和实验；可以设定不同方案，观察这些方案对系统结构和行为的影响；可以反映变量间的相互关系，说明哪些变量更重要，它们是如何影响其他变量和整个系统的；可以研究不同时期相互间的动态联系，反映系统行为随时间变化而变化的情况；可以检验模型的假设，改进模型的结构。GIS可以结合元胞自动机、多智能体系统等技术，创建一个虚拟实验环境，通过模型分析，给定模型参数或条件，对未发生或已经发生的地理事件、现象、规律进行演变和反演，为复杂地理现象的模拟、预测、优化提供有效手段，可以解决诸如城市扩展、土地变化、气候变化、疾病扩散、火灾蔓延、沙漠化、洪水淹没、人口迁移、交通控制、紧急事件的入口疏散、环境资源管理、生态安全、公共设施动态选址、城市规划及可持续发展等问题。

2. 地理信息系统的基本功能

由于空间数据是GIS的操作对象和核心，因此可以根据数据处理流程中的不同阶段，将GIS的基本功能划分为以下五类。

（1）数据采集功能

数据采集是GIS最基本的功能，其目标是获取空间数据。目前地理信息系统中可用于数据采集的方法与技术很多，如屏幕数字化、扫描数字化、手扶跟踪数字化等。当前，自动化扫描输入与遥感、全球定位系统的数据集成已为人们所关注，但扫描技术的应用与改进，实现扫描数据的自动化编辑与处理仍是地理信息系统数据获取研究的关键技术之一。

(2) 数据处理功能

采集到的空间数据还必须经过编辑处理等操作，以保证数据在空间上的准确性、内容上的完整性、逻辑上的一致性以及三者的统一性。数据处理也称数据操作，主要包括数据检验、编辑、转换、概化等。数据检验的内容很多，但通常是指按照数据的质量要求，对数据的空间特征、属性特征及时间等方面进行检验。数据编辑是根据数据检验的情况对数据（位置与属性）进行修改和调整。数据转换包括数据结构、数据格式、数据坐标等的转换。数据结构的转换主要是指数据在矢量结构和栅格结构之间的相互转换；数据格式转换主要是指不同 GIS 软件或同一 GIS 软件所支持的不同数据格式之间的转换，如 MapInfo 的 MIF 格式与 ArcGIS 的 Shapefile 格式之间的转换、ArcGIS 的 Coverage 与 Shapefile 格式之间的转换；数据坐标转换包括数据平移、旋转、比例尺缩放等变换，以及投影变换。数据概化也称制图综合或地图概括，它包括数据平滑、简化、融合、特征集结等。目前多数地理信息系统所提供的数据概化功能较弱，离制图综合的要求还有很大差距，这也是当前 GIS 领域的研究难题之一。除以上数据处理功能外，GIS 通常还具有数据裁切、拼接、提取等数据处理功能。

应当注意到，数据采集与处理是 GIS 数据库建设中最基础，同时也是耗费投资最多的工作。通常情况下，数据采集与处理需要花费整个 GIS 项目 70%以上的时间和经费。

(3) 数据集成功能

数据集成功能包括数据存储与组织。它是建立地理信息系统数据库的关键步骤，涉及空间位置数据和属性数据的组织。栅格模型、矢量模型或栅格/矢量混合模型是常用的空间数据组织方法。空间数据结构的选择在一定程度上决定了系统所能执行的数据与分析的功能，在地理数据组织与管理中，最为关键的是如何将空间数据与属性数据融合为一体。有些系统是将二者分开存储，通过公共项（一般定义为地物标识码）来连接。这种组织方式的缺点是数据定义与数据操作相分离，无法有效记录地物在时间域上的属性变化。ESRI 公司所开发的 ArcGIS 桌面软件中将空间数据和属性数据采用通用关系型数据库管理系统（RDBMS）（GeoDatabase）来管理，很好地弥补了上述缺点。

(4) 数据分析功能

数据分析功能包括较为简单的空间查询、检索、统计、计算等功能，也包括较为复杂的空间分析与模型分析功能。空间查询与统计是地理信息系统应当具备的最基本的分析功能；空间分析是地理信息系统的核心功能，也是地理信息系统与其他计算机系统的根本区别；模型分析是在地理信息系统支持下，分析和解决现实世界中与空间相关的问题，它是地理信息系统应用深化的重要标志。广义的空间分析功能包括以上所有与位置相关的查询分析、空间分析、模型分析等。

(5) 数据输出功能

数据输出功能包括各种数据产品的制作与显示、输出等。地理信息系统为用户提供了许多用于空间数据表现的工具，可以将空间数据制作成表格、报告、统计图、地图等，既可以采用计算机屏幕等软拷贝方式进行显示输出，也可采用打印机、绘图仪等方式进行硬拷贝输出，还可以以数字的方式输出成各种电子文件，以利于保存与传输。在所有形式的输出中，尤其要强调的是地理信息系统的地图输出功能。一个优秀的地理信息系统应能提供一种良好的、交互式的制图环境，以供地理信息系统的使用者设计和制作出高质量的地图。

黄杏元等一些专家认为，GIS 除了应当具有以上五类功能外，还应当具有二次开发和编程的功能。其主要依据在于：为使 GIS 技术广泛应用于各个领域，满足各种不同的应用需求，GIS 应该具备二次开发环境，包括提供专用语言的开发环境、用户可在自己的编程环境中调用 GIS 的命令和函数，或者系统将某些功能做成专门的组件供用户的开发语言调用等。这样，用户可以非常方便地编制自己的菜单和程序，生成可视化的用户应用界面，完成 GIS 的各项应用功能的开发。

3. GIS 功能的实现过程

GIS 各项功能的实现是紧密联系的，但核心还是对空间数据的一系列操作：它首先从现实世界中直接或间接获取数据，然后对数据进行编辑与处理，进而得到结构化数据，建立空间数据库来管理这些数据，并在数据库的基础上实现空间查询、分析、检索等功能，最后将符合用户要求的数据进行展示或制成产品并将其输出。通常，由于 GIS 的最终产品或数据需要服务于现实生活，因此可以认为，GIS 功能的实现过程应当是一个循环过程（图 1.6）。

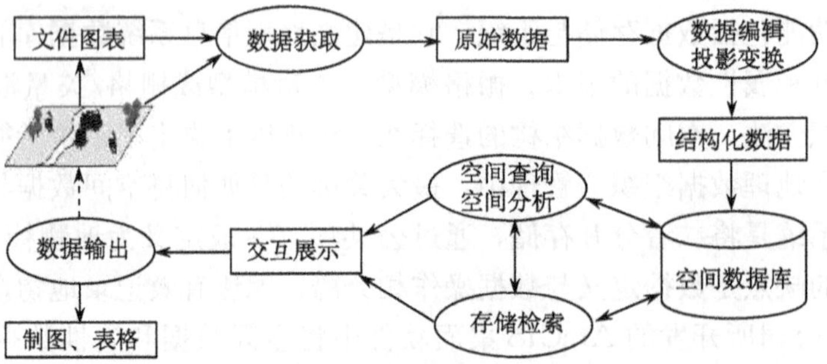

图 1.6　GIS 功能的实现过程

1.3　地理信息系统的研究内容

地理信息系统广泛而深入的应用使其技术方法不断发展、完善，并促进其相关理论研究的发展和深入；理论研究的开展、技术方法的更新和进步又进一步指导开发新一代高效地理信息系统，并推动和拓宽其应用领域，加深应用的深度；同时，随着地理信息系统应用领域的拓宽，又对理论研究和技术方法提出了更高的要求。因此，GIS的研究内容可以划分为以下三个相互联系且又相互促进的部分：基本理论、技术系统、应用方法（图1.7）。

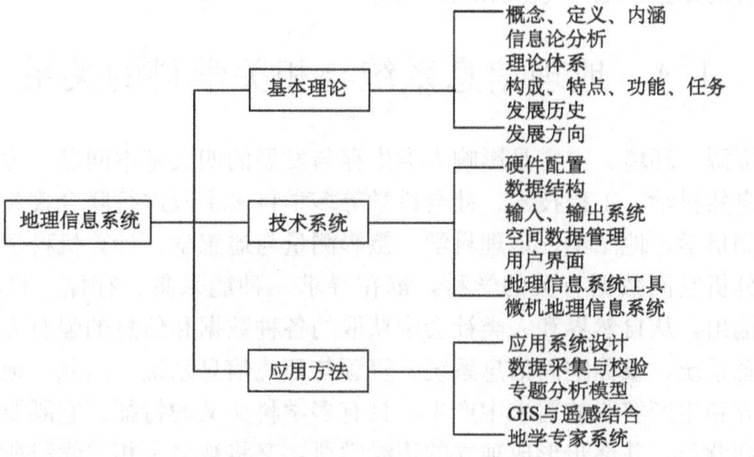

图1.7 地理信息系统的内容体系（邬伦等，2001）

1.3.1 地理信息系统基本理论研究

GIS基本理论研究包括：研究地理信息系统的概念、定义和内涵的发展；建立地理信息系统理论体系；研究地理信息系统的构成、功能和任务；研究地理信息理论和地理空间认知理论，以指导系统的开发和建设；研究人脑认知地理空间环境的过程和方法以及人类地理空间认知功能的计算机模拟，发展空间数据模型和数据结构，为正确设计、研制和建立GIS提供科学的认知论和方法论；总结GIS的发展历史，探讨进一步发展中的理论和概念问题等。

1.3.2 地理信息系统技术系统研究

GIS技术系统研究是指对GIS软件开发、数据库开发等技术的研究。由于GIS具有多学科交叉的特征，它涉及的技术方法及内容将受到众多相关学科的影响和渗透，因此，GIS技术系统研究的内容相当广泛，其发展也非常迅速。具体研究内容包括地理信息系统硬件设计与配置、空间数据结构及表示、输入与输出系统、空间数据库管理系统、用户界面与用户工具设计、地理信息系统工具软件研制、专题地理信息系统的开发、“3S”技术集成、三维可视化及多媒体动态显示、网络地理信息系统的研制等。

1.3.3 地理信息系统应用方法研究

GIS应用方法研究是指对应用模型、应用系统开发（二次开发）等的研究，具体包括：应用系统设计和实现方法；不同来源和类型数据的采集、校验、应用效果和效益分析；各种应用分析模型，包括空间分析函数与专题分析模型等的研发；地理信息系统与遥感技术结合的方法；地学专家系统研究等。

1.4　地理信息系统与相关学科的关系

人口、资源、环境、灾害是影响人类生存与发展的四大基本问题。为了解决这些问题，必须将自然科学、工程技术、社会科学等多学科多手段进行联合攻关。许多不同的学科，包括测量学、地图学、地理科学、摄影测量与遥感学、计算机科学、数学以及一切与处理和分析空间数据有关的学科，都在寻求一种能采集、存储、检索、变换、处理、显示和输出，从自然界和人类社会中获取的各种数据和信息的强有力工具，其归宿就是地理信息系统，或称空间信息系统、资源与环境信息系统。因此，地理信息系统是在地理学研究和生产实践的需求中产生，具有多学科交叉的特征。它既要吸取诸多相关学科的精华和营养，并逐步形成独立的边缘学科，又将被多个相关学科所运用，并推动它们的发展。

1.4.1　地理信息系统与测量学

GIS 的发展和应用与测量学密切相关。一方面，测绘技术为 GIS 提供所需要的空间数据。大地测量为地理信息系统提供了精确定位的控制系统，尤其是全球定位系统可快速、廉价地获得地表特征的位置信息，航空像片及其精确测量方法的应用使得摄影测量可以为地理信息系统提供大范围的地形数据。另一方面，GIS 可以实现测绘成果的高水平组织、表达与应用。由于 GIS 技术的渗透，测绘科学正由传统的几何科学向信息科学的范畴转变。可以说，GIS 与测量学是一种相互支持、相互促进的关系。

1.4.2　地理信息系统与地图学

地图学是与 GIS 关系最为密切的学科。一方面，从历史发展的角度来看，地理信息系统脱胎于地图学，地图学的理论与方法对地理信息系统的发展有着重要的影响。地图学与计算机科学结合，发展了计算机制图学，并在此基础上进一步结合地理学的基本思想与方法而发展成地理信息系统。尽管空间分析成为 GIS 的核心功能，地图制图成为 GIS 的一项基本功能，但地图仍然是地理信息系统表现空间数据的最基本方式。另一方面，GIS 极大地推动了地图学的发展。正是由于 GIS 技术的运用，不但降低了地图制图的劳动强度，提高了成图的效率，降低了成图的费用，而且使地图的分析更加容易、地图的应用更加广泛。在 GIS 的支持下，地图投影变换、地图概括等地图学中的难点问题变得更加易于理解和得到解决。尽管 GIS 与地图学一脉相承，但它们之间也有着本质的区别：地图学强调的是空间数据的符号化与显示，而地理信息系统更注重空间数据的分析。

1.4.3 地理信息系统与地理学

地理学是一门研究人类赖以生存的地理空间的学科。在地理学研究中，空间分析的理论和方法具有悠久的历史，它为地理信息系统提供了有关空间分析的基本观点与方法，成为地理信息系统的基础理论依托。而地理信息系统的发展也为地理问题的解决提供了全新的技术手段，同时也使得数学、统计学等相关学科在地理学研究中得到更充分的应用。GIS 通过对地理空间数据的获取、处理、集成、分析与输出，可以很好地回答地理学研究中关于位置、条件、趋势、模式、模拟等问题。正是由于 GIS 的支撑，地理学才真正走上了定量化、信息化的发展道路。此外，从学科关系上看，GIS 是当代地理学中除自然地理、人文地理之外的第三大分支学科。

1.4.4 地理信息系统与遥感

遥感从字面上可理解为“遥远的感知”，即不通过直接接触目标物而获得其信息的一种新型的探测技术。它通常是指获取和处理地球表面的信息，尤其是自然资源与人文环境方面的信息，并最后反映在像片或数字影像上的技术。遥感和图像处理技术被用于获取和处理地球表面有关的信息，GIS 的发展则源于对地理要素属性信息与相应几何表达的集成及空间分析的需求。从空间数据处理的角度出发，遥感作为空间数据的采集手段，因其大面积同步观测、周期性强等特点，已成为地理信息系统的主要信息源与数据更新途径。反过来，GIS 以其空间分析功能，可以加深对遥感数据的认识，促进地理信息的提取，拓展遥感数据综合开发与利用的空间。因此从数据角度上看，遥感与 GIS 的关系可以简单地理解为空间数据的“生产者”与“消费者”之间的关系。

1.4.5 地理信息系统与计算机科学

正是因为有了计算机科学，地理信息系统才能够在地图学的基础上萌生出来。计算机技术，特别是数据库技术、计算机辅助设计、计算机辅助制图和计算机图形学对地理信息系统的发展有着巨大的支撑作用。

数据库管理系统（database management system，DBMS）是操作和管理数据库的软件系统，提供可被多个应用程序和用户调用的软件系统，支持可被多个应用程序和用户调用的数据库的建立、更新、查询和维护功能。GIS 在数据管理上借鉴 DBMS 的理论和方法，但 GIS 在数据管理基础上，通过地理模型进行运算，其产生的地理信息是否有用、取得信息的多少和质量的优劣，与地理模型的水平密切相关。

计算机图形学（computer graphics）是利用计算机处理图形信息以及借助图形信息进行人机通信处理的技术，是 GIS 算法设计的基础。尽管 GIS 是随着计算机图形学发展而不断发展完善的，但是计算机图形学所处理的图形数据是不包含地理属性的纯几何图形，是地理空间数据的几何抽象，可以实现 GIS 底层的图形操作，但不能完成数据的地理模型分析和许多具有地理意义的数据处理，不能构成完整的GIS。

计算机辅助设计（computer-aided design，CAD）是通过计算机辅助设计人员进行设计，以提高设计的自动化程度，节省人力和时间。专门用于制图的计算机辅助制图（computer-aided mapping，CAM），采用计算机进行几何图形的编辑和绘制。GIS与CAD和CAM的区别在于：第一，CAD不能建立地理坐标系和完成地理坐标变换；第二，GIS的数据量比CAD、CAM大得多，结构更为复杂，数据间联系紧密，这是因为GIS涉及的区域广泛，精度要求高，变化复杂，要素众多，相互关联，单一结构难以完整描述；第三，CAD和CAM不具备GIS所具有的地理意义的空间查询和分析功能（邬伦等，2001）。

另外，计算机硬件技术的发展也为GIS的发展起到至关重要的推动作用。从GIS的发展历程来看，每一次的硬件突破，都会带来GIS质的飞跃。这些支持主要表现在数据存储技术、大规模集成电路技术、CPU技术、图形图像显示技术等几个方面。

1.4.6 地理信息系统与其他学科

GIS除了与以上学科关系密切外，还与数学、认知学等学科有着密切的关系。数学的许多分支，尤其是几何学、图论、拓扑学、统计学、运筹学、决策优化方法等被广泛应用于GIS空间数据的分析，如拓扑关系的建立、空间统计分析、网络分析、模型分析等。

1.5 地理信息系统的应用领域

地理信息系统的处理对象是空间数据，因此，只要是与空间位置相关的领域均可以成为GIS的应用对象。一般认为，在所有的数据或信息中，80%左右都与空间位置有关，从这个角度上看，GIS有着十分广阔的应用空间。事实上，GIS的应用不再局限于地理学，它已经成为与空间信息有关的各行各业的基本工具。以下简要介绍地理信息系统的一些主要应用领域。

1.5.1 测绘与地图制图

测绘与地图制图是GIS的主要支撑学科，同时也是GIS最重要的应用领域之一。地理信息系统与遥感、全球定位系统技术在测绘界的广泛应用，为测绘与地图制图带来了一场革命性的变化，集中表现在地图数据获取与成图的技术流程发生了根本的改变、地图的成图周期大大缩短、地图成图精度大幅度提高、地图品种大大丰富等众多方面。数字地图、网络地图、电子地图等一批崭新的地图形式为广大用户带来了巨大的应用便利，测绘与地图制图进入了一个崭新的时代。

1.5.2 灾害监测与环境保护

借助遥感遥测数据，利用地理信息系统，可以有效地进行森林火灾的预测预报、洪水灾情监测和洪水淹没损失的评估，为救灾抢险和防洪决策提供及时准确的信息。例如，1994 年的美国洛杉矶大地震，就是利用 Arc/Info 进行灾后应急响应决策支持，成为大都市利用 GIS 技术建立防震减灾系统的成功范例；2008 年“5·12”汶川大地震后，依托 GIS 建立的三维仿真系统在抗震救灾工作中发挥了巨大的作用；黄河三角洲地区防洪减灾信息系统，就是在 Arc/Info 地理信息系统软件支持下，借助于大比例尺数字高程模型，加上各种专题地图，再通过各种图形叠加、操作、分析等功能，计算出若干个泄洪区域及其面积，通过比较不同泄洪区域内的土地利用、房屋、财产损失等，最后得出最佳的泄洪区域，并制定整个泄洪区域内的人员撤退、财产转移和救灾物资供应等的最佳运输路线。

利用 GIS 技术可以建立城市环境监测、分析及预报信息系统，为实现环境监测与管理的科学化、自动化提供最基本的条件；利用 GIS 的网络分析技术，可以找出河流污染的源头；在区域环境质量现状评价过程中，利用 GIS 的空间叠加分析等技术，可以实现对整个区域的环境质量进行客观的、全面的评价，以反映出区域中受污染的程度以及空间分布状态，可以为政府或相关组织机构的决策提供更全面、准确的参考信息。

1.5.3 城乡规划

城乡规划中要处理许多不同性质和不同特点的问题，它涉及资源、环境、人口、交通、经济、教育、文化和金融等多个方面。地理信息系统的数据库管理有利于将这些数据细化和归并到统一的系统中，最后进行城市与区域多目标的开发和规划，包括城镇总体规划、城市建设用地适宜性评价、环境质量评价、道路交通规划、公共设施配置以及城市环境的动态监测等。这些规划功能的实现，是由地理信息系统的空间搜索方法、多种信息的叠加处理和一系列分析软件加以保证的。我国大城市数量居于世界前列，根据加快中心城市的规划建设和加强城市建设决策科学化的要求，利用地理信息系统作为城市规划管理分析的工具，具有十分重要的意义。

1.5.4 资源管理

资源管理是地理信息系统的一项基本职能，其主要任务是将各种不同来源的数据汇集在一起，并通过系统的统计和叠加分析等功能，按多种边界和属性条件，提供区域多种条件组合形式的资源统计、分析和输出。以土地资源管理为例，利用 GIS 可以输出不同土地利用类型的分布图，分析不同高程带内的土地利用类型、不同坡度区内的土地利用现状以及不同类型的土地利用变化等，为土地资源的合理利用、开发和科学管理提供依据。

1.5.5 国 防

GIS是国防建设中非常重要的一环。它可以整合不同来源的侦查情报及监控资料，为军事决策者提供一个综合的分析与管理平台，使军事决策更加准确和快速。具体来讲，GIS可以用于军事情报获取与分析、军用地图的制作、军事地形分析、军需品的生产与调度、军事设施管理、作战方案的制订、军事指挥等众多领域。在1991年的海湾战争中，美国国防制图局（DMA）在工作站上建立了GIS与遥感的集成系统，采用自动影像匹配和自动目标识别技术处理卫星和高低空侦察机实时获得的战场数字影像，及时地将反映战场现状的正射影像图叠加到数字地图上，并将数据直接传送到海湾前线指挥部和五角大楼，为军事决策提供了战场GIS实时服务。它还能够通过GPS、GIS、RS等技术的集成，迅速集结部队及武器装备，最终以较低的代价取得了极大的胜利。当前，GIS技术在现代战争中从战略构思到技术安排的各个环节都得到了广泛的运用。

1.5.6 农 业

近年来，随着农业科技的发展，GIS对农业的影响也越来越显著，它在农业领域的应用主要包括农业气候区划、农作物估产（常与遥感技术相结合）、农业资源（主要是耕地）调查与动态监测、耕地适应性评价与分析、精准农业等方面。

1.5.7 商业与经济

随着GIS应用的社会化，GIS在商业和经济领域也得到广泛应用。所有的商业与经济活动都与空间信息密切相关，例如，在商务圈分析、投资环境评价、市场分析、物流模拟等方面，都要求对空间与属性信息进行综合分析。面向商业与经济管理应用的传统管理信息系统只能对属性信息进行管理，缺乏空间信息的管理与分析功能。GIS技术因其将属性、空间信息一体化管理及强大的分析功能，将在商业与经济领域有着广泛的应用。有学者认为，商业GIS将是今后GIS应用的热点方向之一。

1.5.8 城 市 管 理

GIS在城市管理中的应用范围很广，包括在城市土地管理、房地产管理、市政设施管理、交通管理、灾害监控与应急管理、城市公共政策评估和旅游等领域都发挥着极其重要的作用。借助GIS的基本功能，特别是GIS的空间分析、网络分析和统计分析等功能，可对城市管理中的管理决策、工程设计、规划建设、应急抢修、统计汇总、日常维护等方面提供强有力的支持，从而可以大大提高工作效率，同时加强了企业和政府的管理，减少事故发生，创造更多的社会效益和企业效益，也将会对市民的日常生活产生深刻的影响。

1.5.9 其他领域

随着信息化的加剧，GIS在信息革命的大浪潮中，日益彰显其巨大优势，应用范围日益扩大，渗透到各行各业。除了以上所谈到的应用领域外，GIS在辅助决策、医疗公共卫生、交通领域、烟草领域、石油领域、警用、政府综合应急管理、人文历史研究等诸多方面也都发挥着巨大的作用。总之，地理信息系统越来越成为国民经济各有关领域必不可少的应用工具，与人们日常生活的关系越来越紧密，相信它的不断成熟和完善将会为社会的进步与发展作出更大的贡献。

1.6 常用地理信息系统软件简介

目前，GIS基础软件的平台繁多，不一而论，但由于这些软件产生背景、数据存储方式、处理手段以及功能上的差异，它们的具体应用领域有很大的不同。当前，国际市场上的GIS软件产品达数百种，而其他各种与GIS有关联的软件或产品则不计其数，以下仅就国内外常用的几种GIS基础平台软件作简单介绍。

1.6.1 国外地理信息系统软件

1. ArcGIS

ArcGIS是由美国环境系统研究所公司（Environmental Systems Research Institute，Inc.，简称ESRI公司）研制并于20世纪70年代推出的地理信息系统软件，早期的ArcGIS称为ArcInfo，主要运行在UNIX系统下，后来陆续移植到基于Windows NT（ArcInfo，ArcView 3.X）的平台上和基于DOS的平台上（PC ArcInfo，ArcView 3.X）。ArcGIS是ESRI在全面整合了GIS与数据库、软件工程、人工智能、网络技术及其他多方面的计算机主流技术之后，成功推出的代表GIS最高技术水平的全系列产品。ArcGIS是一个完整的地理信息系统平台，无论是在桌面、服务器、野外还是通过Web，都可以为个人用户或群体用户提供GIS功能。

ArcGIS 9.3是ESRI在2008年6月新推出的产品，它主要包含桌面GIS、服务器GIS、开发GIS、移动GIS四大框架。

ArcGIS桌面产品（ArcGIS Desktop）是一系列整合的应用程序的总称，包括ArcCatalog、ArcMap、ArcGlobe、ArcToolbox和ModelBuilder。通过协调一致地调用应用和界面，用户可以实现许多从简单到复杂的GIS任务，包括制图、地理分析、数据编辑、数据管理、可视化和空间处理等。从功能上讲，ArcGIS Desktop是一种可以满足各类GIS用户需求的可伸缩产品，它包括ArcReader、ArcView、ArcEditor、ArcInfo。ArcReader是一个独立的免费产品，主要提供地图阅读与浏览功能；ArcView主要关注复杂数据的使用、地图的显示以及较为简单的空间分析功能；ArcEditor增加了高级的地理编辑和数据的创建功能；ArcInfo是ArcGIS Desktop的核心，包含复杂的GIS

功能和丰富的空间处理工具。此外，ArcGIS Desktop 还提供了 ArcScan、Spatial Analysis、3D Analysis 等扩展模块供用户选择。

服务器 GIS 是指服务器端的 GIS 软件，可以在服务器端集中管理 GIS 数据，并提供应用服务。服务器 GIS 为建立用于数据采集和组织管理、分析、可视化以及分发地理信息的跨部门大型系统奠定了基础。ArcGIS Server 为用户掌控地理空间资源提供了更多新的服务和应用，即可以在更宽广的应用区域内更有效地管理和发布高性能的制图、影像和地理处理服务。

移动 GIS 实际是指 ArcPad 以及 ArcGIS Mobile。ArcGIS Mobile 9.3 包括一个开发软件工具与一个拿来即用的移动数据收集和检查的应用程序，ArcGIS Server 通过有线和无线网络为 Windows Mobile 设备提供了集中配置、管理和部署移动 GIS 数据、地图、任务和项目的设备。

开发 GIS 是指为开发者提供的用于扩展 GIS 桌面，定制基于桌面和基于 Web 的应用，创建移动解决方案的组件。它包括 ArcGIS Engine 和 EDN（开发者网络）产品。

ESRI 公司是全球最大的 GIS 技术和服务提供商，近年来在 GIS 技术和服务方面一直保持着全球第一的市场占有率。

2. MapInfo

MapInfo 是美国 MapInfo 公司生产的桌面地理信息系统软件。MapInfo 最初的含义是“Mapping + Information”（地图+信息），即“地图对象+属性数据”，这一解释可帮助人们更好地理解它的功能。1986 年，MapInfo 公司成立并推出了第一个版本——MapInfo for DOS V1.0 及其开发工具 MapBasic，此后又推出了 DOS 平台的 2.0 版和 3.0 版。1995 年底，MapInfo 公司发布了 MapInfo Professional，它是一个以 Windows 95 和 Windows NT 为平台的桌面地理信息系统，是一种数据可视化、信息地图化的桌面解决方案。它以地图为基本出发点，采用办公自动化的操作，集成多种空间数据，融合计算机制图方法，并加入了空间分析功能，形成了极具实用价值的、可以为各行各业所用的大众化小型 GIS 软件系统。

MapInfo 作为一种功能强大的图形软件，利用点、线、区域等多种图形元素，以及丰富的地图符号、文本类型、线型、填充模式和颜色等表现形式，可以详尽、直观形象地完成电子地图数据的显示。同时，MapInfo 对位图文件（如 GIF、TIF、PCX、BMP）和航片、照片等栅格图像，也可以进行屏幕显示，根据实际需要还可以对其进行矢量化。在图形处理方面，MapInfo 提供了强大的图形编辑工具箱，用户可以对各种图形元素进行任意增加、删除、修改等基本操作。

3. GeoMedia

GeoMedia 是由美国 Intergraph 公司于 1997 年初推出的一款桌面 GIS，该系统可以读取多个 GIS 的空间和属性数据，并能够同时将几种不同格式的数据集成在一个坐标系中进行分析。其数据标准采用 Microsoft、Oracle、SQL Server 等数据库的标准，内嵌关系数据库引擎，直接进行数据读写，并把空间数据和属性数据放在数据库中进行统一管理。GeoMedia 的核心产品包括 GeoMedia、GeoMedia Professional、GeoMedia WebMap 和 GeoMedia WebEnterprise，它们都是基于相同技术的产品，只是提供的功能和使用范围不同而已。除了 GeoMedia 外，Intergraph 公司提供的 GIS 产品还包括专业 GIS MGE、互联网 GIS GeoMedia Web Map。

4. 其他软件

除了以上介绍的 GIS 软件外，Autodesk 公司的 AutoCAD Map3D、加拿大阿波罗科技集团面向中国市场推出的 Titan GIS 等也是目前比较常用的国外 GIS 软件。

1.6.2 国内地理信息系统软件

1. SuperMap

SuperMap GIS 是北京超图软件股份有限公司开发的具有完全自主知识产权的大型地理信息系统软件平台，包括组件式 GIS 开发平台、服务式 GIS 开发平台、嵌入式 GIS 开发平台、桌面 GIS 平台、导航应用开发平台以及相关的空间数据生产、加工和管理工具。经过不断的技术创新、市场开拓和多年技术与经验的积累，SuperMap GIS 已经成为产品门类齐全、功能强大、覆盖行业范围广泛、满足各类信息系统建设需求的 GIS 软件品牌，并深入国内各个 GIS 行业应用，拥有大批的二次开发商。

2. MapGIS

MapGIS 是中地数码科技集团公司开发的新一代面向网络超大型分布式地理信息系统基础软件平台。系统采用面向服务的设计思想、多层体系结构，实现了面向空间实体及其关系的数据组织、高效海量空间数据的存储与索引、大尺度多维动态空间信息数据库、三维实体建模和分析，具有 TB 级空间数据处理能力、可以支持局域和广域网络环境下空间数据的分布式计算、支持分布式空间信息分发与共享、网络化空间信息服务，能够支持海量、分布式的国家空间基础设施建设。

3. GeoStar

GeoStar（吉奥之星）系列软件是由武汉吉奥信息工程技术有限公司开发的具有自主知识产权的 GIS 平台软件。吉奥公司依托武汉大学，在空间信息领域具有无可比拟的优势。吉奥系列软件产品是公司自主创新技术的成果。经过 10 多年的技术积累，吉奥之星系列软件已经从最初的单机版、文件型 GIS 桌面系统发展成为网络化、支持海量空间信息集成存储的、企业级 GIS 平台软件，并且衍生出一系列的专用工具服务于用户在行业中各个阶段的不同需求。GeoStar 是吉奥系列软件的核心，负责空间数据的接收、处理、查询、调度、索引和分发，维护数据的一致性和完整性。在空间数据管理平台基础上，提供了图形编辑、空间分析、空间查询、制图、数据转换等强大功能，可适应不同用户、不同应用的需求，在 GIS 的各个领域都有广泛的应用。

4. 其他软件

近年来，国内 GIS 的应用需求量剧增，极大地推动了国产 GIS 软件的开发和应用。除上述介绍的国产 GIS 软件外，吉威数源（GeoWay）、灵图（VRMmap）、山海易绘（EzMap）、地网（GeoBeans）、城市之星（CityStar）、慧图（TopMap）、南方测绘（CASS）等软件的应用也较为广泛。

复习思考题

1. 谈谈你对 GIS 的认识和理解。
2. 哪些学科与 GIS 关系密切？谈谈它们与 GIS 之间的相互关系。
3. 在当前及未来，GIS 可以在哪些领域发挥作用？
4. 对于 2008 年的四川汶川地震灾害，谈谈怎样将 GIS 技术应用于抗震救灾之中。
5. 常用的 GIS 软件有哪些？各有什么特点？

实 验 部 分

实验一　地理信息系统的组成与功能

一、实验目的

了解 GIS 的组成及其基本功能。

二、实验内容

了解 GIS 在硬件、软件、数据、人员等方面的组成情况，以及 ArcGIS 软件在数据获取、数据操作、数据集成、数据分析及产品输出等方面的功能。

三、实验原理与方法

实验原理：GIS 由四个部分组成，包括硬件系统、软件系统、空间数据和 GIS 人员；GIS 具有数据获取、操作、集成、分析及产品的制作、显示和输出等功能。

实验方法：通过对输入、处理、输出等硬件，ArcGIS 等软件，以及空间数据和 GIS 人员的认识，了解 GIS 的各个组成部分。以 ArcGIS 为基础，通过打开各类工具条、工具箱或菜单，从而了解 GIS 的基本功能。

四、实验设备与数据

（1）实验设备：扫描仪等输入设备、计算机等处理设备、绘图仪等输出设备。

（2）主要软件：ArcGIS、AutoCAD、Photoshop 等。

（3）实验数据：采用 ArcGIS 安装目录（一般情况下为 C:\arcgis \ ArcTutor，但需单独安装 ArcTutor）下的相关数据。

五、实验步骤

1. 认识 GIS 硬件系统

（1）输入设备：常规输入设备，如鼠标、键盘、数字化仪、扫描仪等；专用输入设备，如全站仪、GPS、数字摄影测量系统、遥感影像处理系统等。

（2）存储与处理设备：光盘与光驱、U 盘与 USB 接口、移动硬盘、计算机主机内的固定硬盘、计算机处理器等。

(3) 输出设备：显示器（LCD、CRT）、打印机、绘图仪等。

2. 认识 GIS 软件系统

(1) 系统软件：打开计算机，认识操作系统软件，如 Windows XP，了解其基本操作。

(2) 基础软件：打开 AutoCAD、Photoshop 软件，了解两种软件的主要功能及其在 GIS 中的地位。

(3) GIS 软件：首先打开 ArcGIS 桌面软件中的 ArcMap、ArcCatalog、ArcToolbox，认识 ArcGIS 桌面软件的构成；然后在 ArcMap 或 ArcCatalog 的 Help 菜单下点击 ArcGIS Desktop Help，打开帮助文档，了解 ArcGIS 的基本情况。

ArcMap：地图数据的显示、查询和分析；可执行所有基于 Map 的任务——制图、编辑、查询、统计、报告生成等（图 1.8）。

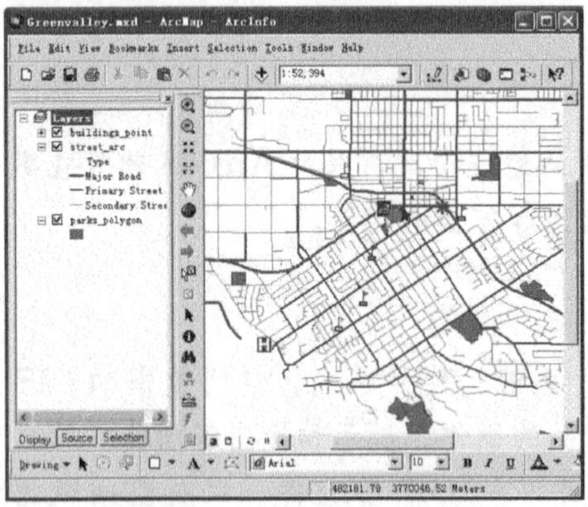

图 1.8　ArcMap 界面

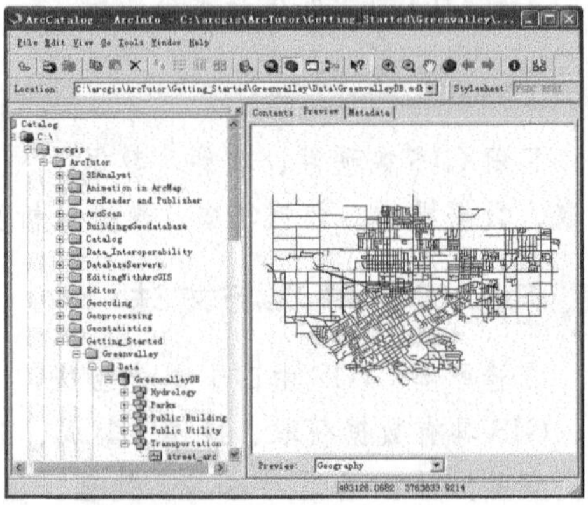

图 1.9　ArcCatalog 界面

ArcCatalog：基于元数据的定位、浏览和管理空间数据，即浏览数据（图形的/文本的）、管理数据、GeoDatabase 结构定义及编辑、元数据设置和查看（图 1.9）。

ArcToolbox：由常用数据分析处理功能组成的工具箱，内置于 ArcMap 及 ArcCatalog 之中，其界面如图 1.10 所示。

ArcGIS Desktop Help：ArcGIS 桌面软件的帮助文档（图 1.11），内含使用该软件的帮助信息，是学习和使用 ArcGIS 的最得力助手。

3. 认识 GIS 数据

在 ArcCatalog 左边的窗口中，选中某一数据（如 C：\ arcgis \ ArcTutor \ Getting_Started \ Greenvalley \ Data \ GreenvalleyDB \ Transportation \ Street-arc，图 1.9），在右边的窗口顶部，点击 Preview，对所选数据进行浏览。

4. 认识 GIS 人员

认识系统的开发、管理、维护和使用人员，了解各类人员在 GIS 中的地位和作用。

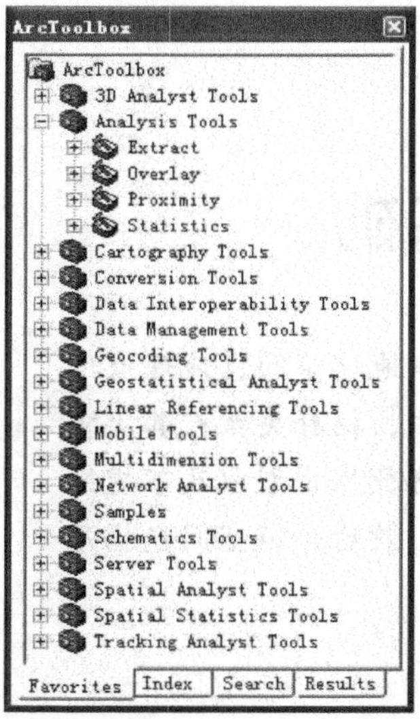

图 1.10　ArcToolbox 界面

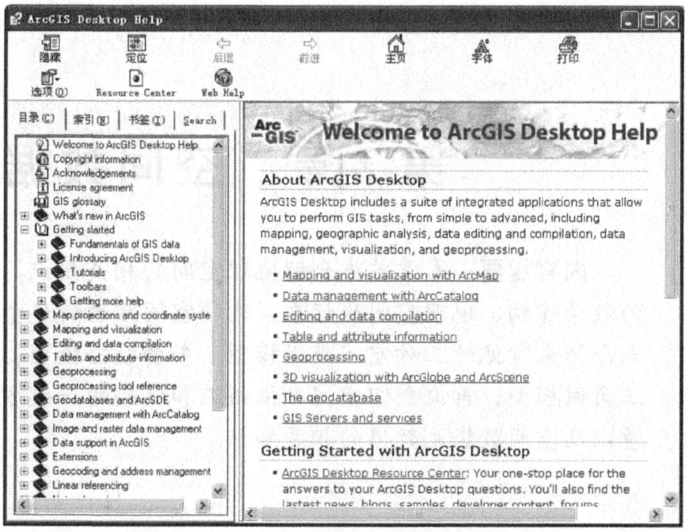

图 1.11　ArcGIS 桌面软件的帮助文档

5. 认识 GIS 的主要功能

（1）数据获取：在 ArcMap 中打开 Editor 工具条（View→Toolbars→Editor），了解该工具条上的主要功能，特别是数据输入与数据编辑功能。

（2）数据操作：在 ArcToolbox 中打开 Conversion Tools 工具箱，了解其中关于数据转换的工具（图 1.10）；打开 Data Management Tools 工具箱，了解其中关于数据管理，特别是数据概化（Generalization，又称制图综合）的工具。

（3）数据集成：在 ArcCatalog 中选中 C：\arcgis\ArcTutor\Getting_Started\Greenvalley\Data\GreenvalleyDB，（图 1.9），对其中的各项数据进行浏览，了解 GIS 中空间数据的存储与组织。

（4）数据分析：在 ArcToolbox 中分别打开 Analysis Tools、3D Analyst Tools、Network Analyst Tools、Tracing Analyst Tools、Spatial Analyst Tools 等工具箱，了解其中关于空间数据常规分析、三维分析、网络分析、跟踪分析、空间分析的各类工具。

（5）产品输出：在 ArcMap 中打开任一地图（如 C：\arcgis\ArcTutor\Getting_Started\Greenvalley\Greenvalley.mxd），点击 File→Export Map，打开地图输出对话框，了解 GIS 关于地图输出的功能。

第2章 空间数据基础

内容提要：本章首先介绍地理空间的相关知识，包括地理空间、地理空间的数学建构、地理空间坐标系、地理空间距离的度量方法、拓扑关系；其次重点介绍最常见的三种空间数据模型：矢量数据模型、栅格数据模型以及不规则三角网模型；再次介绍空间数据组织和编码的一般方法；最后介绍空间数据质量以及空间数据元数据的相关知识。

2.1 地理空间

2.1.1 空间与地理空间的概念

不同的学科对“空间”（space）的概念有不同的表述。从天文学角度看，空间指时空连续体系的一部分；从物理学角度看，空间指宇宙在三个相互垂直方向上所具有的广延性；从地理学角度看，空间可以认为是地表各种物质形态的分布场所。

一般认为，地理空间（geographic space）的范围上至大气电离层、下至地幔莫霍面，是地球上大气圈、水圈、生物圈、岩石圈和土壤圈交互作用的区域。地球上最复杂的物理过程、化学过程、生物过程和生物地球化学过程均发生在地理空间中；同时，地理空间也是人类活动频繁发生的区域，是人地关系中最为复杂和紧密的区域。

在地理信息系统中，地理空间被定义为绝对空间和相对空间两种形式。绝对空间是具有属性描述的空间位置的集合，由一系列不同位置的空间坐标值组成，常用经纬度、平面直角坐标等方式表示；相对空间是具有空间属性特征的实体的集合，由不同实体之间的空间关系构成（陈述彭等，1999）。

2.1.2 地理空间的数学建构

为了深入研究地理空间，需要对地球表面建立几何模型，确定地理空间坐标系，实现对地理空间数据的量度和表达。地理空间的数学建构，经历了从地球的自然表面，到物理表面，再到数学表面的认识过程。

1. 地球的自然表面

地球是一个近似于梨形的椭球体，其表面形态是多种内、外地貌营力在漫长的地质年代里综合作用的结果，非常复杂，难以用一个简洁的数学表达式描述出来，不适合于数字建模。在该表面上进行长度、面积、体积、方向等的量测都面临非常大的困难。

2. 物理表面

由于 71%的地球表面被流体状态的海水所覆盖，因此，可以假设当海水处于完全静止的平衡状态时，将海平面延伸到所有大陆下部，形成一个与地球重力方向处处正交的连续、闭合的水准面，这就是大地水准面。大地水准面所围成的球体即为大地球体。由于大地水准面实际上是一个起伏不平的重力等位面，因此它是一个地球物理表面。由于地球内部质量不均，重力线并不全都指向地心，因此大地水准面也仍然是一个具有高低起伏的不规则表面，不能用数学模型来进行定义和表达。尽管这样，但它已经比地球的自然表面平滑了许多，并且在重力场研究、高程测量等方面有很好的应用。

3. 数学表面

大地水准面虽然十分复杂，但从整体上看，起伏是很微小的，很接近绕地球自转轴旋转的椭球体，所以在大地测量和地图制图中就采用旋转椭球体来代替大地体，通称地球参考椭球体。三轴椭球体作为地球椭球体的一种，在数学上可行，又十分接近大地水准面（图 2. 1a）。它的定义如下：设椭球体短轴上的半径为 c，它表示从极地到地心的距离；椭球体长轴和中轴上的半径记为 a 和 b，它们分别是赤道上的两个主轴。

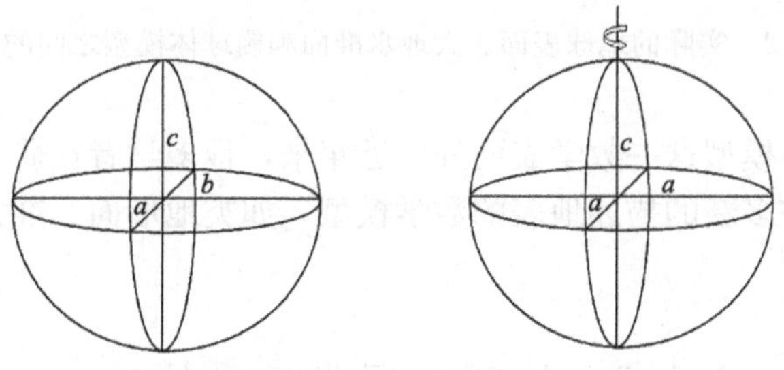

图 2. 1　三轴椭球体模型与旋转椭球体模型

三者关系用数学公式表示为

$$\frac{x^2}{a^2}+\frac{y^2}{b^2}+\frac{z^2}{c^2}=1 \tag{2.1}$$

依据不同的大地水准面测量数据，可以得到不同的三轴椭球体数学模型。大量的研究结果表明，赤道扁率比极地扁率小得多。因此为了便于计算，可假定赤道面为圆形，把用 a 代替 b 的双轴椭球体作为地球形体的参考模型（图 2. 1b）。双轴椭球体又称为旋转椭球体，相当于将一个椭圆绕地轴旋转所形成的椭球体。因此式（2. 1）就变为

$$\frac{x^2}{a^2}+\frac{y^2}{a^2}+\frac{z^2}{c^2}=1 \tag{2.2}$$

影响旋转椭球体的参数主要有长半径 a（即赤道半径）、短半径 c（即极半径），以及表示椭球体扁平程度的椭球体扁率 f，其表达公式为 $f=(a-c)/a$，这三个参数被称

为地球椭球体的三要素（蔡孟裔等，2000）。

旋转椭球体是地球表面几何模型中最简单的一类模型，为世界各国所普遍采用。但由于测定者、计算年代、采用的测定方法以及测定地区的不同，对椭球体的描述也不尽相同。我国在 1952 年以前采用海福特（Hayford）椭球体，从 1953 年起改用苏联的克拉索夫斯基（Krasovsky）椭球体，1978 年决定采用 1975 年第十六届国际大地测量及地球物理联合会（IUGG/IAG）推荐的新的地球椭球体，称为 IAG75 椭球体，而目前 GPS 定位所采用的椭球体为 1984 年第十七届国际大地测量及地球物理联合会推荐的 WGS84 椭球体。

实际的地球表面、大地水准面和椭球体模型之间的关系如图 2.2 所示（汤国安和赵牡丹，2000）。

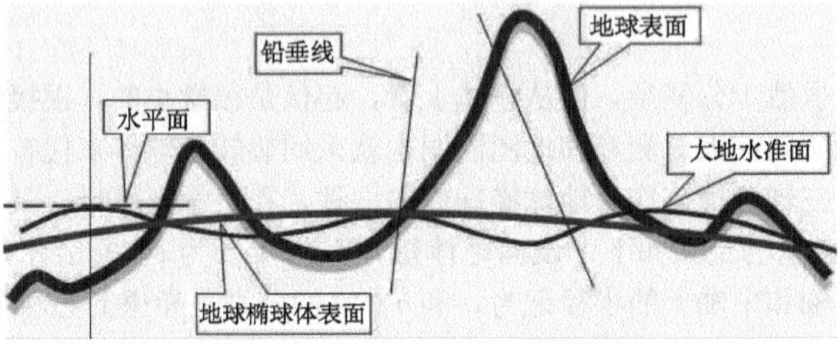

图 2.2　实际的地球表面、大地水准面和椭球体模型之间的关系

除了旋转椭球体模型这一数学表面外，近年来，很多学者在研究其他一些大地测量学问题时，提出了许多新的描述地表的数学模型，如类地形面、准大地水准面、静态水平衡椭球体等。

2.1.3　地理空间坐标系的建立

1. 地理坐标系

地理坐标系是为了确定地面点在地球椭球体表面的位置而定义的空间参照系，主要用经纬度来表示。如图 2.3 所示，经过地球表面的某点 M 与地轴（南、北两极的连线）的面与地球表面相交的线为子午线。M 点纬度可以用从 M 点开始沿法线到赤道所形成的夹角测量，经度可以用过 M 点的子午面和通过格林尼治天文台旧址的本初子午面在赤道平面上所形成的夹角来测量。以本初子午线为基准，向东、向西各分 180°，之东为东经，之西为西经；以赤道为基准，向南、向北各分 90°，之南为南纬，之北为北纬。因此，M 点的地理坐标定义为 60°E，55°N。

世界各国采用的坐标系各不相同。在同一个国家或地区，不同的时期也可能采用不同的坐标系。我国于 1954 年建立了“1954 年北京坐标系”，该坐标系统引进苏联的克拉索夫斯基椭球体为参考椭球，是苏联 1942 年坐标系的延伸，其坐标原点在苏联的普尔科沃。经过几十年的实践证明，使用克拉索夫斯基椭球体已经不能很好地满足我国大地测量以及空间定位的需要，因此于 1980 年决定建立新的中国国家大地坐标系，新的国家大地坐标系采用 1975 年第十六届国际大地测量及地球物理联合会推荐的 IAG75 椭球体，以陕西省西安市以北泾阳县永乐镇某点为国家大地坐标原点，建立起全国统一的大地坐标系，称为“1980 西安坐标系”。由于受技术条件的制约，该大地坐标系的成果精度偏低、无法满足新技术的要求。随着空间技术的发展成熟与广泛应用，迫切要求国家提供高精度、地心、动态、实用、统一的大地坐标系作为各项社会经济活动的基础性保障。因此，我国决定自 2008 年 7 月 1 日起启用“2000 国家大地坐标系”（China Geodetic Coordinate System 2000，CGCS2000），其原点为包括海洋和大气的整个地球的质量中心，采用的椭球参数为：长半轴 $a=6\ 378\ 137\text{m}$、扁率 $f=1/298.257\ 222\ 101$、地心引力常数 $\text{GM}=3.986\ 004\ 418\times10^{14}\,\text{m}^3/\text{s}^2$、自转角速度 $\omega=7.292\ 115\times10^{-5}\,\text{rad/s}$。

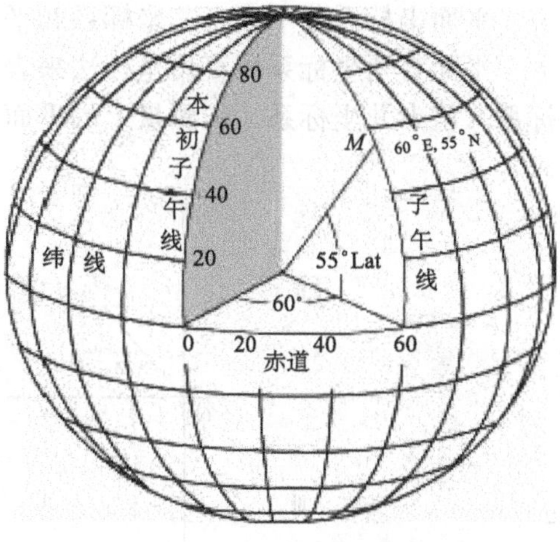

图 2.3　地理坐标系

2. 平面坐标系

依据旋转椭球体参数，采用一定的地图投影变换方法，可以将球面空间转换成平面空间，建立平面坐标系，形成球面上点与平面上点的一一对应关系（图 2.4）。尽管从球面到平面的转换存在着长度变形、面积变形或角度变形，但是通过一定的方式，可以将这种变形限制在一定的范围之内。更为重要的是，平面坐标有良好的视觉感，并易于进行距离、方向、面积等空间参数的量算，以及进一步的空间数据处理和分析。

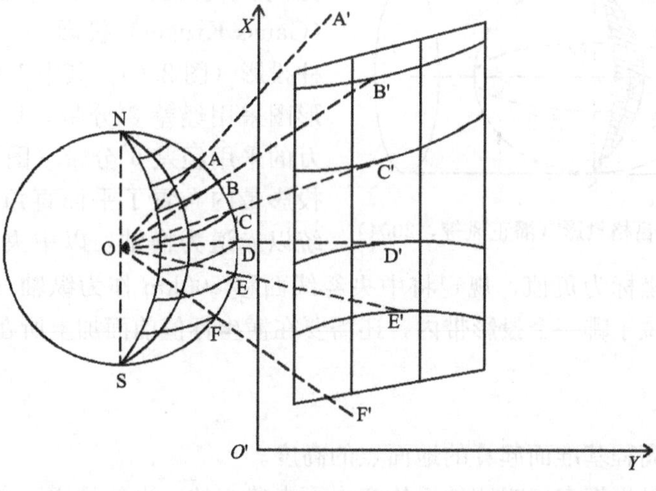

图 2.4　平面坐标系（祝国瑞，2004）

平面坐标系分平面直角坐标系和平面极坐标系。

平面直角坐标系用直角坐标法来表示地面点的平面位置，分为数学上的平面直角坐标系（笛卡儿坐标系）和测量上的平面直角坐标系，两者的关系如图 2.5 所示。

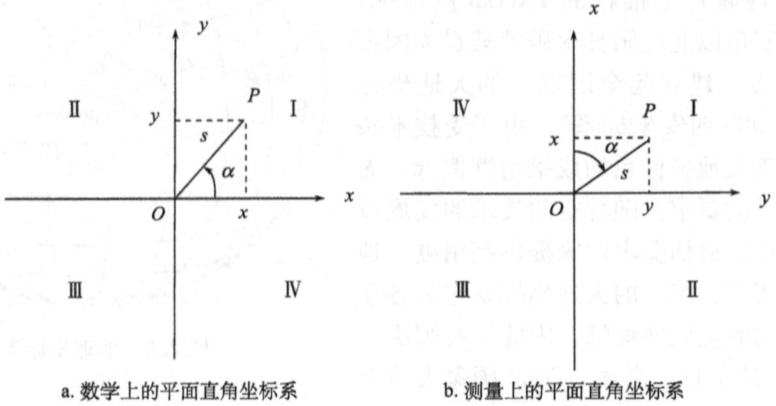

图 2.5　数学上的平面直角坐标系与测量上的平面直角坐标系

平面极坐标系用极坐标法，即用到原点的距离和方向来表示地面点的平面位置。如图 2.5a 所示，任意给定一个原点，则距离 s 和角 α 定义了 P 点的平面极坐标位置。极坐标（s，α）和直角坐标（x，y）的相互关系为

$$x = s\cos\alpha ; y = s\sin\alpha \tag{2.3}$$

$$s = \sqrt{x^2 + y^2} ; \alpha = \arctan(y/x) \tag{2.4}$$

在地理信息系统实际应用中，主要采用平面直角坐标系，平面极坐标系主要用在地图投影以及测绘理论研究中。

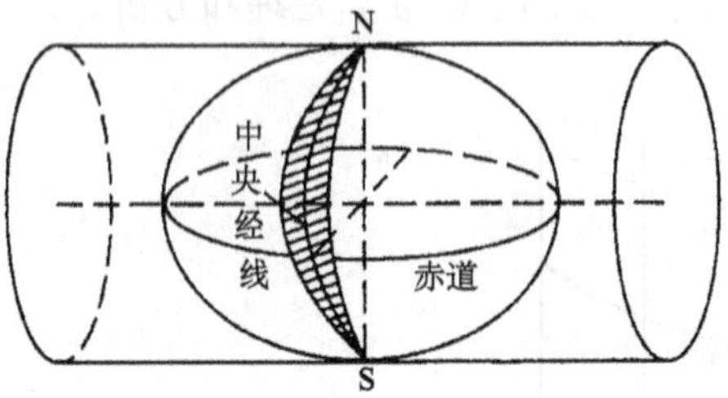

图 2.6　高斯-克吕格投影（潘正风等，2004）

我国国家基本比例尺地形图中的大中比例尺地图，一律采用高斯-克吕格（Gauss-Kruger）投影——横轴等角切椭圆柱投影（图 2.6）。其中 1∶1 万比例尺的地形图采用经差 3°分带，1∶2.5 万～1∶50 万的采用经差 6°分带（图 2.7）。在每一个投影带内布置了平面直角坐标系统，该系统以赤道为横轴，以中央经线为纵轴。在我国，为避免横坐标为负值，规定将中央经线西移 500km 作为纵轴（图 2.8）。此外，为便于区别某点位于哪一个投影带内，还需要在横坐标值前面加上所在的带号。

3. 高程系

高程是指由高程基准面起算的地面点的高度。

高程基准面是根据多年观测的平均海水面来确定的。也就是说，高程是指地面点到平均海水面间的垂直高度，也称为绝对高程或海拔。地面点之间的高程差称为相对高

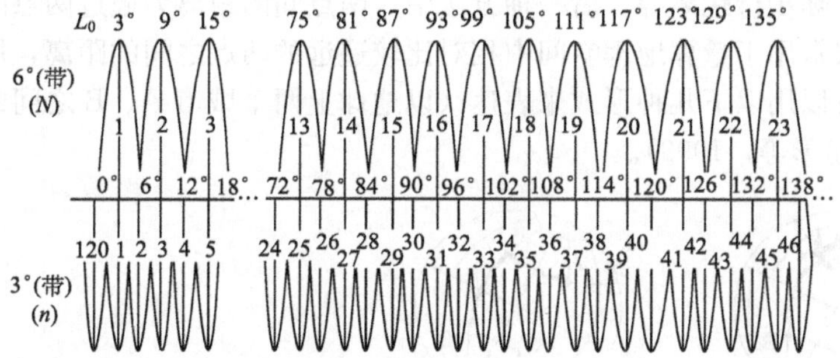

图 2.7　6°和 3°分带（潘正风等，2004）

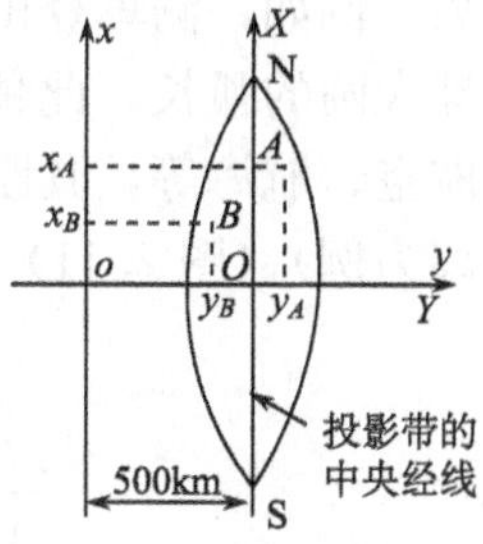

图 2.8　国家统一坐标
（潘正风等，2004）

程，也称为高差。如图 2.9 所示，H 与 H' 表示点 A 与点 B 的绝对高程，h 则表示点 A 与点 B 的高差，即相对高程。

由于不同地点的验潮站所得的平均海水面之间存在着差异，所以，选用不同的基准面就有不同的高程系统。

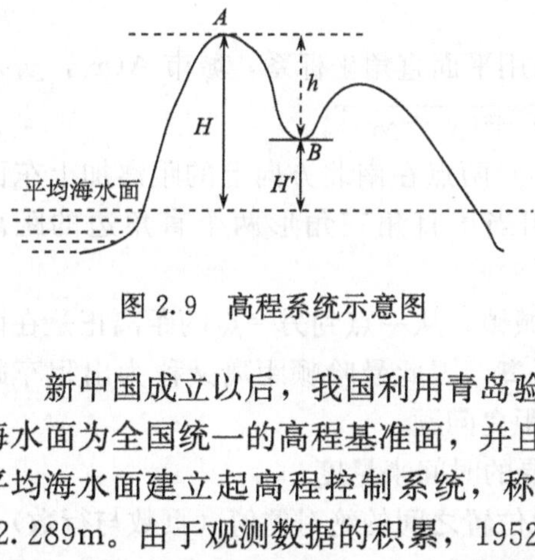

图 2.9　高程系统示意图

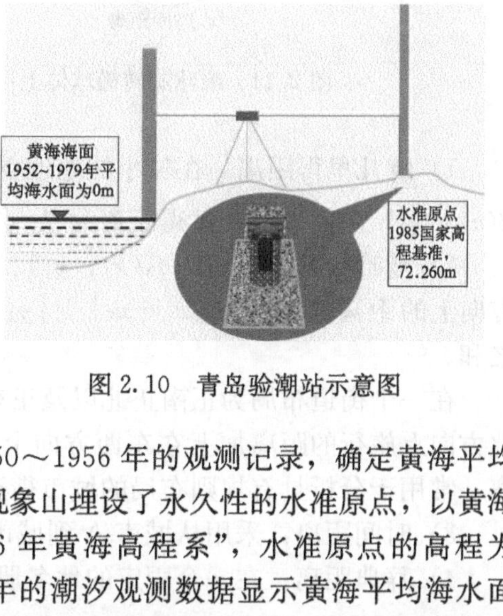

图 2.10　青岛验潮站示意图

新中国成立以后，我国利用青岛验潮站 1950～1956 年的观测记录，确定黄海平均海水面为全国统一的高程基准面，并且在青岛观象山埋设了永久性的水准原点，以黄海平均海水面建立起高程控制系统，称为“1956 年黄海高程系”，水准原点的高程为 72.289m。由于观测数据的积累，1952～1979 年的潮汐观测数据显示黄海平均海水面发生了微小的变化。因此，1987 年国家决定启用新的高程基准面，即“1985 国家高程基准”。由于水准原点的新高程为 72.260m，因此，新的高程基准面比原基准面上升了 29mm（图 2.10）。

2.1.4　地理空间距离的度量

地理空间中两点间的距离有两种度量方法：一种是沿着真实的地球表面进行的；另一种是沿旋转椭球体表面进行的。前一种方法中，两点间的距离不仅与这两点的地理坐标有关，还与所通过路径的地形起伏程度有关，起伏度越大，距离越长。由于地球表面的起伏特征非常复杂，因此这种测量方法一般用于量算相对较近、起伏较大的两点间的距离。例如，测算登山者实际步行距离等。后一种方法中，两点间的距离为通过两点的地球大圆的弧长。此种方法常用于量算地理空间中相对比较遥远的两点之间的距离，用于航空、航海等，其距离可以用以下几种形式来表达（以地球上两个城市 A、B 之间的距离为例）（图 2.11）（陈述彭等，1999）。

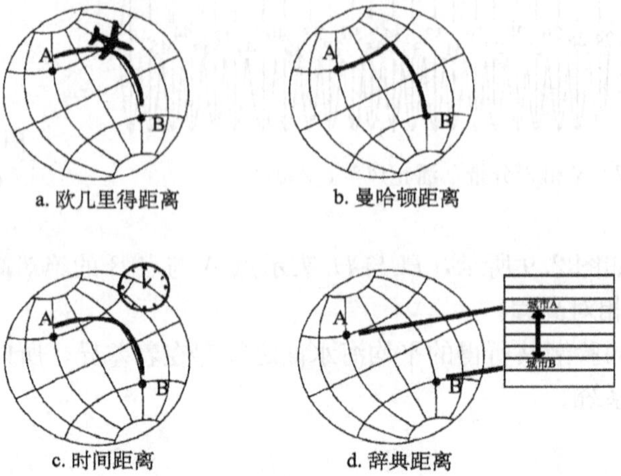

a. 欧几里得距离　　b. 曼哈顿距离

c. 时间距离　　d. 辞典距离

图 2.11　地球旋转椭球体上不同的距离度量方法（陈述彭等，1999）

1）欧几里得距离：在较小的地理空间中，采用平面直角坐标系，城市 A(x_1, y_1)、B(x_2, y_2) 之间的欧几里得距离为 $d=\sqrt{(x_2-x_1)^2+(y_2-y_1)^2}$。

2）曼哈顿距离：城市 A(x_1, y_1)、B(x_2, y_2) 两点在南北方向上的距离加上东西方向上的距离，即 $d=|x_2-x_1|+|y_2-y_1|$，相当于直角三角形两个直角边的距离之和。

在一个街道布局为正南正北以及正东正西的城镇，从一点到另一点的距离正是在南北方向上旅行的距离加上在东西方向上旅行的距离，因此曼哈顿距离又称为出租车距离，常用于分析具有规则布局的城市街道的相关距离问题。

3）时间距离：采用从城市 A 到城市 B 所需要的时间来量度。

4）辞典距离：在一个固定的地名册中，两地位置之间的绝对差值（页数与行数）。

2.1.5　地理空间的拓扑关系

地理学不仅研究具体的地理对象，还研究这些对象之间的相互作用关系，即空间关系。空间关系主要有三类：一是拓扑空间关系；二是顺序空间关系；三是度量空间关系（陈述彭等，1999）。以下重点介绍拓扑空间关系。

“拓扑”（topology）一词来源于希腊文，意思是“形状的研究”。拓扑学是几何学的一个分支，它主要研究那些经过特定变换后仍然保持不变的几何属性——拓扑属性，这些变换包括拉伸、压缩等。

为了便于理解拓扑变换以及拓扑属性，可以把欧氏平面想象成一块橡皮，这块橡皮可以任意地被拉伸、压缩，但是不能够被扭转以及折叠，其表面上有由结点、弧段和多边形组成的任何可能的图形。如果对这块橡皮进行拉伸、压缩，但不对其进行扭转以及折叠，则在这块橡皮形状的变换过程中，图形的一部分属性保持不变，而另一部分属性将会发生变化。例如，假设橡皮表面上有一个多边形，其内部有一个点，在对橡皮进行拉伸、压缩后，点仍然存在于多边形内部，即点与多边形的空间位置关系没有改变，但是多边形的面积却发生了变化。

橡皮的这种拉伸和压缩称为拓扑变换，在这种变换中，能够保持不变的属性称为拓扑属性，发生变化的属性称为非拓扑属性。上例中，“点的内置”为拓扑属性，面积则是非拓扑属性。表 2.1 列举了欧氏平面上实体对象常见的拓扑和非拓扑属性。

表 2.1　欧氏平面上实体对象常见的拓扑与非拓扑属性

属性类型	属性示例
拓扑属性	点在弧段的端点 点在多边形边界上 点在多边形内部 点在多边形外部 点在环的内部 弧段是一个简单的弧段（弧段自身不相交） 面是一个简单的面（面上没有“岛”） 面的连接性（面内任意两点可以通过面的内部沿任意线路连接起来）
非拓扑属性	两点之间的距离 一个点指向另一个点的方向 弧段的长度 多边形的周长 多边形的面积

资料来源：陈述彭等，1999

拓扑学为空间关系的研究提供了数学方法。在地理空间关系研究中，它通过地理特征的序列研究，揭示空间关系的不同类型。根据空间对象的不同，拓扑空间关系有多种形式，包括面与面、面与线、面与点、线与线、线与点、点与点等，而每一种形式的空间关系又包含更多的子形式。根据空间对象的类别与等级，拓扑关系主要有以下三种类型（图 2.12）。

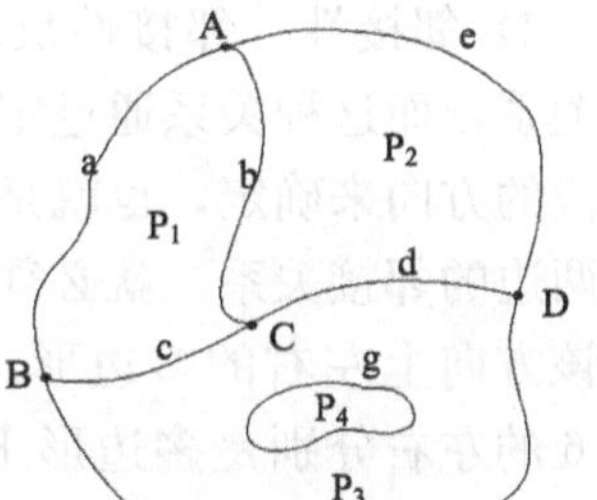

图 2.12　空间数据的拓扑关系

A、B、C、D 为结点，a、b、c、d、e、f、g 为弧段，P_1、P_2、P_3、P_4 为多边形

1）拓扑邻接关系：存在于空间图形同类元素之间的拓扑关系。例如，P_1 与 P_2 之间的邻接关系；点 A 与点 B 之间的邻接关系等。

2）拓扑关联关系：存在于空间图形不同类元素之间的拓扑关系。例如，结点 A 与弧段 a、b、e 之间的关联关系；多边形 P_1 与弧段 a、b、c 之间的关联关系等。

3）拓扑包含关系：空间图形同类但不同级别元素之间的拓扑关系。例如，多边形 P_3 包含多边形 P_4。

在地理空间中，连接性、多边形区域定义、邻接性是三个非常重要的拓扑概念。

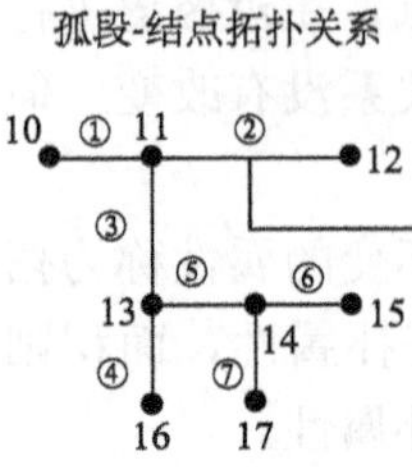

弧段-结点列表

弧段	起点	终点
1	10	11
2	11	12
3	11	13
4	13	16
5	13	14
6	14	15
7	14	17

图 2.13　弧段的连接性

1）连接性：弧段与结点的拓扑关系体现了连接性。每个弧段都有一个起始端点与一个终止端点，弧段的方向为从起始端点到终止端点，所有弧段的端点序列就定义了弧段与结点之间的拓扑关系，计算机通过端点序列中的弧段之间的共同端点来判断弧段之间的连接性。如图 2.13 所示，弧段①与②有共同的结点 11，因此，计算机通过追踪弧段①并转到弧段②是可能的，而①与⑤没有共同的结点，要直接从弧段①追踪到弧段⑤是不可能的，但可以通过弧段结点列表中弧段③的结点而间接追踪。

2）多边形区域定义：多个弧段首尾相连构成了多边形的内部区域。多边形与弧段之间的拓扑关系体现了多边形区域的定义。如图 2.14 所示，弧段 7、8、9、10 组成了多边形 F，其中弧段 7 构成了多边形的内岛 E。

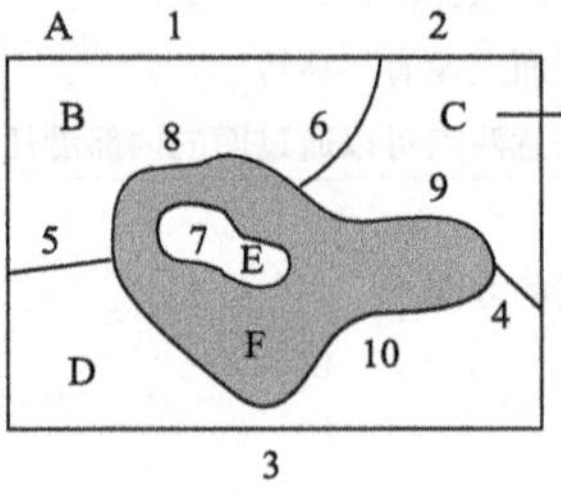

多边形-弧段拓扑关系

多边形	弧段列表
B	1, 6, 8, 5
C	2, 4, 9, 6
D	3, 5, 10, 4
E	7
F	8, 9, 10, 0, 7

图 2.14　多边形与弧段的拓扑关系

3）邻接性：邻接性反映弧段的左与右的拓扑关系，而这种关系通过定义弧段的左右边以及弧段的方向来确定，也就是说，计算机要判断弧段两边的邻接关系，就必须明确弧段的方向以及在该方向上左右的多边形。如图 2.15 所示，弧段 6 的左右分别是多边形 B 和多边形 C，因此，多边形 B 和多边形 C 具有邻接性。图 2.14 中，虽然也可通过判断组成多边形的弧段中是否有公共的弧段来确定多边形是否相邻（如多边形 B 和 C 因为都有弧段 6 而相邻），但不能确定多边形相对于弧段的左右关系。

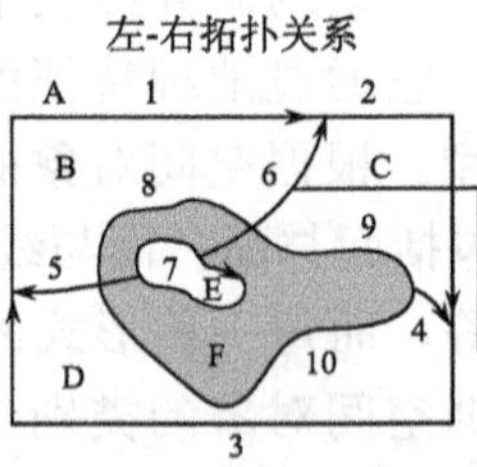

孤段	左多边形	右多边形
1	A	B
2	A	C
3	A	D
4	C	D
5	D	B
6	B	C
7	F	E
8	B	F
9	C	F
10	D	F

图 2.15　多边形的邻接性

空间数据的拓扑关系研究对数据处理和空间分析等具有重要的意义。

1）拓扑关系清晰地反映了地理实体之间的逻辑关系。通过它不需要利用坐标或距离，就可以确定一种空间实体相对于另一种空间实体的位置关系，它比几何数据有更大的稳定性，不随地图投影的变化而变化。

2）利用拓扑关系有利于空间要素的查询。例如，一条公路穿过哪些地区；某县与哪些县邻接；某湖泊周围的土地类型有哪些等。

3）可以利用拓扑数据作为工具，重建地理实体。例如，根据弧段构建多边形；根据车站与公交线路构建公交网络等。

此外，拓扑关系还可以为数据错误检查、空间数据编辑、属性数据输入、空间分析功能的实现等方面提供方便。

2.2　空间数据模型

空间数据模型是对现实世界中的空间实体及其相互联系的一种描述，它为空间数据的组织和空间数据库的设计提供了基本思想和方法。在地理信息系统中，主要有矢量数据模型、栅格数据模型及不规则三角形网模型等几种基本的数据模型。

2.2.1　矢量数据模型

1. 矢量数据模型的概念

矢量数据模型是一种通过记录空间“坐标对”的方式，以点、线、面等形式来描述空间目标对象位置，以标识符表达对象属性的一种数据模型。例如，用点来表达一个城市、用线来表达一条公路、用面来表达一个湖泊，这些点、线、面的属性通过标识符来记录和连接。矢量数据模型能够直观地表达地理空间，也能精确地表示地理实体的空间位置及其属性，还能够方便地进行比例尺变换、投影变换以及图形的输入和输出。

2. 矢量数据模型的表达

空间数据具有一定的位置，矢量数据在表达空间位置时，根据其特征可分为零维、一维、二维、三维矢量，不同维数的空间数据表达方式有差异（陈述彭等，1999）。

（1）零维矢量

零维矢量即空间中的一个点，通常用来描述抽象的点状实体，如一个钻孔、一个城市。在数学上，点没有大小、方向。点在二维欧氏空间中用唯一的实数对（x，y）来表示（图 2.16a），在三维欧氏空间中用唯一的数组（x，y，z）来表示。

（2）一维矢量

一维矢量即空间的一条线，通常用来表示空间中的线要素，如公路和河流；或者用来描述空间对象之间的边界，也称为弧段、链。一维矢量有长度，但没有宽度和高度。在二维欧氏空间中用一组离散的实数点对来表示一维矢量，如（x_1，y_1），（x_2，y_2），…，（x_n，y_n），其中 n 为大于 1 的整数（图 2.16a）。在三维欧氏空间中则表示为（x_1，y_1，z_1），（x_2，y_2，z_2），…，（x_n，y_n，z_n）。（x_1，y_1）或（x_1，y_1，z_1）称为起始点，（x_n，y_n）或（x_n，y_n，z_n）称为终止点。起始点和终止点统称为结点。位于起始点和终止点之间的点称为拐点。一维矢量的方向起于起始点，结束于终止点。一维矢量的长

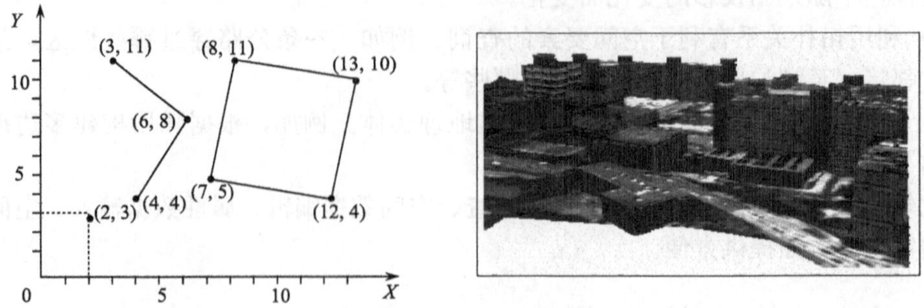

a.二维欧氏空间中的零维、一维、二维矢量　　b. 三维矢量

图 2.16　矢量数据模型的表达

度等于在矢量方向上相邻两点之间距离之和。在欧氏空间中，其距离 d 可以表示为

$$d=\sum_{i=2}^{n}\sqrt{(x_i-x_{i-1})^2+(y_i-y_{i-1})^2} \tag{2.5}$$

在三维空间中，一维矢量的距离概念有两种：一种是平面投影的距离，与欧氏距离的定义一致；另一种是沿路程的实际距离，可以表示为

$$d=\sum_{i=2}^{n}\sqrt{(x_i-x_{i-1})^2+(y_i-y_{i-1})^2+(z_i-z_{i-1})^2} \tag{2.6}$$

（3）二维矢量

二维矢量即空间中的一个面，通常用来表示空间中的面状要素，如岛屿、湖泊、地块、行政区域等。在二维欧氏空间中它是指由一组弧段所围成的闭合区域，也称为多边形（图 2.16a）。在三维欧氏空间中，二维矢量为空间曲面。目前通过二维矢量对空间曲面的表达主要有等高线和剖面法两种，前者通过设置等高距，把具有相同高程值的点连接起来形成等高线，这些等高线就可完成对空间曲面的描述；后者是按一定的间距和剖面方向切割空间曲面，切割而成的多组剖面就完成了对空间曲面的描述。二维矢量的参数包括面积、周长、凹凸性、走向、倾角和倾向等。

（4）三维矢量

三维矢量是指三维空间中的实体，是由一组或多组空间曲面所包围的空间对象，它具有体积、长度、宽度、高度、空间曲面的面积、空间曲面的周长等属性，如对建筑、矿体等三维目标的表述（图 2.16b）。

3. 矢量数据模型的特征

（1）定位明显、属性隐含

矢量数据模型定位可根据坐标直接存储，而属性则一般隐含于文件夹或数据结构中的某些特定的位置上。这种特点使其图形运算的算法总体上比栅格数据结构复杂得多，有些甚至难以执行；但有些地方也有其便利和独到之处，例如，在长度与面积的计算、形状和图形编辑、几何变换操作中，矢量数据模型有很高的效率和精度。

(2) 形象直观

在矢量数据模型中，可以用点、线、面、体来描述空间对象，例如，用点描述监控点、独立的树，用线描述河流、道路，用面描述湖泊、林地等区域，用体描述建筑等。而这种描述与空间对象的形态类似，易于被人理解和接受，因而形象直观。

(3) 特别适合模拟离散的空间数据

离散数据，如土壤、森林、草原、土地利用等，它们在空间上的变化不是连续变化的，属性变化发生在边界上，面的内部是同质的，因此用矢量数据来进行描述比较方便。

(4) 精度高

由于矢量数据模型模拟空间对象时通过记录坐标对表达其空间位置，因此其表达数据的精度较高。矢量数据的模拟精度与坐标点的数量、质量有直接关系。坐标点的数量越多、取点位置越精确，模拟精度就越高。

4. 矢量数据的获取

(1) 利用各种定位仪器设备获取

利用各种定位仪器设备如 GPS、全站仪、经纬仪等采集空间坐标数据，可以快速地测得地球表面上任意一点的坐标，用以描述点、线、面等地理实体的空间位置，并可直接将坐标数据输入计算机。

(2) 以硬拷贝数据方式获取

硬拷贝数据获取主要有两种方式：一是通过对纸质地图的数字化得到；二是通过图表或文字数据中的坐标数据利用 GIS 软件生成。

(3) 通过间接转换的方式获取

此种方式也包括两种获取方法：一是通过栅格数据的转换而来，这种方法在利用遥感数据动态更新地理信息系统数据库时尤为有用；二是利用已有的数据通过空间分析运算得到，例如，叠加分析、缓冲区分析等空间分析运算都可以生成新的矢量数据。

2.2.2　栅格数据模型

1. 栅格数据模型的概念

栅格数据模型是一种用规则排列的像元阵列来描述空间目标对象的数据模型。在栅格数据模型中，对空间实体的最小表达单位为一个像元或像素（cell 或 pixel），依行列构成的像元阵列称为栅格（grid）。栅格像元最常用的形状是正方形，但也可能是长方形、三角形或六边形。图 2.17 为栅格数据，该栅格由 36 个正方形像元组成，这些像元具有 4 种不同的属性。

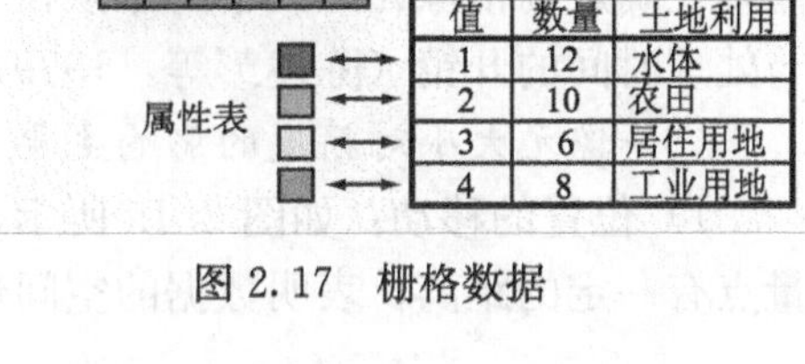

图 2.17　栅格数据

2. 栅格数据模型的表达

在栅格模型中，点表现为具有一定数值的栅格像元；线表现为按线形特征相连接的一组相邻像元，每个栅格像元最多只有两个相邻像元在线上；面表现为按二维形状特征连续分布的一组像元，每个栅格像元可以有多于两个的相邻单元属于同一区域。图 2.18 为二维空间中的点、线、面矢量数据采用栅格数据来表达的情况。

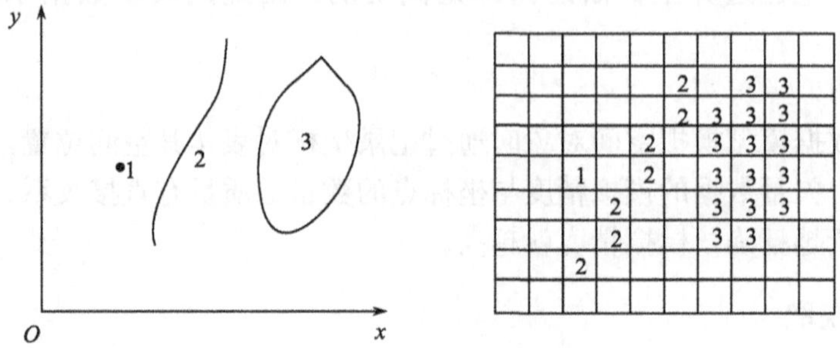

图 2.18　点、线、面的栅格表示

3. 栅格数据模型的特征

(1) 属性明显，定位隐含

栅格数据直接记录空间对象的属性本身，而所在位置则根据像元的行列号转换为坐标得到。如图 2.18 所示，栅格数据表达了属性值为 1 的一个点实体、属性值为 2 的一个线实体和属性值为 3 的一个面实体。栅格数据的阵列方式很容易为计算机存储和操作，而且易于维护和修改。

(2) 像元的大小直接影响空间数据表达的精度以及数据的处理时间和存储空间

栅格像元的大小表征栅格数据的空间分辨率，它依赖于每个像元所实际代表的地面区域大小。每个像元所代表的地面区域越小，栅格阵列的分辨率就越高，该数据就越能表达地理空间现象的细微特征，但是数据量就越大，数据的处理时间也越长。例如，一个分辨率为 100m×100m 的数据，要表达 $1km^2$ 的区域就需要 10×10 即 100 个栅格像元；若分辨率采用 1000m×1000m，则表达同样面积的区域只需要一个栅格像元就可以了。很明显，前者的表达更加精确。若每个栅格像元占用一个计算机存储单位，即一个字节（byte)，处理一个栅格像元需要 1 分钟，那么前者就需要占用 100 字节的存储空间，需要 100 分钟的时间来处理数据，而后者只需要 1 个字节的空间和 1 分钟的时间。由此可见，随着分辨率的提高，数据的存储空间以及处理时间将以几何级数增加。因而，在确定栅格像元的大小时必须在考虑数据精度要求的同时，还要考虑数据存储空间与处理时间的开销（陈述彭等，1999)。

(3) 像元大小对精度的影响主要表现为位置的移动、形状的畸变以及属性的偏差

1) 位置的移动：如图 2.19 所示，矢量的点在栅格化后，像元的中心点与原来的矢量点有一定的距离，表明数据的空间位置发生了一定的移动，并且分辨率越低（像元增

大)，移动越明显，精度越低。理论上，最大的位移量为像元大小的 0.707 倍。

2）形状的畸变：如图 2.20 所示，多边形在栅格化后，形状发生了畸变，并且分辨率越低，畸变越明显，精度越低。

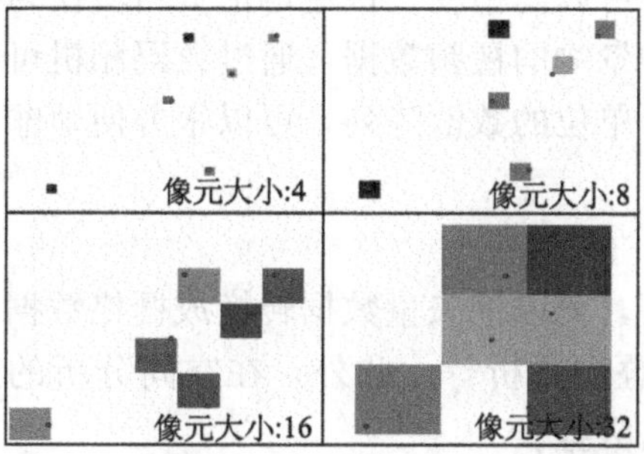

图 2.19　位置的移动

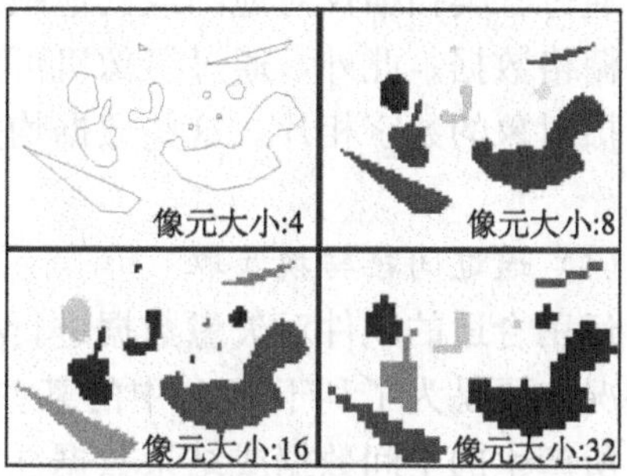

图 2.20　形状的畸变

3）属性的偏差：如图 2.21 所示，点在栅格化后，当像元大小为 32 时，像元属性与点的属性保持一致；当像元大小为 64 时，属性值为 13 和 16 的点转化为同一个像元，其值只能取其一，因此造成像元的属性出现偏差。由此可见，随着栅格数据分辨率的降低，数据属性越有可能出现偏差，精度越低。

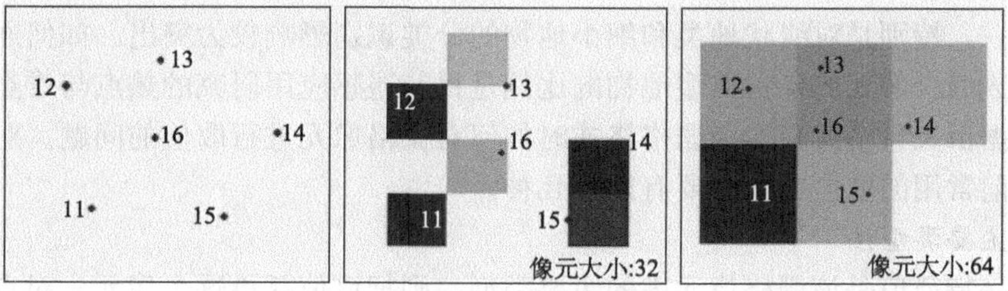

图 2.21　属性的偏差

4. 栅格数据的获取

（1）通过遥感方式获取

通过遥感手段获得的遥感数字影像数据本身就是一种栅格数据。它是遥感传感器在某个特定的时间对一个区域地面景象的辐射和反射能量的扫描抽样，并按不同的光谱段分光并量化后，以数字形式记录下来的像素值序列。由于遥感技术的大量应用，该种方式已经成为 GIS 中栅格数据的一个主要来源。

（2）规则点采样、不规则点采样及插值

规则点采样适用于研究区域不大和数据分辨率要求不高的情况。它首先将研究区域划分为均匀的网格，其次逐个网格地确定其属性值，最后形成栅格数据。

由于受自然条件、人力、物力、财力等方面的限制，规则布点的采样不容易实现。很多情况下，采样点是不均匀分布的（如气象观测站）。通过对观测数据进行空间插值计算即可得到每个像元的属性值。常用的插值方法有反距离权重插值法、样条函数插值法以及克里格插值法等。

(3) 通过扫描仪、摄像机等设备获取

通过各类扫描仪对地图或其他图件的扫描，可以高精度、快速地把资料转换为标准化的栅格数据。此外，通过摄像机可以获取各种景物的视频数据，通过数码相机可以获取所摄对象的数字相片。这些数据均是以行列为单位的数值阵列，可以很方便地输入计算机。

(4) 通过间接转换获取

运用合适的软件对矢量数据进行栅格化处理，可以把矢量数据转换成栅格数据。这种情况主要是为了利于 GIS 中的某些操作，如叠加分析等。此外，在空间分析的过程中，所产生的中间数据或结果数据往往也是栅格数据。

5. 栅格像元属性的决定方式

在栅格数据中，通常一个栅格像元用一种属性表示，但是当栅格数据分辨率较低或属性所表示的空间现象很细微时，常出现一个栅格像元同时具有多个属性的现象，这时需要对栅格像元进行属性取值判断。一般有两种情况需要对像元取值进行判断：一种是对存在于遥感等栅格图像中的混合像元进行取值判断。混合像元是指在一个像元内存在不同类型的地物，主要出现在地物的交界处。混合像元的存在是影响分类识别精度的主要因素之一，特别是对线状地类和细小地物的分类识别影响较为突出。如何通过一定方法找出组成混合像元的各种典型地物的比例是目前遥感应用研究的热点与难点。另一种情况是数据由矢量格式转换为栅格格式时如何对栅格像元进行取值的问题。对于后一种情况，目前常用的取值方法主要有以下几种。

(1) 主要类型法

若某一特征值是该栅格像元内的主要类型，则把该值赋给这个像元。对点而言，则按出现次数最多的类型作为其属性；对线而言，按长度最长的那条（类）线的属性取值；对多边形而言，按面积最大的那个（类）多边形的属性取值。此种方法对于出现次数较多的点、长度较长的线以及大图斑而言会出现正误差；对于出现次数较少的点、长度较短的线以及小图斑（如土地利用数据中的农村居民点）而言会出现负误差。主要类型法一般用于以下两种情况：一是数据是离散的或不连续的数据（如土地利用、植被、土壤等数据）时；二是当需要表现某一区域的主要特征时。如图 2.22 所示，像元中 B 所占面积最大，故取 B 作为该像元的属性值。

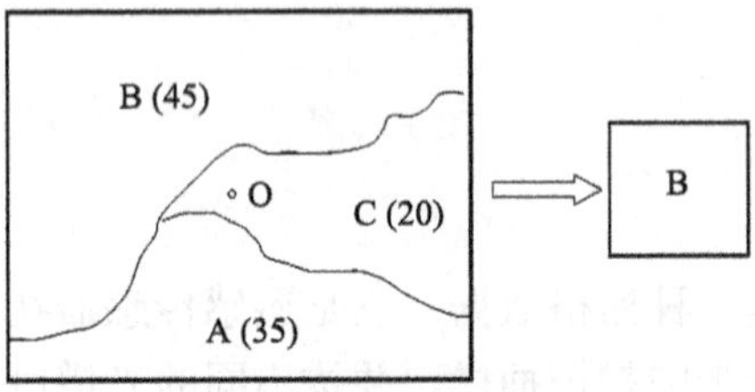

图 2.22　主要类型法

(2) 中心点法

该方法主要用于将矢量多边形转换成栅格数据的过程，其基本思路是：每一栅格像元的值由占据该像元中心的特征值决定。由于像元中心点相对于各要素而言具有随机性，所以各种类型的多边形的面积误差都不会很大。该方法可以用于离散的或连续的数据，但尤其适用于连续数据的编码，如高程、噪声、污染等数据。如图2.23所示，O为该像元的中心点，O所在的面域特征值为C，故取C作为该栅格像元的属性值。

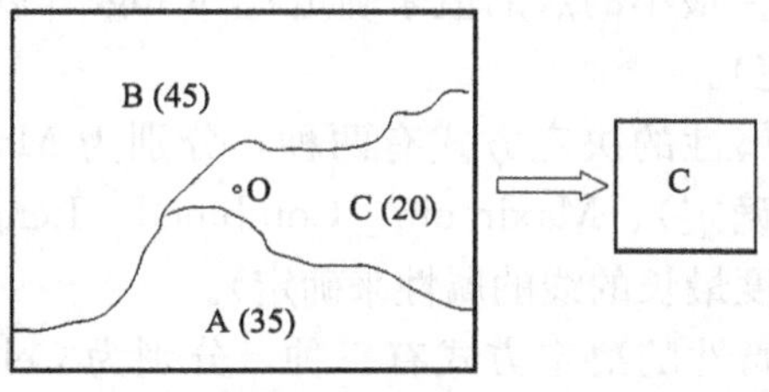

图 2.23　中心点法

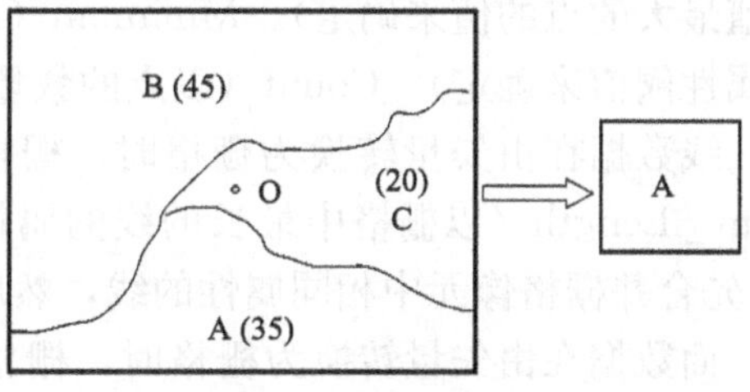

图 2.24　重要性法

(3) 重要性法

根据栅格像元内不同特征值的重要性，选取最重要的特征值作为该栅格像元的属性值。重要性法常用于具有特殊意义而面积较小的地理要素，特别是点状、线状地理要素，如城镇、交通线、河流水系等。如图2.24所示，若重要性从大到小顺序为A、B、C，则取A作为该栅格的属性值。

(4) 长度占优法

每个栅格像元的值以网格中线（水平或垂直）在不同面域中的最长部分对应的面域特征值来确定。如图2.25所示，网格中线在C中最长，故取C作为像元的属性值。

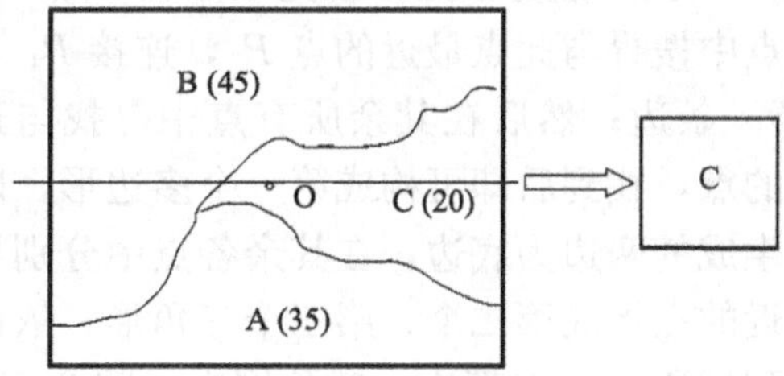

图 2.25　长度占优法

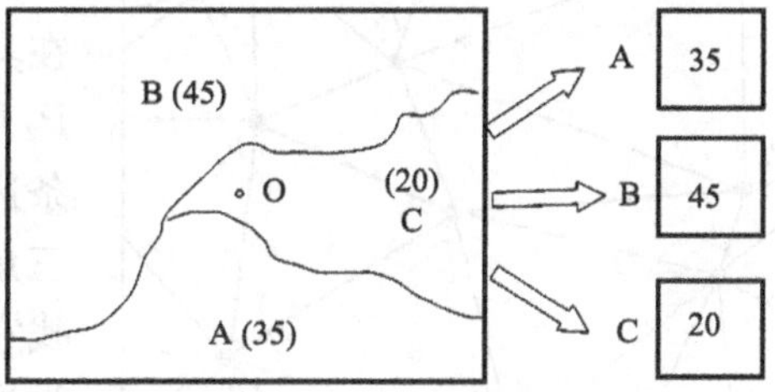

图 2.26　比例分成法

(5) 比例分成法

根据栅格像元内不同特征值所占面积的比例（常用百分比、万分比来表示）来确定该像元的属性值。与前述几种方法相比，该方法最大的不同在于每种类型的要素需要单独生成一个栅格数据，各栅格数据中每一个像元的值源于该类型要素在本像元中所占的面积比例。由于该方法无面积信息损失，故常用在对面积等属性精度要求较高的情况。如图2.26所示，存在A、B、C三个类型的多边形，因此转换时分别生成A、B、C三个栅格数据，各数据中同一位置的像元的值为该类型的面积比例（35、45、20）。

在ArcGIS中，点数据在由矢量转换为栅格时，栅格像元属性的决定方式有8种，分别为Most _ Frequent（栅格像元的属性以栅格中出现次数最多的点的值来确定，若出现次数相同则以 FID 最小的点的值来确定）、Sum（以栅格中所有点的值之和来确定）、Mean（以栅格中所有点的平均值来确定）、Standard _ Deviation（以所有点的标准差来确定，若栅格中少于两个点，栅格像元属性将会被赋为空值）、Maximum（以属性值最大的点的值来确定）、Minimum（以属性值最小的点的值来确定）、Range（以点的属性阈值来确定）、Count（以点的数量来确定）。

线数据在由矢量转换为栅格时，栅格像元属性的决定方式有两种，分别为 Maximum _ Length（以栅格中最长的线的属性值来确定）、Maximum _ Combined _ Length（首先合并栅格像元中相同属性的线，然后以长度最长的线的属性来确定）。

面数据在由矢量转换为栅格时，栅格像元属性的决定方式有三种，分别为 Cell _ Center（以栅格中心的面域属性值来确定）、Maximum _ Area（以栅格中面积最大的面域属性值来确定）、Maximum _ Combined _ Area（首先合并属性值相同的面域，然后用面积最大的面域属性值来确定）。

在 ArcGIS 中，比例分成法、重要性法、长度占优法都没有现成的转换工具，读者可以在学完空间分析部分的内容后找到解决方案。

2.2.3　不规则三角网模型

不规则三角网（triangulated irregular network，TIN）模型采用一系列相连接的三角形拟合地表或其他不规则表面，常用来构造数字地面模型（DTM），特别是数字高程模型（DEM）。

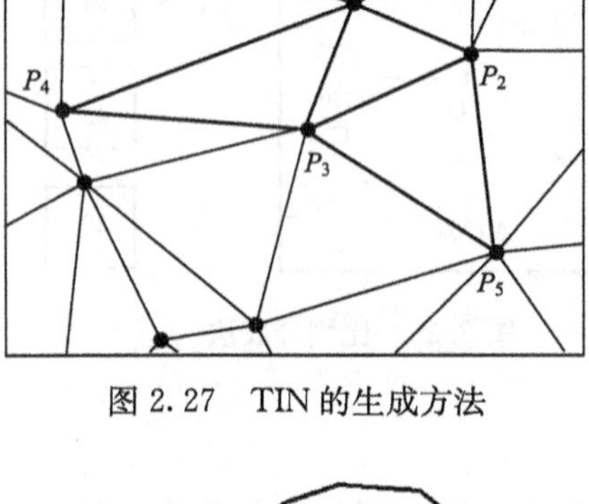

图 2.27　TIN 的生成方法

生成 TIN 的一般方法是：首先取任意一点 P_1，在其余各点中搜寻与此点最近的点 P_2，连接 P_1 与 P_2 构成第一条边；然后在其余所有点中寻找与这条边最近的点，找到后即可构成第一个多边形；以三角形新生成的两边为底边，在其余各点中分别寻找它们最近的点构成第二个、第三个三角形；依此类推，直到把所有的点都连入三角网中（图 2.27）（陈述彭等，1999）。图 2.28 为三条等高线与一个高程点生成的 TIN。

图 2.28　三条等高线与一个高程点生成的 TIN

在 TIN 模型中，采样点的位置控制着三角形的顶点，这些三角形尽可能地接近等边三角形。TIN 的一个优点是其三角形大小随点密度的变化而变化。当数据点密集时生成的三角形小，对不规则表面的拟合精度高。例如，由等高线数字化得到点时，等高线的密度越高，采样点的密度也相应提高，一个典型的特征是，陡坡上的三角形比缓坡上的三角形小且密。在表示不连续对象如悬崖、断层、海岸线等时，TIN 也比较方便，有其优势。当需要把 TIN 转化为栅格（如 DEM）时，可以通过线性或非线性内插的方法，生成平滑的平面来消除三角面之间的不连续性。

2.2.4　矢量数据模型与栅格数据模型的比较

矢量数据模型与栅格数据模型是 GIS 中两种最主要的数据模型。由于这两种数据模型在结构上截然不同，因此具有不同的特征。表 2.2 列举了两种数据模型在结构、精度等方面的差异（陈述彭等，1999）。

表 2.2　矢量数据模型与栅格数据模型的比较

比较项目	矢量数据模型	栅格数据模型
数据结构	严密	简单
数据量	小	大
图形精度	高	低
图形运算	复杂	简单
与遥感影像格式匹配性	不一致	一致
输出表示	抽象、昂贵	直观、便宜
数据共享	不易实现	容易实现
拓扑与网络分析	容易实现	不易实现
叠加与组合	不容易	容易
技术	复杂、高费用	简单、低费用
数字模拟	不方便	方便
投影变换	快	慢

根据表 2.2 所反映的数据特征，在 GIS 建立过程中，应根据应用目的和应用特点、可能获得的数据精度以及 GIS 软件和硬件配置情况，在矢量和栅格数据模型之间进行合理的选择。例如，在网络分析、规划选址等应用中，通常采用矢量数据模型；而在集成遥感数据以及进行空间模拟运算（如污染扩散）等应用中，一般采用栅格数据模型。

2.3　空间数据组织与编码

空间数据由于来源众多、数据量大，其组织与管理是否恰当，直接关系着空间数据能否得到高效的利用，因此，空间数据的组织与管理也是 GIS 研究的重要内容之一。

2.3.1 空间数据组织

空间数据的组织就是对空间数据进行统筹安排与协调。空间数据的组织可以分为不同的层次。首先可以按区域来进行组织，这种区域可以是行政辖区，也可以是一定经纬差所形成的地理区域（图幅范围）。例如，全国的数据可按各省级单位来组织，各省级单位的数据又可按县级单位来组织，这样层层细分，直到最小的地域单元。然后，在一个区域内部，可以依据地理实体之间的不同特征（如公路与铁路，由于其建造方式不同，因此它们属于不同的类）、相似特征（如公路与铁路，由于都具有运输功能，因此可以视为交通）、不同地理实体的组合特征（如机场跑道、停机坪、候机楼等组合而成机场）进行分类，分类的结果表明各要素之间的隶属关系。最后，在要素类中，需要对各要素的属性特征和空间特征进行组织，并运用标识符（identifier）建立空间特征数据和属性特征数据之间的联系。

图 2.29 显示的是某地土地利用数据库中各项数据的组织情况。从图 2.29 可以看出，数据是按图幅分别进行组织的，每个图幅的数据都存放在一个地理数据库（geodatabase）之中，在该数据库中又按照产权产籍、土地利用、地貌、定位基础、行政区划、辅助要素等组织成要素数据集（feature dataset），在这些数据集中存放各种要素类（feature class）。例如，在“土地利用”数据集中存放了地类图斑、地类界线、地类符号、线状地物、零星地物等要素类。

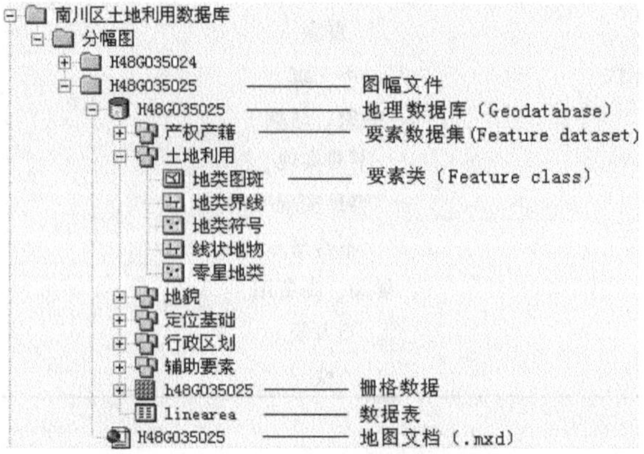

图 2.29 空间数据库结构示例

空间数据中除空间位置特征之外的另一个重要组成部分就是属性特征。属性特征是对空间特征的描述，其属性值可以分为数值与非数值两种。为了便于查询和检索，非数值的属性往往采用一定的代码，用数值的形式来表达。例如，对于道路的属性特征可以作如下描述（陈述彭等，1999）。

道路类型：1＝快速路

2＝主干路

3＝次干路

4＝支路

路面材料：1＝水泥

　　　　　2＝柏油

　　　　　3＝碎石

道路宽度：M米

小巷数量：N个

道路名称：每条路的名字

属性特征的组织可以理解为基于要素地理特征（包括空间特征和属性特征）的多种分类关系的表格。表2.3中，每一条道路都有一组属性对其进行描述，这样的表被称为属性表。属性表中每一行的记录包含了对某个空间实体的描述信息，表中的每一列（字段，field）称为信息描述的一个属性项。

表2.3　道路属性表

道路序号	道路类型	路面材料	道路宽度/m	小巷数量	道路名称
1	1	1	55	5	上海路
2	2	2	40	4	南京路
3	3	2	25	2	淮海路

空间特征的组织采用多种数据结构。若以矢量数据来表达，其基本的组织单位是点，线（弧段）由相互邻接的多个点组成，多边形由多条弧段相互连接而组成。若以栅格数据来表达，其基本的组织单位是像元，点要素由一个像元组成，线要素由两侧相连的多个像元组成，面域由多个像元组成的阵列构成。

通过标识符，建立空间特征数据的图形符号表达和属性特征数据的表格表达之间的联系，从而使得地理信息系统具备强大的空间分析能力。标识符是用于标识空间要素的唯一代码，如果每一个具有拓扑关系的空间特征以及这个空间特征的一个描述记录具有共同并且唯一的标识符，那么，由于这个标识符保证了空间特征与属性记录之间的一一对应关系，因此，可以通过空间记录查找并显示属性信息，或者通过存储在属性表格中的属性查找空间图形。图2.30为一个已经建立好拓扑关系的多边形及其属性表，通过系统自动生成的标识符FID将多边形的空间特征与属性特征联系起来。

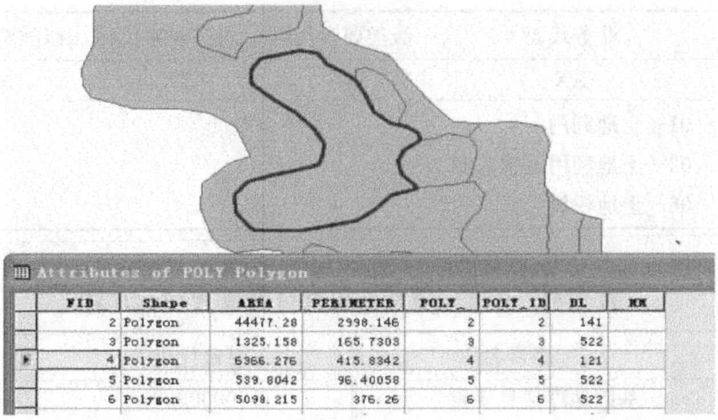

图2.30　标识符对空间特征与属性特征的联系

2.3.2 空间数据编码

陈述彭等（1999）认为，地理信息系统中的实体一般包括三种基本信息：语义信息、量度信息和关系结构信息。语义信息用来表明实体的类型，量度信息用来表述实体的形状和位置等几何属性，关系结构信息则用来描述一个实体与其他实体的关系。空间数据编码主要是指语义信息的数据化，它是建立在地理特征分类及其等级组织基础上的空间信息数据编码。

空间数据编码是用于表明实体要素在数据分类分级中的隶属关系和属性性质的一种数据化方法。编码由主码以及子码组成，主码用来表示实体元素的类别，子码则用来表示实体元素的标识和描述。子码又可分为识别码以及描述码（有时还需要参数码），识别码是用来标识唯一的具体的实体元素的，而描述码则用来进一步描述具体实体元素的性质。

通过编码，将复杂多样的信息，特别是描述性的信息用各类代码来表达，从而可以大大提高数据存储和检索的效率。

空间数据编码方案设计中至少需要三个内容：码段、码位、代码。码段表明整个编码中由哪几部分组成，各部分的先后顺序是什么；码位表示各码段采用多少个数位来表达；代码是该码段所表示的信息的各种编码。

以公民身份证号码为例，它由四个码段、十八位数字组成，第一个码段为六个码位的地址码，第二个码段为八个码位的出生日期码，第三个码段为三个码位的顺序码，第四个码段为一个码位的校验码。尽管身份证并非空间数据，但其编码方法却是能够说明空间数据编码的最简单的例子。

表 2.4 是《土地利用数据库标准》（TD/T 1016—2007）中关于土地利用数据库要素的分类与编码方法（空位以 0 补齐）。表 2.5 是根据表 2.4 得出的土地利用数据库部分要素的代码与名称。表 2.6 是某地一条道路编码的实例，其编码为 1160083123。表 2.7 是中国 1∶100 万数字地貌（湖成地貌形态成因类型）的分类及编码方案。

表 2.4 土地利用数据库要素分类与编码方案

码段	专业代码	业务代码	一级类要素代码	二级类要素代码	三级类要素代码	四级类要素代码
码位	XX	XX	XX	XX	X	X
代码	10—基础地理 20—土地	01—土地利用 02—土地利用遥感监测 06—土地权属				

表 2.5 土地利用数据库部分要素代码与名称

要素代码	要素名称	要素代码	要素名称
1000000000	基础地理信息要素	1000600200	行政区界线
1000600000	境界与政区	1000609000	行政区注记
1000600100	行政区	1000700000	地貌

续表

要素代码	要素名称	要素代码	要素名称
1000710000	等高线	2001010100	地类图斑
1000720000	高程注记点	2001010200	地类图斑注记
2000000000	土地信息要素	2001020000	线状地物要素
2001000000	土地利用要素	2001020100	线状地物
2001010000	地类图斑要素	2001020200	线状地物注记

表 2.6　道路编码实例

码段	类型	物质组成	路宽	小巷数量	路名
码位	X	X	XX	XX	XXXX
例	1	1	60	8	3123

表 2.7　中国 1∶100 万数字地貌（湖成地貌形态成因类型）的分类及编码方案

Ⅰ基本地貌类型		Ⅱ地貌成因类型						编码举例（以低海拔为例）	类型命名举例
第一位	第二位	第三、四位	第五位	第六位	第七位	第八位	第九位		
起伏度	海拔	成因	次级成因	形态	次级形态	坡度、坡向及组合	物质组成		
平原 1	低海拔 1	湖成 12	湖积 1					111210000	低海拔湖积平原
				湖滩 1				111211000	湖滩
							淤泥质 1	111211001	淤泥质湖滩
							砂质 2	111211002	砂质湖滩
							砾质 3	111211003	砾质湖滩
				低阶地 2				111212000	湖积低阶地
			湖积冲积 2					111220000	湖积冲积平原
	中海拔 2			三角洲 1				111201000	湖滨三角洲平原
			湖蚀 3					111230000	湖蚀平原
				低阶地 1				111231000	湖蚀低阶地
台地 2	高海拔 3		湖积 1	高阶地 1				211211000	湖积高阶地
						平坦的 1		211211010	平坦的湖积高阶地
						起伏的 2		211211020	起伏的湖积高阶地
			湖蚀 2					211221000	湖蚀高阶地
						平坦的 1		211221010	平坦的湖蚀高阶地
						起伏的 2		211221020	起伏的湖蚀高阶地

2.4　空间数据质量

质量是一个用来表征某一事物或现象的品质、优越性或证明其技术含量多少、艺术程度高低的指标。空间数据作为地理信息系统中最基本和最重要的组成部分，其质量的好坏，直接影响着系统分析结果的可靠程度和系统应用目标能否真正实现。空间数据质量是空间数据整体性能的综合体现，空间数据质量研究是GIS的重要研究内容之一。

2.4.1 空间数据质量的概念和内容

1. 与空间数据质量相关的几个概念

一般认为，空间数据质量就是指空间数据在表达空间位置、专题特征以及时间信息这三个基本要素时，所能够达到的准确性、一致性、完整性，以及它们三者之间统一性的程度（陈述彭等，1999）。在论及空间数据质量好坏时，人们常常会用到误差、精度、不确定性等概念。此外，关于地图或遥感图像表达时，数据质量还与制图比例尺或者空间分辨率有关。

1）误差（error）：指测量值（或结果、计算值）与真实值之间的差异。例如，一条道路的实际长度是1km，而某位同学测得的长度是1.02km。那么，测量值与真实值之间0.02km的差值就是误差。需要注意的是，误差有正负之分。

2）数据的准确性（accuracy）：指测量值（或结果、计算值）与真实值之间的接近程度。它一般用误差的绝对值来衡量。误差的绝对值越小，测量值越接近真实值，准确性也就越高。

3）数据的精密度（precision）：表示数据的精密程度，体现测量值本身的离散程度。它常用表示数据的有效位数来衡量。例如，用刻度为米的尺子和用刻度为毫米的尺子对测量的数据具有不同的精密度（若以米为单位，前者有效位数为整数，而后者为三位小数）。由于精密度体现在它对数据准确度的影响，在很多情况下，它可以通过准确度得到体现，因此，通常把精密度与准确性结合在一起称为精确度，简称精度。

4）分辨率（resolution）：分辨率是指可测量对象能被人所认知的最小单位。空间分辨率可以看作记录变化的最小距离。对于遥感图像，其空间分辨率主要取决于传感器的性能和成像高度。由于这两者的差异，目前主要遥感卫星的空间分辨率有较大差别。例如，QuickBird最高分辨率约为0.61m，IKONOS最高分辨率为1m，我国的中巴地球资源卫星02B星最高分辨率为2.36m。

5）不确定性（uncertainty）：它是关于空间事物、现象的特征和过程不能被准确确定的程度。不确定性是自然界各种空间现象自身的固有属性，在内容上，它是一个以真值为中心的范围。由于某些空间现象不能精确测得，例如，土壤分层的界线、不同气候区的边界等，真值无法得到，则不能确定误差大小。虽然在统计学上，可以采用标准差来反映误差，但却需要对空间对象进行多次重复观测。当对某个空间对象仅观测一次时，不能得到误差值，可使用不确定性来代替误差这一概念。

6）比例尺（scale）：它是地图上一段距离和它所表现的“真实世界”距离之间的一个比例。地图的比例尺将决定地图上一条线段的长度所表现的地面距离。例如，在1∶10 000的地形图上，一条1cm长的线段代表的实际距离为100m。

2. 空间数据质量指标和内容

空间数据质量标准是生产、使用和评价空间数据的依据。为了描述空间数据质量，许多国际组织和国家都制定了相应的空间数据质量标准和指标（表 2.8）（郭达志，2002）。

表 2.8 不同标准中的质量标准和质量参数

STDS (1992)	ICA (1996)	CEN/TC287 (1997)	ISO/TC211 (1997)
数据渊源	数据渊源	数据渊源(潜在的)用途	数据总揽（数据渊源、数据目的、数据用途）
分辨率	分辨率		分辨率
几何精度	几何精度	几何精度	数据精度
属性精度	属性精度	属性精度	专题精度
完整性	完整性	完整性	完整性
逻辑一致性	逻辑一致性	逻辑一致性	逻辑一致性
	语义精度	元数据质量	
	时态精度	时态精度	时态精度
		数据同质性	
			数据测试和一致性

陈述彭等（1999）认为，空间数据质量标准的建立必须考虑空间过程和现象从认知、表达、处理到再现的整个过程。从实用的角度来看，反映空间数据质量标准的指标主要包括以下几项：

1）数据情况说明（source）。要求对空间数据的来源、内容及其处理过程等做出准确、全面和详尽的说明。例如，一张土地利用现状图，它的数据来源是在对原有图纸进行变更调查、清绘后，再通过扫描矢量化得到的，数据的内容反映的是某一具体年份和具体地区的土地利用状况，以及地图的编制时间、编制单位、制图比例尺、采用的坐标系统等，这些描述性信息就是对土地利用现状图的数据情况说明。

2）位置精度（定位精度）（metric accuracy）。指空间实体的坐标数据与实体真实位置的接近程度，常表现为空间三维坐标数据精度。它包括数学基础精度、平面精度、高程精度、接边精度、形状再现精度（形状保真度）、像元定位精度（图像分辨率）等。平面精度和高程精度又可分为相对精度和绝对精度。第二次全国土地调查（简称“二调”）对位置精度方面进行了一系列的要求，例如，在接边精度方面，“二调”技术规程要求当图廓线两侧明显地物接边误差小于图上 0.6mm、不明显地物接边误差小于图上 2.0mm 时，可直接按照影像接边；否则应实地核实后接边。在像元定位精度（图像分辨率）方面，“二调”技术规程要求根据数字正射影像图（DOM）比例尺选择相应空间分辨率的航天遥感数据，其对应关系见表 2.9。

表 2.9 不同比例尺 DOM 与航天遥感数据空间分辨率对应关系

DOM 比例尺	1∶5000	1∶10 000	1∶50 000
图像空间分辨率	不低于 1m	不低于 2.5m	不低于 10m

3）属性精度（attribute accuracy）。指空间实体的属性值与其真实值相符合的程度。它通常取决于地理数据的类型，且常常与位置精度有关，包括要素分类与代码的正

确性、要素属性值的准确性及其名称的正确性等。

4）时间精度（temporal accuracy）。它包括两个方面：一是指空间数据更新的时间距当前的远近（即现势性）；二是指空间数据更新的频率。例如，我国国土部门要求各地的土地利用数据必须在每年 10 月底完成变更，以确保数据的时间精度。

5）逻辑一致性（logical consistency）。指空间数据关系上的可靠性，包括数据结构、数据内容（包括空间特征、专题特征和时间特征），以及拓扑性质上的内在一致性。

6）数据的完整性（completeness）。指空间数据在范围、内容及结构等方面满足所有要求的完整程度，包括数据范围、空间实体类型、空间关系分类、属性特征分类等方面。

7）数据的相容性（compatibility）。指多个来源的数据在同一个应用中的吻合程度和吻合的难易程度。一般来说，比例尺、数据分类体系和标准的不同等都会带来数据不相容的问题。例如，要分析某一个区域的退耕还林适宜性评价，需要用到这一地区的地形数据、土壤数据、水文数据、气候数据，甚至还包括交通数据等。如果这些数据均为图件数据而且比例尺和坐标系统相同，那么在使用中就能提高它们相互之间的吻合程度，从而大大提高数据分析结果的质量。

8）数据的可得性（accessibility）。指获取和使用数据的容易程度。在数据处理和使用过程中，很多数据难以获得和使用（如涉及国家安全需要保密的数据），在保证数据质量措施方面就必须考虑这一点。

9）表达形式的合理性（rationality）。主要指数据抽象、数据表达时与真实地理世界的吻合性，包括空间特征、专题特征和时间特征表达的合理性等。

2.4.2　空间数据质量问题的来源

空间数据质量问题的来源有很多方面。在从空间数据的采集、处理到应用的过程中，每个阶段都包含前一个阶段所带来的误差，并增加了本阶段所引起的新的误差因素。因此，要解决空间数据的质量问题，必须以数据从获取到应用的全过程为线索，分析空间数据质量问题的来源（郭达志，2002）。

1. 空间现象自身存在的复杂性、模糊性和不稳定性

空间数据质量问题首先来源于空间现象自身存在的复杂性、模糊性和不稳定性。主要包括空间位置、分布和过程、专题和属性及发生时间区段上的不确定性、模糊性。位置方面的不确定性，如土壤类型边界划分的模糊性、金属矿体与围岩边界的不确定性、土地类型边界变动的频繁性等；属性方面的不确定性，如类型划分的多样性、非数值型属性值表达的不精确性等；时间方面的不确定性，如某年的土地利用数据反映的是该年什么日期，某天的降水产生于该天什么时段等。此外，各种空间对象是相互作用的（如气候、植被、土壤、水文等自然要素之间，自然要素与社会经济要素之间），而这种作用关系在不同时间、不同区域上又是不同的。因此，现实世界具有非常复杂的关系，而这种复杂关系必然会对空间数据产生影响。所以，从空间现象自身的角度来看，出现空间数据质量问题是必然的。

2. 空间数据获取和表达所产生的质量问题

从原始数据的获取和表达过程中出现的空间数据质量问题主要受人类认知水平和表达水平的限制，大体上可以归结为以下四个方面。

1）认知的不同或差异：人们对空间对象的特征和变量在概念认识上的不确切或不一致，必然导致获取、测量、记录数据上的差异和不确定。

2）测量误差：测量仪器、手段和方法的不完善、不确定以及观测时外界条件的影响，造成测量成果的误差和偏差。

3）表达方式的合理性问题：自然界和社会经济现象中事物过程的类型和特征千差万别，它们在空间和时间上的表现形式或为连续性，或为离散性，或两者兼有，但目前 GIS 对它们的描述都是采用点、线、面等各种符号的图形要素形式或栅格形式，这就必然存在图形表达上的合理性问题和准确性问题。

4）数据依存的物理介质问题：各类地图数据往往都是记录在纸质或聚酯材料上，这类物理介质受温度、湿度等的影响会产生变形，在使用中受磨损等都会导致图形要素的变化或差错。

3. 空间数据处理过程中产生的质量问题

空间数据处理过程主要有投影变换、数据编辑、格式转换、数据概括、数据集成、拓扑关系的建立、数据可视化表达、数据裁切与拼接等，每一个处理过程都有可能产生质量问题。例如，在投影变换过程中，可能引起长度、角度、面积的变形；在数据的编辑过程中可能引起位置的移动；在矢量数据向栅格数据的转换过程中，除了位置的移动外，还可能引起形状的畸变、属性的偏差等；在数据概括过程中，要素的局部特征可能会被综合；在拓扑关系的建立过程中，可能产生要素的遗失。在数据处理的各个过程中，误差是累积和扩散的，前一过程的累积误差可能成为下一个阶段的误差起源，从而导致新的、更大的误差产生，即误差具有积累和传播的特征。

4. 空间数据使用过程中产生的质量问题

在空间数据使用的过程中也会出现质量问题，这主要包括两个方面：一是在数据的解释过程中，不同用户由于其知识背景不同，对同一空间数据的解释和理解可能不同，甚至完全相反；二是缺少文档，即缺少对某一地区不同来源的空间数据的说明，如缺少投影类型、数据定义、数据产生时间等信息，这样往往导致用户对数据的随意性使用而使误差扩散。处理这类问题的主要方法是随空间数据提供各种相关的文档说明，如元数据。

基于以上关于空间数据质量问题来源的分析，可以得出一个基本的判断，即“空间数据质量问题不可避免”。然而，这一判断并不必然使人悲观。因为既然能够找出产生质量问题的来源，那么就能够从空间数据质量问题存在的客观规律性出发，找出有效的措施，对质量进行有效的控制。因此，可以得出另一判断，即“空间数据质量是可以控制的”。以下将介绍常见空间数据的误差及质量控制方法。

2.4.3 常见空间数据的误差分析

1. 空间数据误差的类型

空间数据的误差主要有四大类，即几何误差、属性误差、时间误差和逻辑误差。在这几种误差中，属性误差和时间误差与普通信息系统中的误差概念是一致的，几何误差是地理信息系统所特有的，而几何误差、属性误差和时间误差都会造成逻辑误差。下面主要讨论逻辑误差和几何误差。

逻辑误差：检查数据的逻辑误差，有助于发现不完整的数据和其他三类误差。对数据进行质量控制或评价时，一般先从数据的逻辑性检查入手。图 2.31 中，桥或停车场等与道路是相连的，如果数据库中只有桥或停车场，而没有与道路相连，则说明道路数据被遗漏，数据不完整。此外，图 2.31 中的水位线与交通线、相同地类图斑之间地类界线问题、植物演替规律等都存在一定的逻辑误差。

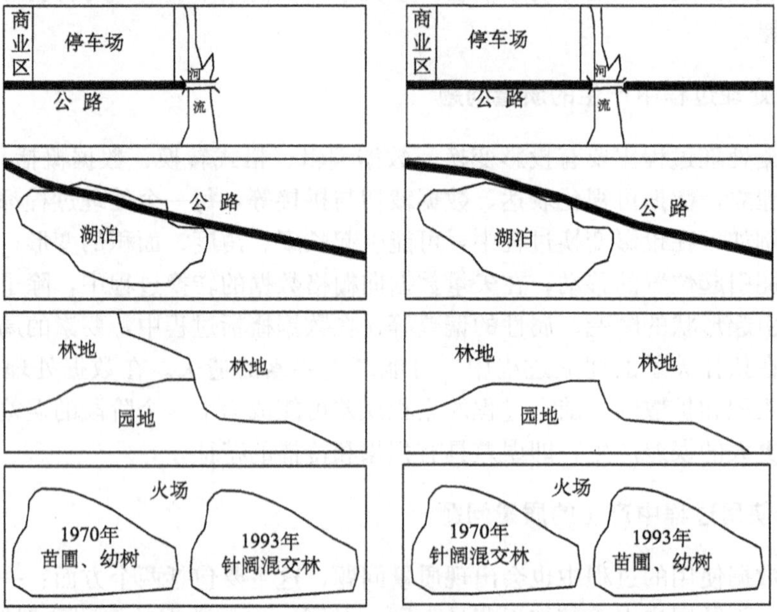

a. 逻辑错误　　b. 逻辑错误纠正后

图 2.31 逻辑误差示意图

几何误差：由于地图是以二维平面坐标表达位置，所以在二维平面上的几何误差主要反映在点和线上。

1）点误差：关于某点的点误差即为测量位置（x，y）与其真实位置（x_0，y_0）之间的差异。点误差可以通过计算坐标误差和距离的方法得到。坐标误差定义为

$$\Delta x = x - x_0 \tag{2.7}$$

$$\Delta y = y - y_0 \tag{2.8}$$

为了衡量整个数据采集区域或制图区域内的点误差，一般采取抽样的方法来测算坐标误差（Δx，Δy）。抽样点应随机分布于数据采集区内，并具有代表性。这样的抽样点越多，所测得的误差分布就越接近于点误差的真实分布。

2）线误差：线在地理信息系统数据库中既可表示线性对象，又可以通过连成的多边形表示面状对象。线误差有两种类型：第一类是线上的点在真实世界中是可以找到的，如道路、河流、输电线路等，这类线性对象的误差主要产生于测量和对数据的后期处理过程中；第二类是现实世界中找不到的，如按数学投影定义的经纬线、按高程绘制的等高线、气候区划界线、土壤类型界线、行政界线等，这类线性对象的线误差是在确定线的界限时产生的误差，因此也被称为解译误差。解译误差与属性误差直接相关，若没有属性误差，则可以认为那些类型界线是准确的，因而解译误差为零。线误差的分布可以用 Epsilon 带模型来描述（图 2.32）。该模型是指沿着线实体的两侧等距离（ε）产生一个平行于该线实体的条带，该条带给出这样一个范围，线的真实位置以一定的置信度被包围在该带中。线实体只要延伸出置信度带之外，即可判定出现误差。

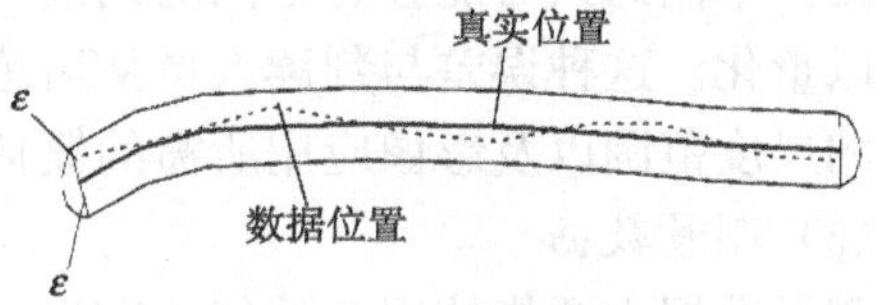

图 2.32　Epsilon 带模型示意图（郭达志，2002）

2. 常见空间数据源的误差分析

GIS 空间数据的常见数据源主要有地图数据、遥感数据和测量数据三大部分。

（1）地图数据

地图数据是现有地图经过数字化或扫描处理后生成的数据。在地图数据的质量问题中，不仅含有地图固有的误差，还包括物理介质变形、图形数字化误差等（陈述彭等，1999）。

1）地图固有误差：指用于数字化的地图本身所带有的误差，包括控制点误差、投影误差等。由于这些误差间的关系很难确定，所以很难对其综合误差做出准确评价。

2）材料变形产生的误差：地图数据必须依附于一定的物理介质，而不同物理介质受温度、湿度等因素的影响有着很大的区别，必然会导致地图数据产生不同的误差。

3）图形数字化误差：例如，在扫描过程中，原图质量、扫描精度、扫描分辨率、配准精度、校正精度等方面的不同会产生不同的误差；在数字化过程中，数字化工作方式、数字化要素对象、数字化操作人员、采点方式及采点密度等的不同也会产生不同的误差。

（2）遥感数据

遥感数据的误差包括数据获取误差、数据预处理误差、数据转换误差和人工判读误差等（郭达志，2002）。

1）数据获取误差：由于受传感器空间分辨率、光谱分辨率及获取影像时姿态等方面的影响，存在多种降低遥感数据的几何精度和属性精度的误差，其中有些误差是可控的，如几何畸变和辐射误差；有些是不可控的，如气候条件和景观自然变化等。

2）数据预处理误差：遥感数据预处理包括辐射校正、几何校正、图像增强、多源信息复合等，这些过程都会引起各种误差。例如，在几何校正的过程中，由于选取的地面控制点数量较少、位置不够精细、分布不均等原因，数据的几何位置可能存在较大的误差。

3）数据转换误差：在栅格—矢量的转换过程中，会出现显著的位置和属性误差。引起栅格数据矢量化误差的主要原因有两个：属性概括误差和拓扑匹配错误。矢量化误差的大小与转换中所使用的算法、栅格像元的大小以及地物的复杂性等因素有关。

4）人工判读误差：在对遥感影像进行解译的过程中，往往需要进行人工判读。人工判读时，对空间要素的位置或属性的理解可能并不确定，从而产生误差。例如，对混合像元，不同的人可能会有不同的判读。因此，遥感数据人工判读误差具有主观性，常常难以量化。这种误差与判读人员从遥感影像中提取信息的经验和技能有关，还与影像本身的尺度范围以及影像应用所需的概括程度有关。

（3）测量数据

测量数据主要指使用全站仪、GPS、摄影测量或其他一些测量方法直接量测所得到的测量对象的空间数据。这些数据的质量问题主要体现为空间位置的误差。按误差的来源分类，测量方面的误差通常有系统误差、偶然误差和粗差。

系统误差的发生与一个确定的系统有关，它受环境（如温度、湿度和气压等）、仪器结构与性能、人员的观测习惯等方面的因素综合影响而产生。系统误差不能通过重复观测加以检查或消除，只能用数字模型进行模拟和估计。

偶然误差是一种随机性的误差，由一些不可测或不可控的因素引起。这种误差具有一定的特征，如有界性（绝对值不会超过一定的限值）、密集性（误差绝对值较小的可能性较大）、区间性（正负误差出现的频率大致相同）以及抵偿性（平均值趋零）等。偶然误差可采用随机模型进行估计和处理，其中最典型的方法是进行多次重复观测，取其平均值加以降低或消除。

粗差是指操作人员在使用设备、读数或记录观测值时，因粗心或操作不当而产生的错误。因此从严格意义上讲，粗差并不是误差。粗差应当采用各种方法进行检查并加以消除。一般来讲，粗差可以通过简单的几何关系或代数关系来进行检查，或通过重复观测进行检查并消除。

2.4.4　空间数据质量控制方法

空间数据的质量控制是个复杂的过程，它往往需要从数据质量产生和扩散的所有过程和环节入手、从质量问题产生的来源入手，采用不同的方法以减少误差、消除错误，以提高空间数据的质量（陈述彭等，1999）。常见的空间数据质量控制方法有以下5类。

1. 传统手工方法

质量控制的人工方法主要是将数字化数据与数据源进行直接比较。图形部分的检查主要通过目视方法，即将空间数据输出到透明图纸上，并与原图叠加比较进行检查；属性部分的检查主要通过与原属性进行逐个对比的方法。

2. 地图符号化方法

地图符号化是以符号库为基础，结合解释规则把抽象的地图数据转换成符号图形的过程。其主要功能是根据数字地图的属性数据和几何数据，在介质上输出符合图式规范要求的图形。地图符号化质量控制技术的核心就是设计有利于目标识别和理解的符号库方案，以达到满足数据库质量检查和控制的要求。例如，在数字地图中，河流、道路等都为线状地物，通过符号化（如河流用蓝色表示、道路用棕色表示），一方面可以检查这些要素各自是否成体系（如由于遗漏造成的断头河、断头路等）；另一方面还可检查其相互之间是否存在属性错误（如将河流当成道路）。图 2.33 中，用黑白相间的线条表示铁路，黑色实线表示公路，黑色细虚线表示机耕道，可以发现，两段铁路之间相连接的部分是机耕道（图 2.33a），很明显，中间这条线状地物的属性出现错误，其类型应当为铁路（图 2.33b）。

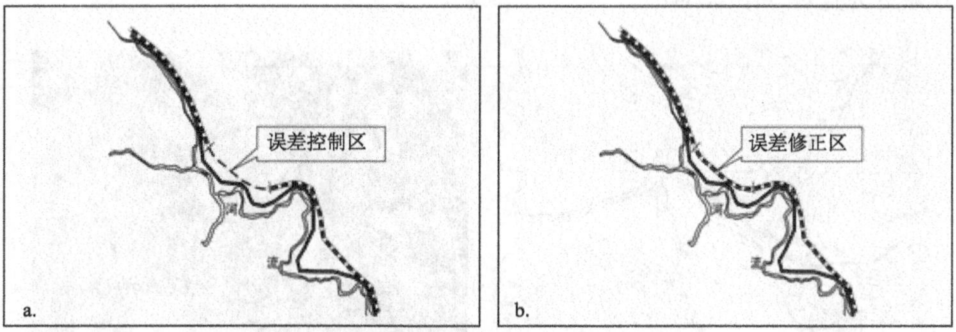

图 2.33　地图符号化质量控制方法示意图

3. 元数据跟踪方法

数据集的元数据中包含大量的有关数据质量的信息，通过它可以检查数据质量，同时元数据也记录了数据处理过程中质量的变化，通过跟踪元数据可以了解数据质量的状况和变化。

4. 空间分析方法

空间分析功能是地理信息系统的核心功能，空间分析的很多方法（如空间叠加分析、空间统计分析等）也可以用于空间数据的质量控制之中。例如，在土地利用数据库的质量控制过程中，为检验地类符号与地类图斑的一致性，可将地类符号作为一个点图层与地类图斑这个多边形图层进行叠加，叠加后生成新的点图层，其属性表中不仅保留了地类符号图层的属性，还包含有其所在的地类图斑多边形的属性。由于前两个数据中都含有“地类代码”字段，因此在新的属性表中，通过比较继承下来的两个“地类代码”字段中的内容是否一致（相减是否为零），可以确定地类符号是否能真实反映所在图斑的土地类型。又如，采用空间统计分析的方法，利用小概率事件的原理（平均值加减三倍标准差），可以找出属性数据输入中可能存在的错误。

5. 地理相关法

地理相关法是用地理特征要素之间的地理相关性来分析数据的质量。例如，桥梁一般与河流相关、河流一般与较低的地势相关、自然植被往往与土壤相关、近似线状分布的泉眼往往与地下断层相关等。众所周知，山区河流应位于微地形的最低点，因此，叠加河流和等高线两层数据时，如河流的位置不在等高线的内凹（向高处突出，即山谷）连线上，则说明两层数据中必有一层数据有质量问题。如不能确定哪层数据有问题时，可以将它们分别与其他质量可靠的数据层叠加来进一步分析。图 2.34a 中，把地形图与河流两种相关地理要素进行叠加，检查出图中的两条河流（图中有标注流向的粗实线），一条在山脊上，另一条的河流方向是由山脚流向山顶，这明显违背地理常识，因此可以断定此数据存在重大问题。此外还可以将 DEM 数据与其他空间要素进行地理相关法分析，效果更为直观（图 2.34b）。

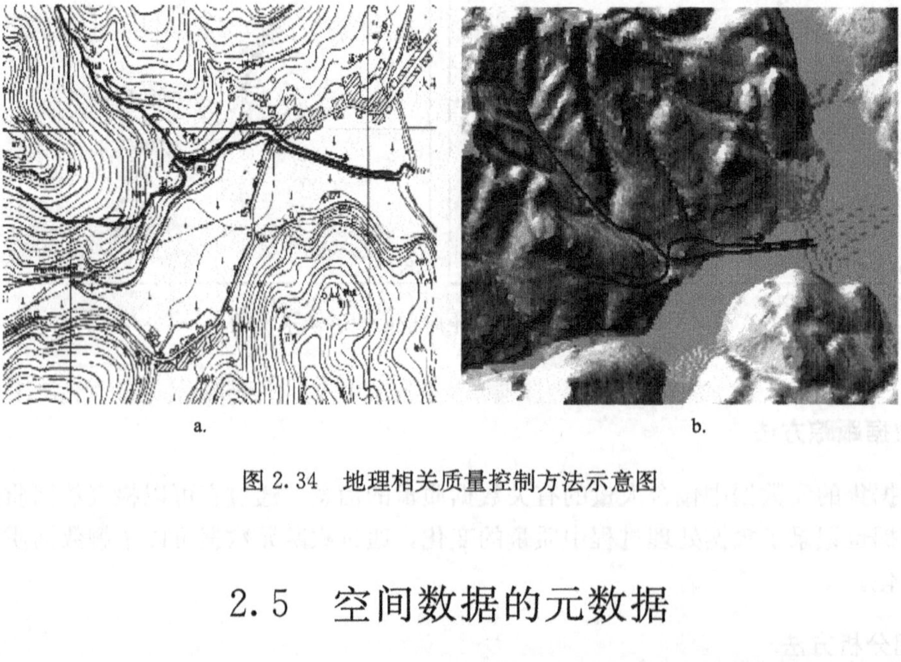

a.　　　　b.

图 2.34　地理相关质量控制方法示意图

2.5　空间数据的元数据

信息技术特别是 GIS 技术的迅速发展，导致了地理空间数据集的数量、复杂性和多样性的增加。为了便于数据的交换、更新、检索、数据库集成以及数据的二次开发等，不同类型数据的内容、格式、说明等必须符合一定的规范和标准，这一切都离不开元数据。例如，各应用领域的数据库不但要提供空间和属性数据，还应包括大量的引导信息以及由纯数据得到的推理、分析和总结等，这些都是由空间数据的元数据系统实现的。

2.5.1　元数据和空间数据元数据

1. 元数据概念

元数据（metadata）并不是一个新的概念。实际上，传统的图书馆卡片、出版图书的版权说明、磁盘的标签等都是元数据。纸质地图的元数据主要表现为地图类型、地图图例，包括图名、空间参照系和图廓坐标、地图内容说明、比例尺和精度、编制出版单位和日期或更新日期、销售信息等。"metadata"一词的原意是关于数据变化的描述，虽然目前科学界对元数据的概念还没有公认的定义，但一般都认为元数据是"关于数据的数据"。

使用元数据的目的就是促进数据集的高效利用，并为计算机辅助软件工程服务。其内容包括：①对数据集的描述，例如，对数据集中各数据项、数据来源、数据所有者及数据序代（数据生产历史）等的说明。②对数据质量的描述，如数据精度、数据的逻辑一致性、数据完整性、分辨率、元数据的比例尺等。③对数据处理信息的说明，如量纲的转换等。④对数据转换方法的描述。⑤对数据库的更新、集成等的说明。

元数据是关于数据的描述性数据信息，它应尽可能地反映数据集自身的特征规律，以便于用户对数据集的准确、高效与充分的开发与利用。通过元数据可以检索、访问数据库，可以有效利用计算机系统资源，可以对数据进行加工处理和二次开发。

2. 空间数据元数据概念

空间数据用于确定具有自然特征或者人工建筑特征的地理实体的位置、属性及其相互关系的信息。空间数据元数据是关于空间数据的数据，即关于空间数据及其信息资源的描述性信息。它通过对空间数据的内容、质量、条件和其他特征进行描述与说明，以便人们有效地定位、评价、比较、获取和使用与地理空间相关的数据。

3. 空间数据元数据的标准

空间数据元数据标准的建立是空间数据标准化的前提和保证，只有建立起规范的空间数据元数据，才能有效地利用空间数据。目前，针对空间数据元数据，已经形成了一些区域性或部门性的标准（表 2.10）。在所有的标准中，美国联邦空间数据委员会（Federal Geographical Data Committee，FGDC）的空间数据元数据内容标准的影响较大。该标准用于确定地学空间数据库的元数据内容，于 1992 年 7 月开始起草，1994 年 7 月 8 日 FGDC 正式确认新标准。该标准将地学领域中应用的空间数据元数据分为七大部分，它们分别是数据标识信息、数据质量信息、空间数据组织信息、空间参照系统信息、地理实体及属性信息、数据传播及共享信息和元数据参考信息（陈述彭等，1999）。

表 2.10 空间数据元数据的几个现有标准

元数据标准名称	建立标准的组织
CSDGM 地球空间数据元数据内容标准	美国联邦空间数据委员会（FGDC）
GDDD 数据库描述	欧洲地图事物组织（MEGRIN）
CGSB 空间数据库描述	加拿大标准委员会（CSC）
CEN 地学信息-数据标准-元数据	CEN/TC287
DIF 目录交换格式	美国国家航空航天局（NASA）
ISO 地理信息	ISO/TC211

2.5.2 空间数据元数据的作用

空间数据元数据的完整性对空间数据的使用具有重要的作用，而缺失元数据可能会导致空间数据使用的不便，甚至被错误使用。例如，一幅地图缺失比例尺这类元数据信息，可能导致图面的距离与实际距离换算错误，最终可能导致这一空间数据被错误使用。综合起来，空间数据元数据主要有以下几个方面的作用：

1）查询空间信息。例如，它可以按照不同的地理区间、指定的语言以及具体的时间段来查询空间信息资源。

2）组织和管理空间信息，并挖掘空间信息资源。通过它可以在 Intranet 或 Internet 上准确地识别、定位和访问空间信息。

3）组织和维护一个机构对数据的投资。通过空间元数据内容，可以充分描述数据集的详细情况，便于数据使用者得到数据的可靠性保证。同时，当使用数据引起矛盾时，数据提供单位也可以利用空间元数据维护其利益。

4）提供数据转换方面的信息。为实现空间数据真正意义上的共享提供基础。

5）建立数据目录和数据交换中心，实现信息共享。通过数据目录、数据代理机、数据交换中心等提供的元数据内容，用户可以很容易地使用它们，达到空间信息的共享。

2.5.3 ArcGIS 中的元数据

过去的空间元数据在表达上通常采用文本型的方式，直接用文字进行描述，因而具有通俗易懂、便于理解、易于编辑的优点。但它同时也具有结构松散、表达上容易产生冗余与歧义、文本和待描述数据间的连接不够紧密、不利于元数据的工程化应用等明显的缺点，阻碍了空间元数据标准化建设的推进。在 ArcGIS 平台下，元数据被存储为 XML 格式，它可以以文件的形式与地理数据存储在一起（如 Shapefile），也可直接存储在地理数据库（Geodatabase）中。XML 是可扩展标记语言，是一种基于 SGML 的简单灵活的语言，同时它还是一个元语言，允许用户设计自己的标记语言，因此采用 XML 进行存储元数据有利于元数据的标准化。

ArcGIS 中的元数据包含数据源的特性和描述文档，其中属性信息由 ArcCatalog 自动存储在每个要素的元数据中，如空间范围、投影定义、要素的数目等；而文档则是由用户添加到元数据中的信息，它通常描述数据的性质和内容，如字段描述、代码的定义和联系信息等。

1. 元数据样式表

元数据的样式表（stylesheet）是表达元数据的预设样式，通过它可以确定什么样的元数据元素将被显示，以及如何被显示。为满足不同用户的使用目的及视觉习惯，ArcGIS 提供了多个样式表供用户选择。在 ArcCatalog 中，元数据工具条上包含 FGDC、FGDC Classic、FGDC ESRI、FGDC FAQ、FGDC Geography Network、ISO、ISO 19139、ISO Geography、XML 等元数据样式表（图 2.35）。

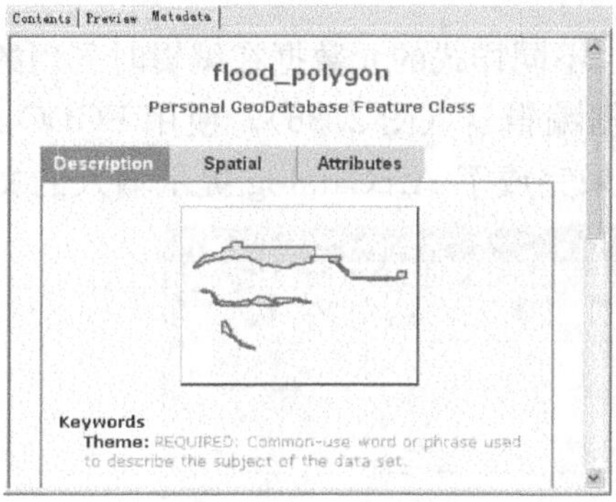

a. FGDC ESRI样式表

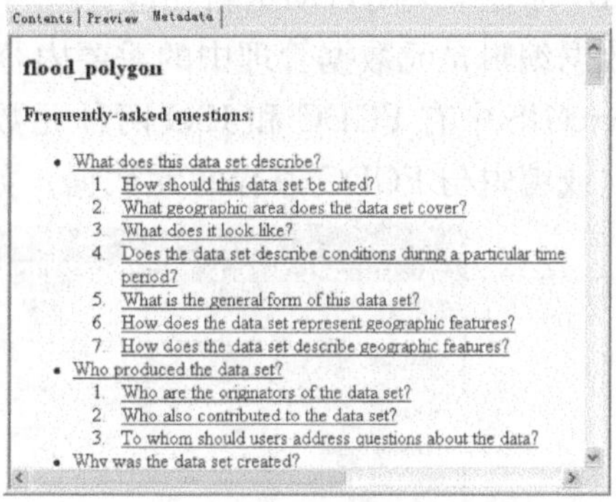

b. FGDC FAQ样式表

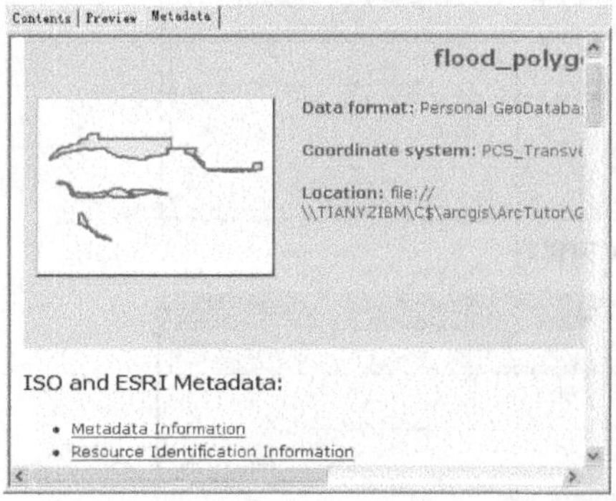

c. ISO样式表

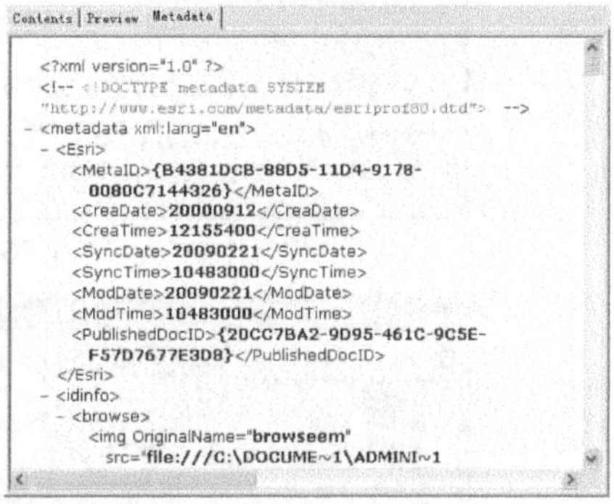

d. XML样式表

图 2.35　几种常用的元数据样式表

FGDC 样式表显示符合 FGDC 标准的元数据，ISO 样式表显示符合 ISO 标准的元数据。如果用户扩展了 FGDC 标准或者 ISO 标准，自行设计了元数据的标准，为了显示额外的元数据信息，需要对样式表进行定制。另外，用户也可以根据自己的喜好定制样式表，包括过滤某些不需要的元数据，对元数据的值进行替换（如关键词的中英文替换）、界面美工等。

2. 元数据的管理

元数据管理主要包括对元数据的创建、更新、编辑、附件添加等操作。

默认的情况下，在 ArcCatalog 中查看元数据时，元数据会自动建立或更新。如果在数据的属性对话框（Properties）中修改了数据属性，可以点击元数据工具条上的 Create/Update metadata 按钮，手工更新正在浏览的数据的元数据。

在 ArcCatalog 中，点击菜单 Tools→Options，打开选项对话框，点击 Metadata 标签，可以设置浏览元数据时使用的样式表以及元数据的编辑器，还可以设置元数据的生成和更新方式（一般情况下，可以将其设置为自动方式）。当空间数据及其元数据全部生成后，可以点击元数据工具条上的 Metadata Properties 按钮，在其对话框的选项（Options）标签中关闭自动更新功能。

元数据编辑是元数据管理中的重要内容。不同样式的元数据在编辑时采用的编辑器不同。ArcGIS 中有 FGDC 和 ISO 两种元数据编辑器（图 2.36）。使用 FGDC 编辑器，可以建立或编辑与 FGDC 兼容的元数据。如果完成了 ArcCatalog 提示输入的文档，这

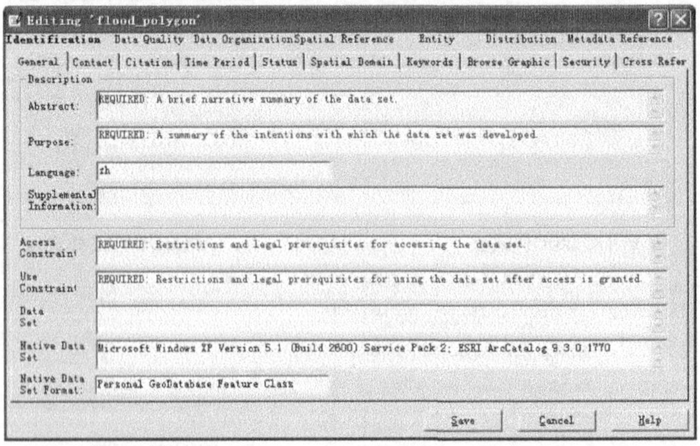

a. FGDC编辑器

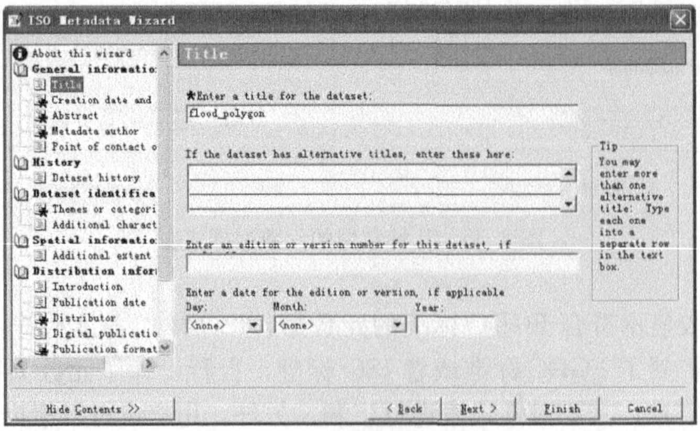

b. ISO编辑器

图 2.36　ArcGIS 中两种元数据编辑器的对话框

时的元数据已满足了 FGDC 的最低需求。使用 ISO 元数据编辑器，可以建立或编辑符合 ISO 标准的元数据。目前，ISO 元数据编辑器仅支持 ISO 元数据标准中的核心成分，还不能创建一个完整的 ISO 元数据记录。根据 ISO 标准，必须输入的信息在编辑器中将被明确地标识出来，提示没有添加到元数据中，因此，在任何时间对元数据内容表快速浏览，都可以发现还有多少必需的信息项没有被添加。与 FGDC 编辑器类似，ISO 编辑器可以在任何时候停止对元数据的编辑或重新编辑。

在 Metadata Properties 对话框中，可以绑定有关的文档作为元数据的附件。例如，可以将一个描述数据生产详细过程的 Word 文档作为元数据附件进行绑定。绑定之后，文件中的内容就被复制到元数据中，并随该数据一起移动。必要时，在 Metadata Properties 对话框中双击该附件，即可在相应的应用程序中打开它。

3. 元数据的输入输出

在实际工作中，常常会遇到这样的情况：一是需要将其他元数据工具建立的元数据转换为 ArcGIS 的元数据；二是需要将 ArcGIS 管理的元数据转换为其他系统的元数据。这就需要对 ArcGIS 中的元数据进行输入和输出。

若其他工具建立的元数据为文本文件、XML 文件或 FGDC 元数据剖析器 mp 定义的 SGML 格式文件，则可以直接将该类元数据输入 ArcCatalog 中，并通过输入转换器重写空间数据的所有元数据。

由于 ArcCatalog 使用 mp 对其支持的结果文件进行输入和输出，因此可以将 ArcCatalog 维护的元数据直接发布到 NSDI 的地理空间数据交换中心。当输出到 FGDC CSDGM 格式时，在 ESRI 协议中定义的元数据成分将被排除；当输出到 HTML 格式，就创立一个能完全表现选择项目元数据的文件；当输入到 XML 格式，就创建一个新的复制了项目元数据的 XML 文件。通过元数据的输出，就可以脱离 ArcCatalog 而对元数据进行操作。

ArcGIS 中有多种方式实现元数据的输入和输出：一是采用 ArcCatalog 下的元数据编辑工具条进行元数据输入和输出；二是采用 ArcToolbox 中的 Conversion toolbox 下的 Metadata 工具集进行输入、发布、转换；三是将用户自己的元数据输入输出工具添加到 ArcCatalog 以实现输入和输出。

2.5.4 空间数据元数据的应用

1. 帮助用户获取数据

通过元数据，用户可对空间数据库进行浏览、检索和研究等。一个完整的地学数据库除应提供空间数据和属性数据外，还应提供丰富的引导信息，以及由纯数据得到的分析、综述和索引等。通过这些信息用户可以明白一系列问题，如“这些数据是什么数据”、“这个数据库是否有用”等。

2. 空间数据质量控制

无论是统计数据还是空间数据都存在数据精度问题。影响空间数据精度的原因主要有两个方面：一是源数据的精度；二是数据加工处理过程中精度质量的控制情况。空间数据质量控制内容包括：①有准确定义的数据字典，以说明数据的组成、各部分的名称和表征的内容等；②保证数据逻辑科学地集成，例如，植被数据库中不同亚类的区域组合成大类区，这要求数据按一定逻辑关系有效地组合；③有足够的说明数据来源、数据的加工处理过程、数据解译的信息。这些要求可通过元数据来实现，这类元数据的获取往往由地学和计算机领域的工作者来完成。数据逻辑关系在数据中的表达要由地学工作者来设计，空间数据库的编码要求一定的地学基础，数据质量的控制和提高需要由具有数据输入、数据查错、数据处理专业背景知识的工作人员来完成，而数据再生产要由计算机基础较好的人员来实现。所有这些方面的元数据，可以按一定的组织结构集成到数据库中，生成数据库的元数据信息系统可以实现上述功能。

3. 在数据集成中控制数据流

数据集层次的元数据记录了数据格式、空间坐标体系、数据的表达形式、数据类型等信息；系统层次和应用层次的元数据则记录了数据使用软硬件环境、数据使用规范、数据标准等信息。这些信息在数据集成的一系列处理中，如数据空间匹配、属性一致化处理、数据在各平台之间的转换使用等是必要的。这些信息能够使系统有效地控制系统中的数据流。

4. 数据存储和功能实现

元数据在数据存储和功能实现方面的应用主要体现在以下四个方面：一是将元数据用于数据库的管理，可以避免数据的重复存储；二是通过元数据建立的逻辑数据索引可以高效查询检索分布式数据库中任何物理存储的数据，减少数据用户查询数据库及获取数据的时间；三是通过元数据可以实现数据库设计和系统资源利用等方面的开支得到合理分配，而数据库许多功能（如数据库检索、数据转换、数据分析等）的实现是靠系统资源的开发来实现的，因此，这类元数据的开发和利用将大大增强数据库的功能并降低数据库的建设费用（陈述彭等，1999）。

复习思考题

1. 谈谈你对“空间”的理解。
2. 我国的大地坐标系是如何定义的？
3. 矢量数据与栅格数据各有何特点？试比较它们的优缺点。
4. 什么是拓扑？它有什么重要意义？
5. 举例说明常用的栅格像元属性的决定方式有哪些？
6. 什么是空间数据质量？空间数据质量指标主要有哪些？
7. 怎样理解“空间数据质量问题不可避免以及空间数据质量是可以控制的”这一判断？
8. 常见的空间数据质量控制方法有哪些？
9. 什么是空间数据的元数据？其主要内容是什么？空间数据的元数据有何作用？

实验部分

实验二　空间数据的表达

一、实验目的

初步熟悉空间数据的矢量表达和栅格表达。

二、实验内容

以 ArcGIS 为基础，了解 GIS 中最常见的两种空间数据表达方式：矢量数据模型和栅格数据模型，并且比较点、线、面三种要素在不同分辨率下的栅格表达形式。

三、实验原理与方法

实验原理：矢量和栅格是 GIS 中两种主要的空间数据表达方式，它们之间可以进行相互转换，并且在不同空间分辨率下转换所生成的栅格数据有着不同的特征。

实验方法：利用 ArcGIS 软件的矢量栅格转换工具进行数据转换。

四、实验设备与数据

(1) 实验设备：计算机。

(2) 主要软件：ArcGIS。

(3) 实验数据：采用随书光盘提供的“实验 02”文件夹中的数据，包括点数据 point1、线数据 polyline1、面数据 polygon1。

五、实验步骤

(1) 打开 ArcCatalog，在左侧的目录树窗口中找到“实验 02”文件夹，浏览其中的数据。

(2) 点击标准工具条上的 ，打开集成在 ArcCatalog 中的 ArcToolbox 工具箱，点击 Conversion Tools→To Raster→Feature to Raster，打开 Feature to Raster 对话框。

(3) 在 Input features 中加入需要栅格化的数据，在 Field 里选择 Id 字段，在 Output raster 里设置输出栅格数据的文件夹和文件名称，在 Output cell size 里输入转换后的分辨率（栅格像元大小）(图 2.37)。

图 2.37　Feature to Raster 对话框

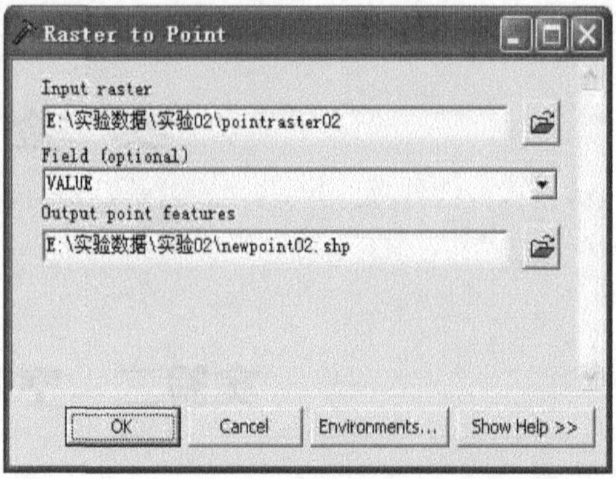

图 2.38　Raster to Point 对话框

(4) 重复上一步，依次将 point1、polyline1、polygon1 分别按分辨率 2、8、32 转换成栅格数据（输出文件可按以下方式命名：pointraster02、pointraster08、pointraster32；lineraster02…；gonraster02…）。

(5) 在 ArcToolbox 中点击 Conversion Tools→From Raster，依次将上一步生成的栅格数据再转换成矢量数据。①对点而言，打开 Raster to Point，在 Input raster 中选择要转换的数据，在 Field 里选择 VALUE，在 Output point features 里设置输出点数据的文件夹和文件名字。依次将第四步生成的点栅格数据转换为点矢量数据（图 2.38）。②对线而言，打开 Raster to Polyline，在 Input raster 中选择要转换的数据，在 Field 里选择 VALUE，在 Output polyline features 里设置输出线数据的文件夹和文件名称，在 Background Value 中选择 NODATA。依次将第四步生成的线栅格数据转换为线矢量数据（图 2.39）。③对面而言，打开 Raster to Polygon，在 Input raster 中选择要转换的数据，在 Field 里选择 VALUE，在 Output polygon features 里设置输出面数据的文件夹和文件名称。依次将第四步生成的面栅格数据转换成面矢量数据（图 2.40）。

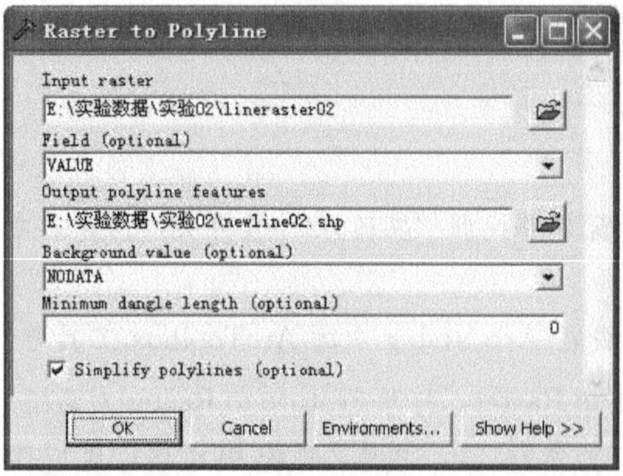

图 2.39　Raster to Polyline 对话框

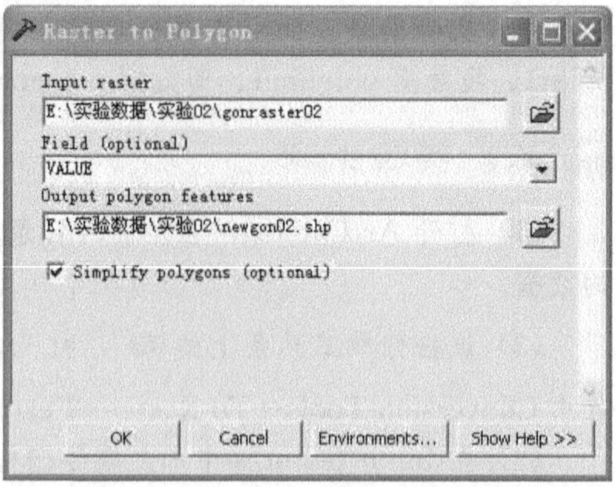

图 2.40　Raster to Polygon 对话框

(6) 将新生成的矢量文件按类型分别加载到 ArcMap 中，与 point1、polyline1、polygon1 分别进行比较（图 2.41），分析它们之间的差异，并总结其规律，写一份简要的报告。

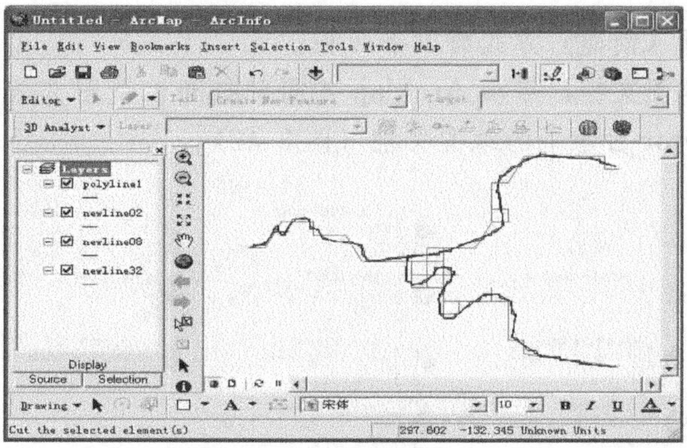

图 2.41 数据比较

实验三 ArcGIS 基本操作与数据表示

一、实验目的

了解 ArcGIS 的基本操作以及 ArcGIS 中空间数据的不同表示方法。

二、实验内容

以 ArcGIS 为基础，了解 ArcGIS 软件在数据加载、数据显示与布局及输出等方面的基本操作，认识 ArcGIS 中的几种数据格式。

三、实验原理与方法

实验原理：数据加载、数据显示、数据布局与输出是 ArcGIS 软件的基本功能。
实验方法：利用 ArcGIS 对空间数据进行操作。

四、实验设备与数据

(1) 实验设备：计算机。
(2) 主要软件：ArcGIS 等。
(3) 实验数据：采用 ArcGIS 安装目录下 Arctutor 文件夹中的相关数据。

五、实验步骤

1. 打开（创建）地图文档

地图文档的打开（创建）方式有以下四种。

（1）直接双击地图文档，启动 ArcMap 并同时打开该地图文档［如打开 C：\ arcgis \ ArcTutor \ Editor 目录下的地图文档（图 2.42)］。

图 2.42 地图文档

（2）启动 ArcMap，在 ArcMap 的启动对话框中选择创建一个新的地图文档、打开一个地图模板、打开一个已有的地图文档等三种方式之一来创建或打开地图文档（图 2.43)。

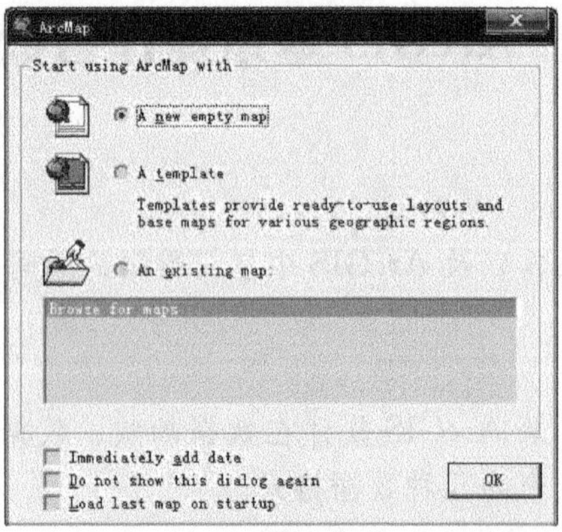

图 2.43 地图文档的三种启动方式

（3）通过 ArcMap 的菜单创建或打开一个地图文档（图 2.44a)：点击 File→New 或 File→Open（如 C：\ arcgis \ ArcTutor \ Getting _ Started \ Greenvalley \ Greenvalley. mxd)。

（4）通过工具按钮创建或打开一个地图文档（图 2.44b)：在 ArcMap 的标准 (Standard) 工具条上，点击 New Map File 按钮 或 Open 按钮 。

2. 加载数据

加载数据有三种方法。

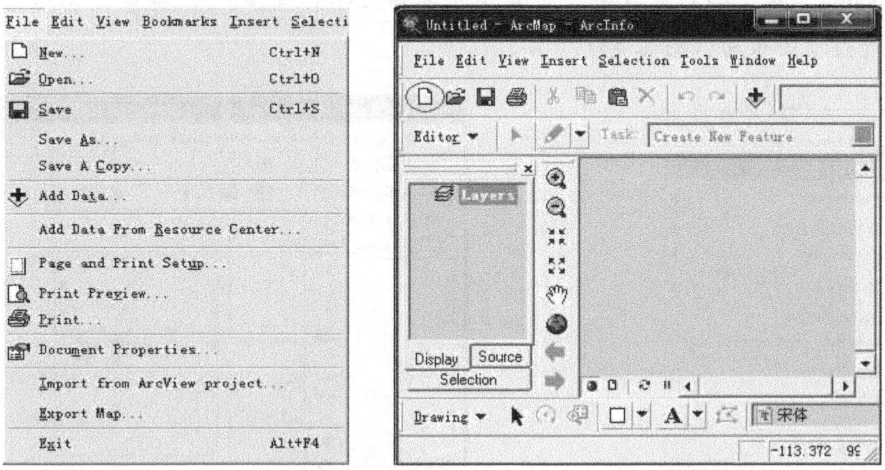

a b

图 2.44 通过菜单（a）及工具按钮（b）创建或打开地图文档

（1）直接点击标准工具条上的添加数据按钮，打开添加数据对话框，选择要加载的数据（图 2.45）。

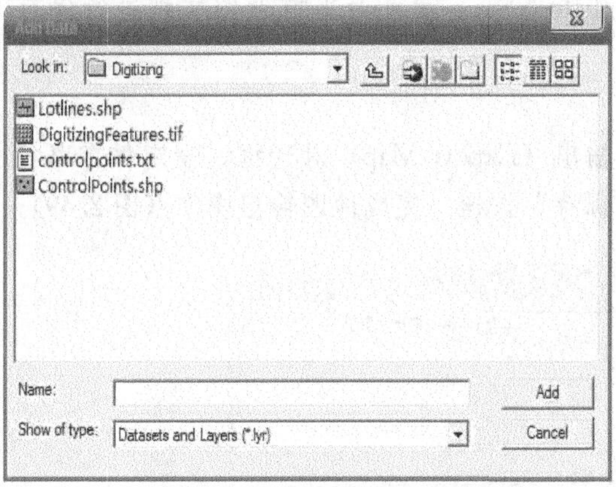

图 2.45 加载数据对话框

图 2.46 使用菜单加载数据

（2）点击菜单 File→Add Data，打开添加数据对话框，选择要加载的数据（图 2.46）。

（3）在 ArcCatalog 中，选择要添加的数据层，直接拖到 ArcMap 左边的内容列表窗口。

3. 数据显示与地图布局

在 ArcMap 的 Data View 窗口中，采用 Tools 工具条中的数据浏览工具，如放大、缩小、全局视图、前一视图、后一视图等，对数据进行浏览；通过点击 View 菜单下的

Layout View（图 2.47）或点击窗口左下角的第二个按钮，将窗口切换至 Layout View，进行地图布局（图 2.48）。

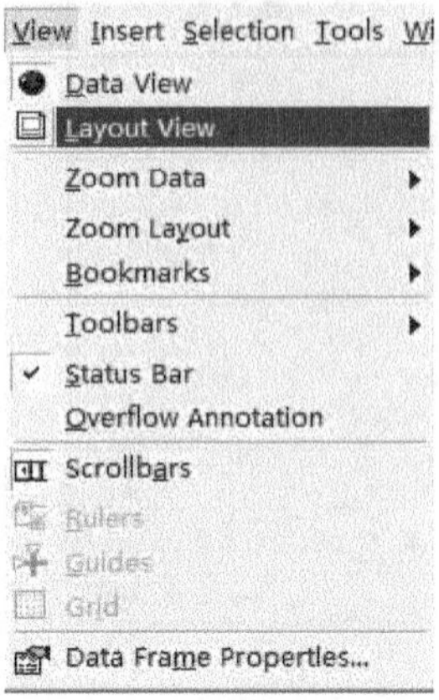

图 2.47　Layout View 菜单

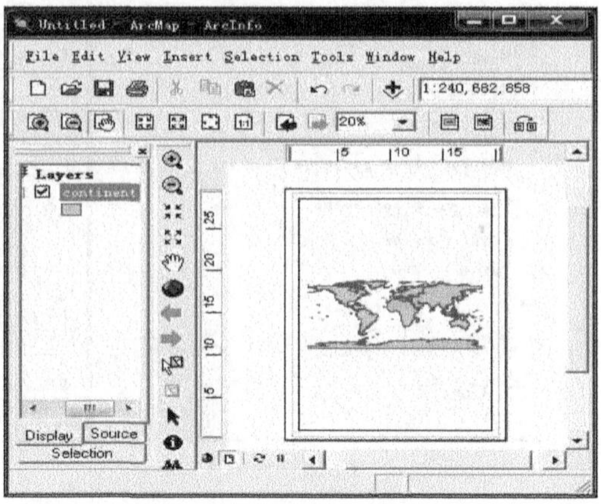

图 2.48　地图布局

4. 地图文档的保存

点击标准工具栏中的按钮或者点击 File→Save 就可对当前地图文档进行保存。

5. 地图输出

点击菜单 File→Export Map，打开地图输出（Export Map）对话框，设定保存路径、文件名、文件类型、质量参数等，然后点击“保存”按钮，完成地图输出操作（图 2.49）。

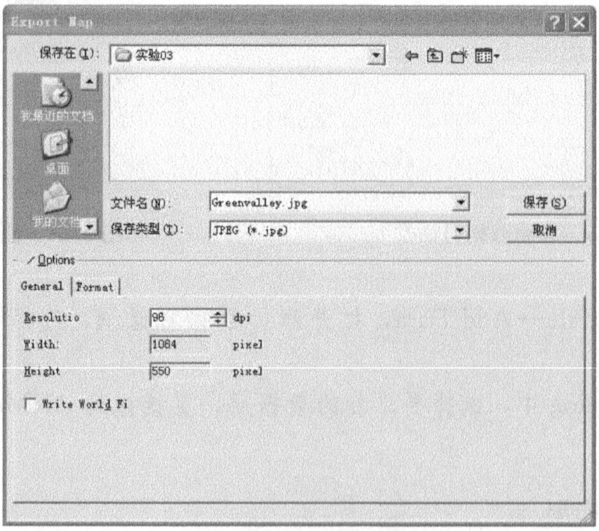

图 2.49　地图输出

6. 认识 ArcGIS 中的常见的空间数据表示方法

在 ArcCatalog 中，认识 Shapefile、Coverage、Geodatabase、Raster 四种基本的空间数据格式（图 2.50 至图 2.53），观察并比较各种数据在资源管理器中的存在形式。

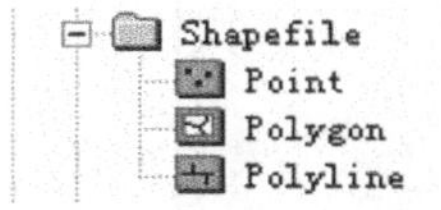

图 2.50　Shapefile 数据

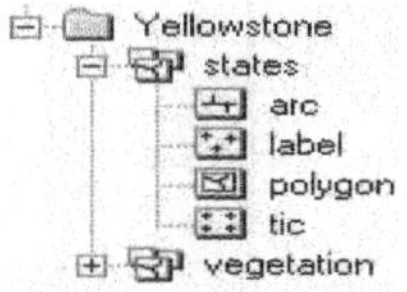

图 2.51　Coverage 数据

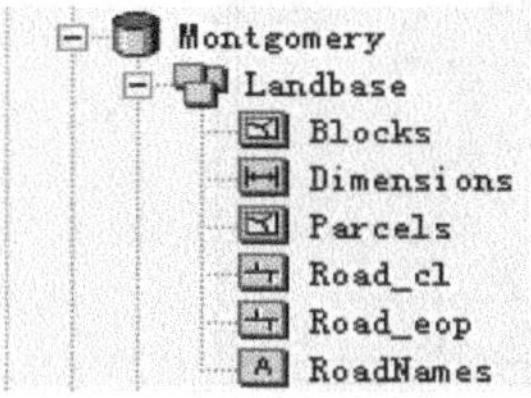

图 2.52　Geodatabase 数据

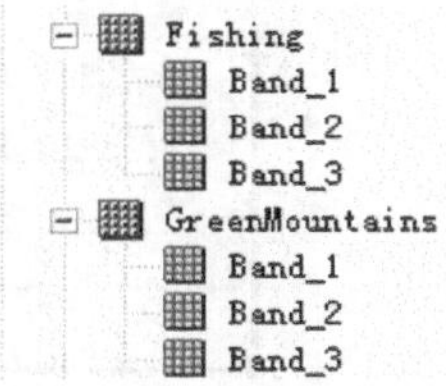

图 2.53　Raster 数据

7. 在 ArcGIS 中创建新的数据文件——以 Shapefile 文件为例

(1) 打开 ArcCatalog，在文件夹上右键点击选择 New→Shapefile 或者在菜单 File 下选择 New→Shapefile（图 2.54）。

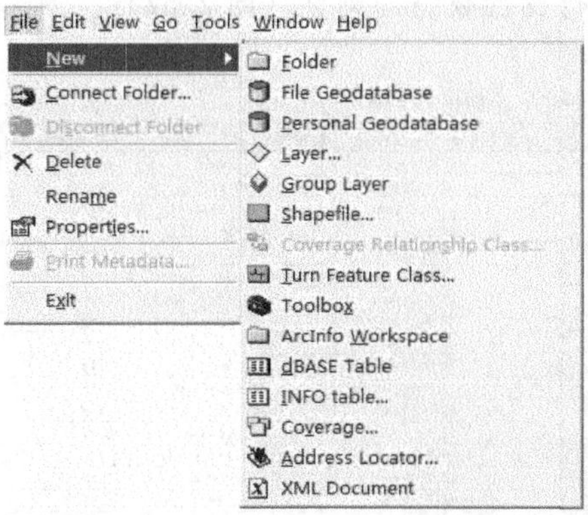

图 2.54　新建 Shapefile 数据

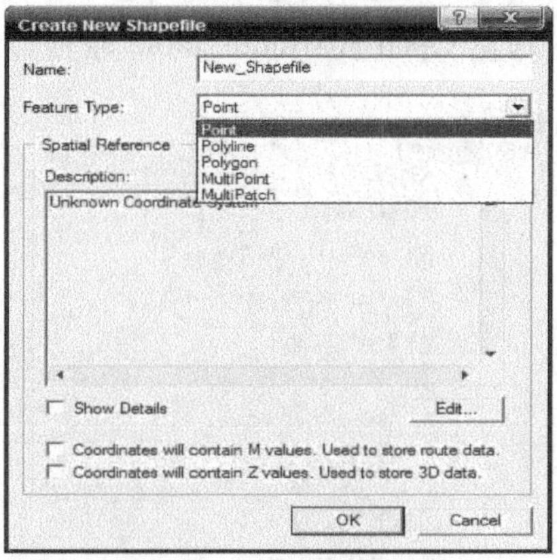

图 2.55　选择要素类型

(2) 设置 Shapefile 文件：在 Name 文本框处输入文件的名称，在 Feature Type 列表框中选择需要建立的要素类型（点、线、面等 5 种类型）（图 2.55）。

(3) 点击 Edit 按钮，对所建立的文件进行坐标系统的设置，可以选择预设的坐标系统、导入已有的坐标系统或者自定义坐标系统（图 2.56）。

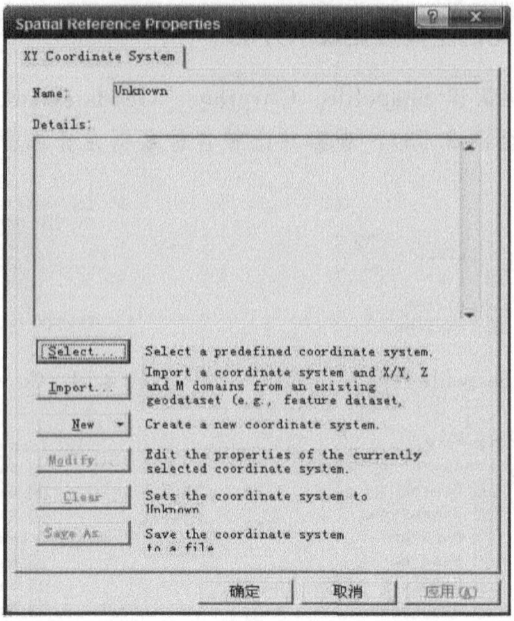

图 2.56　投影及坐标系统设置

8. 空间数据的浏览

在 ArcMap 和 ArcCatalog 中均可对空间数据的空间信息和属性信息进行浏览。

在 ArcMap 中，加载“C：\arcgis\ArcTutor\Editor\ExerciseData\Digitizing”下的 Lotlines 数据即可在右边的窗口中对空间数据进行浏览，右键点击左边窗口中的数据图层，选择 Open Attribute Table 即可打开属性表进行属性数据的浏览（图 2.57）。

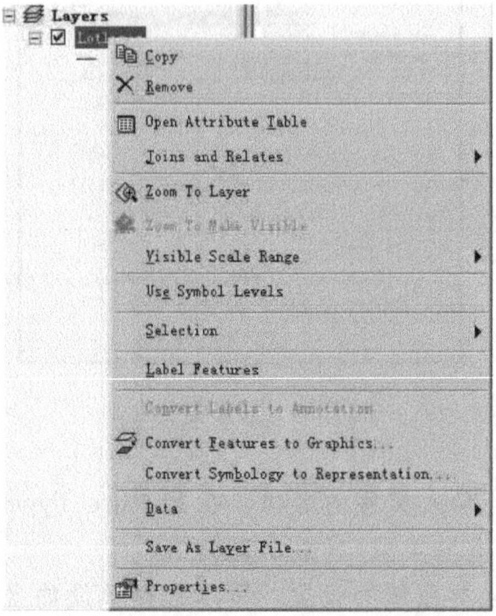

图 2.57　在 ArcMap 中浏览属性数据

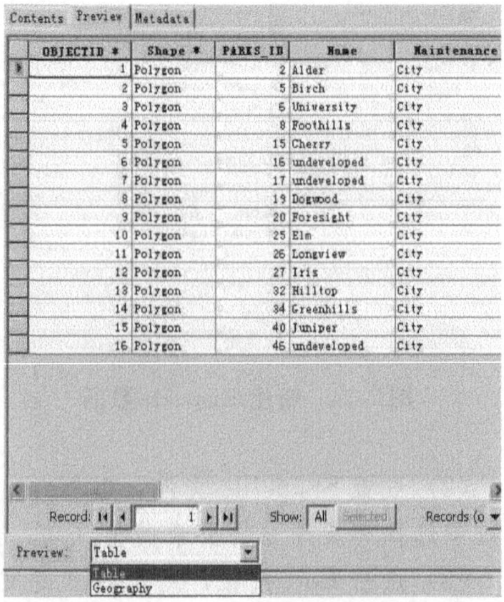

图 2.58　在 ArcCatalog 中浏览属性数据

在 ArcCatalog 中，选择需要浏览的数据（如 C：\arcgis\ArcTutor\Getting_Started\Greenvalley\Data\GreenvalleyDB.mdb\Parks\parks_polygon)，在将右边窗口切换至 Preview 选项卡时就可以实现空间数据的浏览，在窗口下端的预览（Preview）方式列表框中，选择 Table 也可对其属性数据进行浏览（图 2.58)。

实验四　栅格像元的不同编码方法及误差比较

一、实验目的

了解主要类型法、像元中心法等栅格像元的编码方法及其误差特征。

二、实验内容

以 ArcGIS 为基础，对土地利用数据 ld502323 进行两种不同的栅格编码，并比较其在同种编码方法不同分辨率下以及同种分辨率不同编码方法下各类土地的面积误差。

三、实验原理与方法

实验原理：矢量数据转换成栅格数据时，栅格像元需要进行编码。常用的编码方法包括主要类型法和像元中心法。

实验方法：采用 100m、500m、1000m 三种不同的分辨率，分别根据主要类型法和像元中心法将矢量数据转换成栅格数据，统计并比较各类数据中各种土地的面积，分析误差特征。

四、实验设备与数据

(1) 实验设备：计算机。

(2) 主要软件：ArcGIS、Microsoft Office 等。

(3) 实验数据：采用随书光盘提供的“实验 04”中的土地利用数据（ld502323）和结果统计表.xls。

五、实验步骤

1. 浏览数据

(1) 在 ArcCatalog 中，打开土地利用数据 ld502323 中 polygon 的属性表，结合表中的土地类型字段 ld502323-ID 与“土地分类系统.doc”文件，了解各土地类型代码所代表的土地类型。

(2) 打开“结果统计表.xls”，了解本实验将要完成的相关任务。

2. 统计土地利用矢量数据中各类土地的面积

（1）在 ArcCatalog 中，打开 ArcToolbox，点击 Analysis Tools→Statistics→Frequency，打开频数统计工具 Frequency（图 2.59），在 Input Table 中输入数据 Polygon，对 Frequency Field（s）选择土地类型字段 LD502323-ID，对 Summary Field（s），选择面积字段 Area，最后点击 OK 按钮，完成对各类土地的面积统计。

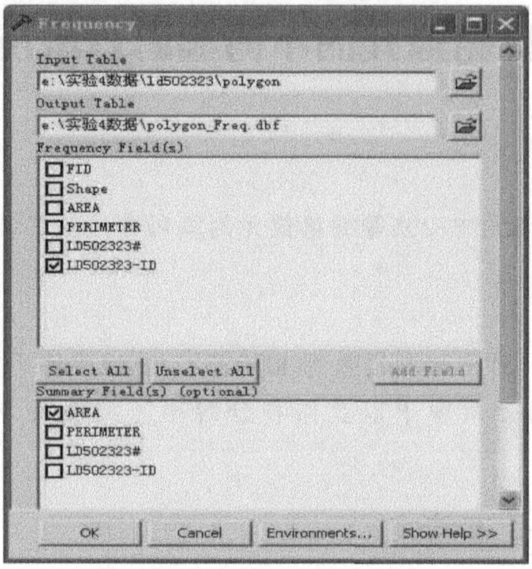

图 2.59　各类土地的面积统计

（2）用 Excel 打开上一步输出的统计表格，对数据进行整理（单位换算与类型归并），并将结果填入“结果统计表.xls”的“实际面积”一列。

3. 对土地利用数据按主要类型法进行栅格编码

（1）在 ArcToolbox 中打开 Polygon to Raster 工具（Conversion tools→To Raster→Polygon to Raster）（图 2.60），在 Input features 中输入 ld502323 中的 polygon 数据，对 Value Field 选择 LD502323-ID 字段，输出的栅格数据以 main100 命名，像元编码方法选择 MAXIMUM _ COMBINED _ AREA，像元大小（Cellsize）为 100，最后点击 OK 按钮，将矢量的土地数据按主要类型编码方法转换成像元大小为 100m 的栅格数据。

（2）重复上一步，分别将 Cellsize 设为 500、1000，输出分别命名为 main500、main1000。

（3）分别打开以上三个栅格数据的属性表，将其输出（Options→Export）为 dbf 文件。

（4）用 Excel 打开上一步输出的 dbf 文件，根据各类土地的像元数量（Count）及像元大小，计算各类土地的面积，将结果填入“结果统计表.xls”中的“主要类型法”下的相应位置。

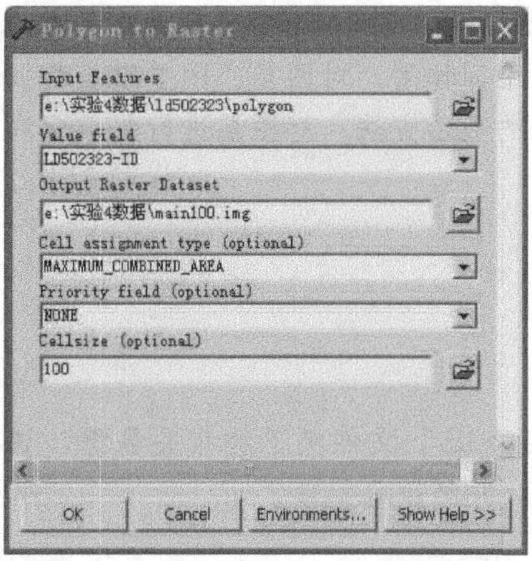

图 2.60 Polygon to Raster（主要类型法）

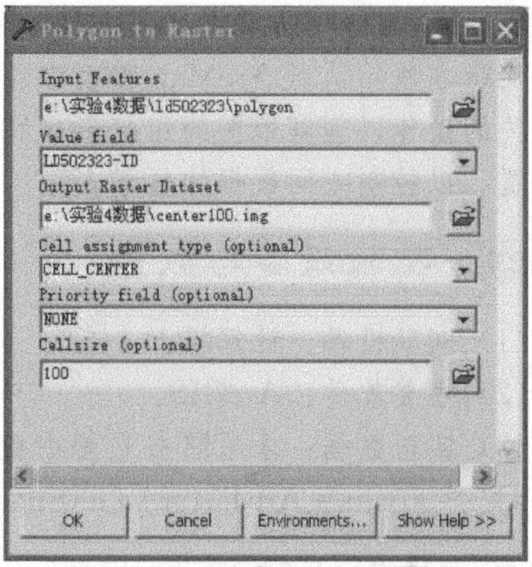

图 2.61 Polygon to Raster（像元中心法）

(5) 在“结果统计表 . xls”中，计算各类土地面积的误差百分比 [（面积－实际面积）×100/实际面积]。

4. 对土地利用数据按像元中心法进行栅格编码

方法及过程与主要类型法相似，不同的是像元编码方法选择 CELL _ CENTER（图 2.61），输出栅格数据可以按 Center100、Center500、Center1000 命名。

5. 数据比较

根据“结果统计表 . xls”，重点比较在同种编码方法不同分辨率下，以及同种分辨率不同编码方法下各类土地的面积误差，分析不同编码方法的特点，总结其规律。

实验五 ArcGIS 中空间数据的显示

一、实验目的

了解 ArcMap 中空间数据的显示方法。

二、实验内容

在 ArcMap 环境下，充分运用各种工具及方法实现对空间数据的不同显示。

三、实验原理与方法

实验原理：在 ArcMap 内容表中，通过图层、图层组、数据框等来组织地图，在显示区中提供两种地图视图方式，即数据视图和版面视图。图层中的要素可以采用不同的符号来显示；通过控制图层的比例尺范围，可以使地图在不同比例尺时都能够做到主次清晰。

实验方法：认识 ArcMap 界面中各功能区的不同作用；对图层、图层组、数据框进行相关的操作以理解地图的组织形式和空间数据的显示方法；对图层进行符号化和比例尺设置，以控制空间数据的显示。

四、实验设备与数据

(1) 实验设备：计算机。

(2) 主要软件：ArcGIS。

(3) 实验数据：采用随书光盘中提供的“实验 05”文件夹下的相关数据，该数据源于 C：\arcgis\ArcTutor\Getting_Started，并经适当整理。

五、实验步骤

1. 认识 ArcMap 界面

双击 Greenvalley. mxd，打开地图，认识标题条、菜单条、工具条（可随意浮动贴边）、内容表（或称目录表）、显示区、状态栏（图 2.62）。

2. 认识两种视图方式

单击显示区左下角的数据视图（Data View）图标，以数据方式显示地图；单击版面视图（Layout View）图标，以页面布局的方式显示地图（图 2.62）。

图 2.62　ArcMap 界面

3. 认识内容表

(1) 数据框（Data Frame）：数据框是一张地图的基本组织单位；一张地图上可以

同时存在多个数据框；活动数据框为当前操作的数据框。①点击菜单 Insert→Data Frame，在内容表中添加一个新的数据框；②将 Layers 数据框中的任一图层复制至新的数据框；③右键点击 Layers 数据框，点击 Activate，使其成为活动数据框；④在 Layout View 中，重新布局两个数据框。

(2) 图层（Layer）：图层有两种存在形式：一是作为地图文档（.MXD）的一部分；二是以图层文件（.lyr）单独存在，其作用在于定义和保存图层显示的颜色符号系统以及数据源等信息。①右键点击任一图层，选择 Save As Layer File，将其保存为图层文件；②将新建的图层文件加入另一数据框。

(3) 图层组（Group layer）：图层组是将多个图层组合成的一个新图层，多用于同类图层之间，用以设置其共同的属性，必要时可将图层组解散。①选中两个以上的图层，右键点击，在弹出的菜单中点击 Group，生成新的图层组；②右键点击图层组，点击 Ungroup，将图层组解散。

(4) 内容表（table of contents，TOC）的管理。①内容表的三种方式：Display、Source、Selection（依次点击内容表下方的三个标签，比较三种方式之间的不同）；②图层（组）的基本操作：图层的开关（点击图层左边的方框）；图层的顺序调整（在 display 标签下拖移图层）；重命名图层（单击图层名两次）；删除图层（右击图层，点击 Remove）。

(5) 地图文档。

点击菜单 File→Save，保存地图文档。

地图文档的文件形式为 *.mxd。它并不存储显示的数据，而仅仅存储对数据源的引用信息以及其他的一些相关信息，如图名、注记、比例尺、指北针、显示符号样式等。若数据源位置发生改变，则需要重设数据源（修改图层的数据源），其表现特征为：图层名称前有一个红色的叹号。处理方式：右键点击图层，打开图层属性对话框，在 Source 标签下设置正确的数据源（Set Data Source）。

为避免由于数据或地图文档移动等原因引起的数据源错误，建议在一般情况下将地图按相对路径保存：File→Document Properties→Data Source Options→Store relative path names to data sources。

4. 地图的显示

(1) 右键点击任一工具条，单击 Tools，打开 Tools 工具条，采用该工具条上的放大、缩小、移动、全图显示、前（后）视图等工具对地图进行浏览。

(2) 使用书签：点击菜单 Bookmarks→Create，将当前显示区的窗口范围设定为书签。必要时，直接点击书签可将视图范围恢复到当前窗口。

(3) 放大镜和全景图窗口：点击菜单 Window→Magnifier/Overview，使用放大镜窗口或全景显示（鹰眼）窗口。

5. 图层的符号化

(1) 右键点击图层，点击 Properties，打开 Layer Properties 对话框，点击 Symbology 标签，采用不同的符号化方法对图层进行定性或定量的符号化（图 2.63）。

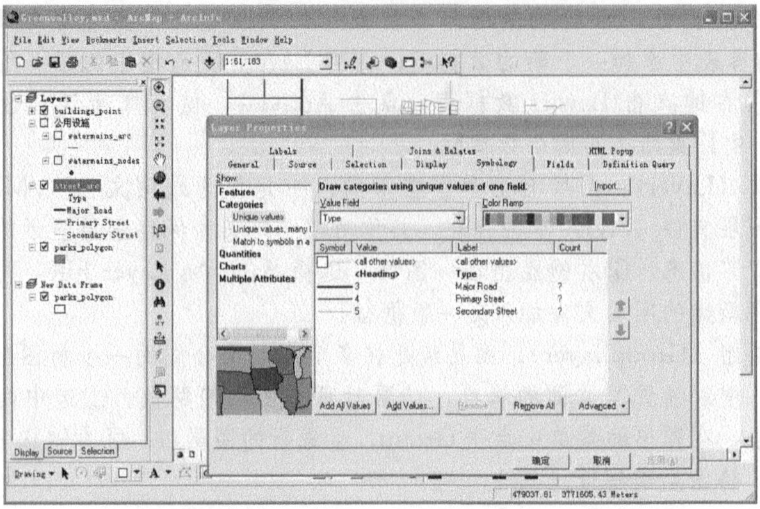

图 2.63　Layer Properties 对话框

（2）在 Layer Properties 对话框中双击图层符号或直接在内容表中双击已有的图层符号，打开 Symbol Selector 对话框，对图层中的要素选择其他符号或创建新的符号（图 2.64）。

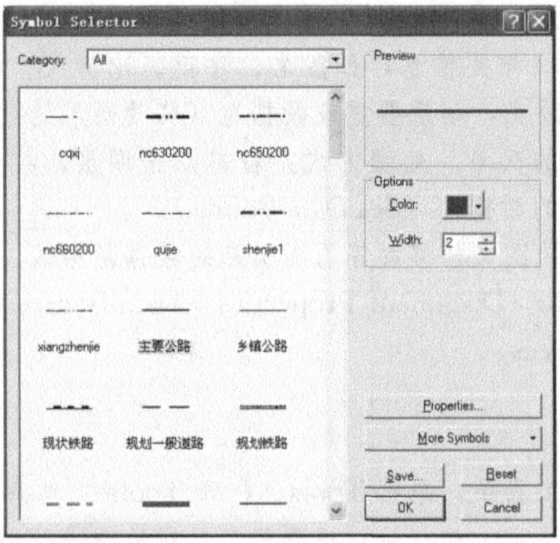

图 2.64　Symbol Selector 对话框

6. 设置图层显示的比例尺范围，以控制图层在一定的比例尺范围内显示

（1）右键点击图层，点击 Visible Scale Range，选择 Set Minimum Scale，将当前的比例尺设置为最小比例尺，即当地图进一步缩小时，图层将不再可见；将图层放大，右键点击图层，点击 Visible Scale Range，选择 Set Maximum Scale，将当前的比例尺设置为最大比例尺，即当地图进一步放大时，图层将不再可见；选择 Clear Scale Range

即可取消以上设置（图 2.65a）。

（2）也可通过以下方式设置图层显示的比例尺范围：右键点击图层，选择 Properties，打开图层属性（Layer Properties）对话框，在 General 标签下的 Scale Range 中设置比例尺范围（图 2.65b）。

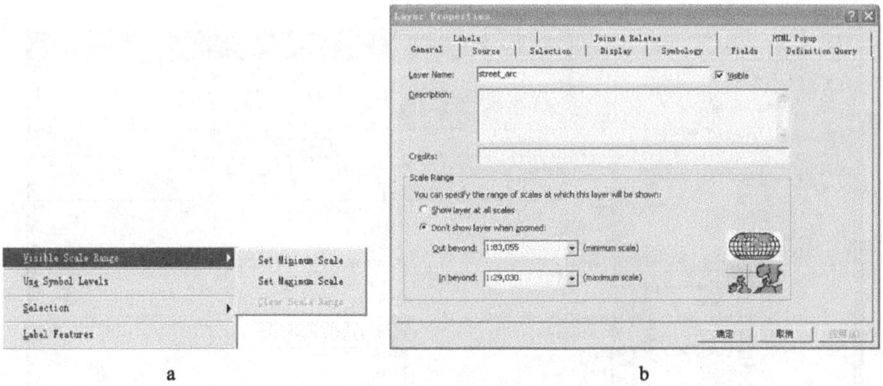

图 2.65　设置图层比例尺范围的两种方式

实验六　ArcGIS 中空间数据的操作

一、实验目的

了解 ArcCatalog 中空间数据的基本操作。

二、实验内容

在 ArcGIS 的 ArcCatalog 环境下，了解 ArcGIS 支持的不同数据格式的特点，并掌握不同类型数据的操作，熟悉目录连接的建立和网络服务器的连接。

三、实验原理与方法

实验原理：ArcGIS 支持多种不同格式的空间数据，并可以根据需要将这些数据与目录和网络服务器进行连接；ArcCatalog 主要用来浏览、组织、分发、记录各种数据。

实验方法：在 ArcGIS 的 ArcCatalog 环境下对不同格式数据进行一系列操作。

四、实验设备与数据

（1）实验设备：计算机。

（2）主要软件：ArcGIS。

（3）实验数据：采用随书光盘中提供的“实验 06”文件夹下的相关数据，该数据源于 C：\ arcgis \ ArcTutor \ Catalog \，并经适当整理。

五、实验步骤

1. 熟悉 ArcCatalog 界面

打开 ArcCatalog，浏览其界面，比较与 ArcMap 的不同（图 2.66）。

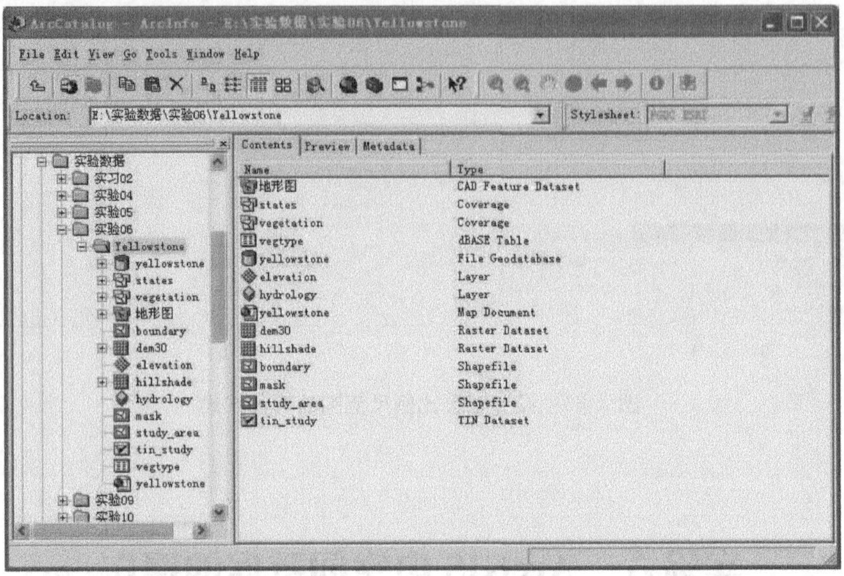

图 2.66　ArcCatalog 界面

2. 了解浏览数据的三种视图方法

（1）在目录树中选择 Yellowstone 文件夹，点击显示区左上方的内容标签 Contents，浏览该文件夹中的数据。

（2）分别点击标准工具条上的大图标（Large Icons）、列表（List）、详细资料（Details）、缩略图（Thumbnail）按钮，以不同方式浏览数据。

（3）在目录树上选中 Yellowstone 文件夹下的 boundary，点击显示区左上方的预览标签 Preview，预览该数据。

（4）点击显示区左下方的预览方式下拉列表框，将 Preview 方式从 Geography 改为 Table 方式，浏览该数据的属性信息（除 Geography、Table 外，对某些特定数据还可以有 3D、Globe view 方式）。

（5）点击显示区左上方的元数据标签 Metadata，浏览该数据的元数据信息，包括描述信息、空间信息、属性信息三个方面的元数据。

3. 了解 ArcGIS 支持的常用空间数据格式

ArcGIS 可以无缝地支持所有 ESRI 的数据格式：Shapefile、Coverage、Geodatabase 以及 ArcIMS 提供的数据，还可以支持三种最常用的 CAD 数据格式（dxf、dwg、 dgn)，从而减少因数据转换而带来的误差。

(1) Shapefile 数据。Shapefile 是一种最基本的、开放的矢量数据标准格式，它能够保存单一要素类型的几何位置及相关属性。该类数据至少由以下三个文件组成：*.shp用于保存要素的几何实体；*.shx 用于保存几何实体索引；*.dbf 用于保存要素的属性信息。除了以上三个文件之外，还可以有其他文件的支持，以优化访问数据库的性能。*.sbn 和 *.sbx 保存实体的空间索引，*.fbn 和 *.fbx 保存只读实体的空间索引，*.ain 和 *.aih 保存列表中活动字段的属性索引，*.prj 保存坐标系统信息，*.shp.xml 保存 shapefile 的元数据。

在资源管理器中，浏览数据 boundary 所具有的文件，认识不同文件的功能。

(2) Coverage 数据。Coverage 格式是 ArcInfo 自身的矢量格式，它是由一种或几种要素类组成的集合并包含独立存储属性的 info 表格，定义了拓扑关系作为要素属性表的一部分。目前的 ArcGIS 版本中是不允许对 Coverage 数据进行直接编辑的。

分别在 ArcCatalog 和资源管理器中，浏览 states 和 vegetation 两个 Coverage 数据文件，了解其文件构成。

(3) ArcInfo 工作空间 (Workspace)。ArcInfo 工作空间是指具有 Info 子目录的系统目录，Coverage 以目录的形式存储于工作空间中，Info 目录存储和管理工作空间中所有 Coverage 的 info 属性表。除 Coverage 外，工作空间中还可存储其他类型的数据，如 Shapefile、Geodatabase、CAD 等。

用 ArcCatalog 而不用系统文件管理工具来管理空间数据，特别是 Coverage 数据。

(4) Geodatabase 数据。Geodatabase 数据格式是 ArcGIS 自身的数据格式之一，它有三种形式：Personal Geodatabase、File Geodatabase、ArcSDE Geodatabase。Geodatabase 的每一个要素类 (Feature Class) 仅存储一个单一的要素类型，但只要有同一坐标系统，就可以轻易组成一个要素集 (Feature Dataset)。要素集可存储拓扑关系并可以被编辑。①右键点击目标文件夹 Yellowstone，点击 New→Personal Geodatabase，新建一个 Personal Geodatabase，并重命名；②右键点击新建的 Personal Geodatabase，点击 New→Feature Dataset，新建一个要素数据集，对其重命名，并设置或引入其坐标系统；③右键点击新建的要素数据集，点击 New→Feature Class，新建一个要素类，对其命名，并设置其要素类型 (图 2.67)；④在资源管理器中，比较新建的 Personal Geodatabase 与 File Geodatabase (Yellowstone) 之间的文件差异。

(5) CAD 数据格式。在 ArcCatalog 中可以直接浏览 CAD 格式的数据 (dxf、dwg、dgn)。

在 ArcCatalog 的目录树中选择“地形图”中的要素，在显示区中点击 Preview 标签，浏览该数据。

(6) 栅格数据。ArcGIS 除了支持 grid、img 格式的栅格数据外，还支持其他常用的图像格式，如 tiff、bmp、sid、jpeg 等。

在 ArcCatalog 的目录树中分别选择 dem30、hillshade，在显示区中点击 Preview 标签，浏览这些栅格数据；然后在显示区下方的 Preview 方式中选择 Table，理解栅格数据属性表中各字段的含义。

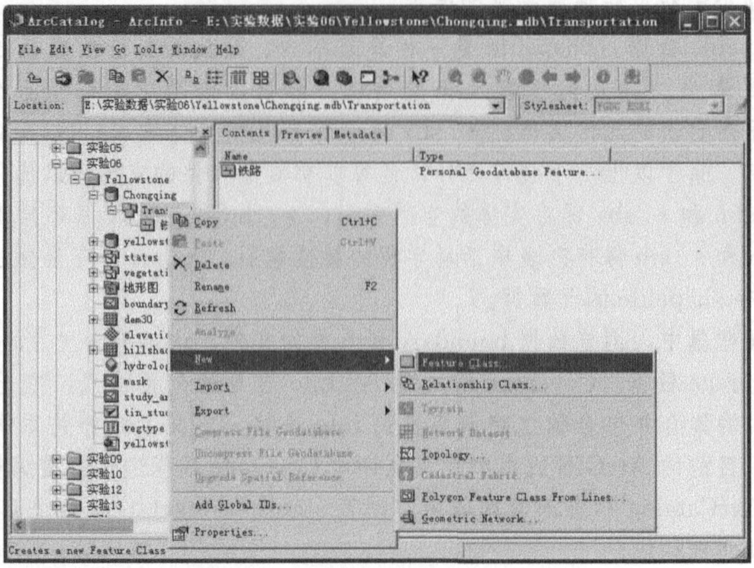

图 2.67　新建 Personal Geodatabase

4. 建立目录连接

将本地机上的任一目录、光驱、软驱或网络计算机上的目录连接到 ArcCatalog 目录树上，方便对数据的浏览。

(1) 点击标准工具条上的目录连接“Connect to Folder”按钮，选择“实验 06”文件夹，点击确定，将该文件夹连接到目录树中；

(2) 在目录树上选中已连接的文件夹，点击标准工具条上的“Disconnect From Folder”按钮，取消该连接。

5. 连接 GIS 服务器

ArcCatalog 允许用户连接到网络上的 GIS 服务器上，并对数据进行利用或管理。

(1) 在 ArcCatalog 目录树下方的 GIS Servers 上双击，并再次双击其下的 Add ArcGIS Server；

(2) 选择 Use GIS Server，点击下一步；

(3) 选择 Internet Server URL，并输入 http://services.arcgisonline.com/arcgis/services，点击 Finish，完成对 ESRI 的 GIS 服务器的添加（前提是 Internet 需要连通）；

(4) 对新添加的 GIS 服务器中的资源进行浏览。

6. 设置显示数据的类型与信息

ArcCatalog 并不将磁盘上的所有文件列出，缺省情况下只列出地理数据文件，用户可以自己选择在 ArcCatalog 进行显示的数据类型。

点击菜单 Tools→Options，打开选项设置对话框，点击 General 标签，在其第二个列表框中对需要显示的数据类型进行选择。

当需要知道数据大小、修改时间等信息时，则可以点击选项设置对话框中的Contents标签，在其第一个列表框中选中Size、Modified等选项。

7. 创建缩略图

缩略图（Create Thumbnail）是当时数据的屏幕快照，代表数据的内容或区域；缩略图有利于对数据进行快速浏览；当数据变化时，可以重新生成缩略图；保存地图时，地图的缩略图自动生成；图层文件的缩略图必须手动完成。

（1）在ArcCatalog目录树中选择boundary数据，点击显示区左上方的Contents标签，浏览该数据的缩略图；

（2）点击Preview标签，将显示区的数据进行局部放大或缩小，点击工具条上的创建缩略图按钮，产生新的缩略图；

（3）点击Contents标签，观察新建的缩略图，比较其与原缩略图有何不同。

实验七　元数据的浏览与编辑

一、实验目的

掌握元数据的浏览与编辑方法。

二、实验内容

在ArcGIS环境下，浏览元数据的各项内容，采用不同的样式对元数据进行显示，并对元数据进行编辑。

三、实验原理与方法

实验原理：元数据是“关于数据的数据”。ArcCatalog显示区的Metadata标签下列出了元数据的各项内容，元数据工具条可以控制元数据的显示与编辑。

实验方法：在ArcCatalog中，采用不同的样式对元数据进行显示，浏览元数据的各项内容，并采用元数据编辑器对元数据进行编辑。

四、实验设备与数据

（1）实验设备：计算机。

（2）主要软件：ArcGIS。

（3）实验数据：随书光盘中提供的“实验06”文件夹下的相关数据或ArcGIS安装目录下Arctutor文件夹中的任意空间数据。

五、实验步骤

（1）浏览 ArcCatalog 中的元数据。在 ArcCatalog 的目录树中任选一个数据，点击显示区中的元数据标签 Metadata（图 2.68），然后再分别点击 Description、Spatial、Attributes 标签，浏览该数据的各项元数据内容。

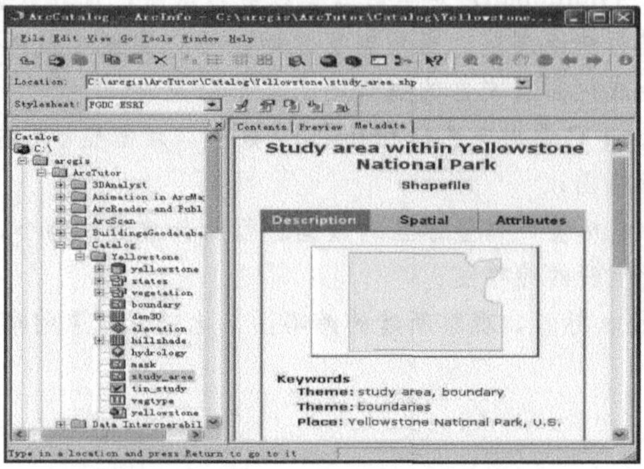

图 2.68　在 ArcCatalog 中浏览元数据

（2）点击 View→Toolbar→Metadata，打开元数据工具条。

（3）采用不同的样式浏览元数据。在 Metadata 工具条 Stylesheet 下拉菜单中，分别选择 FGDC、FGDC Classic、FGDC ESRI、FGDC FAQ、FGDC Geography Network、ISO、ISO 19139、ISO Geography Network、Xml 样式表，查看采用不同样式表时元数据的不同表达方式。

（4）元数据的编辑。在元数据工具条上点击 Edit Metada 按钮，打开元数据编辑对话框（图 2.69），对其中的关键词、摘要、目的、作者、空间参考等信息进行适当修改并保存。

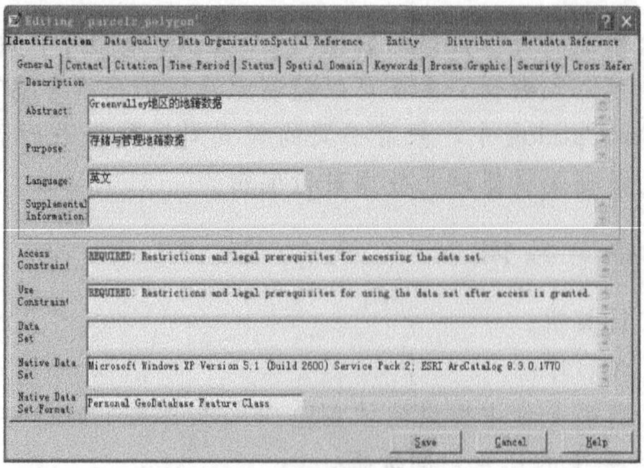

图 2.69　元数据编辑

(5) 用 ISO 元数据编辑器进行编辑。点击菜单 Tools→Options，单击 Metadata 标签，在下方的 Metadata Editor 下拉列表框中选择 ISO Wizard（图 2.70），点击确定，重复上一步，用 ISO 编辑器进行元数据编辑。

(6) 在 ArcCatalog 的显示区中浏览编辑后的元数据。

(7) 输出元数据。点击元数据工具条上的输出按钮，将元数据输出为不同格式并进行浏览。

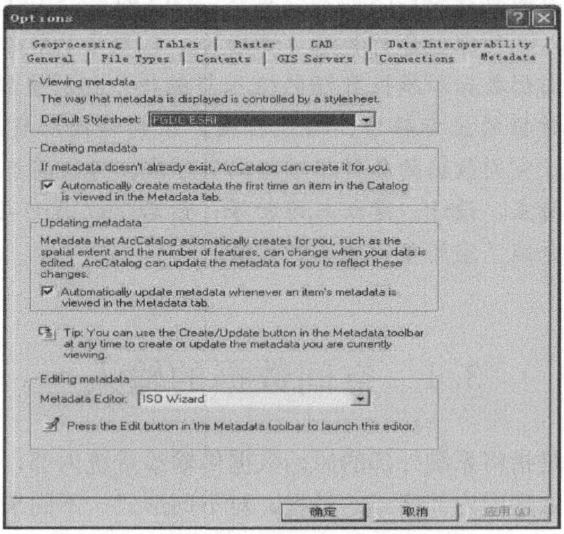

图 2.70 设置元数据编辑器

第 3 章　空间数据的输入与处理

内容提要：空间数据是 GIS 的操作对象，GIS 的整个工作过程就是围绕着对空间数据的输入、处理、分析和显示进行的。本章首先介绍了空间数据的输入与编辑，包括图形数据和属性数据的输入与编辑、拓扑查错与拓扑编辑等；其次介绍了空间数据的坐标转换、格式转换、结构转换以及裁切、拼接与提取，并详细阐述了空间数据的各种压缩与编码方法；再次简单介绍了空间数据库的相关概念、特点、设计、建立与维护等；最后，以 ArcGIS 为工具，结合具体的实例详细介绍了空间查询的各种方法。

3.1　空间数据的输入

空间数据的输入是指将系统外部的原始数据传输给系统内部，并将这些数据从外部格式转换为便于系统处理的内部格式的过程。对不同形式、不同来源的数据，可以采用不同的方式进行输入。

3.1.1　图形数据的输入

图形数据的数据源主要来自各种纸质地图以及影像数据等。如何有效地将这些数据输入系统中是地理信息系统面临的首要任务，而这项工作又是十分琐碎、费时、代价昂贵的。图形数据的输入实际上是将图形转换成系统所能识别和处理的数字，因此该过程也称为数字化。常用的数字化方法有手扶跟踪数字化和扫描矢量化两种。

1. 手扶跟踪数字化

(1) 手扶跟踪数字化仪

手扶跟踪数字化仪是用来记录和跟踪图形中点、线位置的手工数字化设备，主要由电磁感应板、游标和相应的电子电路组成。如图 3.1 所示，游标中装有一个线圈，拖动游标，随着游标在电磁感应板上位置的变化，输入交流信号的线圈由于电磁感应产生电场，并引起电磁感应板内正交栅格导线相应位置上电场的变化。把游标的十字丝中心精确对准待输入点，按压相应的按钮即可记录该点的电信号，此信号通过设备的自动转换，可得到图形输入板上的物理坐标(X, Y)值，最后根据定向参数进一步转换成实际的地图坐标。

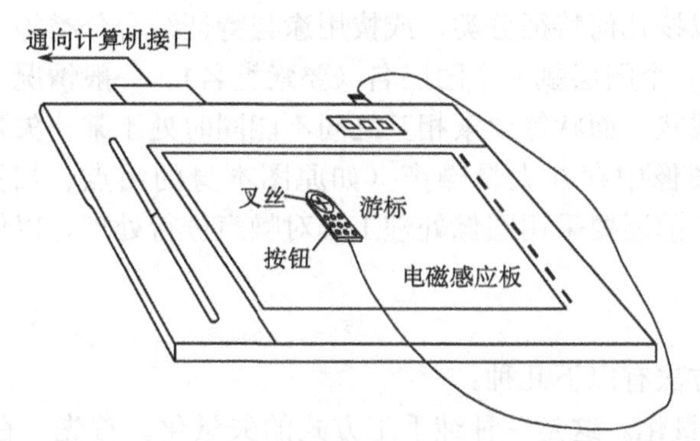

图 3.1　手扶跟踪数字化仪（汤国安和赵牡丹，2000）

（2）数字化过程

数字化作业时，把待数字化的图件固定在电磁感应板上，连接数字化仪与计算机，配置好通信参数之后即可进行数字化。首先，在数字化地图区域之外的三个角上分别选取三个参照点，用以确定数字化文件相对于数字化板的位置；其次，选择几个控制点并将其数字化，以便确定从平面坐标到输入地图的投影坐标的转换参数；最后，分别对点、线、面要素进行采集。在点模式下，地图上各个孤立的点（如道路交叉点、汽车站等）的位置通过将光标定位于点位置上，并按下游标上的相关按钮予以记录。线采集时，直线段通过数字化线段的两个端点来记录，曲线则是通过对于组成它的一系列折线的数字化来记录。需要注意的是：在线的弯曲或拐点处（图 3.2 中线在矩形框内的部分）应增加采点的数量，以保证数据录入的精度。由于面是由线要素构成的，因此对于面要素的采集，其方式与线要素相同。

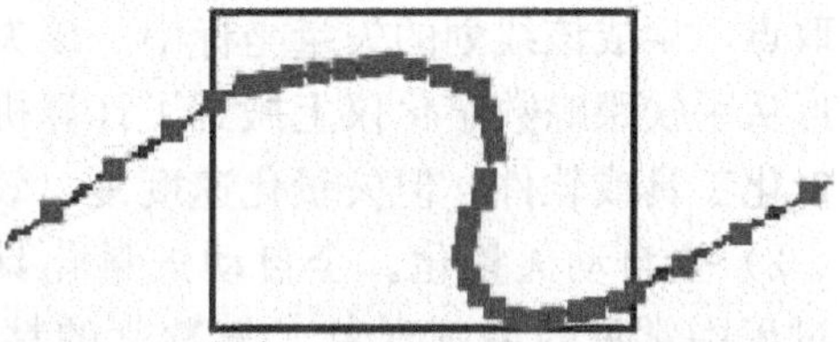

图 3.2　数字化过程中点的采集过程示意图

2. 扫描矢量化

扫描矢量化是将扫描后生成的栅格文件以矢量的方式生成空间数据的过程。扫描矢量化输入法是目前地图输入的一种较为高效的输入法。其操作步骤如下。

（1）图纸扫描

配置好扫描仪和计算机的连接之后就可以扫描图纸了，扫描的结果文件可以保存为 tiff、jpeg 或 bmp 等常用图像格式，分辨率一般不低于 300dpi，并且图像底边尽量保持水平。

（2）矢量化准备

图形矢量化以前，首先要认真读图，对底图资料有了充分的认识之后，就可以拟定一个矢量化工作方案，它包括矢量化工具的选择、矢量方式的确定、图形分层方案与命名、数据格式、工作的先后顺序、工作进程等；然后按照分层方案，建立相应的矢量数据文件，用以保存矢量化的结果。

图形要素的分层可以根据一定的目的和分类指标来划分。例如，可按地理要素或地质要素分类，也可以按几何特征分类，或按用途与特征结合分类等。每一类作为一个图层（要素类），对每一个图层赋一个图层名（要素类名）。一般情况下，不管采用何种方法来分层，点状、线状、面状等要素相互之间不能同时处于某一矢量图层之中。

此外，当扫描图像中存在大量噪声（如原图本身的污点、扫描时产生的条带等）时，往往在矢量化之前还要采用图像处理工具对噪声进行处理，以便在矢量化时能够提高效率。

(3) 矢量化

常用的矢量化方法有以下几种：

1) 屏幕直接矢量化。这是一种纯手工方式的矢量化。首先，在计算机上显示扫描图像，利用图像的放大、缩小、漫游等工具，显示待数字化的要素；其次，加载该要素的图层，并将其设置为可编辑状态；最后，以底图为背景，对要素直接进行矢量化。对点要素，使用鼠标直接对点进行逐个采集；对线要素，使用鼠标沿线划的位置和特征逐一取点，生成该线划的矢量坐标串。该矢量化方法与手扶跟踪数字化类似，只不过是将图形从手扶跟踪数字化仪上搬到了计算机屏幕上。该方法操作简单，不需要依靠专用的矢量化工具或软件，但矢量化速度慢，效率低，工作强度大。

2) 全自动矢量化。全自动矢量化具有无需细化处理、处理速度快、不会出现细化过程中常见的毛刺现象、矢量化的精度高等特点。全自动矢量化对于那些图面比较清洁，线条比较分明，干扰因素比较少的图，跟踪出来的效果比较好，但是对于那些干扰因素比较大的图件（如注释、标记等特别多的图件）效果很差。全自动矢量化一般用于以下两种情况：一是精度要求不高，比例尺相对较小，所需要数据仅用作背景数据；二是数据已经分层清绘，图面整洁。一般来说，分层清绘后采用全自动矢量化往往是效率最高的矢量化方式。

3) 交互式矢量化。该方法也称为人工导向自动识别跟踪矢量化。矢量化跟踪的基本思想就是沿着栅格数据线的中央进行跟踪，将其转化为矢量线数据，屏幕上即显示出追踪的踪迹。每跟踪一段遇到交叉地方就会停下来，让用户选择下一步跟踪的方向和路径（图 3.3）。当一条线跟踪完毕后，即可以终止矢量化，此时可以开始下一条线的跟踪。

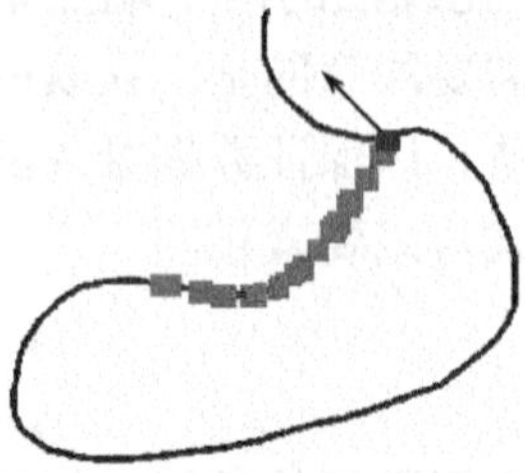

图 3.3 交互式矢量化跟踪

4) 其他矢量化方法。有时并不需要对一幅图件完全矢量化，而只需要对感兴趣的某一区域或某一要素进行矢量化，因此，某些矢量化工具（如 ArcGIS 中的 ArcScan）还提供了对选定的区域和对选定的对象进行矢量化的方式。例如，要对地形图上某一水库进行研究，只需选择水库的边线进行矢量化即可，无需对图中的等高线进行矢量化；又如，在研究某个流域时，只需将流域内的要素进行矢量化，无需对整个图像中的要素进行矢量化。当选定区域或选定对象后，一般是通过全自动矢量化的方式来进行。因此，严格意义上，选定区域或选定对象的矢量化不是一种独立的矢量化方式。

(4) 保存文件

矢量化完成后，需要将矢量化得到的数据保存下来。

3. 两种数字化方式的比较

手扶跟踪数字化直接获取矢量数据，数据量较小，数据结构简单，一般适用于小规模数据的采集。由于该方法的速度慢、精度低，作业劳动强度大，自动化程度低，其精度易受控制点的数量和精度、操作者的技术及认真程度、原始地图的质量等很多因素的影响，所以目前已很少使用。扫描矢量化输入速度相对较快，可大大减轻人工劳动强度，提高工作效率，适用于数据量大、数据类型单一的情况。从今后的发展来看，随着扫描仪用途的日益广泛和技术的日趋成熟，扫描矢量化将是空间数据采集输入的主要手段。

4. 其他的图形数据输入方法

GIS中输入的空间数据除了来源于已有图形（如地图）外，还可以通过全站仪进行全数字化野外测量直接采集、通过GPS等空间定位测量获取、通过数字摄影测量系统或遥感图像处理系统生成。由于这些方式产生的数据源往往都是电子形式的，因此可以通过格式转换工具等直接输入GIS之中。

3.1.2　属性数据的输入

属性数据即空间实体的特征数据，是对目标的空间特征以外的其他特性的详细描述，也称为专题数据或统计数据。一般包括空间实体的名称、等级、数量、代码等内容。属性数据有时直接记录在栅格或矢量数据文件中，有时则单独存储为属性文件，通过标识码与几何数据相联系。属性数据的输入主要通过键盘直接输入，有时也可以借助于字符识别软件或编制程序进行输入。

属性数据的输入主要有两种方式：一种是对照图形直接输入；另一种是预先建立属性表输入属性或从其他统计数据库中导入属性，然后根据关键字与图形数据自动连接。

不同的GIS软件，属性数据的输入方法略有不同。以下是ArcGIS中属性数据输入的四种常用方法。

1. 逐要素输入法

逐要素输入法就是对某一属性项，逐一对要素输入其属性值。这种方法主要采用键盘输入，既费力又费时，效率较低且容易出错。主要适用于数据量较小或数据无规律的情况。例如，行政区划代码的输入，由于各个地区的行政代码是不一样的，对这些属性项的录入，必须逐要素进行。在ArcGIS中，首先在属性表（Attribute Table）中添加字段（Add Field），然后启动编辑，通过直接在属性表中逐一输入或在所选要素的属性对话框中输入的方式来实现。

2. 计算法

计算法是通过对所有要素或所选定要素采用相同的方法进行计算而获得属性值。例如，要为某一空间数据（如各区县）输入人口密度时，若属性表中已有人口数量和面积两个字段，则人口密度字段中的值可以通过这两个字段的计算而取得。在 ArcGIS 中，该输入方法可以通过字段计算器（Field Calculator）来实现，具体操作见本章的实验部分。

3. 条件输入法

条件输入法只对满足某些条件的要素输入属性值，主要是通过 SQL 查询语句或其他方式检索到符合条件的要素，然后通过键盘输入或计算的方法而获得属性值。例如，在土地利用现状图上要将地类代码为 1110 的灌溉水田规划为一般农田（代码设为 1），那么首先要在数据表中检索到地类代码为 1110 的灌溉水田，然后在其规划代码中输入属性值 1。

在 ArcGIS 中，空间数据检索的实现过程如图 3.4a 所示。此外，还可以利用字段计算器中的高级选项功能（如图 3.4b 所示，将 Advanced 选项打勾），通过编写 If 或 Select Case 等条件语句来实现相应属性的输入。

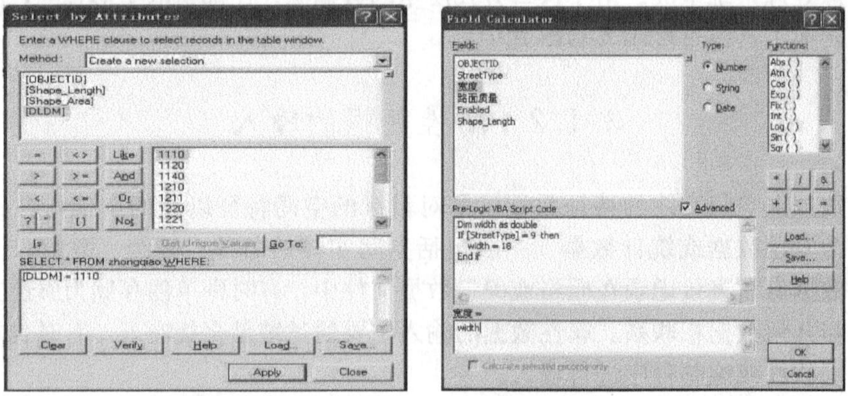

a．要素检索示意图　　b. 字段计算器的Advanced 选项

图 3.4　属性数据的条件输入法

4. 外部表格连接法

外部表格连接法是通过公共字段，将外部表格（如 Info 表、Dbase 表、Excel 表等）中的数据连接（join）到属性表中的一种属性数据输入方法。通常情况下，空间数据的属性表中往往只有一些关键字段，如代码、名称等，而要素的其他属性数据则是保存在外部表格之中。例如，各地统计年鉴中记录了所辖各行政单位的几十、上百项统计数据，这些数据往往保存在 Excel 表中，要将这些数据输入至行政区划多边形数据的属性表中，采用前述输入方法是很难完成的，因此必须通过公共字段，采用外部表格连接的方法进行输入。公共字段（如要素的代码）是判断连接关系的基础，公共字段的名称可以不同，其内容可以是一对一的关系，也可以是多对一的关系。图 3.5 是气象站点数据的连接。通常，站点的经纬度和高程值等是存储在空间数据的属性表中的，而站点的月平均降水量和平均气温等则是以 Excel 表等非空间属性数据的形式存储的。因此，在进行气象分析时，就需要将站点的月平均降水量和平均气温通过公共字段连接到对应站

点空间数据的属性表中。

需要注意的是，图 3.5 中所示的连接只是逻辑上的连接，并不是物理意义的连接。当去掉这种连接关系后，连接的数据将消失。为了解决这个问题，可以给表中添加一个字段，然后采用字段计算器（Field Calculator）将所连接的数据“复制”到新的字段之中。

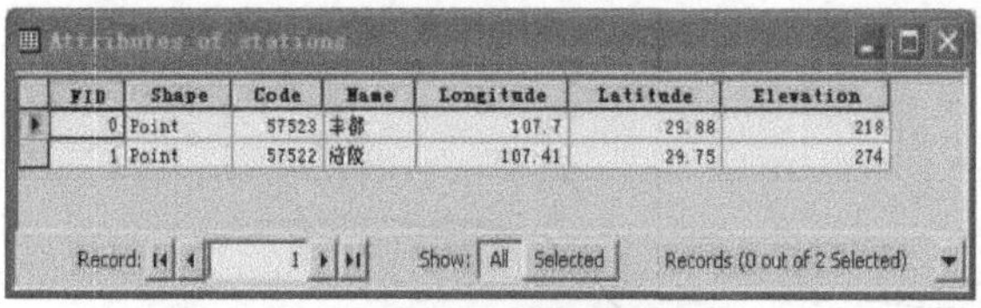
Attributes of stations

FID	Shape	Code	Name	Longitude	Latitude	Elevation
0	Point	57523	丰都	107.7	29.88	218
1	Point	57522	涪陵	107.41	29.75	274

Record: 1　Show: All Selected　Records (0 out of 2 Selected)

a. 气象站点的 属性表

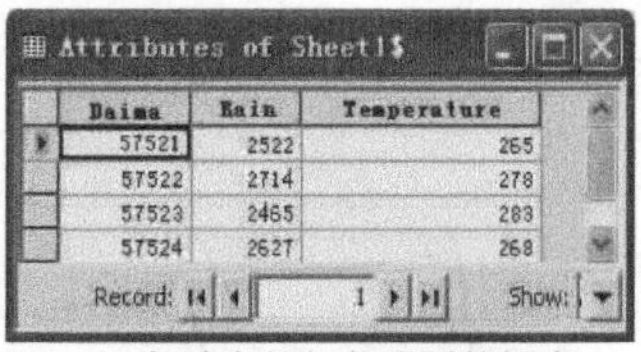
Attributes of Sheet1$

Daima	Rain	Temperature
57521	2522	265
57522	2714	278
57523	2465	283
57524	2627	268

Record: 1　Show:

b. 各站点的气象观测数据表

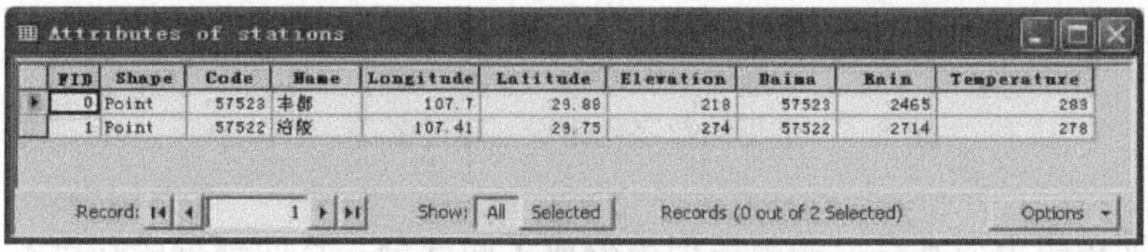
Attributes of stations

FID	Shape	Code	Name	Longitude	Latitude	Elevation	Daima	Rain	Temperature
0	Point	57523	丰都	107.7	29.88	218	57523	2465	283
1	Point	57522	涪陵	107.41	29.75	274	57522	2714	278

Record: 1　Show: All Selected　Records (0 out of 2 Selected)　Options

c. 将b中的数据通过公共字段Code和Daima连接到a之后的情况

图 3.5　气象站点数据的连接

除了以上四种常用的输入方法外，对批量数据、对多个字段中的属性数据的输入，往往需要通过空间图解建模或脚本语言来实现。具体参见第 4 章中关于空间建模的内容。

3.2　空间数据的编辑

在空间数据的输入过程中，无论是图形数据还是属性数据，都不可避免地存在着这样或那样的误差或错误。为了得到满足用户要求的数据，在这些数据录入数据库之前或进行空间分析之前，必须对其进行编辑和处理。

3.2.1　图形编辑

图形编辑主要包括图形位置编辑及图形间关系的编辑，即主要纠正数据采集中出现的各种空间位置错误。常见的空间数据图形问题主要有以下几种（图 3.6）：①结点不达或结点超出（Undershoot/Overshoot）。结点不达是在线的端点和结点之间存在间隙，结点超出是线的端点超过结点，在端点附近产生出多余的小弧段。结点不达或超出是图形数字化过程中最容易产生的问题，它会直接影响多边形的生成或网络中的连接。②碎多边形（sliver polygon）。它是形成于两个相邻多边形之间、面积非常细小、且数量较多的多边形，它主要是由于多边形的邻接关系处理不当所致（如重复数字化、叠加不准确等）。③错误多边形（erroneous polygon）。它在结点附近形成，并经常显得很小且难以识别，主要是由于错误数字化所致（如自相交）。④边沿不匹配（edge matching

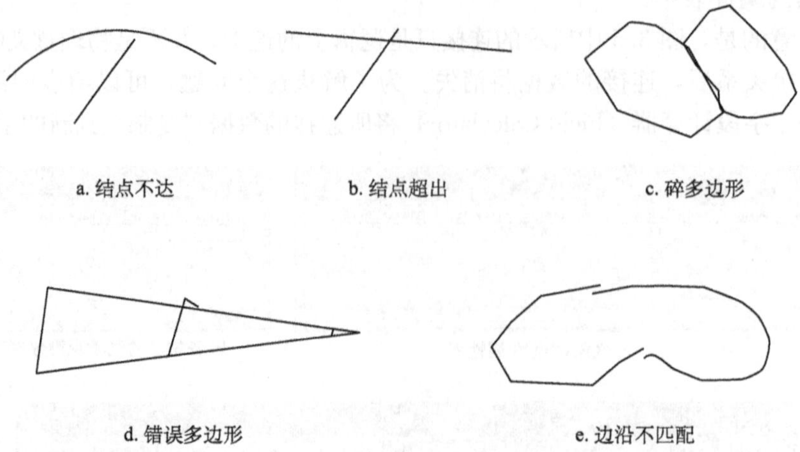

图 3.6　常见的数字化错误（陈述彭等，1999）

problem)，即逻辑上原本是一条弧段但被分成了两部分，且两部分的端点不连接。它主要形成于相邻图幅之间或相邻区域之间（如乡镇）。

对于上述问题的修改，GIS 软件大多提供了图形编辑功能，可以通过删除（目标、属性等）、修改（平移、拷贝、剪切、延长、分解、合并）、插入等方法进行处理。另外，一些 GIS 软件（如 ArcGIS）还提供了自动纠错功能，可以通过设置合适的容差，改正结点不达或超出、碎多边形以及边沿不匹配等问题。具体来讲，所有图形问题的修改，首先需要启动编辑，使数据处于可编辑状态，然后对不同的问题采用不同的编辑方法。对结点不达或超出，可以在捕捉状态下，对结点进行移动或删除，也可以采用延长或剪切弧段的方式进行修改，还可以通过 Clean 工具，合理设置悬挂弧段及模糊容差以自动处理。对碎多边形和错误多边形，可以采取剪切、删除或连接弧段的方式来处理，也可采用 Clean 工具自动处理，还可以在生成多边形后，利用其面积很小的特点，将碎多边形和错误多边形查找出来，再通过 Merge 或 Eliminate 等工具进行处理，但更重要的是在数字化过程中，要避免公共边重复输入。对边沿不匹配的情况，一般通过移动结点的办法来解决。

在 ArcGIS 中，进行图形数据的编辑一般需要以下五个过程：一是在 ArcMap 中加载需要编辑的数据（Add Data）；二是打开编辑工具条 Editor；三是启动编辑（Start Editing），使数据处于可编辑状态，必要时还需要设置捕捉参数（Snapping）；四是执行数据编辑；五是保存数据（Save Edits）并停止编辑（Stop Editing）。其基本的编辑任务除了以上所述之外，还包括要素的复制（Copy Parallel、Mirror Features、Buffer 等）、要素的合并（Merge、Union、Intersect）、要素的分割（Split、Devide、Explode、Cut Polygon Features）、线要素的延长与裁剪（Extend \ Trim Feautes、Trim to Length、Flip）、要素的变形与缩放（Reshape Feature、Scale）、结点编辑（Insert、Delete、Move、Move To）等。

3.2.2　属性数据的编辑

属性数据中主要存在两类问题：一是属性数据与地理要素不关联；二是属性数据不准确。前者主要是指属性数据所描述的地理要素并不是其标识码所代表的要素，这种问题往往具有群发性的特点，即不是一个错误出现，而是大量的同样错误同时存在。后者主要是指某项属性不能准确反映要素的真实状况。前者产生的原因主要是在数据输入过程中存在"跳行"等问题。例如，将上一个要素的属性数据输给了下一个要素。后者产生的原因很多，有的是因为要素的属性发生改变需要修改，例如，一块耕地变成林地，需要将土地类型代码及名称等属性数据进行修改；有的是由于本身输入错误，例如，将耕地输成林地、将道路的宽度输入为 10 000m（超出取值范围）；还有的是因为遗漏造成属性数据缺失（空值）。

属性数据编辑处理的一般过程为：首先使数据处于可编辑状态，在图形上选定编辑对象，打开属性表，找出要修改的属性字段，然后输入正确的属性（或直接在属性表中找到需要修改的地方进行编辑），保存后关闭属性表。属性数据编辑的具体方法，可根据问题的来源或状况，参照属性数据的输入方法进行修改和编辑。对属性字段较多、数据量大（相同结构的多个数据）的空间数据，属性表中存在的问题难于查找，采用常规方法进行编辑很困难，可以采取第 4 章介绍的建模工具或脚本来检查属性错误并修改。

广义的属性编辑还包括对属性字段的添加和删除、属性数据的输入、属性表的关联与连接、属性表的导出、属性数据的复制等。

3.2.3　拓扑查错与拓扑编辑

拓扑关系主要反映空间要素之间的邻接、关联、包含等关系，是对空间数据进行查询和分析的重要基础，因此，空间数据编辑的另一重要任务就是通过建立拓扑关系，查找拓扑错误并进行修改。在创建拓扑关系之后，拓扑关联要素之间就具有共享边或点。在进行数据更新时，还需要进行拓扑编辑，以使共享边或点的移动或修改不会影响要素之间的相对空间关系。

1. 拓扑关系的建立与拓扑查错

ArcGIS 中，拓扑关系的建立有两种方式：一是在 Geodatabase 的 Feature Dataset 中新建拓扑关系；二是对 Coverage 采用 Build 或 Clean 工具来建立拓扑关系。

需要说明的是，对第二种方式只有在安装了 ArcGIS Workstation，并且具有 ArcInfo 许可的情况下，对 Coverage 数据才能使用这两个工具。此外，Build 和 Clean 还有很大的差异，Build 对 Polygon、Line、Point、Node 等都可以建立拓扑关系，它直接对 Coverge 进行操作，不创建新的输出 Coverage，数据也不发生变化，并且在建立多边形拓扑关系时，相交的弧段处要有结点；Clean 只能建立 Polygon 和 Line 的拓扑关系，并且还要创建特征属性表（PAT 和 AAT），输出新的 Coverage。Clean 将自动在弧段交叉处产生结点，并根据悬挂弧段和模糊容差两个参数值，删除弧段、修改弧段结点或中间点的坐标。

以下是在 ArcGIS 的 Geodatabase 中，对线要素建立拓扑关系并生成多边形的过程：

1）新建一个 Personal Geodatabase，并在其内新建一个 Feature Dataset，为其命名、选择或输入该数据集的坐标系统，并设置坐标容限值。

2）右键点击所建立的地理要素集 Feature Dataset，在弹出的菜单中选择 Import，把要建立拓扑关系的数据导入其中（若数据已在 Feature Dataset 之中，则跳过前两步，直接进入下一步）。

3）右键点击 Feature Dataset，在弹出的菜单中选择 New→Topology（图 3.7），为拓扑关系命名、设定距离容差值，选择数据并添加拓扑规则（Add Rule）（若要由线生成多边形，则不能有悬挂弧段，因此需要选择 Must Not Have Dangles 作为拓扑规则），即可建立一个新的 Topology。

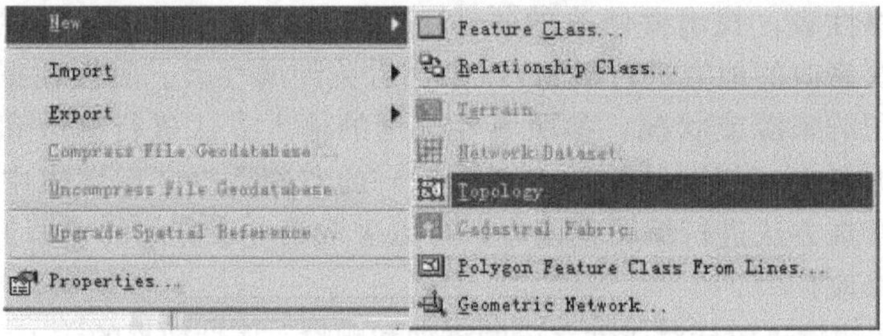

图 3.7　建立拓扑关系

4）在 ArcCatalog 的目录树中选择新建的拓扑，在显示区中选择 Preview 标签，浏览拓扑错误（红色部分标示的位置即存在拓扑错误）。

5）在 ArcMap 中加载新建的拓扑，启动编辑，运用 Topology 工具以及剪切、延长、分解等工具修改拓扑错误，修改完成后保存数据。

6）在 ArcCatalog 中右键点击 Feature Dataset，在弹出的菜单中选择 New→Polygon Feature Class From Lines，生成多边形。

ArcGIS 中对 Coverge 建立拓扑关系可以采取以下两种方式：一是在 ArcGIS Workstation 中采用 Build 或 Clean 命令；二是在 ArcGIS Desktop 的 ArcCatalog 中，打开 Coverage 数据的属性对话框，在 General 标签下，通过 Build 或 Clean 工具来完成。

2. 拓扑编辑

ArcGIS 中，对具有拓扑关系的数据进行拓扑编辑的主要过程如下：

1）在 ArcMap 中加载数据，并打开 Editor 工具条，启动编辑，使数据处于可编辑状态。

2）在 Editor 工具条的 Editor 下拉菜单中，选择 Snapping，设置捕捉参数。

3）打开拓扑工具条 Topology，在其上点击 MapTopology 按钮，选择参与拓扑编辑的数据层，并设置聚类容差。

4）执行拓扑编辑：点击 Topology 工具条上的拓扑编辑工具按钮，在图形窗口中选中需要移动的共享结点或边，拖动鼠标以实现对共享要素的移动；在 Editor 工具条上，单击 Task 下拉箭头，选择 Topology Tasks 下的 Reshape Edge，单击按钮，选择编辑对象，单击草图工具按钮，根据需要调整共享边的形状；在 Editor 工具条上，单击 Task 下拉箭头，选择 Topology Tasks 下的 Modify Edge，单击按钮，选择编辑对象，移动结点或边线，以修改共享边线的形状；在 Editor 工具条上，单击 Task 下拉箭头，选择 Topology Tasks 下的 Auto-Complete Polygon，单击需要生成新多边形的数据，单击按钮，绘制一条与已有多边形相交的草图线，双击结束，生成共享多边形。

3.3　空间数据的处理

空间数据是 GIS 的一个重要组成部分。整个 GIS 都是围绕空间数据的采集、加工、存储、分析和表现展开的。原始数据往往由于多源性，在数据结构、数据组织、数据表达、空间范围等方面与用户的需求不一致，因此需要对其进行必要的处理，包括坐标转换、格式转换、结构转换、裁切、拼接、提取等。

3.3.1　空间数据的坐标转换

空间数据的坐标转换是空间数据处理的基本内容之一，其实质是建立两个空间中各点之间的一一对应关系，主要包括几何纠正和投影变换。

1. 几何纠正

空间数据经编辑处理后，一般只能消除或减少数字化过程中产生的明显错误或局部误差，保证实体数据的逻辑关系，但还可能存在其他的问题，例如，扫描输入时图纸未被压紧而产生的倾斜、遥感影像本身的几何变形、地形图由于介质及存放条件等因素的影响，实际尺寸发生几何变形等，这类问题必须通过几何纠正来解决。

目前，几何纠正的变换函数主要有仿射变换、相似性变换、橡皮筋变换、多项式变换等。仿射变换可以使数据在不同的方向上进行不同程度的压缩和扩张；相似性变换往往通过平移、旋转、缩放等方式对图形进行变换，在变换过程中保持图形的形状不发生改变（大小可以改变）。橡皮筋变换也称样条变换，它通过一个样条函数来确定转换前后的空间关系，相当于拉伸一块橡皮，使其通过所有的目标点，并且曲率最小。该方法至少需要 10 个控制点，其局域精度较高，要提高整体精度，必须增加控制点。多项式变换是通过控制点和最小二乘法来构建一个多项式方程实现转换，其整体精度高于局域精度。一次多项式即仿射变换，需要 3 个控制点，二次多项式需要 6 个控制点，三次多项式需要 10 个控制点。具体采用哪一种，则要根据待纠正图形的变形情况、所在区域的地理特征及所选点数来决定。为实现各种变换，首先要确定变换方程的类型，然后通过输入多对控制点坐标和理论值坐标，求出方程的待定系数，从而建立起转换方程，并据此实现整个数据的几何纠正。

(1) 地形图的纠正

纠正地形图常用的方法包括四点纠正法和逐网格纠正法。

1) 四点纠正法：首先选定数学变换函数，再根据需纠正地形图的图幅行、列号、地形图的比例尺、图幅名称等，生成标准图廓，分别采集四个图廓点坐标作为控制点来进行纠正。

2) 逐网格纠正法：逐网格纠正法是在四点纠正法不能满足精度要求的情况下采用的。它与四点纠正法的区别就在于它是逐个方里网进行的，采样点数量较多，即对地形图中每一个方里网都要采点。具体采点时，一般要先采集源点（需纠正的地形图），后采集目标点（标准图廓点与方里网点）；先采集图廓点，后采集方里网点（汤国安等，2007）。

(2) 遥感影像的纠正

遥感影像的纠正，一般选用和遥感影像比例尺相近的地形图或正射影像图作为变换标准，选用合适的变换函数，分别在要纠正的遥感影像和标准地形图或正射影像图上采集同名地物点，从而确定变换前后的数学关系。选点时应注意以下几个问题：一是选点不能太少；二是点在图上应尽量均匀分布；三是对特征变化较大的区域可适当多选点；四是图像边缘部分一定要选取控制点，以避免外推；五是所选特征点应当易于分辨且比较精细，例如，道路交叉点、河流与道路交叉点（桥梁）等这些由人工建筑构成的并且不会移动的地物点，尽量不要选择河床易变动的河流交叉点，以免点的移位影响配准精度（汤国安等，2007）。

在遥感影像的空间位置纠正后，还需要对其像元的亮度值进行重采样，常用的重采样方法有最近邻法、双线性内插法、三次卷积内插法等。

2. 投影变换

空间数据与地球上的某个位置相对应。对空间数据进行定位，必须将其嵌入一个空间参照系中。因为GIS描述的是位于地球表面的信息，所以根据参考椭球体建立的地理坐标（经纬网）可以作为空间数据的参照系统。而地理坐标系统是一个球面坐标系统，为了能够将其表面的内容显示在平面上，就必须将球面的地理坐标系统变换成平面的投影坐标系统。因此，运用地图投影的方法，建立地球表面和平面上点的函数关系，完成球面坐标到平面坐标的转换。地图投影的使用，保证了空间信息在地域上的联系和完整性。

由于数据源的多样性，当数据与研究、分析问题的空间参考系统（坐标系统、投影方式）不一致时，就需要对数据进行投影变换。同样，在对本身有投影信息的数据采集完成时，为了保证数据的完整性和易交换性，也要对数据定义投影。

投影转换的方法有以下三种（黄杏元等，2001）。

1) 正解变换：通过建立一种投影变换为另一种投影的严密或近似的解析关系式，直接由一种投影的数字化坐标 x、y 变换到另一种投影的直角坐标 X、Y。

2) 反解变换：由一种投影的坐标反解出地理坐标（x、$y \rightarrow B$、L），然后再将地理坐标代入另一种投影的坐标公式中（B、$L \rightarrow X$、Y），从而实现由一种投影的坐标到另一种投影坐标的变换（x、$y\rightarrow X$、Y）。

3）数值变换：根据两种投影在变换区内的若干同名数字化点，采用插值法、有限差分法、最小二乘法、有限元法、待定系数法等，建立起两个区域之间的转换关系，从而实现由一种投影的坐标到另一种投影坐标的变换。

目前，大多数 GIS 软件采用正解变换法来完成不同投影之间的转换，并直接在 GIS 软件中提供常见投影之间的转换。图 3.8 是 ArcGIS 中的 Projections and Transformations 工具集。通过该工具集中的投影管理工具，可以实现创建空间参考系统、定义数据的空间参照系统、进行投影转换等操作。

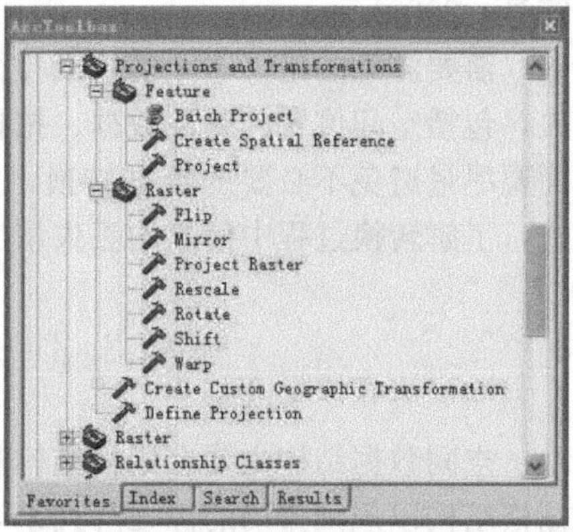

图 3.8　ArcToolbox 中的投影变换工具

当前，一些 GIS 软件（如 ArcGIS）具有动态投影技术（On-The-Fly）。该技术允许具有不同投影的数据在一起工作，在同一数据框中的数据统一采用数据框的投影方式进行显示，对数据本身的投影不作改变。这种技术可以保持数据的独立性，减少投影转换带来的工作量。

除了几何纠正、投影变换之外，一般 GIS 软件还提供了对空间数据进行翻转（Flip）、镜像（Mirror）、缩放（Rescale）、旋转（Rotate）、平移（Shift）、扭曲（Warp）等简单的坐标转换方法。

3.3.2　空间数据的格式转换

格式转换是 GIS 获取空间数据、实现数据共享的常用手段。由于不同的数据生产者获取空间数据时采用的数据采集平台不同，对空间位置数据和属性数据的存储方式和表现方法也各不相同，因此空间数据也有多种格式。即使同一 GIS 平台的空间数据，也可能存在不同的格式（如 ArcGIS 中的 Coverage 和 Shapefile）。为了实现数据共享和多种目的的应用，常常需要对不同格式的空间数据进行相互转换。一般的 GIS 平台软件，都提供了数据格式转换工具。图 3.9 是 ArcGIS 中的空间数据转换工具，它可以实现 CAD、Coverage、Shapefile 和 Geodatabase 等多种 GIS 数据格式的相互转换。此外，目前多数商用 GIS 软件，都提供了实现其自身数据格式与 ArcView 的 Shapefile、MapInfo 的 MIF 等常用空间数据格式的相互转换工具。

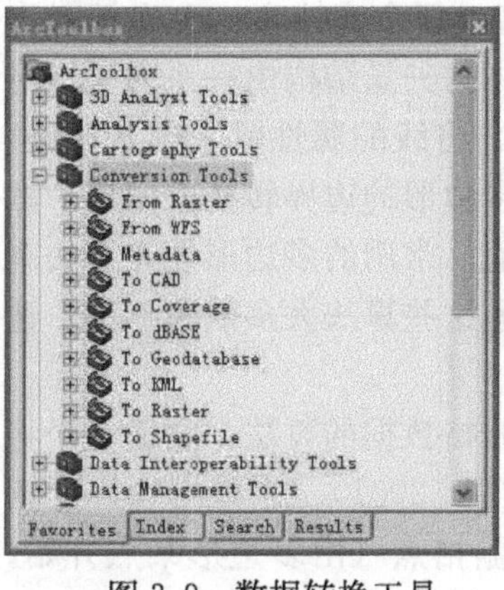

图 3.9　数据转换工具

空间数据格式的转换一般有四种模式，即外部数据交换模式、直接数据访问模式、数据互操作模式和空间数据共享平台模式。后三种模式是较为理想的空间数据共享方式，但第一种模式与目前现实的技术、资金条件更相符，因此，对大多数普通用户而言，外部数据交换模式在具体应用中更具有可操作性和现实性。外部数据交换时，可直接利用软件商提供的交换文件（如 DXF、MIF、E00 等），也可以采用中介文件转换方式，即在 GIS 平台软件的支持下，将空间数据按自定义的格式输出为一个文本文件作为中介，然后利用其他 GIS 软件的数据接口程序，读入该中介文件，自动生成目标格式的空间数据（汤国安等，2007）。

需要注意的是，不同格式的空间数据之间相互转换有可能造成空间数据的部分丢失，包括空间位置、属性数据、拓扑关系、元数据等的丢失。因此在实际使用中，一方面要尽量避免不必要的数据转换，另一方面需要在数据转换后，对数据进行及时的检查，了解转换过程中信息的丢失情况，做出合理的评估及补救方案。

3.3.3 空间数据的结构转换

空间数据结构主要有栅格结构和矢量结构，它们是表达地理信息的两种不同方式。栅格结构以规则排列的像元阵列来表达空间对象，矢量结构通过记录坐标对的方式尽可能精确地表示点、线、多边形等地理实体。由于栅格数据与矢量数据各具特点与适用性，为了在一个系统中可以兼容这两种数据，以便进一步的分析处理，常常需要实现两种数据结构的相互转换。

1. 矢量数据向栅格数据的转换

由于栅格数据在空间叠加分析、空间数据共享等方面比矢量数据更具有优势，特别是栅格数据与遥感影像具有相同的数据结构，而遥感已成为 GIS 最重要的数据源和数据更新手段，因此在进行空间问题的分析之前，经常需要将以点、线、多边形等形式存在的矢量数据转换成栅格数据。

矢量数据的基本坐标是直角坐标 X、Y，其坐标原点一般取图的左下角；栅格数据的基本坐标是行和列（i，j），其坐标原点一般取图的左上角。两种数据变换时，令直角坐标 X 轴和 Y 轴分别与行和列平行，按确定的栅格大小进行采样。由于矢量数据的基本要素是点、线、面，因而只要实现点、线、面的转换，各种线划图形的变换问题基本上都可以得到解决（汤国安等，2007）。对于点实体而言，每个实体由一个坐标对表示，转换时只需要计算出点所在的栅格行列号即可。线实体的矢量结构由一系列坐标对表示，在进行转换时，需要计算出线所经过的所有栅格，并将线的属性赋予这些栅格。多边形由矢量向栅格的转换又称为多边形填充，它首先将多边形的边界转换成栅格，然后对多边形内部的所有栅格进行填充，赋予多边形的属性值。常用的多边形填充算法有内部点扩散法、复数积分算法、射线算法、扫描算法等，但这些算法大多效率不高，速度较慢。目前，大多数 GIS 软件采用边界代数算法。

边界代数算法是一种基于积分思想的矢量数据转换成栅格数据的算法，它适合于将记录有拓扑关系的多边形矢量数据转换为栅格结构（邬伦等，2001）。它根据边界的拓扑信息，通过加减代数运算将边界位置信息动态地赋给各栅格点（由多边形某点开始，按顺时针方向搜索边界线，上行时边界左侧栅格点减去某值，下行时边界左侧栅格点加上该值)，由此实现矢量格式到栅格格式的高速转换，而不需要考虑边界与搜索轨迹之间的关系，因而这种算法速度较快，占用计算机资源较少，是一种较为优秀的多边形填充算法。

以下是 ArcGIS 中将矢量数据转换为栅格数据的基本过程：

1）展开 ArcToolbox 下的 Conversion Tools 工具箱，打开 To Raster 工具集，双击 Feature to Raster，打开 Feature to Raster 对话框（图 3.10）。

2）在 Input features 文本框中输入需要转换的矢量数据。

3）在 Field 的下拉框中选择数据转换时所依据的属性字段。

4）在 Output raster 文本框中键入输出的栅格数据的路径与名称。

5）在 Output cell size 文本框中键入输出栅格的大小，或者浏览选择某一栅格数据，输出的栅格大小将与之相同。

6）单击 OK 按钮，执行转换操作（图 3.11）。

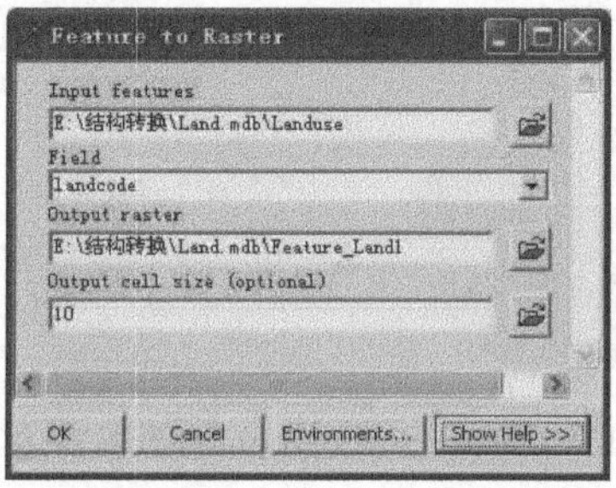

图 3.10　Feature to Raster 对话框

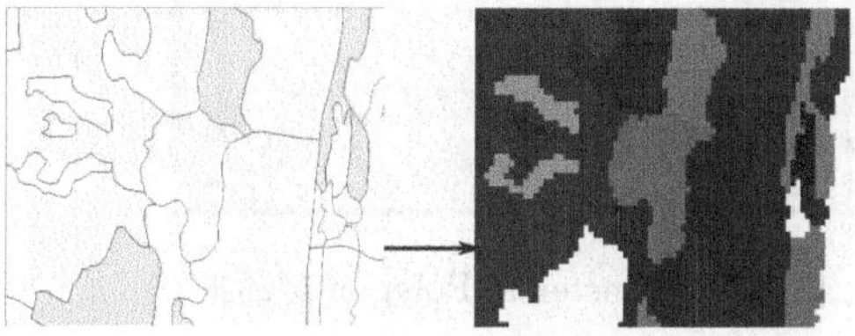

图 3.11　Feature to Raster 图解表达

2. 栅格数据向矢量数据的转换

栅格向矢量转换处理的目的是将栅格数据分析的结果通过矢量绘图装置输出，或者是为了数据压缩的需要，将大量的面状栅格数据转换为由少量数据表示的多边形边界，但是主要目的是能将自动扫描仪获取的栅格数据加入矢量形式的数据库。

栅格数据向矢量数据的转换过程实质上就是栅格数据的矢量化过程。在矢量化过程中，遇到某个像元的值与周围均不同，则该像元代表一个点；线的特征是具有某一属性值的像元是连续的，矢量化时，可以将它们搜索出来，并细化处理，取中间的像元连成的位置作为一条线；对于面状栅格数据进行矢量化时，只要逐行扫描，先找到一个要素集合的边缘点，然后沿面状要素的边缘跟踪即可，直到整个面域的边界（包括外沿及可能的各内沿）跟踪结束（封闭）为止。它通常包括以下四个基本步骤（陈述彭等，1999）。

1）提取多边形边界：将栅格图像二值化或者以特殊数值表示边界点和节点。

2）追踪边界线：对每个边界弧段从一个节点向下一个节点搜索，直到连接成为边界弧段。

3）去除冗余点并进行曲线平滑，从而可以消除由于栅格数据引起的锯齿效果。

4）生成拓扑关系：对于矢量边界弧段，判断与原图上各多边形的空间关系，形成完整的拓扑结构并建立与属性数据的联系。

以下是在 ArcGIS 中，将栅格数据转换为矢量多边形数据的基本过程：

1）展开 ArcToolbox 下的 Conversion Tools 工具箱，打开 From Raster 工具集，双击 Raster to Polygon，打开 Raster to Polygon 对话框（图 3.12）。

2）在 Input raster 文本框中选择输入需要转换的栅格数据。

3）在 Field 的下拉框中选择数据转换时所依据的属性字段。

4）在 Output Polygon Features 文本框键入输出的面状矢量数据的路径与名称。

5）选择 Simplify Polygons 按钮（默认状态），可以简化面状矢量数据的边界形状。

6）单击 OK 按钮，执行转换操作（图 3.13）。

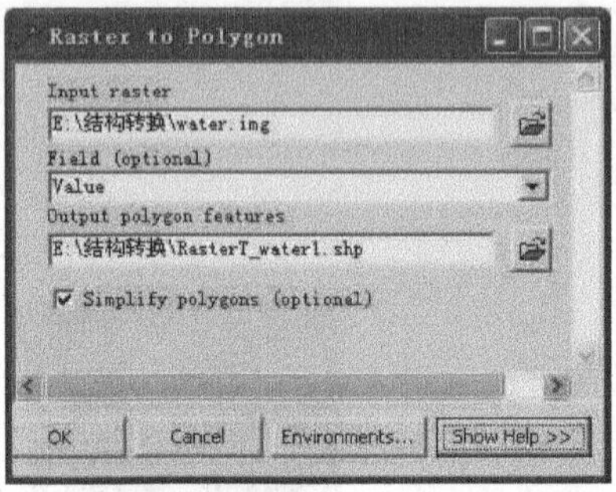

图 3.12　Raster to Polygon 对话框

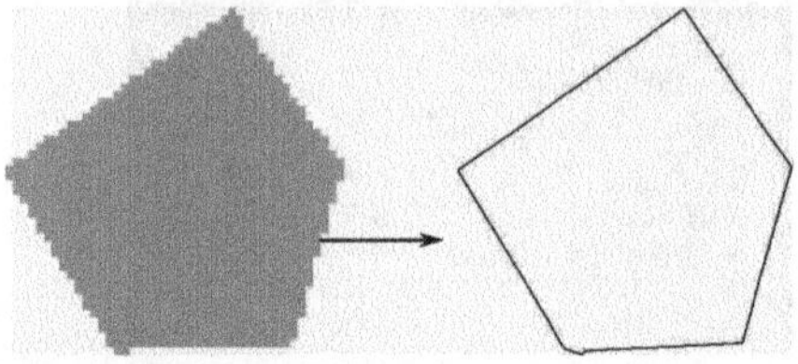

图 3.13　Raster to Polygon 的图解表达

3.3.4　空间数据的裁切

数据裁切是从整个空间数据中裁切出一部分，获取真正需要的研究区域的数据，以减少不必要的数据参与运算（汤国安和杨昕，2006）。在实际的应用研究中，研究区域往往具有不同的形状，如行政区、自然保护区、流域等，而空间数据往往是按照图幅或其他方式进行组织的，其范围常常与研究区域不一致，因此，为获取所需数据，需要对空间数据进行一定的裁切操作。

下面以 ArcGIS 为例，分别说明矢量数据和栅格数据的裁切过程。

1. 矢量数据的裁切

1）展开 ArcToolbox 下的 Analysis Tools 工具箱，打开 Extract 工具集，双击 Clip，打开 Clip 对话框（图 3.14）。

2）在 Input Features 文本框中输入需要被裁切的矢量数据。

3）在 Clip Features 文本中输入用来进行裁切的矢量数据。

4）在 Output Feature Class 文本框键入输出数据的路径与名称。

5）XY Tolerance 是可选项，用于确定坐标容差的大小。

6）单击 OK 按钮，执行 Clip 操作（图 3.15）。

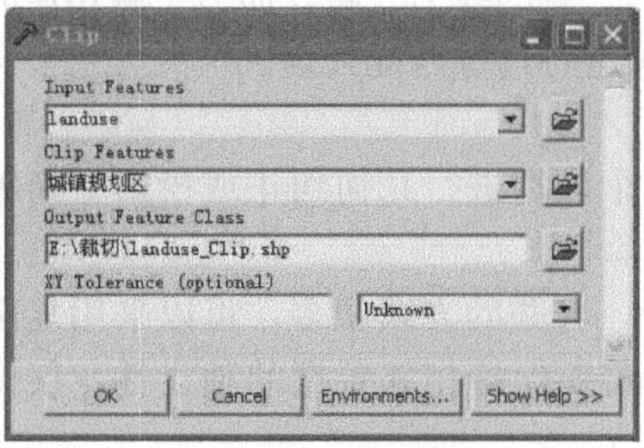

图 3.14　Clip 对话框

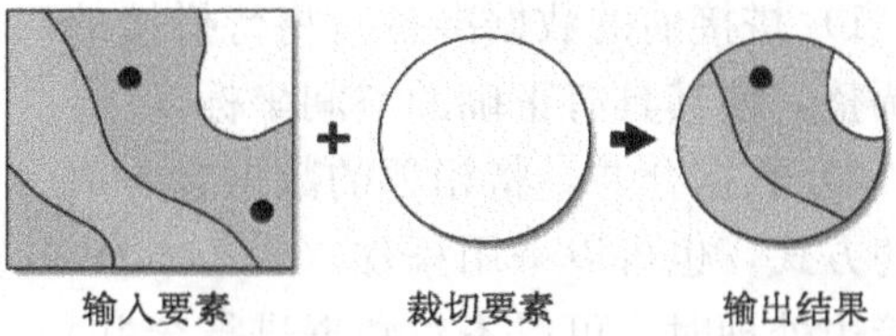

图 3.15　Clip 的图解表达

2. 栅格数据的裁切

栅格数据的裁切有多种方法，如用圆、点、多边形、矩形以及用已存在的数据进行裁切。其中最常用的方法是利用已存在的栅格或矢量数据裁切栅格数据。

1）展开 ArcToolbox 下的 Spatial Analyst Tools 工具箱，打开 Extraction 工具集，双击 Extract by Mask，打开 Extract by Mask 对话框（图 3.16）。

2）在 Input raster 文本框中选择需要被裁切的栅格数据。

3）在 Input raster or feature mask data 文本框中输入用来进行裁切的栅格或矢量数据。

4）在 Output raster 文本框中键入输出数据的路径与名称。

5）单击 OK 按钮，执行 Extract by Mask 操作（图 3.17）。

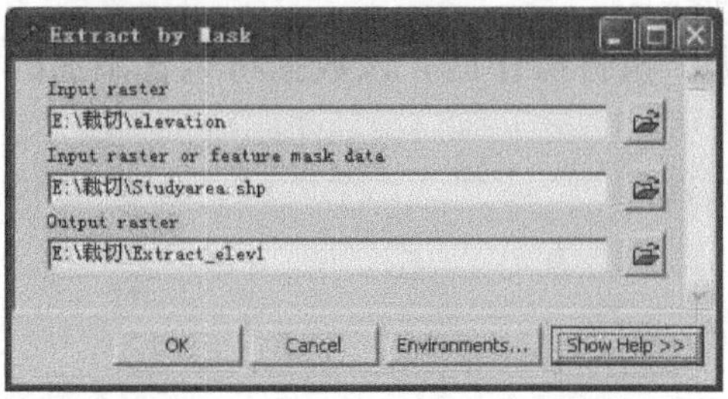

图 3.16　Extract by Mask 对话框

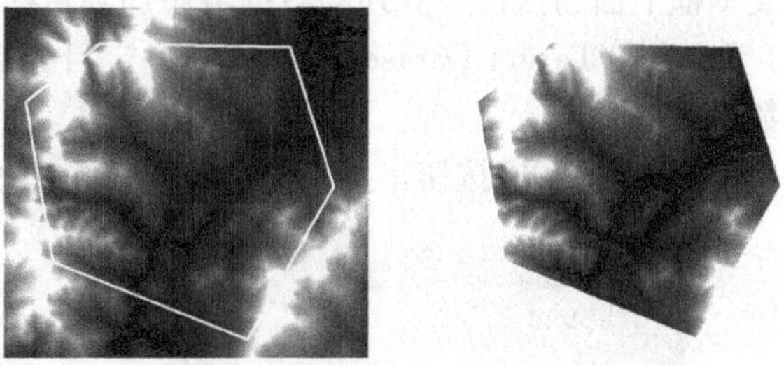

图 3.17　栅格数据裁切的图解表达

3.3.5　空间数据的拼接

数据拼接是指将空间相邻的数据拼接成为一个完整的目标数据。通常情况下，研究区域与数据区域是不一致的，特别是当研究区域范围较大，需要使用若干相邻的数据（如按一定经纬差分幅存储的地形图）时，数据的拼接是必须的。在相邻数据的边缘部分，一方面，由于原数据本身的数字化误差或坐标系统不统一等原因，接合处邻接点的空间位置不匹配，存在裂隙或重叠；另一方面，相邻的要素可能存在逻辑上的不一致。

例如，一侧的图斑为耕地，另一侧的图斑为林地；一侧的线为公路，而另一侧相连的线为河流。因此，在进行空间数据的拼接时，还必须进行边缘匹配处理。

空间数据拼接一般需要以下几个过程：

1）拼接前的数据准备：将待拼接的两个或多个数据进行几何纠正或投影变换等空间调整，使其具有正确的空间坐标。

2）数据合并：将相邻的数据合并成一个数据。合并的方式很多，可以采用复制粘贴的方式，也可以采用添加（Append）的方式（若要保持相邻数据的独立性，仅仅需要接边处理时，可以不对数据进行合并）。

3）边缘匹配处理

首先，对接合处邻接点的空间坐标进行调整（一般需要进行端点捕捉）。当邻接的同名点位置差异较小时，可以以一侧的邻接点为基准，调整另一侧邻接点的坐标；若位置差异较大，则将两侧的点都往其中间位置上进行调整。此外，必要时还需要对邻接点两侧一定范围的坐标作适当调整，以使相连的线能够过渡自然。然后，对接合处同一要素的属性进行检查，确保其逻辑一致性。最后，对相邻的要素进行合并，使其成为一个整体。具有相同属性的多边形合并后将删除其公共边界。

下面以 ArcGIS 为例，分别介绍矢量数据和栅格数据的拼接过程。

1. 矢量数据的拼接

1）展开 ArcToolbox 下的 Data Management Tools 工具箱，打开 General 工具集，双击 Append，打开 Append 对话框（图 3.18）。

2）在 Input Datasets 文本框中选择输入的数据，可选择多个数据。Input Datasets 文本框下面的窗口中罗列的数据将添加到目标数据中。

3）在 Target Dataset 文本框中确定目标数据。执行操作后，该数据将包含添加的数据。

4）单击 OK 按钮，执行 Append 操作（图 3.19）。

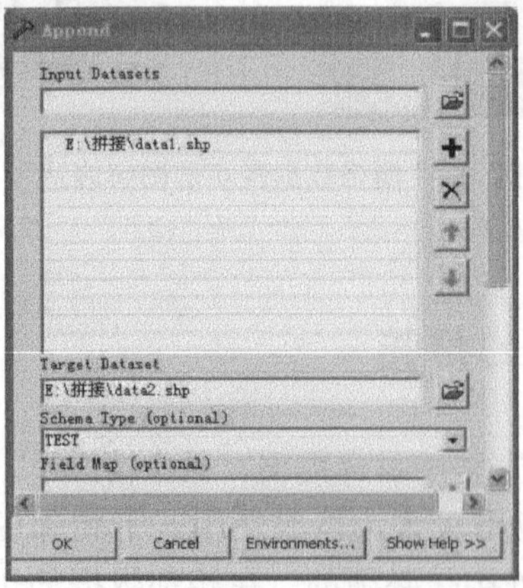

图 3.18　Append 对话框

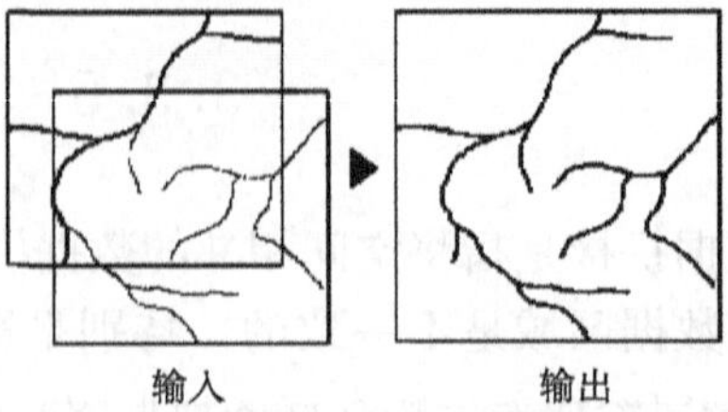

图 3.19　Append 的图解表达

2. 栅格数据的拼接

1）展开 ArcToolbox 下的 Data Managements Tools 工具箱，打开 Raster→Raster Dataset 工具集，双击 Mosaic To New Raster，打开 Mosaic To New Raster 对话框（图 3.20）。

2）在 Input Rasters 文本框中输入进行拼接的数据。

3）在 Output Location 文本框中键入输出数据存储的位置。

4）在 Raster dataset name with extension 文本框中设置输出数据的名称。

5）Coordinate system for the raster 为可选项，可以为输出的数据定义投影。

6）在 Pixel type 可选项中，设置输出数据像元的类型，如 8 _ BIT _ UNSIGNED 、16 _ BIT _ UNSIGNED 等。

7）在 Cellsize 可选窗口中，设置输出数据的像元大小。

8）在 Number of bands 文本框中，设置输出数据的波段数。

9）在 Mosaic Method 可选窗口中，确定镶嵌重叠部分的方法。例如，默认状态 FIRST，表示重叠部分的像元值取 Input Rasters 窗口中的第一个数据的像元值。

10）在 Mosaic Colormap Mode 可选窗口，确定输出数据的色彩模式。在默认状态下各输入数据的色彩将保持不变。

11）单击 OK 按钮，执行 Mosaic To New Raster 操作（图 3.21）。

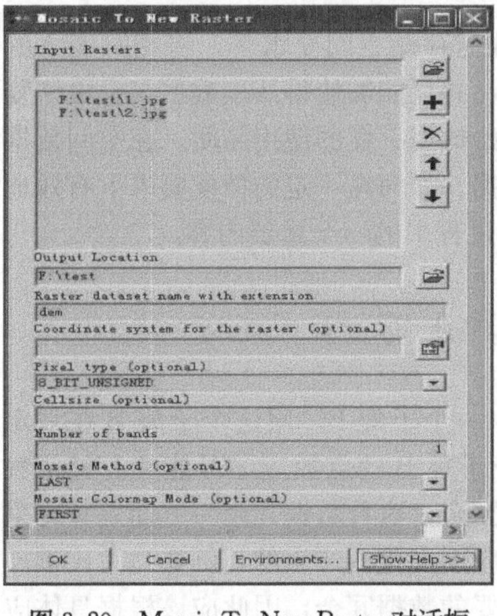

图 3.20　Mosaic To New Raster 对话框

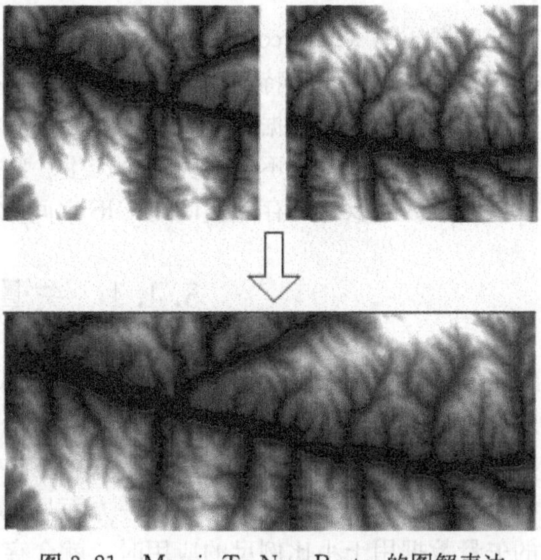

图 3.21　Mosaic To New Raster 的图解表达

3.3.6　空间数据的提取

数据提取是根据一定的属性条件（一般采用 SQL 表达式），从已有的数据中选取部分要素，输出为一个新的数据。它相当于在原数据中提取符合条件的子集。例如，从城市数据中提取人口大于 100 万的城市，从土地利用数据中提取耕地等（图 3.22）。

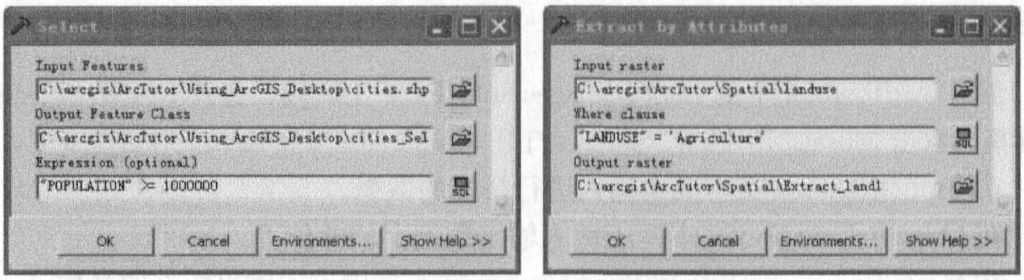

图 3.22　空间数据的提取

与数据裁切相似的是，空间数据提取也是从原数据中求得一个子集，但不同的是，空间数据裁切的是特定空间范围内的子集，而空间数据提取的是满足一定属性要求的子集。

在 ArcGIS 中，对矢量数据的提取可以采用 Select 工具（ArcToolbox→Analysis Tools→Extract→Select)，对栅格数据的提取可以采用 Extract by Attributes 工具（ArcToolbox→Spatial Analysis Tools→Extraction→Extract by Attributes）（图 3.22)。

3.4　空间数据的压缩与编码

数据压缩（data compression）是指在一定的数据存储空间要求下，将相对庞大的原始数据重组为满足特定条件相对较小的数据集合，并且能够使得从该数据集合中恢复出来的信息与原始数据相一致，或者能够获得与原始数据一样的使用品质。在空间数据采集和处理过程中，不可避免地会产生一些冗余数据。如何在一定的精度要求下有效地压缩冗余数据以节约存储空间是 GIS 空间数据处理过程中的一个重要内容。

3.4.1　矢量数据的压缩

矢量数据压缩是从组成曲线的点集合 A 中抽取一个子集 B，用这个子集 B 在一定的精度范围内尽可能地反映原数据集合 A，而这个子集 B 的点数应尽可能少。矢量数据能进行压缩的根本原因在于原始数据存在一定的冗余，这种数据冗余一方面是数据采样过程中不可避免而产生的；另一方面是由于具体应用变化而产生的，例如，大比例尺的矢量数据用于小比例尺的应用时，就会存在不必要的数据冗余，因此应该根据具体应用来选择合适的矢量数据压缩算法。矢量数据压缩的核心是在不扰乱拓扑关系的前提下对原始采样数据进行合理的删减。

由于点数据一般不需要进行压缩，而面数据是由线生成的，因此，矢量数据的压缩主要是针对线数据而言，以下简要介绍几种常用的线数据压缩方法。

1. 道格拉斯-普克法

道格拉斯-普克法（Douglas-Peucker）的基本思路（图 3.23）是（郭达志，2002)：

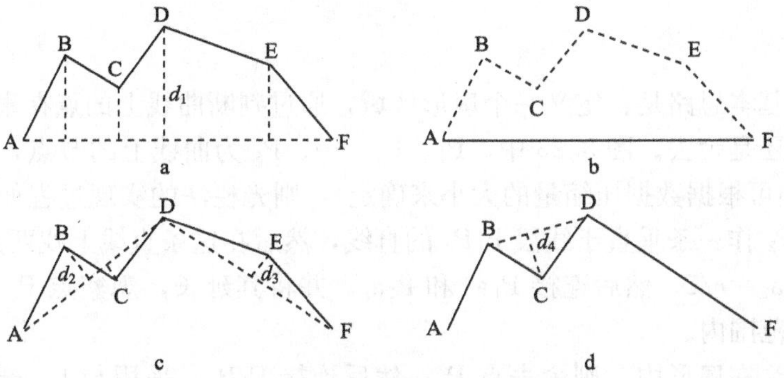

图 3.23　道格拉斯-普克法数据压缩

1）对一条曲线 ABCDEF 上的首末两个节点 A 和 F 连一条虚线，求曲线上其他点与 AF 之间的距离（图 3.23a）。

2）比较最大距离值 d_1 与限差 L 的大小，若 $d_1<L$，则将这条曲线上的中间点全部舍去，如图 3.23b 所示，曲线压缩后变成线段 AF。

3）若 $d_1 \geqslant L$，保留 d_1 对应的点 D，并以该点为界，把曲线分为两部分，即曲线 ABCD 和曲线 DEF，并对这两部分重复使用上述方法，直到这条线结束。图 3.23c 中，曲线 ABCD 中，到线段 AD 的最大距离为 d_2，$d_2 \geqslant L$，因此保留 B 点，并以 B 点为分界点将 ABCD 分为两段；在曲线 DEF 中，点 E 到线段 DF 的距离 d_3，$d_3<L$，所以舍去 E 点。图 3.23d 中，C 点到 BD 的距离为 d_4，$d_4 \geqslant L$，因此保留 C 点，压缩后的曲线为 ABCDF。

2. 垂距法

垂距法的基本思路（图 3.24）是：先在曲线（ABCDE）的一端顺序取三个点（A、B、C），计算中间点（B）与其他两点（A、C）连线的垂线距离 d_1，并与限差 L 比较，若 $d_1<L$，则舍去中间点（B），然后以刚才的第一点（A）为起点顺序取三个点（A、C、D）使用该方法继续进行处理；若 C 点到 AD 的距离 $d_2 \geqslant L$，则保留中间点（C）。然后以刚才的中间点（C）作为起点再顺序取三个点（C、D、E）继续处理，直到这条线结束。

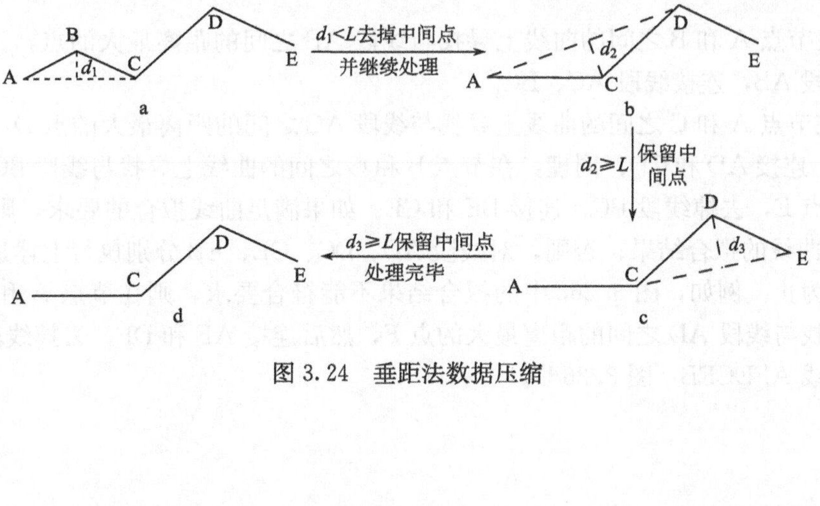

图 3.24　垂距法数据压缩

3. 光栏法

光栏法的基本思路是：定义一个扇形区域，通过判断曲线上的点在扇形外还是扇形内，确定保留还是舍去。图 3.25 中，P_1、P_2、…、P_5 为曲线上的节点，设光栏的口径为 r（r 的大小可根据数据压缩量的大小来确定），则光栏法的实现过程如下：

1）过点 P_2 作一条垂直于线段 P_1P_2 的直线，然后在这条直线上找两点 a_1 和 a_2，使线段 $a_1P_2=P_2a_2=r/2$，然后连接 P_1a_1 和 P_1a_2，并将其延长，观察点 P_3 是否落入扇形 $a_1P_1a_2$ 的开口范围内。

2）若点 P_3 在扇形内，则舍去点 P_2，然后连接 P_1P_3，采用与上一步相同的方法，过 P_3 作垂直于 P_1P_3 的直线，找到 b_1 和 b_2 两点，使其满足 $b_1P_3=P_3b_2=r/2$，然后连接 P_1b_1 和 P_1b_2 并延长，观察点 P_4 是否落入扇形 $b_1P_1b_2$ 的开口范围内。

3）若点 P_4 落入扇形内，则继续上述步骤；若不落入，则保留点 P_3，然后以 P_3 为顶点，重复上述的过程。如此进行下去，直至曲线上的所有点被检查完为止。

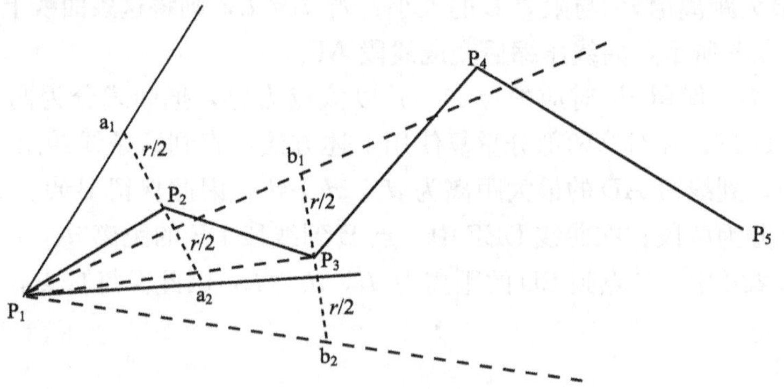

图 3.25　光栏法数据压缩

4. 迭代端点拟合法

迭代端点拟合法的基本思路（图 3.26）是：

1）对于一条曲线上的序列点，设它的首末两个节点分别是 A、B，然后连接线段 AB。

2）在节点 A 和 B 之间的曲线上寻找与线段 AB 之间的距离最大的点，记为 C，然后去掉线段 AB，连接线段 AC、BC。

3）在节点 A 和 C 之间的曲线上寻找与线段 AC 之间的距离最大的点 D，然后去掉线段 AC，连接 AD 和 CD；同理，在节点 B 和 C 之间的曲线上寻找与线段 BC 之间的距离最大的点 E，去掉线段 BC，连接 BE 和 CE。如果满足曲线拟合的要求，则折线 ADCEB 即为曲线的拟合结果；否则，对线段 AD、DC、CE、EB 分别执行上述过程，直到满足要求为止。例如，图 3.26c 中的拟合结果不能符合要求，则在节点 A 和 D 之间的曲线上寻找与线段 AD 之间的距离最大的点 F，然后连接 AF 和 DF，去掉线段 AD，最后得到折线 AFDCEB（图 3.26d）。

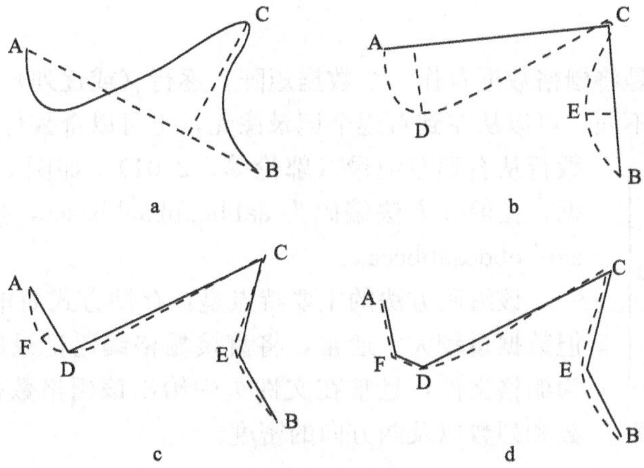

图 3.26　迭代端点拟合法数据压缩

5. 几种矢量数据压缩方法的比较

道格拉斯-普克法是一种非常经典有效的矢量数据压缩算法，它从整体到局部，即由粗到细来确定曲线压缩后需要保留的点，具有平移、旋转、不变形等特点，同时具有在给定曲线与限差后压缩结果一致的优点，但该方法没有考虑矢量数据（曲线）之间的拓扑关系，无法有效地控制偏差面积的大小，并且曲线保留点的压缩比不可能是在满足给定精度条件下的最大压缩比。垂距法算法简单、速度快，但有时可能删除偏差大于限差的点，并且如果将曲线反向，所得结果可能不同。光栏法的压缩可在数字化时实时处理，每次判断下一个数字化的点，且计算量较小。迭代拟合算法与道格拉斯-普克法非常类似，其筛选出的点具有相对最大的信息量，因此有时也称为特征点筛选法，经常用于综合线状要素。

上述四种方法为传统的矢量数据压缩方法，近年来很多专家还提出了基于小波变换的压缩方法，该方法一般采用二进制、多进制、B 样条小波等对矢量数据进行压缩，有关该方法的更多信息请参考相关文献。

3.4.2　栅格数据的压缩与编码

栅格数据的压缩方法很多，这里只介绍几种常见的方法。根据压缩前后信息是否有损失，可以将压缩方法分为信息无损压缩编码和信息有损压缩编码两大类。信息无损压缩编码是为保留原始数据对象而设计的，数据在压缩和解压缩的过程中都不会被改变或损失，解压缩产生的数据是对原始数据的完整复制。信息有损压缩编码会造成一些信息熵的损失，只要这种损失被限制在允许的范围内，有损压缩就是可以接受的。在地理信息系统中多采用信息的无损压缩编码，而对遥感影像进行压缩时，有时也采用有损压缩编码。

1. 直接栅格编码

直接栅格编码是将栅格数据看作一个数据矩阵，逐行（或逐列）逐个记录代码，记录的顺序可以有所不同，可以从左到右逐个记录像元，也可以奇数行从左到右记录，偶数行从右到左记录（邬伦等，2001）。如图 3.27 所示的栅格数据，按前一方法编码为 aabbcdbbaabbaacc，按后一方法编码为 aabbbbdcaabbccaa。

a	a	b	b
c	d	b	b
a	a	b	b
a	a	c	c

图 3.27　栅格数据

该编码方法的主要特点是：存储方式简单直观，处理方便，但数据量较大。通常，将直接栅格编码记录的栅格数据文件称为栅格文件，且常在文件头中给出该栅格数据的长和宽，即行数和列数以及两方向的密度。

2. 链码

链码最初是由 Freeman 在 1961 年提出来表示线条模式的一种方法，至今仍然被广泛应用。链码是图像处理及模式识别中一种常用的表示线条或边界的编码技术，链码技术被广泛应用是因为它能以较少的数据来存储较多的信息。其基本思路是：首先确定线起点所在的行号和列号，然后沿着数字曲线或边界像素以 8 邻接的方式移动，每一个移动方向由数字集 $\{i \mid i=0, 1, 2, \cdots, 7\}$ 进行编码，表示与 X 轴正向的 $45° \times i$ 夹角，如图 3.28a 所示。一个链码可被看作是由一系列具有固定方向和长度的小直线段组成，所以图 3.28b 可以表示为表 3.1（汤国安等，2007）。

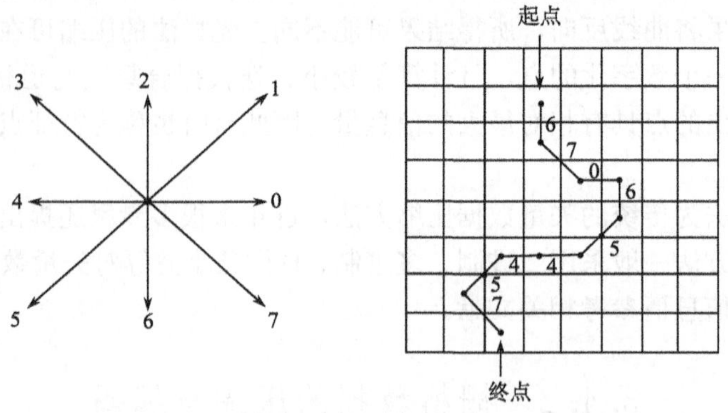

a　　　　b

图 3.28　链码

表 3.1　链码表示结果

起始行号	起始列号	编码
2	4	6，7，0，6，5，4，4，5，7

该方法可以有效地压缩栅格数据，尤其是对计算面积、长度和凹凸度等运算十分方便，但它的缺点是对边界进行合并和插入等修改编辑工作比较困难，对局部的修改将影响整体结构的变化，效率不高，并且由于链码以每个区域为单元存储边界，导致相邻区域的边界将被重复存储，所以仍然有较大的数据冗余（邬伦等，2001）。

3. 游程长度编码

游程是指同值相邻像元的数量，游程长度编码是栅格数据压缩编码的重要方法，其基本思想是（邬伦等，2001）：在一幅栅格图像中，行（或列）方向上相邻的像元往往具有相同的属性值，因而可采用某种方法来压缩这些重复的属性值。游程长度编码的方法有两种：一种是，对于一幅栅格图像，只在各行（或列）方向上像元的属性值发生变化时依次记录下像元的属性值及具有此属性值的像元个数，从而达到压缩数据的目的。例如，对图 3.29 中所示的栅格数据在行方向上进行游程压缩编码，其结果就是：(a，2)，(b，3)，(d，2)，(c，1)；(d，2)，(b，4)，(c，2)；(a，2)，(b，3)，(d，3)；(a，2)，(c，2)，(d，4)；(d，3)，(c，1)，(a，2)，(c，2)；(d，4)，(a，2)，(b，1)，(c，1)；(d，3)，(a，3)，(b，2)；(c，6)，(b，2)。另一种是，依次记录像元的属性值发生变化时的像元位置和相应的属性值，用这种方法在行方向上对图 3.29 所示的栅格图像进行压缩编码，其结果是：(1，a)，(3，b)，(6，d)，(8，c)；(1，d)，(3，b)，(7，c)；(1，a)，(3，b)，(6，d)；(1，a)，(3，c)，(5，d)；(1，d)，(4，c)，(5，a)，(7，c)；(1，d)，(5，a)，(7，b)，(8，c)；(1，d)，(4，a)，(7，b)；(1，c)，(7，b)。虽然是两种方法，但本质上是一样的，都是在行（或列）方向上，压缩具有相同属性值的相邻像元，从而实现图像的压缩。

a	a	b	b	b	d	d	c
d	d	b	b	b	b	c	c
a	a	b	b	b	d	d	d
a	a	c	c	d	d	d	d
d	d	d	c	a	a	c	c
d	d	d	d	a	a	b	c
d	d	d	a	a	a	b	b
c	c	c	c	c	c	b	b

图 3.29　栅格图像代码

游程长度压缩编码能够有效地压缩原数据，且易于检索、叠加合并等操作，运算简单，适用于机器存储量小，数据需大量压缩，而又要避免复杂的编码解码运算增加处理和操作时间的情况。在本例中，与直接栅格编码相比，游程长度压缩编码只用 52 个数据就可以表示直接编码需要用 64 个数据才能表达的图像，可见这种方法能有效地压缩栅格图像，并且实现过程简单。通过这个例子也可以看出，图像的压缩效率与图像的复杂程度成反比，即图像越复杂，像元的种类越多，相邻像元具有相同属性值的概率越低，压缩的效率也就越低；当图像越简单时，像元越单一，具有相同属性值的相邻像元数目（游程）就越多，压缩的效率也就越高。

4. 块码

块码是在游程长度编码的基础上发展而来，它的每个记录单元都是由相邻像元组成的正方形区域，它的记录形式由记录单元初始位置的行、列号（记录单元左上角像元的行、列号），半径和记录单元的属性值四个部分组成。对图 3.29 所示的栅格图像进行块码分割的情况如图 3.30 所示，其编码结果如下：(1，1，1，a)，(1，2，1，a)，(1，3，3，b)，

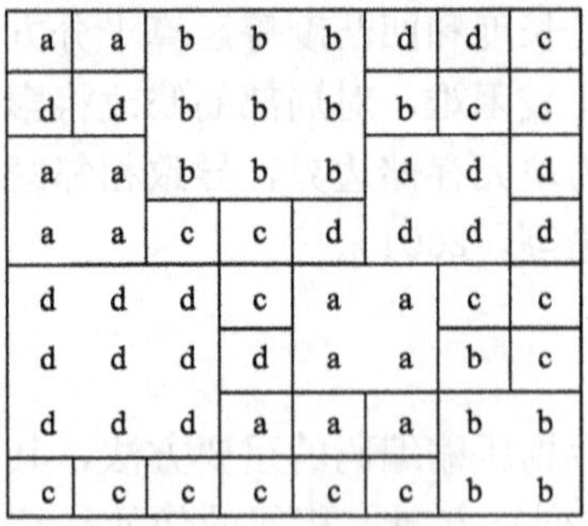

图 3.30　块码分割

(1，6，1，d)，(1，7，1，d)，(1，8，1，c)，(2，1，1，d)，(2，2，1，d)，(2，6，1，b)，(2，7，1，c)，(2，8，1，c)，(3，1，2，a)，(3，6，2，d)，(3，8，1，d)，(4，3，1，c)，(4，4，1，c)，(4，5，1，d)，(4，8，1，d)，(5，1，3，d)，(5，4，1，c)，(5，5，2，a)，(5，7，1，c)，(5，8，1，c)，(6，4，1，d)，(6，7，1，b)，(6，8，1，c)，(7，4，1，a)，(7，5，1，a)，(7，6，1，a)，(7，7，2，b)，(8，1，1，c)，(8，2，1，c)，(8，3，1，c)，(8，4，1，c)，(8，5，1，c)，(8，6，1，c)。

与直接编码相比，块码使用了更多的数据，这主要是由于本例为了描述方便，将栅格划分较粗，在实际应用中，栅格划分较细，会有大量的数据冗余，压缩效果也较好。块码有可变的分辨率，当图像越简单时，图斑越大，分辨率越低，压缩效率就越高；反之，压缩效率会降低。

5. 四叉树编码

四叉树（quad tree）又称为四元数，其编码的基本思想是：将一幅图像逐步分解成大小相同的四个子块，每个子块称为一个象限（图 3.31a），每个象限下面还可以再细分成四个大小相同的子象限，直到这个子象限中的所有像元具有相同的属性值时不再分，否则继续划分。对图 3.29 所示的栅格图像进行四叉树编码，可得如图 3.31b 所示的分割图。

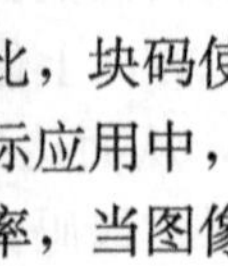

a

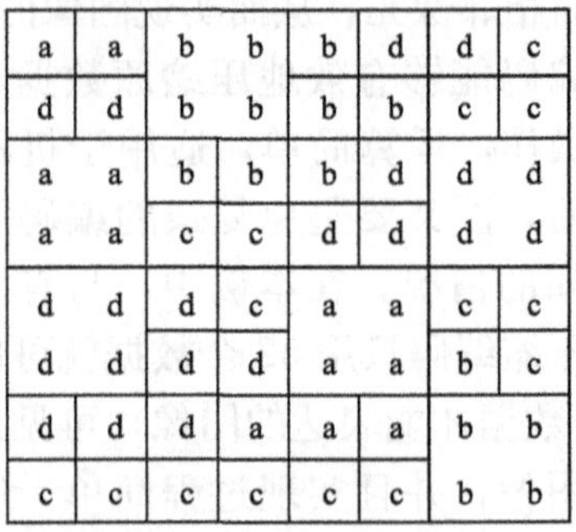

b

图 3.31　象限编码及四叉树分割

这种方法是把一幅图像比作树根（根节点），树的每个节点对应图像中的一个子块，每个节点（包括根节点）下面都有四个子节点，如果一个节点下面不再有子节点，则称此节点为叶子。如图 3.32 所示，最上面的那个结点称为根结点，它代表整幅图像，下面的四个子节点对应四个象限，用字母（a、b、c、d）标注的节点称为叶子。

根据四叉树每个节点的存储方法不同，可以将其分为常规四叉树和线性四叉树。常规四叉树（CQT）的每个节点通常存储 6 个量，其中 4 个存储子节点指针，一个存储父节点指针（根节点的父指针为空，叶子的子指针为空），另一个存储本节点的属性值。

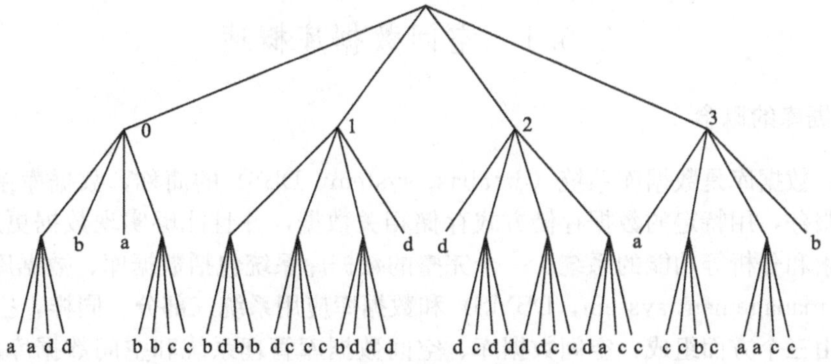

图 3.32　四叉树示意图

线性四叉树（LQT）的存储方法是每个节点只存储三个量，包括地址、深度和本节点的属性值。由于它只存储三个值，所以比常规四叉树更节省存储空间，并且由于记录节点的地址和深度，既能直接找到其在四叉树中的走向路径，又可以换算出它在整个栅格区域内的行列位置。

采用四叉树编码，要求图像的尺寸必须是 $2^n \times 2^n$，对于非标准尺寸的图像要通过增加背景（图像延拓）的方法将图像扩充为 $2^n \times 2^n$ 的图像。如果原图像的尺寸为 $2^n \times 2^n$，则四叉树最多有 $n+1$ 层（包括根节点），四叉树的极限分割数，即图像划分的最大次数为 n。

四叉树编码的目的是要更有效地利用多维相关性，所以它对二值图像的压缩更有效。在对灰度等级较多（一般是 0～255）的图像进行压缩时，如果精度要求不是非常严格，人们为了达到更大的压缩目的，一般不是要求叶子节点的属性值完全相等，而是允许叶子节点像元的属性值在一定的范围内，这样可以更有效地压缩图像，从而节省空间。由于四叉树编码对图像的尺寸要求非常严格，从而降低了它的压缩效率，所以很多学者发展了多种改进型的四叉树编码，可以更加有效和精确地压缩图像。

前面介绍的数据结构都是二维的，然而在有些信息系统中需要有真三维的空间数据结构，为此学者们提出了八叉树结构。八叉树是从四叉树的基础上发展而来，其原理就是将空间区域不断的分解为八个同样大小的子区域，分解的次数越多，子区域就越小，直到同一区域的属性值单一为止。有关八叉树的更多信息请查阅相关文献。

3.5　空间数据库

空间数据库是地理信息系统的重要组成部分，是地理信息系统分析与应用的基础。由于空间数据库中的数据具有空间特征，因而在空间数据库的结构、数据库的设计、分析以及维护等方面具有其独特之处。

3.5.1 空间数据库概述

1. 空间数据库的概念

通常，数据库是数据库系统（database system，DBS）的简称，数据库系统就是为一定目的服务，用特定的数据存储方式存储相关数据，并且能够实现数据更新、管理、查询、检索和分析等功能的系统。一个完整的数据库系统包括数据库、数据库管理系统（database management system，DBMS）和数据库应用系统三部分。同样，空间数据库系统也是由三个方面组成：空间数据库、空间数据库管理系统和空间数据库应用系统。其中空间数据库是按一定规则存储在计算机上的空间数据及其相应属性数据的集合；空间数据库管理系统是对存储介质上的地理空间数据及属性数据进行语义和逻辑上的定义，并具有数据查询检索和存储功能，以及能够对空间数据进行有效维护和更新的一套软件系统；空间数据库应用系统则是为了满足特定用户对空间数据的处理需求建立起来的，具有空间数据库访问功能的一种应用软件，给用户提供了对空间数据进行访问和操作的用户界面。

空间数据库系统现在已经广泛应用于各领域，产生了许多的数据库，如土地利用数据库、城市地下管网数据库、城市规划管理数据库以及电力空间数据库等。

2. 空间数据库的特点

空间数据库的操作对象是地理空间数据和属性数据，并且地理实体之间又存在着复杂的空间关系，这就导致空间数据库与传统数据库系统相比，除了具有普通数据库所具有的数据共享、数据库中的逻辑结构同应用程序相互独立、数据可实现集中控制等特点外，还有许多不同的特征。

1）从操作对象上来说，空间数据库的操作对象是空间数据及其相应的属性数据，所以数据量非常大，通常称为海量数据。例如，一个城市地理信息系统中包含很多方面的内容，如城市的道路系统、城市的人口分布情况、城市的各种管线以及城市的土地利用状况等，有的还包括高分辨率的城市遥感影像和大比例尺的地形图，所以它的空间数据量非常大，可能有几十千兆或几百千兆，甚至更大。

2）操作对象的地理实体类型繁多、空间关系复杂。地理对象之间存在着错综复杂的空间关系，这些关系有水平方向上的，可能还有垂直方向上的，所以空间数据库不仅要实现对数据的描述，还要完成对空间关系的描述。

3）数据应用广泛。例如，可应用于地理研究、环境保护、土地利用与规划、资源开发、生态环境、市政管理、道路建设以及数字城市、可持续发展、海洋资源管理等领域。

3. 空间数据库管理系统

数据库管理系统是在文件处理系统的基础上进一步发展的系统，它是处理数据库存储和各种管理控制的软件，它在用户应用程序和数据文件之间起到桥梁作用。数据库管理系统的功能主要有定义数据库、管理数据库、维护数据库以及数据库的通信功能。

由于空间数据库的上述特点，为了实现对空间数据的有效管理，人们从数据的组织、数据模型和数据库模型的研究、专用空间数据库管理系统的开发和选择使用等诸多方面进行了专门的探索，目前已经形成了一套有效的并处于不断改进和提高中的方法。其中应用比较广泛的主要有以下三种方法。

(1) 采用文件与关系数据库管理系统的混合管理模式

这种方法是随着关系数据库的出现而产生的，它采用文件和关系数据库混合系统。这种数据管理模式在GIS中发挥了重要的作用，20世纪90年代曾经成为GIS数据管理模式的主流，直到今天仍然有很多GIS应用系统保留了这种模式，如ArcInfo、MapInfo等系统。这种管理模式的特点是：①空间图形数据和属性数据分开存储，采用不同的系统存储，并用唯一的标识符将两者联系起来；②在空间数据的组织上，垂直方向上分图层管理，水平方向上分图幅管理；③由于图形数据和属性数据的分开存储，数据的一致性维护困难，数据的安全性和完整性较差，数据发布和共享困难，运算速度较慢。

(2) 采用全关系型数据库管理系统

这种数据库管理系统的特点是：统一对空间数据进行管理，便于数据的维护；用二进制数据块形式存储图形数据，省去大量图形数据和属性数据的关系连接操作，提高查询速度；但二进制块的读写效率要比定长的属性字段低得多，尤其在涉及对象的嵌套时，数据库的操作速度、效率等问题严重。

(3) 采用对象-关系型空间数据库管理系统

这种管理模式是在关系型数据库管理系统的基础上，通过添加空间数据库管理专用模块形成的，这种方法解决了变长记录的管理，效率比二进制块的管理高得多。但它仍未解决对象的嵌套问题，空间数据结构也不能由用户任意定义，使用上依然受到限制。

3.5.2 空间数据库的设计

数据库设计就是根据用户的要求和应用目的，在一个给定的应用环境下，确定最佳的数据库结构、数据格式、处理模式和存取方法等，建立能反映现实世界的地理实体集合及它们之间的联系，以满足用户的需求，达到有效的应用目的。不同的用户、不同的领域、不同的应用目的，对空间数据库的要求也各不相同。如何建立一个令用户满意且符合领域需求的数据库，是数据库设计阶段必须考虑的重要问题。空间数据库的设计一般包括以下四个步骤。

1. 需求分析

需求分析是整个数据库设计和建立的基础，在这个阶段应当充分了解用户的实际需求，掌握用户希望数据库能够实现的功能，并收集相关的数据。

2. 概念设计

概念设计是对需求分析阶段收集到的数据和信息加以整理、分析，确定地理实体、属性及它们之间的联系，将分散、独立的各用户需求信息整合为一个综合的全局视图，具有独立于具体数据库实现的优点。因此，它是现实世界到信息世界的抽象，是用户和数据库设计人员之间的一种交流。数据库概念设计阶段需要建立数据库的数据模型，可以采用的建模方法主要有三种：一是传统数据模型，包括层次模型、网状模型和关系模型。二是语义模型，语义模型的模型结构由若干抽象所组成，并用这些抽象来描述客体的基本语义特性，再根据一定的规则将这些抽象有机地组织起来，最常用的语义模型是实体-联系模型（又称为E-R模型）；三是面向对象的数据模型，它是在前两种方法的基础上发展起来的一种数据建模技术。

3. 逻辑设计

逻辑设计的任务是：在概念设计的基础上，按照不同的转换规则将概念设计过程中建立的数据模型转换为空间数据库管理系统所支持的数据模型，并用数据语言表达出来，即导出空间数据库管理系统可处理的地理数据库的逻辑结构（外模式）。例如，将概念设计过程中建立的实体-联系模型转换成关系数据库模型。

4. 物理设计

物理设计是在物理存储器上实现空间数据库的逻辑结构，并在介质上确定数据的物理存储结构，从而建立地理数据库的存储模式（内模式）。其主要内容包括确定数据在介质上的存储方式、存储路径、分配存储空间等。一个好的物理存储结构需要满足两个条件：一是空间数据占有较小的存储空间；二是空间数据库的可操作性强，处理速度快。物理设计在很大程度上与选用的空间数据库管理系统有关，设计中应根据需要尽可能选用系统所提供的功能。

3.5.3 空间数据库的建立

在完成空间数据库的设计之后，就可以建立空间数据库了。一般来讲，空间数据库的建立包括以下三个过程。

1. 建立数据库结构

利用空间数据库管理系统中提供的描述语言描述逻辑设计和物理设计的结果，从而得到概念模型和外模型，再通过建模，经编译、运行后就可形成目标模式，建立起需要的空间数据库结构。但这时的数据库就像楼房建设初期阶段的钢筋混凝土结构，内部还没有任何的填充，只是一个框架，里面还没有建立数据库要求的数据。图 2.29 为某地区土地利用现状数据库中的数据库结构。

2. 输入数据

输入数据是建立数据库过程中的重要一步。在输入数据之前需要做许多准备工作，如对数据进行整理、分类、编码及格式和类型的转换等。要确保装入数据的准确性、完整性和一致性，否则会给数据的输入和应用带来很多不必要的麻烦。由于数据库中要装入的地理数据量大、种类多，不仅有空间数据，而且还有属性数据，输入数据的过程非常复杂，因此人工输入工作量太大，通过地理信息系统软件建立数据输入模型（如采用 ArcGIS 中的图解建模工具）的方法对数据进行输入是一种非常有效的方法。一般情况下，在建立好数据输入模型以后，应该先对少量数据进行输入试验，并对模型进行调试，直到模型基本稳定，输入结果达到要求后再将大量数据输入。

3. 调试运行

数据输入后，数据库的一些基本功能就可以实现了，但这时的数据库还不够稳定，某些功能可能还无法实现，因此需要对数据库进行必要的调试，包括执行各种功能模块的操作、对数据库的各种功能进行全面的检查和调试，并且还要检查数据的完整性、安全性以及数据库的稳定性，待达到要求后，数据库就可以投入使用了。

以上只是对空间数据库建立过程的简单描述，在实际的建库过程中，问题要复杂得多，如空间数据库的数学基础问题、属性表中各字段的计算问题等。事实上，空间数据库的建立是一个非常复杂的系统工程。

3.5.4　空间数据库的维护

空间数据库的建立花费了大量的精力、物力和财力，要使数据库能够得到长时间的充分应用，必须不断对它进行维护。本阶段的主要工作是：①维护数据库的安全性和完整性，包括数据的有效性、正确性和一致性以及对数据的保护等；②及时更新数据库，由于地理环境在随时发生变化，因此要想使数据库随时发挥作用，就需要及时更新数据，使数据库有较强的时效性和现势性；③监测并改善数据库的性能，监测数据库运行的稳定性，分析评估存储空间和响应时间，必要时对数据库进行重组，并对现有功能进行扩充。

3.6　空间查询

空间查询是指按一定的要求对空间数据库中的空间实体及其空间信息进行访问，从众多的空间实体中挑选出满足用户要求的空间实体及其相应的属性。空间查询效率的高低往往有赖于空间索引。空间索引是指依据空间对象的位置和形状或空间对象之间的某种空间关系，按一定的顺序排列的一种数据结构。空间索引性能的优劣直接影响空间数据库和地理信息系统的整体性能，是空间数据库和地理信息系统的一项关键技术（陈述彭等，1999）。

空间查询是地理信息系统的基本功能之一，也是 GIS 进行高层次分析的基础。空间查询的方法很多，其中最常用的有基于空间特征的查询、基于属性特征的查询、基于空间关系的查询和基于空间位置的查询。以下通过一些简单的例子来介绍各种查询方法。在实际工作中要实现的查询目标往往比较复杂，需要综合应用这些方法才能达到目的。

3.6.1 基于空间特征的查询

基于空间特征查询是 GIS 中最简单，也是最常用的查询方法。例如，对某一城市数据（点），需要了解该城市的名称、人口等信息；对某一河流数据（线），需要了解其流量、水深、水质等信息。要完成这些查询，首先要选择空间实体（如城市、河流），然后通过空间数据和属性数据之间的连接关系（标识符），提取该实体的属性列表，从而达到查询的目的。

在 ArcMap 中，点击 Tools 工具条上的 Identify 按钮，点击或拉框选择图形要素，则 Identify 对话框中将列出所选空间对象的各项属性信息（图 3.33）。此外，也可以直接在要素上单击右键，从弹出的菜单中选择 Identify，从而实现对空间特征的查询。

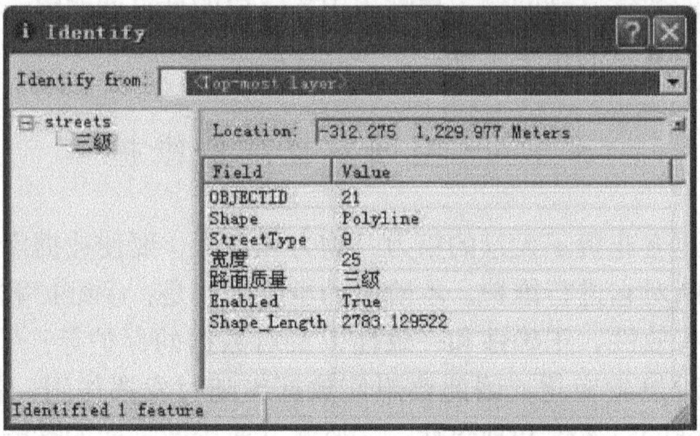

图 3.33 基于空间特征的查询（Identify）

3.6.2 基于属性特征的查询

基于属性特征查询是根据属性记录与空间数据之间的关联，先查找符合条件的属性信息，然后找到对应的空间数据。常用的方法有如下两种。

1. 简单查询

简单查询就是利用属性记录跟图形之间的一一对应关系，根据属性直接查找图形的操作。操作时，先打开图形的属性表，选择给定的属性值所在的行，目标图像就可以在界面上高亮度显示出来。简单查询多用于属性目标比较简单的情况，例如，在中国行政区划图中查找山东省行政区的图像，在中国河流分布图中查找雅鲁藏布江的图形等都可以用简单查询的方法。图 3.34 为查询“彭水县”所得的结果。

在 ArcGIS 中实现该查询的过程如下：在 ArcMap 中加载数据 Chongqing，在内容表中右键点击数据层，选择 Open Attribute Table，打开空间数据的属性表，选择满足

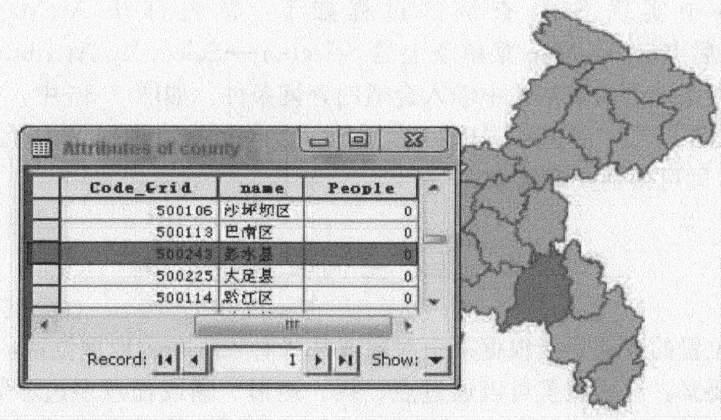

图 3.34　简单查询

条件的属性所在的行（点击该行的表头），则被选中的空间要素就会高亮度地显示出来。如果在显示区中不能看到所选的图形，则可以把鼠标放在图形显示区，点击右键选择"Zoom To Selected Features"，被选中的图形就可以显示出来。

2. 结构化查询语言查询

在 GIS 中，空间要素具有丰富的属性信息，这些属性信息通常采用关系型数据库来管理。结构化查询语言（structured query language，SQL）是一种标准的关系数据库查询语言，目前大多数地理信息系统软件的关系数据库管理系统都支持 SQL 查询。利用 SQL，不仅可以实现单项条件的查询，还可以很方便地实现复合条件查询，筛选出满足多个属性条件的空间实体的属性记录，并根据这些属性记录中的实体标识符找到相对应的图形，这是 GIS 中最常用的由属性查询图形的方法。图 3.35 显示的是采用 Select By Attributes 工具查询某市人均 GDP 小于等于 5000 元，并且城镇化率小于等于 30% 的区县的过程。图中颜色较深的部分为查询结果。

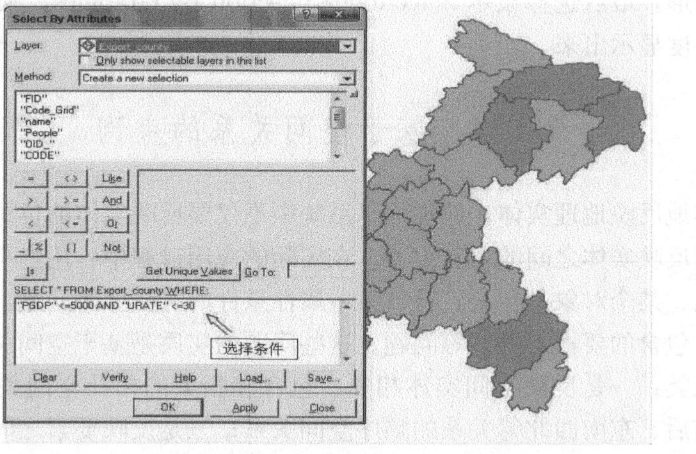

图 3.35　SQL 查询

在ArcGIS中实现SQL查询的过程如下：首先打开ArcMap，加载数据Chongqing，然后点击ArcMap菜单条上的Selection→Select By Attributes，打开属性选择对话框，在条件语句文本框中输入合适的查询条件，如图3.36中，"PGDP" <= 5000 AND "URATE" <= 30（"PGDP"表示人均GDP，"URATE"代表城镇化率），然后点击OK，即可得到查询结果。

3.6.3 基于空间位置的查询

基于空间位置的查询是指根据某一对象或某些对象所在的地理位置，查询该位置上所具有的空间要素。地理位置可以通过点、线、矩形、圆或任意多边形等图形来标定，GIS通过检索出图形范围内的地理空间图形要素来实现查询。例如，通过自然保护区位置来查询它所涉及的行政区域、通过河流的位置查询通过河流的道路有哪些、通过水管爆裂的地点查询所在的街道等。图3.36是某大学的部分建筑物平面图，通过中间的圆形区域选择在其范围内或与之相交的建筑物。图中颜色较深的部分为查询结果。

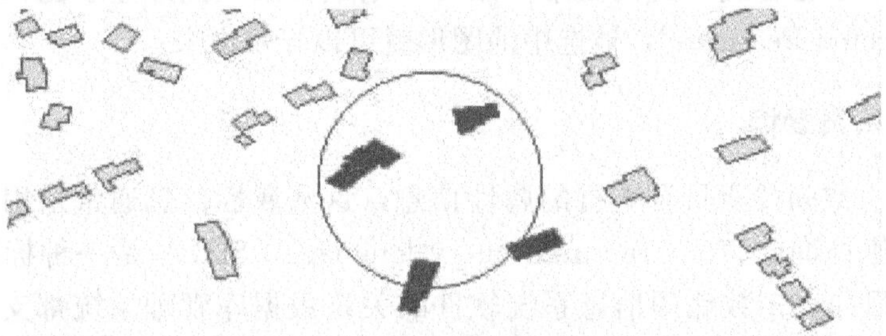

图3.36　按圆形查询的结果

在ArcGIS中实现该查询的过程如下：首先打开ArcMap并加载数据，然后用Drawing工具条上的绘图工具在图形显示区中绘制任意多边形（也可是点、线），并选择所绘制的图形，最后选择菜单Selection→Selection By Graphics，则图形所在位置的要素将被高亮度显示出来。

3.6.4 基于空间关系的查询

为了真实地反映地理实体，地理信息系统中不仅要反映实体的位置、形状、大小和属性，还必须反映实体之间的相互关系。在实际的应用过程中，用户不仅需要知道在某个位置有什么、某个对象是什么、符合某些属性条件的有哪些等问题，还要知道相邻的要素有哪些、包含的要素有哪些等问题。这些问题的实质是基于空间关系的查询。空间关系主要有三类：一是反映空间实体相邻、包含和相关的拓扑空间关系；二是反映上下、左右、前后、东南西北等关系的顺序空间关系；三是反映要素之间空间距离的度量空间关系。由于地理实体间的空间关系多种多样，因此也形成了多种不同的查询方法。

1. 邻接查询

邻接查询包括多边形邻接查询、线状地物邻接查询和点状地物的邻接查询等。例如，多边形的邻接查询是首先查询指定多边形由哪些弧段组成，然后再根据这些弧段查询哪些多边形与之关联，这些多边形就是要查找的对象。图 3.37 为查询与 A 县（颜色最深部分）相邻的所有区县，灰色部分便是查询结果。

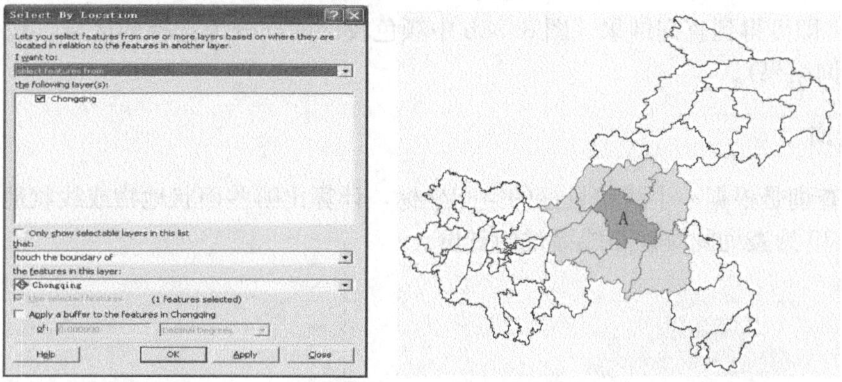

a　　　　　　　　　　b

图 3.37　邻接查询

在 ArcGIS 中实现邻接查询的过程如下：首先在 ArcMap 中加载数据 Chongqing，点击 Tools 工具条上的（Select Features）后，再选择目标 A，然后点击菜单 Selection→Select By Location，在 I want to 任务栏中选择“select features from”，之后在图层列表框中选择数据层 Chongqing，在 that 下拉菜单中选择“touch the boundary of ”，最后点击 OK，即可得到如图 3.37 所示的结果。

2. 包含查询

查询某一面状地物或一个特定多边形内的某一类地理对象，这类地理对象可能是点状地物、线状地物或面状地物。图 3.38 为查询某区域内包含的学校。

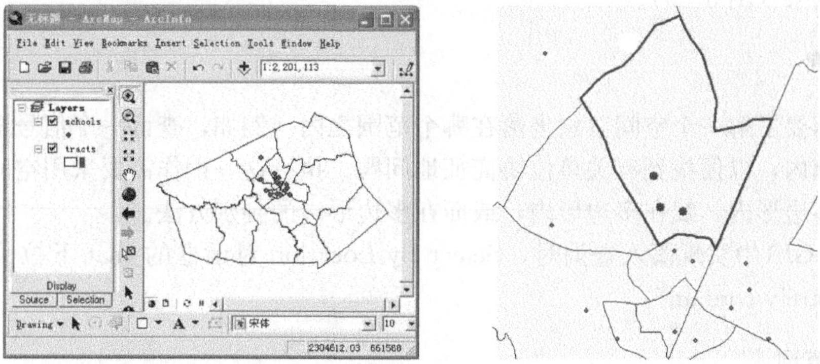

a　　　　　　　　　　b

图 3.38　包含查询

在 ArcGIS 中实现包含查询的过程如下：打开 ArcMap 并加载 airport 中的数据 schools 和 tracts（图 3.38a），点击 Tools 工具栏上 （Select Features）后，选择目标，然后点击菜单 Selection→Select By Location，打开对话框，在 I want to 下拉框中选择“select features from”，在 the following layer（s）列表框中选择 schools 图层（因为 schools 是要查询的目标层），在 that 下拉框中选择“are completely within”，在 the features in this layers 下拉框中选择 tracts 图层，勾选 Use selected features，最后点击 OK，即可得到查询结果（图 3.38b 中颜色较深的部分为选择的区域，较大的黑色圆点为查询结果）。

3. 相交查询

相交查询是根据一个线状目标的空间坐标，计算出哪些面状地物或线状地物与之相交。图 3.39 为查询陇海铁路线穿过的省份。

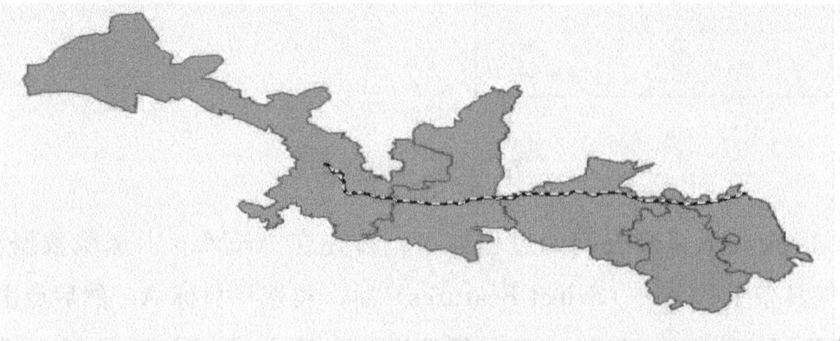

图 3.39　相交查询（陇海线穿过的省份）

在 ArcGIS 中实现相交查询的过程如下：打开 ArcMap 并加载数据 China 和 rail，选中陇海线，点击菜单 Selection→Select By Location，在 I want to 任务栏中选择“select features from”，在 the following layer（s）中选择 China 图层，在 that 下拉菜单中选择“intersect”，在 the features in this layer 中选择 rail 图层，最后点击 OK，即可得到查询的结果（图 3.39）。

4. 落入查询

有时需要了解一个空间对象坐落在哪个范围之内。例如，查询一个信号塔将会坐落在哪个乡镇内，以便找到有关单位协商征地问题。执行这一操作需要采用空间运算，即运用点在多边形内，线在多边形内，或面在多边形内的判别方法。

在 ArcGIS 中实现落入查询时，Select By Location 对话框的 that 下拉菜单中应选择“completely contain”。

5. 缓冲区查询

缓冲区查询与下一章的缓冲区分析略有不同，它只是对特定的空间实体做一定距离的缓冲，然后查询缓冲区范围内的空间地物，但并不生成缓冲区多边形。图 3.40 为查询陇海线沿线一定范围内的城市。

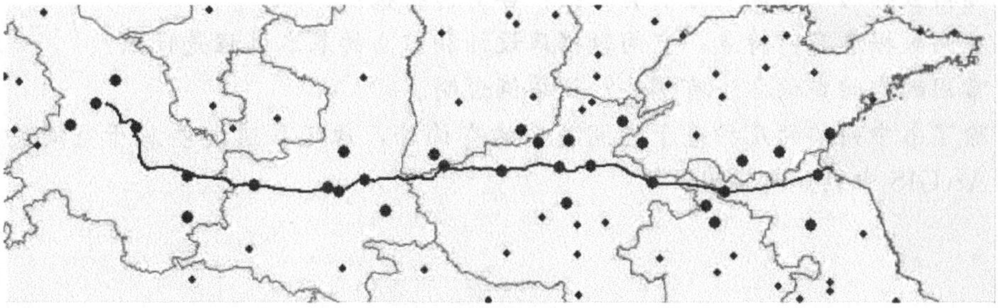

图 3.40　缓冲区查询结果

在 ArcGIS 中实现缓冲区查询的过程如下：打开 ArcMap 并加载数据 China、city 和 rail，选中陇海线，点击菜单 Selection→Select By Location，在 I want to 下拉框中选择 "select features from"，在 the following layer (s) 中选择 city 图层，在 that 下拉框中选择 "are within a distance of"，在 the features in this layer 中选择 rail 图层，勾选 Use selected features 和 Apply a buffer to the features，然后输入适当的距离并选择距离单位，最后点击 OK 即可得到查询结果（图 3.40）。

3.6.5　复合查询

以上查询方法多用于比较简单、直观的信息查询，对于复杂的查询实现则较困难。为了实现更复杂的信息查询，一般需要将多种查询方法结合起来。例如，查询某一满足如下条件的城市：它位于某条铁路东部、距离该铁路不超过 30km、位于某省之内、人口大于 70 万。从这些条件可以看出，以上查询方法不能单独完成这一查询任务，需要结合基于空间关系的查询和基于属性特征的查询。整个查询过程涉及空间顺序关系（铁路东部）、空间距离关系（距离该铁路不超过 30km）、空间拓扑关系（城市位于某省之内）以及属性信息（人口大于 70 万）的查询。

复合查询一般是在满足第一个条件的基础上，再查询满足第二个、第三个，直至最后一个条件的对象，这与基于属性特征查询中 SQL 的复合条件略有不同。复合查询的具体方法有两种：一是在已查询出来的对象中直接进行新的查询（Select from current selection）；二是将已查询出来的对象输出为新的数据，再对新数据进行新的条件查询。

复习思考题

1. 常用的图形数据输入方法有哪些？它们各有什么优缺点？
2. 属性数据的输入方法主要有哪些？
3. 空间数据的处理主要包括哪些内容？在 ArcGIS 中如何建立拓扑关系？

4. 为什么要进行空间数据的坐标和格式转换？原理上该如何实现？

5. 简述道格拉斯-普克法的基本思路。

6. 栅格数据的压缩编码方法有哪些？各有何特征？

7. 空间数据库有何特点？空间数据库设计和建立的基本过程是什么？

8. 常用的空间查询方法有哪些？试举例说明。

9. 除了书中列举的几种基于空间关系的查询外，你还知道哪些基于空间关系的查询？在 ArcGIS 中应如何实现？

实 验 部 分

实验八　空间数据扫描矢量化

一、实验目的

掌握空间数据的扫描矢量化输入方法。

二、实验内容

在 ArcGIS 的 ArcScan 环境下，采用不同的矢量化方法进行空间数据的输入。

三、实验原理与方法

实验原理：矢量化是指将栅格数据转换为矢量数据的过程。ArcScan 模块是 ArcGIS 进行空间数据扫描矢量化的专用工具。

实验方法：将已有的纸质地图进行扫描，然后对扫描后的图像进行矢量化。

四、实验设备与数据

(1) 实验设备：扫描仪、计算机等处理设备。

(2) 主要软件：扫描程序、ArcGIS、Photoshop 或其他图像处理软件。

(3) 实验数据：任一纸质地图或随书光盘中提供的“实验 08”文件夹下的相关数据。

五、实验步骤

(1) 配置扫描仪与计算机之间的连接（若采用“实验 08”中的扫描图像，则直接进入第四步）。

(2) 将纸质图件放入扫描仪指定的位置，设置保存路径、图像格式、分辨率等参数，启动扫描程序开始扫描。

(3) 在 Photoshop 或其他图像处理软件中，将扫描后的图像转换成灰度图像（或直接在上一步中将图像扫描为灰度图像）。

(4) 在 ArcCatalog 或其他图像处理软件中，浏览、分析图像，确定矢量化的数据分层方案。

(5) 在 ArcCatalog 中生成新的 Shapefile（或 Geodatabase）点文件和线文件。

(6) 打开 ArcMap，加入扫描的图像文件及上一步生成的点、线文件。

(7) 打开 Editor 工具条，启动编辑，将点图层设为编辑对象（Target），并点击工具条上的草图工具，对图上的点要素（如高程点）进行矢量化。

(8) 将图像以二值化的方式显示：右键点击图像图层，点击 Properties，打开 Layers Properties 对话框（图 3.41），选择 Symbology 标签，在 Show 列表框中选中 Classified，然后将 Classification 框中的 Classes 设置为 2，点击 Classify 按钮，调整灰度直方图上的分类界线，设置适当的分类值（Break Values），使需要矢量化的要素清晰并尽可能连续。

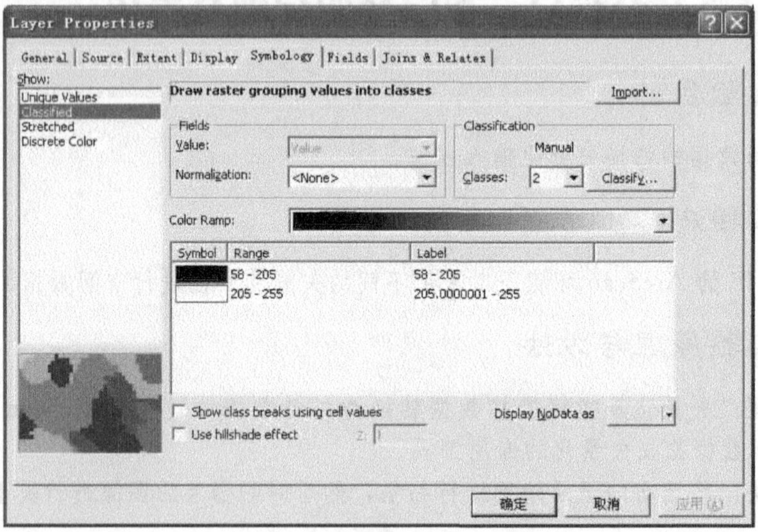

图 3.41　Layers Properties 对话框

(9) 打开 ArcScan 工具条（图 3.42）（若该工具条为灰色，还需要点击菜单 Tools→Extension，勾选 ArcScan 以启动该扩展功能）。

图 3.42　扫描矢量化工具条 ArcScan

(10) 对图像进行预处理：在 ArcScan 工具条上，点击 Raster Cleanup，在其下拉菜单中选择 Start Cleanup，并再次点击该菜单上的 Raster Painting Toolbar，打开 Raster Painting 工具条，对图像进行预处理（如清除噪声、连接断线等）（该工具处理的图像只能是 grid 或 img 格式，若是其他格式如 jpg 的图像，需要采用 ArcToolbox 中的转换工具 Raster To Other Format 将图像进行格式转换）。

(11) 矢量化环境设置：点击 ArcScan 工具条上 Vectorization，点击 Vectorization Setting，进行矢量化设置。

(12) 矢量化预览：Vectorization→Show preview，再次点击则取消预览。

(13) 将线图层设为编辑对象(Target),分别按以下方式对线要素(如等高线)进行矢量化,并比较各种方式之间的差异。①直接利用 Editor 工具条上的 Sketch Tool  进行屏幕矢量化(此时无需 ArcScan,可直接从第 7 步以后开始进行)。②全自动矢量化:ArcScan→Vectorization→Generate Features。③跟踪矢量化:ArcScan→Vectorization Trace 。④在选择的区域内进行矢量化:ArcScan→Generate Features Inside Area 。⑤两点之间矢量化:ArcScan→Vectorization Trace Between Points 。⑥对选定的对象进行矢量化:

。

(14) 保存矢量化后得到的数据:点击 Editor 工具条上的 Editor→Save Edits 或 Stop Editing 并保存。

(15) 在 ArcCatalog 中,浏览矢量化后产生的数据(必要时先关闭 ArcMap,然后点击 ArcCatalog 的菜单 View→Refresh,刷新数据所在的文件夹)。

实验九　空间数据编辑

一、实验目的

掌握常用的空间数据编辑方法。

二、实验内容

在 ArcGIS 的 ArcMap 环境下,采用 Editor 工具条上的各项工具对空间数据进行编辑。

三、实验原理与方法

实验原理:空间数据编辑是保证空间数据正确的重要工作。ArcMap 是 ArcGIS 用来进行地图输入与编辑的重要程序,而 Editor 工具条是 ArcMap 进行空间数据编辑的专用工具集。

实验方法:利用 ArcMap 中的 Editor 工具条,创建多个要素,并对其进行不同的编辑,掌握常用的空间数据编辑方法,然后对提供的数据进行拓扑查错,生成多边形并对多边形进行编辑。

四、实验设备与数据

(1) 实验设备:计算机。

(2) 主要软件:ArcGIS。

(3) 实验数据:采用随书光盘中提供的“实验 09”文件夹下的我国西北和西南各省(自治区、直辖市)的行政区划数据。

五、实验步骤

(1) 打开 ArcCatalog，浏览“实验 09”中的数据，并在该文件夹中新建一个 Shapefile 文件，类型选择 Polyline，可命名为“test”。

(2) 打开 ArcMap，加载“test”文件，打开 Editor 工具条（图 3.43），熟悉 Editor 工具条。

图 3.43　Editor 工具条

(3) 点击 Editor 工具条上的 Editor 按钮，点击 Start Editing 启动编辑任务，并设置编辑目标（Target）图层为 test，编辑任务设置为 Create New Feature。

(4) 点击 Editor 工具条上的草图工具按钮，然后在显示区中画任意一条曲线，双击或按 F2 结束草图，重复此操作添加更多的曲线。

(5) 点击草图工具按钮右侧的下拉按钮，选择其他各种草图工具进行草图的绘制。

(6) 点击编辑工具按钮，选择需要编辑的要素，点击 Task 下拉列表框，选择 Modify Feature（或直接双击需要编辑的要素）。

(7) 将鼠标指针移动到要素的节点上，按住左键移动节点以改变所选要素的形状，或右键点击并在弹出的菜单中进行以下操作。①Delete Vertex：删除节点；②Move 或 Move To：按坐标增量或坐标值移动节点；③Flip：改变线要素的方向；④Trim To Length：沿线方向对线进行剪切，保留指定的长度；⑤对草图进行任务管理：删除草图（Delete Sketch）、完成草图（Finish Sketch）、完成部分草图（Finish Part）；⑥Properties：在草图属性表中直接修改各点的坐标以修改草图。

(8) 点击编辑工具按钮，选择某一要素，分别点击 Editor 工具条上的 Split Tool、Rotate Tool、Attributes、Sketch Properties，对所选要素进行劈分、旋转，对属性数据和草图属性进行编辑。

(9) 点击 Task 下拉列表框，选择其他的编辑任务对要素进行编辑。

(10) 点击 Editor 按钮，选择下拉菜单中部的各种工具（如 Move、Divide、Merge 等）对要素进行编辑。

(11) 点击 Editor 按钮，选择 More Editing Tools→Advanced Editing，打开高级编辑工具条，采用该工具条上的各种工具（如 Extend Tool、Trim Tool 等）对要素进行编辑。

(12) 点击 Editor 按钮，选择 Snapping，设置捕捉环境：勾选 Test 图层的 Vertex、End，并在其下方的列表框中勾选 Edit Sketch。

(13) 点击草图工具按钮，在显示区中重新绘制草图，并将鼠标指针靠近其他要素的节点，将草图精确捕捉到其他要素上。

(14) 点击 Editor→Stop Editing，停止并保存编辑，关闭 ArcMap。

(15) 对“实验 09”中的中国西部数据进行拓扑查错并进行编辑，生成多边形。①在ArcCatalog 中，右键点击 China 内的 Province 要素数据集，点击 New→Topology，两次点击下一步，勾选 WestProvLine 图层，两次点击下一步，点击 Add Rule 按钮，在 Rule 框中选择 Must Not Have Dangles，点击 OK，点击下一步，点击 Finish，点击“是”，完成拓扑关系的建立。②预览拓扑错误（红点所示位置存在拓扑错误）。③启动 ArcMap，加载拓扑关系及其相联系的数据。④点击 Editor 工具条上的 Editor 按钮，启动编辑。⑤点击 Editor 按钮，点击 More Editing Tools→Topology，打开拓扑工具条。⑥检查各处拓扑错误，并采用前述编辑方法对错误之处进行修改，点击拓扑工具条上的验证按钮，确认错误都已修改。⑦停止并保存编辑，关闭 ArcMap。⑧在 ArcCatalog 中，右键点击 China 内的 Province，点击 New→Polygon Feature Class From Lines，选择 WestProvLine 图层，点击 OK，生成行政区多边形。

(16) 修改多边形。①启动 ArcMap，加载新生成的 Polygons，并启动编辑。②选择四川省所在的两个多边形，点击 Editor 工具条上的 Editor 按钮，选择 Merge，点击 OK 合并这两个多边形。③加载栅格数据 westprovince 置于 Polygons 图层之上，以该数据为基础将重庆市从四川省的多边形中切割出来，具体操作如下：先选择四川省所在的多边形，然后点击 Editor 工具条上的 Task 下拉列表框，选择 Cut Polygon Features，再点击草图工具，沿两地的边界线画一条曲线，双击结束，从而将重庆市的行政区切割出来。

实验十　属性数据输入

一、实验目的

掌握常用的属性数据输入方法。

二、实验内容

在 ArcGIS 的 ArcMap 环境下，将 Excel 表中的分省数据输入到属性表中，并根据属性值计算生成各省市的人口密度。

三、实验原理与方法

实验原理：地理要素的属性数据是空间数据的重要组成部分，这些数据可以采用逐要素输入法、条件输入法、外部表格连接法、计算法等方法进行输入。

实验方法：先采用逐要素输入法为各省级单位输入行政区划代码，再通过条件输入法，明确各省所属片区，然后采用外部表格连接法将 Excel 表中的人口数据输入，最后根据人口与面积计算出人口密度字段中的值。

四、实验设备与数据

(1) 实验设备：计算机。

(2) 主要软件：ArcGIS、Microsoft Excel 等。

(3) 实验数据：随书光盘中提供的“实验 10”文件夹下的相关数据，它包括西部各省（自治区、直辖市）的多边形矢量数据（westprovince）；分省的代码表（provincecode. xls)；各省人口数据表（provincepopu. xls)。

五、实验步骤

(1) 打开 ArcMap，添加西部省级行政区划多边形数据 westprovince 和人口数据 provincepopu. xls 中的 population 表。

(2) 右键单击 westprovince 图层，选择 Open Attribute Table，打开属性表（图 3. 44），在 Options 按钮的弹出菜单中选择 Add Field，首先添加一个短整型（Short Integer）字段，命名为“provcode”，用于存放各省的行政区域代码；其次添加一个长度为 2 的文本型（Text）字段，命名为 region，用于保存各省所属片区；然后再添加一个长整型（Long Integer）字段，命名为 population，用于保存各省的人口数量；最后再添加一个双精度（Double）字段，命名为 popdensity，用于保存各省人口密度。

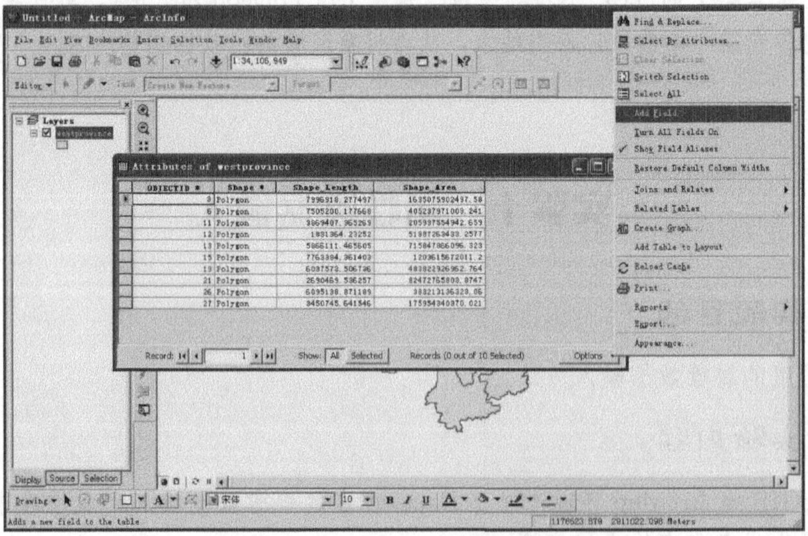

图 3. 44 属性表中字段的添加

(3) 点击 Editor 工具条上的 Editor→Start Editing，启动编辑，并根据分省的行政区划代码表（provincecode. xls），在属性表中逐个为西部各省的多边形添加行政区划代码于 provcode 字段之中。

(4) 点击菜单 Selection→Select By Attributes，打开按属性选择对话框，在其下方的文本框中输入选择条件［provcode］＞＝60，点击 OK。

(5) 右键点击 region 字段标题，点击 Field Calculator，打开字段计算器，在其下方的文本框中输入“"NW"”（NW 代表西北地区，其两侧需要使用引号），点击 OK。

(6) 重复第四步，将选择条件修改为［provcode］＜60；重复第五步，输入“"SW"”（SW 代表西南地区）。输入完毕后，点击菜单 Selection→Clear Selected Features 或点击 Tools 工具条上的 按钮，取消对要素的选择。

(7) 根据代码将西部各省的人口数据（provincepopu. xls）连接到属性表中：右键单击 westprovince 图层，选择 Joins and Relates→Joins，打开 Join Data 对话框，先选择 provcode 作为连接的依据，其次选择用来连接的表格 population，然后再选择该表格中用来连接的字段 code，点击 OK（图 3. 45）。

(8) 右键点击属性表中 westprovince. population 字段标题，点击 Field Calculator，打开字段计算器，在其左上方的列表框中直接双击 population. population 字段，点击 OK，将其中的数据复制到 westprovince 表中的 population 字段。

(9) 右键点击属性表中 westprovince. popdensity 字段标题，点击 Field Calculator，打开字段计算器，在其下方的文本框中输入［westprovince. population］/（［westprovince. Shape _ Area］/1 000 000)，点击 OK，即可计算出各省的人口密度（人/km^2）（图 3. 46）。

(10) 右键点击 westprovince 图层，点击 Joins and Relates→Remove Join(s) → population，移去数据连接，再次浏览其属性表，检查属性数据的输入情况。

(11) 为 westprovince 图层新建一个长度为 20 的文本型（Text）字段 ProvName，采用以上类似的方法，将 provincecode. xls 中的 name 表里的各省名称输入到该字段之中。

(12) 保存数据并停止编辑。

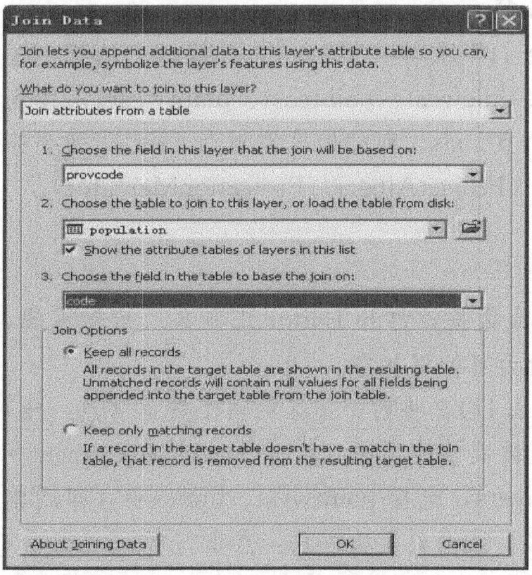

图 3. 45 Join Data 对话框

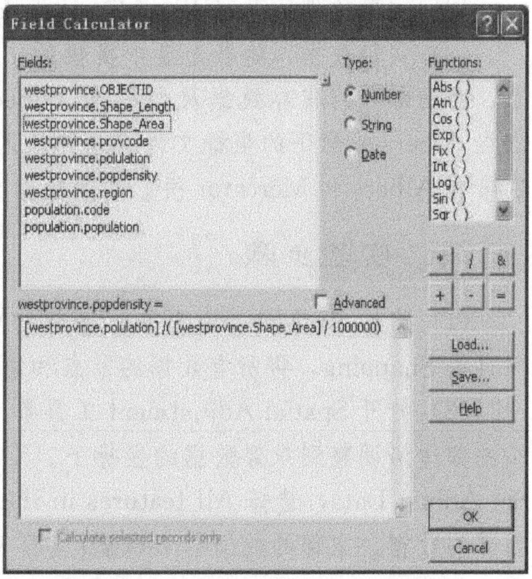

图 3. 46 Field Calculator 对话框

实验十一　空间坐标的转换

一、实验目的

掌握空间坐标调整与转换的方法。

二、实验内容

在 ArcGIS 中，将我国东、西部数据的坐标进行适当调整，将其合并成一个整体，并将合并后数据的坐标转换为 Albers 投影下的坐标，最后再将其转换为 Mercator 投影下的坐标。

三、实验原理与方法

实验原理：空间数据坐标的转换是空间数据处理的重要内容，是空间分析的基础；空间坐标的转换主要包括几何纠正和投影变换。

实验方法：利用 ArcGIS 的 Spatial Adjustment 工具、ArcToolbox 的 Data Management Tools 工具，进行空间数据坐标的调整与转换。

四、实验设备与数据

(1) 实验设备：计算机。

(2) 主要软件：ArcGIS、Microsoft Excel 等。

(3) 实验数据：随书光盘中提供的“实验 11”文件夹下的相关数据，它包括中国东、西两部分的省界数据及控制点（lineeast、linewest、pointeast、pointwest）；控制点在 Albers 投影下的坐标文件（东部地区控制点 . xls、西部地区控制点 . xls）；两个分别带有 Albers 和 Mercator 投影的无数据文件（ProjectAlbers、ProjectionMercator）。

五、实验步骤

(1) 启动 ArcMap，加载东、西部的点和线数据，打开 Editor 工具条，启动编辑，并点击 Snapping，将所有数据的节点和端点设为可捕捉状态。

(2) 打开 Spatial Adjustment 工具条（图 3. 47），将西部地区的两个数据（点、线）按中部边沿调整到东部数据的坐标下。①设置被调整的数据：点击 Spatial Adjustment→Set Adjust Data，选择 All features in these layers，选择 pointwest、linewest（即调整西部的数据，东部的数据暂不调整）（图 3. 48）。②设置调整方法：点击 Spatial Adjustment→Adjustment Methods→Transformation-Similarity。③点击位移连接按钮，捕捉西部线数据的端点，将其连接到东部线数据中的对应端点，重复以上过程建立至少四个连接关系。④点击 View Link Table 按钮，打开连接表（图 3.49），观察残差，若符合要求，进入下一步；若不符合要求，删除残差较大的连接，检查连接或重建新的连接，直至符合要求。⑤点击 Spatial Adjustment→Adjust，完成对西部数据的坐标调整。

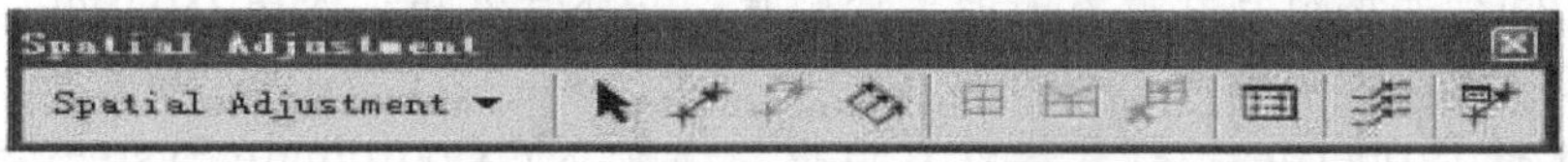

图 3.47　Spatial Adjustment 工具条

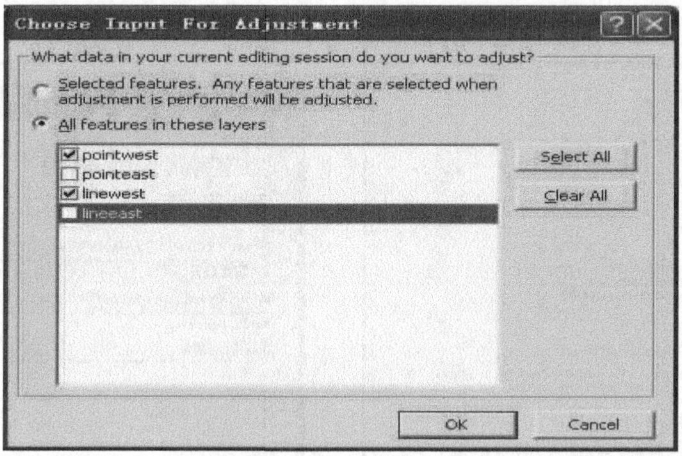

图 3.48　数据设置对话框

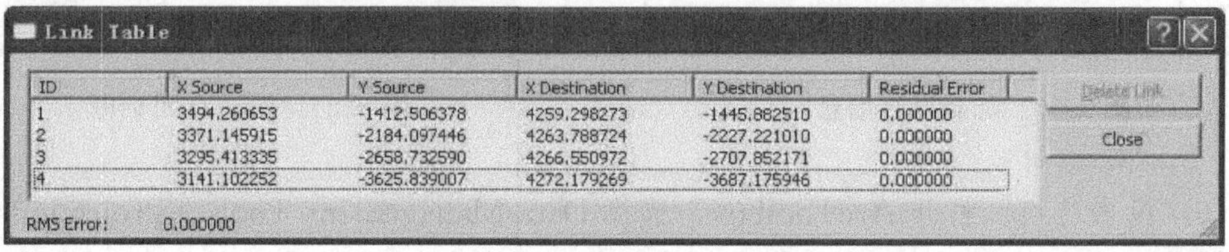

图 3.49　Link Table 对话框

(3) 将西部数据复制到东部数据中。①点击 Editor 工具条上的 Target 列表框，选择 pointeast，点击编辑工具按钮，选择西部地区的点要素（建议关闭其他数据的显示），依次点击标准工具条上的复制、粘贴按钮，将西部的点复制到东部点数据中。②同理，将西部的线数据复制到东部的线数据之中。

(4) 利用控制点及其在 Albers 投影下的坐标数据，将合并后的点、线数据文件进行坐标转换。①在 ArcMap 中关闭除 pointeast 外的其他图层。②点击位移连接按钮，捕捉各控制点，将其目标点暂时设定在任一位置。③点击 View Link Table 按钮，打开连接表，将东部地区控制点 . xls、西部地区控制点 . xls 两个文件中的坐标复制到连接表中对应位置的 X/Y Destination 列中。④检查残差，若符合要求，则进入下一步；若不符合要求，则需要检查连接是否正确，直至符合要求。⑤设置调整的数据为 pointeast、lineeast；设置调整方法为 Transformation-similarity；点击 Spatial Adjustment→Adjust，完成对合并后数据的坐标调整。⑥保存数据，关闭 ArcMap。

（5）为调整后的数据加载投影信息——定义投影。①在 ArcCatalog 中，右键点击 lineeast，选择 Properties，打开属性对话框，选择 XY Coordinate System 标签，点击 Import 按钮，选择“实验 11”文件夹中的 ProjectionAlbers 文件，点击 Add，点击确定（图 3. 50）。②同理，对 pointeast 定义投影。

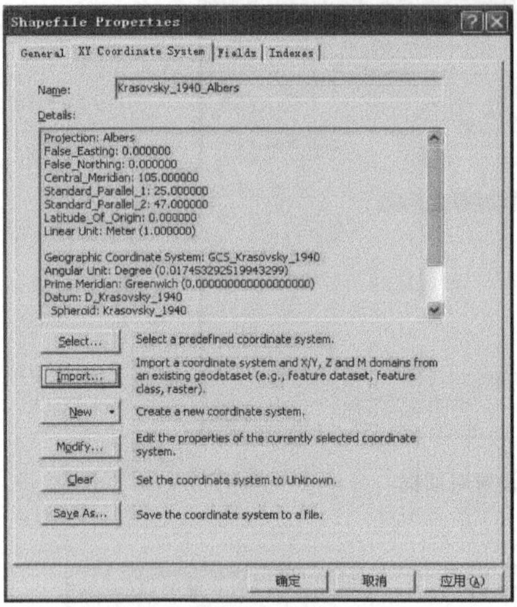

图 3. 50 加载投影信息

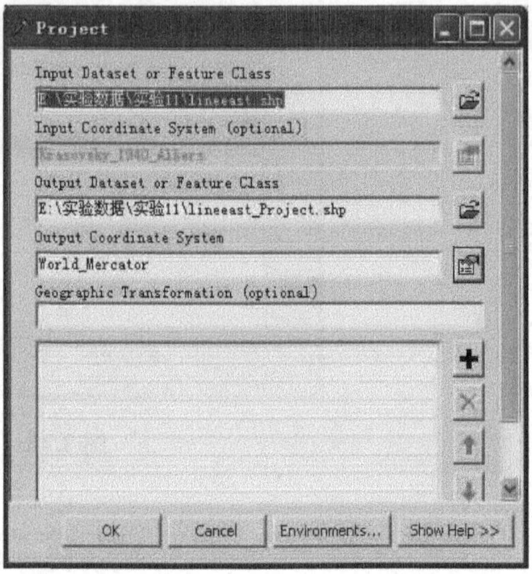

图 3. 51 Project 对话框

（6）投影转换。打开 ArcToolbox，选择 Data Management Tools→Projections and Transformations→Feature→Project（图 3. 51），并作如下设置：在 Input Dataset or Feature Class 里输入 lineeast. shp，点击 Output Coordinate System 文本框右边的按钮，点击 Import 按钮，选择“实验 11”文件夹中的 ProjectionMercator 文件，点击 Add，点击确定，点击 OK。

（7）数据比较。①在 ArcCatalog 中分别浏览具有 Albers 投影的 lineeast 数据和具有 Mercator 投影的 lineeast _ Project 数据，比较其形状的差异。②启动两个 ArcMap 窗口，分别加载以上两个数据，右键点击内容表中的 Layers→Properties→Grids→New Grid，全部采用默认设置，在布局窗口（Layout View）中进行浏览，比较其经纬网形状（图 3. 52）。③将两个数据加载到同一个 ArcMap 窗口中，比较其形状差异，理解 ArcGIS 的动态投影技术（On-the-Fly）。

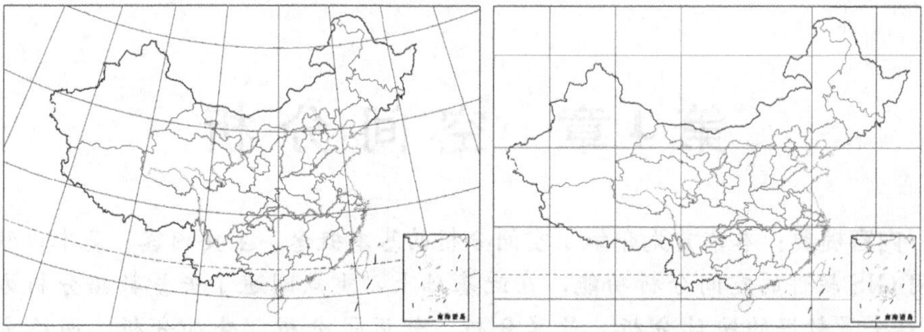

a. Albers投影　　b. Mercator投影

图 3.52　Albers 投影和 Mercator 投影

第 4 章　空 间 分 析

内容提要：本章首先介绍了空间分析的基本概念、主要内容、基本过程及常用 GIS 软件的空间分析功能，在此基础上，重点阐述了矢量数据分析方法（包括矢量数据的统计分析、量算分析、邻近性分析、叠加分析、网络分析等）、栅格数据分析方法（包括聚合与聚类分析、栅格叠加分析、简单表面分析、栅格统计分析、距离量测等）、DTM 与三维分析、空间分析建模等几个方面的内容。文中采用大量实例，并结合 ArcGIS 软件进行了具体的讲解。

4.1　空间分析概述

4.1.1　空 间 分 析

什么是空间分析？不同的学者对此有着不同的看法。例如，陈述彭等（1999）认为，空间分析是用模型等分析解释地理特征之间的相互关系及空间模式，它包括空间检索、空间拓扑叠加分析、空间模拟分析等三个不同层次；Haining 认为，空间分析是基于地理对象空间布局的地理数据分析技术（郭仁忠，2000）；黄杏元等（2001）认为，空间分析是基于空间数据的分析技术，它是以地学原理为依托，通过分析算法，从空间数据中获得有关地理对象的空间位置、空间分布、空间形态、空间形式、空间演变等信息；汤国安等（2007）认为，空间分析是从空间数据中获取有关地理对象的空间位置、分布、形态和演变等信息的分析技术；郭仁忠（2000）认为，空间分析是基于地理对象的位置和形态特征的空间数据分析技术，其目的在于提取和传输空间信息；陆守一（2004）认为，空间分析是借助计算机技术，利用特定的原理和算法，对空间数据进行操作、处理、分析、模拟、决策的功能；王劲峰（2006）认为，空间分析是指分析、模拟、预测和调控空间过程的一系列理论和技术。

尽管各位学者对空间分析的具体定义有所不同，但有一点是共同的，即空间分析是对空间信息的获取。事实上，空间分析就是对空间问题的求解，获取空间信息是解决空间问题的必要手段。现代意义的空间分析是指在计算机技术的支撑下，提取地理对象的位置、属性、关系等方面的信息，以支持特定的空间决策问题。

关于空间分析的起源与发展，也存在多种不同的看法。有人认为，自从地图产生以后就有了空间分析。因为人们在地图上进行的各种量测及相关分析，都是对空间问题的求解。也有人认为，空间分析源于地理学的计量革命，即在地理学中引入了数学方法以后产生的。还有人认为，空间分析是地理信息系统出现以后，即地理学的思想与方法同计算机技术相结合之后才出现并得到大量应用。从学科发展的角度，有人认为，统计学、几何学、统筹学、拓扑学等与地理学的结合，才催生并推动了空间分析的发展。而事实上，自从有了人类，空间分析就已经在不自觉的状态下产生了。例如，在原始社会，人们为了获取食物，需要解决食物在什么地方的问题（距离、方向、高低、时间），这其实就是空间分析。从以上这些认识中，我们不难发现，空间分析的发展历程，即从原始的空间问题求解，到地图的应用，到计量地理的出现，再到GIS的产生，空间分析逐渐发展和完善，并得到大量应用。

4.1.2　空间分析与地理信息系统

地理信息系统出现以后，迅速吸收了空间分析的方法和手段，将它们融入GIS软件之中，利用各种计算机技术，使传统的复杂的空间分析任务变得简单易行，并能方便的应用几何、逻辑、代数等运算，以及各种数理统计方法，更科学、高效地分析和解释地理特征间的相互关系及空间模式。于是，GIS为空间分析提供了良好的支撑平台，空间分析也因为有了GIS而得到更加广泛的应用。另一方面，空间分析为GIS提供了思想精髓，它使GIS从最初的计算机辅助制图阶段发展成真正的信息系统，使地图制图不再是GIS的主要功能，而空间分析功能成为GIS的核心功能。GIS正是因为有了空间分析功能才成为一种独特的信息系统。目前，空间分析功能的强弱已经成为衡量GIS软件产品性能的主要指标。

4.1.3　空间分析的主要内容

基于GIS的空间分析包括的内容很多，较为常用的有以下几种分析方法。

叠加分析：指将同一地区地理对象的图层在同一空间参照系下进行叠加，对多个数据图层进行逻辑运算，产生空间区域属性特征，建立空间对应关系。

邻近性分析：是GIS空间分析中重要的分析方法之一，就是对一个、一组或一类空间对象（点、线、面等实体）依据一定的缓冲区距离建立带状区的过程。其目的是便于为某项分析或决策提供依据，用以识别这些实体或主体的邻域所产生的辐射度或影响度。

网络分析：是优化网状事物（如地理网络、城市基础设施网络等）的建立、运行、资源分配、路径选择等操作的分析过程，且对它们的相关关系、内在关系进行地理分析和模型化。

统计分析：主要对空间数据进行分类、统计、综合评价，是探索地理信息最简单的方法之一，其中包括统计图表分析、描述统计分析、回归分析、趋势面分析等。

量算分析：是GIS的基本功能之一，同时也是进行其他高层次分析的基础。要了解一些空间特征的几何参数，如位置坐标、距离、长度、面积等，就需要使用GIS的量算分析功能。

此外，空间分析还包括空间查询与量算、三维空间分析、空间插值方法、聚合分析、地形分析、水文分析及其他应用分析模型等。随着对空间问题研究的不断深入，必定会有更多的空间分析内容出现。

4.1.4 空间分析的基本过程

空间分析的目的是解决某类与地理空间有关的问题。良好的空间分析过程设计将十分有利于问题的解决。尽管由于分析问题的不同，空间分析的过程有所差异，但其基本过程一般包括以下五个阶段。

1. 明确分析目标与方法

首先，要明确分析的目标，即通过空间分析所要解决的问题、要达到的预期结果。其次，需要弄清解决该问题的过程与方法，包括有哪些步骤、各个步骤中需要用到哪些分析方法、这些方法需要什么软硬件支撑、分析所用的数据是什么、各个阶段如何衔接等。

2. 准备空间数据

空间数据准备是空间分析的必备条件，它包括空间位置数据准备、属性数据准备等内容。前者包括空间几何数据的输入（如扫描矢量化）、编辑、处理（如坐标转换、裁切、拼接、多源数据融合）等，后者是指属性数据的输入与检校。在很多情况下，空间位置数据是现有的，而属性数据则需要在应用中添加。例如，在基于行政区的研究中，行政区的多边形数据往往是现成的，各行政单元的社会经济数据可能源于统计年鉴，需要在分析前进行属性的添加。

3. 进行空间分析操作

基于GIS软硬件系统，采用合适的方法对空间数据进行分析，获取相应的空间信息。必要时，可以建立相关的数学模型、图解模型进行模型分析。

4. 分析结果的解释与评价

对分析结果进行评价和解释，以确定运算结果是否符合原有要求、是否具有实际意义、是否与预期结果相符。如果分析的结果不能被接受，则需要分析产生问题的原因，是分析过程引起的，或是分析方法、分析数据等方面的不合理所致。必要时应返回前面的相应步骤，在补充适当的条件或调整相关数据与方法之后，重新进行分析操作。

5. 结果输出

对于最终的分析结果，往往需要以专题图或报表的形式输出。两种形式的输出对应不同的分析问题：专题图形式对于表达空间关系具有直观性、简明性、易懂性；而报表形式则可以用表格数据显示计算结果，并根据实际情况对最终的数据进行分析，检验其合理性。

4.1.5　常用地理信息系统软件的空间分析功能

国内外目前流行的 GIS 软件主要有 ArcGIS、MapInfo、MapGIS、SuperMap 等，这些 GIS 平台软件都具有空间分析功能，但强弱差别较大（表 4.1）。MapInfo 能生成各种专题地图，能够进行一些空间查询与量算分析，也具有较强的空间统计分析功能，如图表分析、主成分分析等，并能通过动态图层支持 GPS 数据，但因 MapInfo 不具备拓扑关系的数据结构，它的拓扑分析能力受到限制，网络分析的能力不足。MapGIS 具有较强的制图能力，提供了包括 DTM 分析、空间叠加分析等一系列空间分析功能，但网络分析、空间统计分类分析等方面相对较弱；SuperMap 能完成数据管理、地图编辑、拓扑处理、空间分析和三维建模等任务，具有较强的叠加分析、缓冲区分析、空间查询与量算分析、拓扑分析、邻近分析、复合分析等功能，与 MapGIS 类似，在网络分析、空间统计分类分析等方面稍有欠缺；ArcGIS 不仅能够满足数据库日益增长的多用户分布式数据管理，更可取的是它在叠加分析、网络分析、缓冲区分析、统计与量算分析等众多方面都具有很强的空间分析能力，能帮助用户轻松完成许多从低级到高级的空间分析，其空间处理的主要内容包括分析工具、数据管理、转换工具、空间分析工具（如缓冲区分析、叠加分析、网络分析、距离制图、表面分析、密度制图、统计分析、重分类、空间插值、创建统计表面、水文分析、地下水分析、多变量分析等）、3D 分析工具、地理编码工具、线性参考工具等。ArcGIS 强大而全面的空间分析能力，使它成为当前最受欢迎的 GIS 综合平台系统。图 1.10 是 ArcGIS 的空间处理与分析工具箱 ArcToolbox。

表 4.1　国内外常用 GIS 软件空间分析功能比较

名称	功能	ArcGIS	MapInfo	MapGIS	SuperMap
空间查询与量算	空间查询	强	较强	较强	较强
	空间量算	强	较强	较强	较强
缓冲区分析	点	更强	较强	较强	较强
	线/弧	更强	较强	较强	较强
	面/多边形	更强	较强	较强	较强
	加权	更强	较强	较强	较强
叠加分析	点与面	更强	较强	较强	较强
	线与面	更强	较强	较强	较强
	面与面	更强	较强	较强	较强
网络分析	最短路径	强		较弱	较弱
	网络属性值累积	强		较弱	较弱
	空间邻接搜索	强	较弱	较弱	较弱
	最近相邻搜索	强	较弱	较弱	较弱
	地址匹配	强	较弱	较弱	较弱

续表

名称	功能	ArcGIS	MapInfo	MapGIS	SuperMap
空间统计分类分析	统计图表分析	较强	较强	较弱	较弱
	主成分分析	较强	较强	较弱	较弱
	层次分析	较强	较强	较弱	较弱
	系统聚类分析	较强	较强	较弱	较弱
	判别分析	较强	较强	较弱	较弱
其他分析	拓扑分析	强		较强	较强
	邻近分析	更强		较强	较强
	复合分析	较弱		较弱	较强

资料来源：靳军和刘建忠，2004

4.2 矢量数据分析方法

大量应用研究表明，矢量数据分析一般不存在模式化的分析处理方法，其处理方法具有多样性和复杂性的特点。矢量数据分析的主要方法有统计分析、量算分析、邻近性分析、叠加分析、网络分析等。矢量数据空间分析充分利用矢量数据的数据量小、精度高等优点，广泛应用于解决土地利用变化监测、城市交通规划、地下管网设计、商业网点的布局、急救路线的选择等诸多领域的问题。

4.2.1 统 计 分 析

统计分析是 GIS 中最基本、最常用的分析方法。它主要采用数理统计中的相关技术和方法对空间数据进行统计和分析，从而对数据进行综合评价。以下主要介绍特征数统计方法和常用的数理统计方法。

1. 特征数统计方法

(1) 单项属性的常规统计

对矢量数据进行分析时，经常需要知道该数据中的要素数量，以及各项属性数据的极值、总和、平均值、标准差等统计信息，从而帮助人们了解该数据的相关特征。例如，从极值可以得到数据的值域，从而可以判断所输入的属性数据是否超过了取值范围；通过标准差的大小，从而可以判断数据的离散状况；通过平均值与标准差，利用数理统计中的“3 倍标准差原则”，从而可以判断哪些数据是在正常范围、哪些数据是在异常范围或特大异常范围之内。

在 ArcGIS 中，打开空间数据的属性表，右键点击数值型字段的标题，选择 Statistics，即可打开字段统计对话框，框中列出了该字段属性的各项统计信息，包括数量(Count)、最小值（Minimum)、最大值（Maximum)、总和（Sum)、平均值（Mean)、标准差（Standard Deviation），框中还显示出该字段的频数统计直方图，从中可以看出数据的分布状况。当需要浏览其他字段的属性统计值时，可点击对话框中 Field 下拉列表框，从中选择所需统计的字段（图 4.1）。

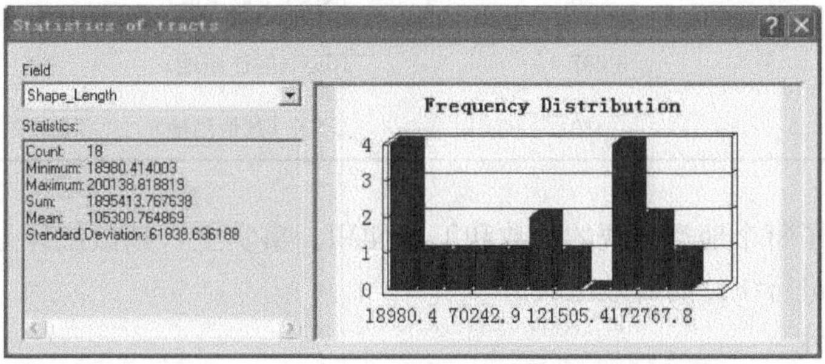

图 4.1　ArcGIS 属性字段统计对话框

（2）频数统计

一个数列或数组中某个变量出现或发生的次数称为频数。频数统计（Frequency Statistics）用于计算某一属性值或某几项属性的组合值出现的频数，并可对该频数下的各项属性进行汇总。例如，在土地征用过程中，需要统计征地范围内各村各类土地的面积，这时就可以将行政村和土地类型两个属性字段作为频数字段（Frequency Field），将面积字段作为汇总字段（Summary Field）进行频数统计，从而得到每一个村每个土地类型的面积。

以下以统计某地各类土地面积为例，简要介绍 ArcGIS 中进行频数统计的方法。

首先，在 ArcGIS 中打开 ArcToolbox，双击 AnalysisTools→Statistics→Frequency，启动频数统计工具（图 4.2）。

其次，输入被统计的表格（ArcGIS→ArcTutor→Map→airport. gdb→parcels），并指定输出统计表的位置与名称。

再次，选择反映土地类型的 LAND-USE 字段作为统计的频数字段，选择 Shape _ Area 字段作为面积汇总字段。

最后，点击 OK，输出统计表格（表 4.2）。

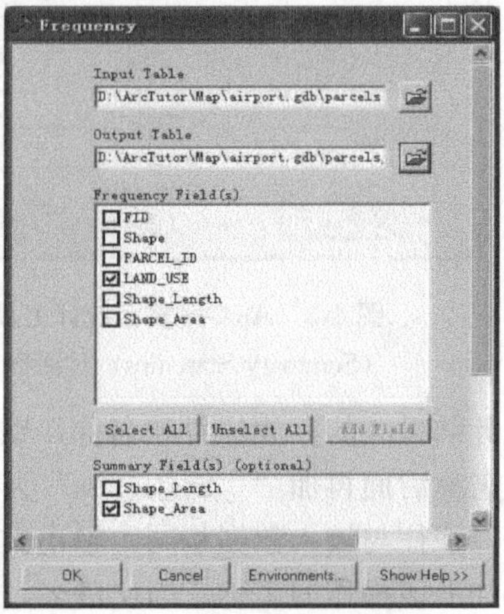

图 4.2　ArcGIS 频数统计工具（Frequency）对话框

表 4.2　不同土地利用类型的频数统计结果

标识码 (OBJECTID)	频数 (FREQUENCY)	土地利用类型 (LAND _ USE)	面积 (Shape _ Area)
1	840	AGR（农业用地）	412 851 335.38
2	59	COM（商业用地）	18 212 791.62

续表

标识码 (OBJECTID)	频数 (FREQUENCY)	土地利用类型 (LAND _ USE)	面积 (Shape _ Area)
3	30	IND（工业用地）	58 193 374.20
4	3 367	RES（居住用地）	80 926 418.49
5	230	UNK（其他用地）	24 756 281.95

表 4.2 反映了每个地类出现的次数和汇总面积。事实上，频数统计是 ArcGIS 中对后期空间分析数据进行统计的有效工具。

(3) 多元统计

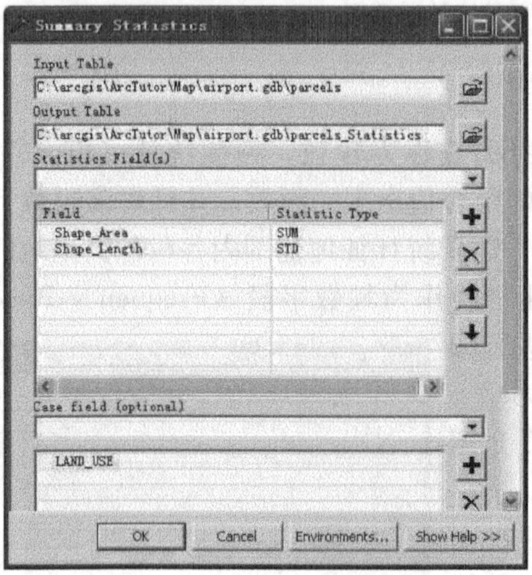

图 4.3　ArcGIS 多元统计工具 (Summary Statistics) 对话框

多元统计（Summary Statistics）研究客观事物中多个变量（或多个因素）之间相互依赖的统计规律性。多元统计可以按某一字段分类，统计各字段的各类统计值，包括最大值（Maximum）、最小值（Minimum）、汇总值（Summary）、平均值（Mean）、标准方差（Standard deviation，STD）等。

在 ArcGIS 9 中，多元统计工具的位置是 ArcToolbox→Analysis Tools→Statistics→Summary Statistics，启动多元统计工具，得到如图 4.3 所示的对话框。

在 Input Table 文本框中输入用于统计的表格（可以是文件扩展名为 xls 以及 dbf 等的表格）或者其他矢量要素的属性表。

在 Output Table 文本框中，设置频数统计结果表的存放位置和名称，默认的状态是放在与输入要素同一个路径下，以输入要素名称后面再加“_Statistics”为输出结果的文件名（在 ArcGIS 中，输出结果的默认路径往往与输入数据相同，输出文件的命名方式是在输入要素的名称加上下划线，后面再加上该操作的名称。当文件名过长时，系统会自动去除过长的部分，以后章节对此将不再特别提示）。

在 Statistics Field (s) 下拉列表框中，选择被统计的字段，然后在其下的列表框中选择各字段的统计类型（Statistic Type）。

Case field 是可选项，它表示是否要根据某个字段里面的不同类别来分类统计。

表 4.3 是对 ArcGIS 中自带数据 ArcTutor→Map→airport.gdb→parcels，采用 Summary Statistics 工具，统计各类土地图斑的面积之和、周长的标准差所得的结果。

表 4.3 不同土地利用类型的多元统计结果

标识码 (OBJECTID)	土地利用类型 (LAND_USE)	频数 (FREQUENCY)	汇总面积 (SUM_Shape_Area)	周长标准差 (STD_Shape_length)
1	AGR	840	412 851 335.38	2 761.74
2	COM	59	18 212 791.62	2 044.67
3	IND	30	58 193 374.20	7 359.11
4	RES	3 367	80 926 418.49	481.16
5	UNK	230	24 756 281.95	2 063.36

2. 常用的数理统计方法

(1) 相关分析与回归分析

地理系统中的各要素之间相互联系、相互影响和相互制约。为定量地研究它们之间的数量关系，常用相关分析和回归分析来确定它们之间的关系和性质，并概括成数学模型，进而作出地理预测。

地理相关分析一般是采用两个或多个地理要素的多个观测值，计算要素之间在空间上或时间上的相关系数，以反映其相关关系的密切程度。相关系数的绝对值越大，表示两个要素之间的相关程度越密切。为了判断所计算出的相关系数是否有意义，还需要进一步对相关系数作出显著性检验。在相关分析的基础上，可以采用回归分析（regression analysis）来确定两个或两个以上地理要素之间相互依赖的定量关系。回归分析的主要内容为：①从一组数据出发确定变量之间的定量关系式，即建立数学模型并估计其中的未知参数（常用最小二乘法）。②对关系式的可信程度进行检验。③在许多自变量共同影响着一个因变量的关系中，判断哪个（或哪些）自变量的影响是显著的，哪些自变量的影响是不显著的，将影响显著的自变量选入模型中，而剔除影响不显著的变量，通常用逐步回归、向前回归和向后回归等方法。④利用所求的关系式对某地理过程进行预测或控制。

回归分析的应用非常广泛，统计软件（如 SPSS）使各种回归分析变得十分方便。

(2) 主成分分析

地理问题往往涉及大量的自然和社会要素，众多的要素常常给模型的构建带来很大的困难，同时也增加了运算的复杂性。但由于地理变量中许多要素通常都是相互关联的，所以有必要在众多的要素中，提取重要的要素，减少不重要的信息，消除冗余信息，从而进行有效的分析研究。主成分分析（principal component analysis，PCA）是通过数理统计分析，寻找一个变换，将原来存在相关关系的一组变量变换成几个互不相关的变量，然后再根据新变量方差的大小及其在所有方差变量总和中所占的份额，剔除一些变量，即以损失少量信息为代价换取变量个数的减少，从而使分析变得简单可行。

(3) 层次分析

20 世纪 70 年代美国著名运筹学家 T. L. Saaty 提出层次分析（analytic hierarchy process，AHP），它是一种定性和定量相结合的、系统化和分层次的分析方法。其基本思想是先把复杂的问题按照其主次或支配关系分组而形成有序的递阶层次结构，然后根据对一定客观现实的判断，就每一层次的相对重要性给以定量的权重表示，再利用数学方法确定表达每一层中所有元素重要性的相对权值，最后通过对排序结果的分析来解决所考虑的问题。

例如，要从三个旅游胜地中选择一个目的地，需考虑每一个胜地的景色（B_1）、费用（B_2）、居住（B_3）、饮食（B_4）、旅途条件（B_5）等方面的因素。首先，建立层次结构模型，即目标层为选择旅游胜地，准则层为以上 5 个因素，方案层为三个地点。然后，构造成对比较矩阵。对准则层的 5 个因素，用成对比较法和 1～9 比较尺度构建成对比较矩阵（表 4.4）。类似地，对每一个因素，三个候选旅游点之间构建成对比较矩阵。其次，计算权向量并做一致性检验。对于每一个成对比较矩阵计算最大特征根及对应特征向量，利用一致性指标、随机一致性指标和一致性比率做一致性检验。若检验通过，特征向量（归一化后）即为权向量（表 4.4 中的 W_i 为准则层中各因素的权向量）；若不通过，需重新构建成对比较矩阵。最后，计算组合权向量并做组合一致性检验。计算方案层（三个地点）对目标的组合权向量，并根据公式做组合一致性检验，若检验通过，则可按照组合权向量表示的结果确定哪一个地点为最佳旅游地，否则需要重新考虑模型或重新构造那些一致性比率较大的成对比较矩阵。

表 4.4　旅游胜地选择的判断矩阵

A	B1	B2	B3	B4	B5	W_i
B1	1	2	7	5	5	0.4567
B2	1/2	1	4	3	3	0.2626
B3	1/7	1/4	1	1/2	1/3	0.0508
B4	1/5	1/3	2	1	1	0.1035
B5	1/5	1/3	3	1	1	0.1264

(4) 聚类分析

聚类分析是根据地理事物的属性或特征的相似性和差异性，用数学方法逐步将性质相似度大的个体聚为一类，将性质差别度较大的归入各个不同的类别，直到把所有的类别聚合起来，形成一个能反映个体之间亲疏关系的分类系统（或称谱系图）。根据这一系统，可以将众多的个体进行不同的类别划分。聚类分析事先并不知道研究对象应分为几类，也不清楚观测到的个体的具体分类情况，属于非监督模式识别的一个重要分支，其目的是通过对观测数据的分析处理，选定一种能反映个体之间亲疏度的量，得出一张完整的分类系统图，并按接近度对观测个体给出合理的分类。

(5) 判别分析

判别分析是根据地理对象的数量特征判断其类型归属的一种统计方法。它与聚类分析同属分类问题，但所不同的是，判别分析是监督模式识别的一个重要分支，预先有一个明确的分类标准，再将待分类的样本进行判断，来确定这些样本应该归属于哪个类别。例如，在土地适宜性评价中，根据预先建立的土地适宜性评价系统（评价准则）及各地块的指标，即可判断各地块属于哪种土地适宜类型、质量等级和土地限制类型。

4.2.2 量算分析

空间量算分析是 GIS 最基本的分析功能之一，也是进行其他空间分析的基础。要了解一些空间特征的几何参数，如位置坐标、距离、长度、面积、形状、重心等，往往需要使用 GIS 的量算分析功能。

1. 几何量算

对于点状目标，主要是对点的坐标，点与点之间距离和方向的量算。任意给定两点 A（x_A，y_A）、B（x_B，y_B），要量算其距离，只需要根据其坐标即可计算两点之间的距离，即

$$D_{AB}=\sqrt{(x_B-x_A)^2+(y_B-y_A)^2} \tag{4.1}$$

在 ArcGIS 中，要实现点之间的距离量算，通常有两种方法。

其一，在 ArcMap 中，使用 Tools 工具条中的 Measure 工具（图 4.4），可以直观地量算图中一个点到另一个点的距离（该工具还可量算面积或直接对要素进行量算）。

图 4.4 ArcMap 中的 Tools 工具条

其二，在 ArcToolbox 工具箱中，采用点距量算工具（ArcToolbox→Analysis tools→Proximity→Point Distance）。该工具可以计算一个要素中各点至另一个邻近要素中各点之间的距离。图 4.5 是以 ArcGIS 中自带数据（ArcTutor→Geostatistics→ca _ NO2 _ pts. shp）为例，计算一个要素中各点之间（输入要素与邻近要素是同一个数据）的距离关系。

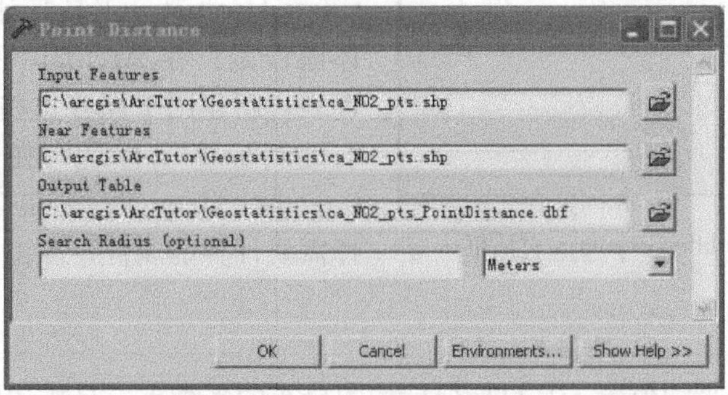

图 4.5 点距离量算工具（Point Distance）对话框

此外，在 ArcGIS 9 中，还有一个最近距离分析工具 Near（ArcToolbox→Analysis tools→Proximity→Near），它可以用来计算各点至其最近的点或线的距离、位置及角

度。例如，计算学校至最近街道或最近车站的距离。

两点方向的量算，可以采用两点的坐标，通过式（4.2）计算两点连线与 x 坐标轴夹角而得到

$$\theta = \arctan\left(\frac{y_B - y_A}{x_B - x_A}\right)(x_B \neq x_A) \tag{4.2}$$

对于线状目标：主要涉及的量算指标有长度、曲率、方向等。其中，长度或者周长的量算公式为

$$l = \sum_{i=0}^{n-1}\sqrt{(x_{i+1} - x_i)^2 + (y_{i+1} - y_i)^2} = \sum_{i=1}^{n} l_i \tag{4.3}$$

而对于点（x_0，y_0）到直线 $Ax+By+C=0$ 之间的欧氏距离的量算公式为

$$D = \sqrt{\frac{|Ax_0 + By_0 + C|}{A^2 + B^2}} \tag{4.4}$$

对多边形目标，其面积量算公式为

$$S = \frac{1}{2}\left|\sum_{i=1}^{n-1}(x_i y_{i+1} - x_{i+1} y_i) + (x_n y_1 - x_1 y_n)\right| \tag{4.5}$$

对于体状目标：通常的量算主要有表面积和体积的量算，表面积的计算与空间曲面拟合的方法以及实际使用的数据结构（规则格网或者三角形不规则格网）有关。曲面表面积为分块曲面表面积之和，体积即是各微分块的体积之和（基于矢量数据的表面积和体积的量算较为复杂，采用栅格数据来处理此问题更为有效）。

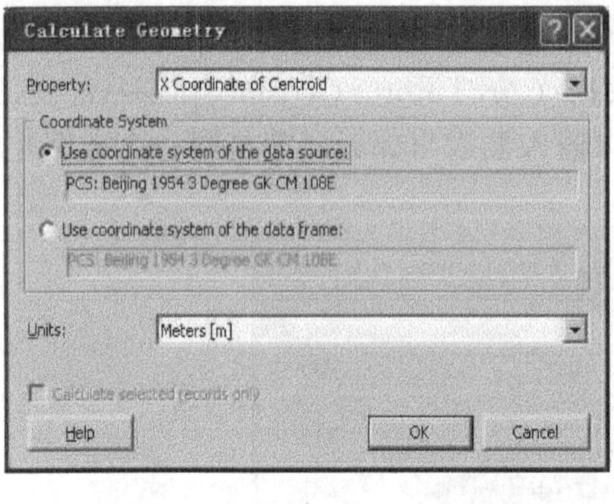

图 4.6　Calculate Geometry 对话框

在 ArcGIS 中，点的坐标，线的长度、起点坐标、终点坐标、质心坐标，多边形的面积、周长和质心坐标，可以通过 Calculate Geometry 工具来计算（图 4.6）。具体操作是：在 ArcMap 中，打开数据的属性表，新建用于保存这些几何变量的字段，右键点击字段标题，在弹出菜单中选择 Calculate Geometry，在打开的对话框中选择需要计算的属性，点击 OK 完成计算。

2. 质心量算

质心是目标的平均位置，是目标保持均匀分布的平衡点，是描述地理目标空间分布最常用的单一量算要素。质心量算的目的是求取目标的质心位置，用于跟踪某些地理事象的变化，如人口的迁移、土地利用布局的空间变化等（陈述彭等，1999）。

质心的计算常采用以下公式，通过对目标坐标值加权平均求得，即

$$X_G = \frac{\sum_{i=1}^{n} W_i X_i}{\sum_{i=1}^{n} W_i}, \quad Y_G = \frac{\sum_{i=1}^{n} W_i Y_i}{\sum_{i=1}^{n} W_i} \tag{4.6}$$

式中：X_G、Y_G 为质心坐标；X_i、Y_i 为第 i 个离散目标的坐标；W_i 为第 i 个目标的权重。例如，要反映某地区耕地的空间分布变化格局，可以用该区域所有的耕地图斑为计算对象，分别求取各图斑的质心，以各图斑的面积作为权重，采用式（4.6）即可计算出该区域耕地整体的质心位置。

实例：要研究某地的城市空间扩展变化，选取了 1988 年、2001 年、2006 年该地城市建设用地数据（图 4.7），并将其加载到 ArcMap 中。打开其属性表，添加"X 质心，Y 质心"两个字段，在"X 质心"字段上右键点击并选择 Calculate Geometry，打开对话框（图 4.6）。在 Property（属性）下拉列表框中，选择 X Coordinate of Centroid，其余选择默认值，点击 OK，则计算出每个多边形质心的 X 坐标，同理可以计算出每个多边形质心的 Y 坐标。根据各年建设用地多边形生成各年的质心，采用 Point Distance 或 Near 等工具计算质心点之间的距离及方向，从而可以分析城市扩张的方向与速度。图 4.7 中的五角星表示各年城市建设用地质心。从图中可以看出，该城市主要往西北方向扩展且近年的扩展速度加快。

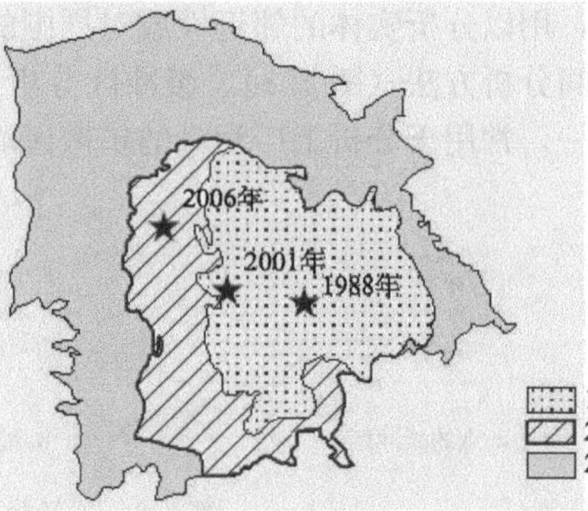

图 4.7 某地城市建设用地及其质心变化

若要计算一个数据集中各类要素的质心坐标，首先需要采用 Calculate Geometry 计算出单个要素的质心，然后通过字段计算器（Field Calculator）计算坐标的加权值［即式（4.6）中的 W_iX_i 和 W_iY_i］，再通过频数统计工具对权重及坐标的加权值进行分类求和［即式（4.6）中的分子和分母］，最后采用式（4.6）即可计算各类要素的质心坐标。通过 ArcMap 菜单 Tools→Add XY Data，可以将质心显示出来。

3. 形状量算

线状地物和面状地物的形状是复杂多变的。对于线状地物，一般用伸长度系数 q 来分析其形状特征。$q = \frac{L}{D}$，式中：L 为线的弧段总长度，D 为线的起点到终点的直线距离。由公式可知，$q \geqslant 1$，q 越大，线的形状越复杂。

对于面状目标的形状，一般用形状系数来度量，即

$$R = \frac{P}{2\sqrt{\pi} \cdot \sqrt{A}} \tag{4.7}$$

式中：P 为周长；A 为面积。R 越小，目标物越紧凑，$R=1$ 时，目标物为一个标准圆；

R 较大时，目标物为膨胀型。该系数可以用于分析地理事象的发展状况，如城市发展所处阶段的分析。

4.2.3　邻近性分析

1. 缓冲区分析

(1) 概念

缓冲区分析是指以点、线、面实体为基础，在其周围建立一定宽度范围内的缓冲区多边形，用以分析实体的邻近性或对周围的影响，从而实现空间数据在水平方向得以扩展的空间分析方法（图 4.8）。缓冲区分析是地理信息系统最重要和最基本的空间分析功能之一，常用于分析工厂污染的扩散区域、道路噪声影响范围等空间邻近性问题。

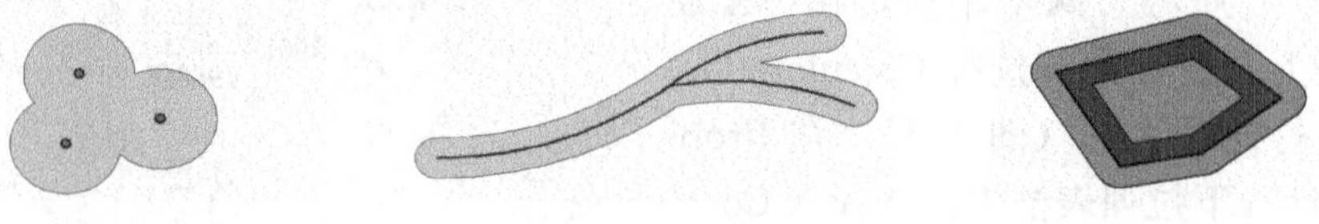

a. 点的缓冲区　　b. 线的缓冲区　　c. 面的缓冲区

图 4.8　矢量数据的缓冲区示意图

(2) 建立缓冲区的算法

建立缓冲区的实质是对点、线、面进行距离扩展，最常见的算法是中心线扩张法，即以中心轴线为核心作平行曲线，生成缓冲区边线，对生成的边线进行求交、合并操作，最终生成缓冲区边界。要实现中心线扩张，可以采用以下两种方法（邬伦等，2001）。

角平分线法：在线的两边按一定距离作平行线，在线的端点处以缓冲距为半径作半圆相连（图 4.9）。该方法的缺陷主要有三个方面：一是难以保证在尖角处缓冲区左右边线等宽；二是校正过程复杂，主要体现在轴线折角很大和很小时的情况；三是算法模型复杂，主要是因为几何生成过程中需要处理较多的异常。

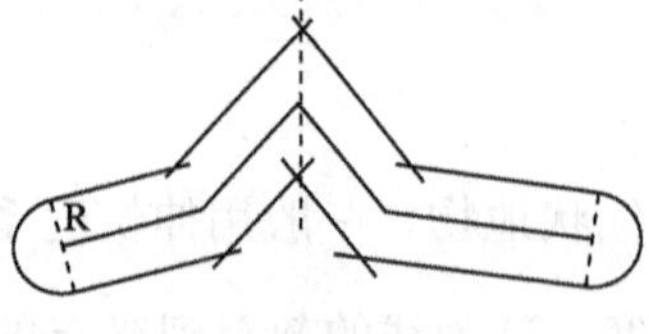

图 4.9　角平分线法建缓冲区

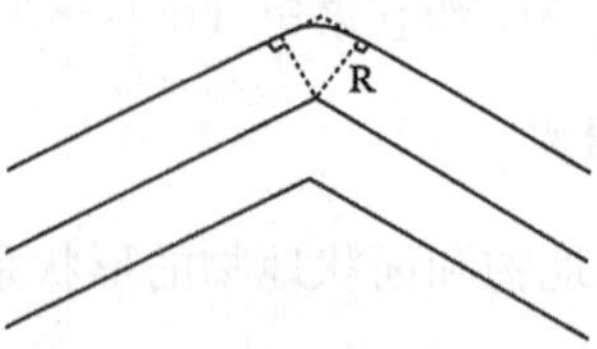

图 4.10　凸角圆弧法建缓冲区

凸角圆弧法：先求出线在拐点处的凹凸性，凹侧用角平分线法建立缓冲区，凸侧以端点为原点，缓冲距为半径作圆，与两条平行线相交后用圆弧代替相交直线，以防角平分线法中出现尖角（图 4.10）。其具体的实施步骤是：首先，进行直线性判断，判断相邻三点是否在同一直线上；其次，进行折点凸凹性判断，确定转角的地方哪侧使用直线求交，哪侧使用圆弧连接；再次，将凸点圆弧嵌入，即将转角外侧形成的圆弧和两边的线段相连；再次，对边线关系进行判别与处理，岛屿多边形参与缓冲区边界的构成，重叠多边形不参与缓冲区边界的构成；最后，将重叠区域进行合并，绘制外围的边线，包括岛屿多边形的轮廓，形成最终的缓冲区边界。

(3) 缓冲区的不同形式

点要素的缓冲区：它是以点要素为圆心，以缓冲距为半径的圆。它包括单个点要素、多个点要素和分级点要素形成的缓冲区等（图 4.11）。

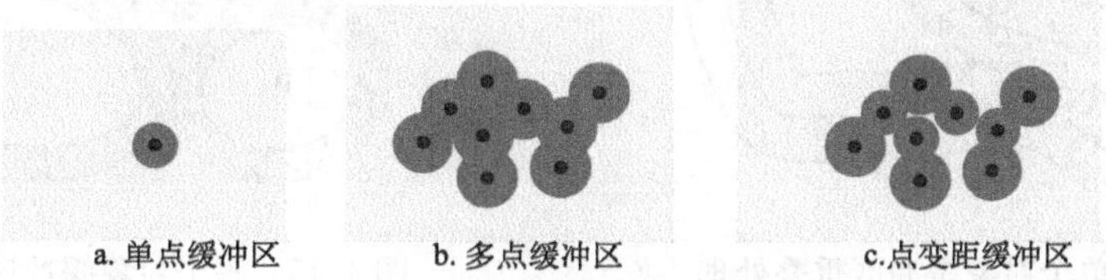

图 4.11　点的不同类型缓冲区

线要素的缓冲区：它是以线要素为轴线，以缓冲距为平移量向两侧（或一侧）做平行曲线，在轴线两端以平角或半圆弧封闭形成缓冲区。它包括单线要素、多线要素和变距线要素形成的缓冲区（图 4.12）。

图 4.12　线的不同类型缓冲区

面要素的缓冲区：它是以面要素的边界为轴线，以缓冲距为平移量向边界线里侧或外侧做平行曲（折）线所形成的多边形。它包括单一面要素、多个面要素及分级面要素所形成的缓冲区（图 4.13）。

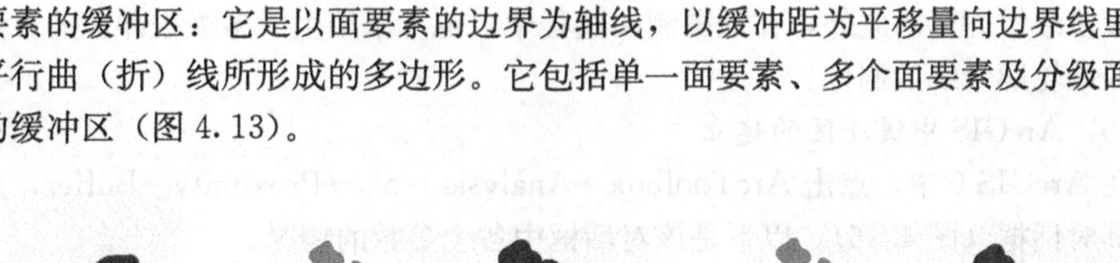

图 4.13　面的不同类型缓冲区

(4) 几个特殊问题的处理

1）缓冲区重叠问题的处理。对于单个对象缓冲区的重叠，可通过缓冲区边界曲线逐条求交，记录两条线段的交点，并从该点打断曲线。如果打断的曲线落在缓冲区域内则删除，落在缓冲区外则保留，从而可以得到包含岛的缓冲区。如图 4.14 所示，对原始弧线 a 做缓冲区处理，生成缓冲区边界曲线，求交后在 A、B 点打断，得到了弧段 b、c、d、e，其中弧段 b 和 c（虚线部分）落在缓冲区内，因而要予以删除，而弧段 d、e 落在缓冲区外，则予以保留。

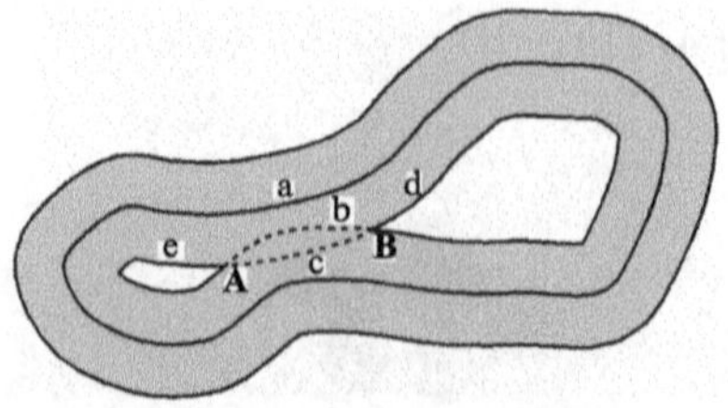

图 4.14　单个对象缓冲区重叠处理

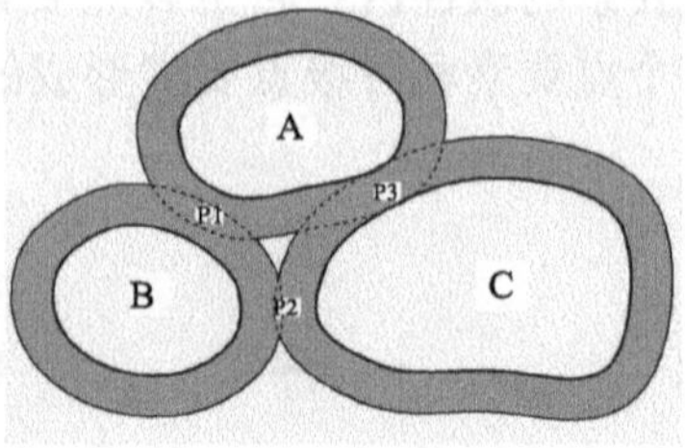

图 4.15　多个对象缓冲区重叠处理

对于多个对象的缓冲区之间的重叠，可以通过拓扑关系的建立，求得落在其中某个缓冲区内部的那些线段或弧段并删除，连通缓冲区即可得到最终的结果。如图 4.15 所示，对 A、B、C 三个对象生成缓冲区时有重叠区 P1、P2、P3，删除落在缓冲区中的边界线（虚线部分），连通缓冲区即可。

2）变距缓冲区的实现。在现实生活中，经常要对不同级别的同类要素做缓冲区分析，也就是对各级别的要素采用相对应的缓冲距来建立缓冲区。例如，对某条道路不同地段的噪声影响评价时，由于不同地段的车流量以及防噪设施不同，因此，可以建立反映该道路不同地段车流量和防噪设施综合影响的属性字段，计算该字段中的值，并据此生成不同距离的缓冲区。

3）多级缓冲区问题。在某些分析应用中，有时需要对同一目标生成多个缓冲区，特别是在分析某一现象随距离衰减的变化时，例如，分析生活型道路两侧的等地价区域、交通型道路两侧的等噪声区域、垃圾填埋场等污染区，就需要根据影响程度的不同来生成多级缓冲区。此外，在地图制图过程中，也常采用生成多级缓冲区的方法来实现研究区域轮廓晕线的制作。

（5）ArcGIS 中缓冲区的建立

在 ArcGIS 9 中，点击 ArcToolbox→Analysis tools→Proximity→Buffer，启动缓冲区工具对话框（图 4.16）。以下是该对话框中各个参数的情况。

1）必选参数。Input Features（输入要素）：输入需要生成缓冲区的要素，它可以是点数据、线数据或多边形数据。

Output Feature Class（输出要素）：设定输出缓冲区的路径和文件名，往往可以采用默认值。

Distance（缓冲距）：设定缓冲距离大小，有两种方式：一是选择 Linear unit，直接输入一个距离值，该方式用于生成固定距离缓冲区；二是选择 Field，指定一个属性字段，各要素的缓冲距离将源于输入要素属性表中该字段值（变距缓冲区）。

2）可选参数。Side Type（缓冲区两侧类型）：默认是 Full，表示对输入要素两侧都要做缓冲区，而 Left、Right 表示对输入要素做向左或向右的单边缓冲区。该选项对点数据不可用。

End Type（末端处理）：有 Round 和 Flat 两个选项，其中 Round 是默认选项，表示对末端进行圆滑处理（图 4.8）。Flat 表示末端是为直角。该选项对点数据不可用。

Dissolve Type（缓冲区重叠融合处理）：默认情况下是 None，即对重叠的区域不进行合并处理；选择 All 对所有的重叠区域均进行融合；选择 List，则按其下列表框中所选择的字段 [Dissolve Field(s)] 分类进行合并。该工具对点、线、面数据都可用。

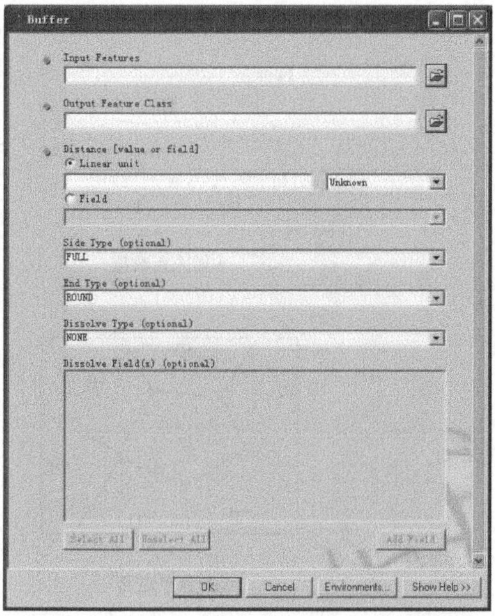

图 4.16　缓冲区工具（Buffer）对话框

2. 泰森多边形分析

(1) 泰森多边形的建立

泰森多边形（Thiessen Polygon）是荷兰气候学家 A. H. Thiessen 在研究降水的区域分布时，提出的一种根据离散点（气象站）的位置构建多边形区域的方法。泰森多边形有时也称为沃洛诺依多边形（Voronoi Polygon）。

建立泰森多边形主要有两个步骤。

1）用离散点构建满足 Delaunay（狄洛尼）准则的不规则三角网，也称 Delaunay 三角网（图 4.17）（Delaunay 准则详见本章 4.4.1 节中的相关内容）。

2）对 Delaunay 三角网中的每一边作中垂线，相邻中垂线相交所围成的区域即是泰森多边形。也可以通过计算 Delaunay 三角网中每一个三角形的外接圆圆心，连接这些相邻三角形的外接圆圆心，得到泰森多边形（图 4.17）。

泰森多边形建立后也生成了这些多边形之间的拓扑关系，离散点可以用作泰森多边形的标签点，或者说将离散点的相关属性信息赋予泰森多边形。

(2) 泰森多边形的特性

泰森多边形具有三个基本特性。

1）每个泰森多边形内仅含有一个离散点数据；

2）泰森多边形内的点到相应离散点的距离最近；

3）位于泰森多边形边上的点到其两边的离散点的距离相等。

(3) 泰森多边形的应用

泰森多边形可用于邻近分析、统计分析、定性分析等。例如，可以用离散点的性质

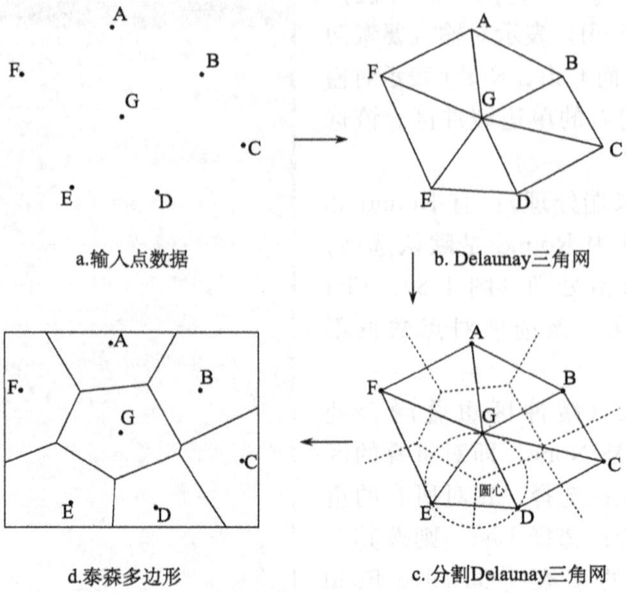

图 4.17　泰森多边形的建立

来描述泰森多边形区域的性质；可用离散点的数据计算泰森多边形区域的数据；判断一个离散点与其他哪些离散点相邻时，可根据泰森多边形直接得出，且若泰森多边形是 n 边形，则就与 n 个离散点相邻；当某一数据点落入某一泰森多边形中时，它与相应的离散点最邻近，无需计算距离。

(4) ArcGIS 中泰森多边形的创建

在 ArcGIS 9 中，泰森多边形的创建非常简单：首先，双击工具 ArcToolbox→Analysis tools→Proximity→Create Thiessen Polygons，打开如图 4.18 所示的对话框；其次，在 Input Features 文本框中输入用来生成泰森多边形的要素（一般是点数据），并设定输出要素的路径和名称（可以采用默认值）；再次，通过设定输出的字段确定输入要素中的哪些属性将被传递至输出的泰森多边形中；最后，点击 OK 完成创建。

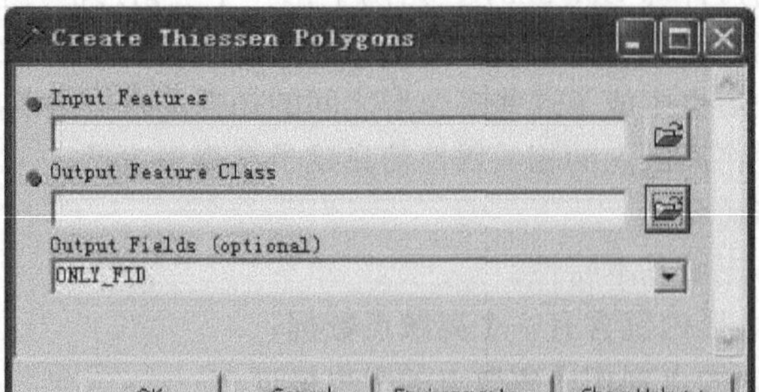

图 4.18　创建泰森多边形（Create Thiessen Polygons）对话框

4.2.4 叠加分析

叠加分析（overlay analysis）是指在统一的空间坐标系统下，将同一区域的两个或两个以上空间要素图层进行叠加，产生新的空间图形，获得新的属性信息（图 4.19）。矢量数据的叠加分析至少要有一个图层是多边形图层来作为基本图层，其他的图层可以是点、线、面要素层，用来作为输入层。

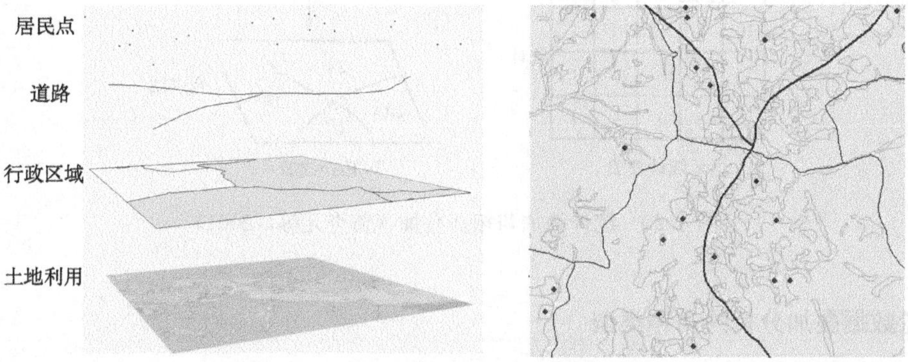

图 4.19 点、线、面图层矢量叠加示意图

1. 矢量数据叠加的两种方式

（1）*统计叠加*

为了统计一种要素在另一种要素的某个区域多边形内的分布状况和数量特征，常用统计叠加的方法来实现，这样做的好处是不对叠加图件做分割和合并等空间关系的操作，既保持原来数据的完整性又能得到目标的统计结果数据（图 4.20a）。例如，将一个区域的行政区划图与该区域的土地利用图进行统计叠加就可以计算出每个行政区内的各类土地面积。

（2）*拓扑叠加*

要素的拓扑叠加是对被叠加图层进行全面的空间叠加分析（图 4.20b）。与统计叠加不同的是，要素的拓扑叠加需要对叠加图层进行分割合并等操作，目的是通过对区域多重属性的模拟，寻找和确定同时具有几种地理属性的分布区域，对叠加后产生的具有不同属性级的多边形进行重新分类或分级。例如，为找出适宜种植某种经济作物的区域，就需要将该区域的积温图、降水量分布图及坡度图、土壤分布图等进行叠加，最后找出适宜该种经济作物种植的区域。又如，为反映某地土地利用的动态变化情况，可以将前后两个时期的土地利用多边形数据进行叠加，通过比较叠加生成的多边形中前后土地类型是否一致，即可判断该地块是否发生用途转变。

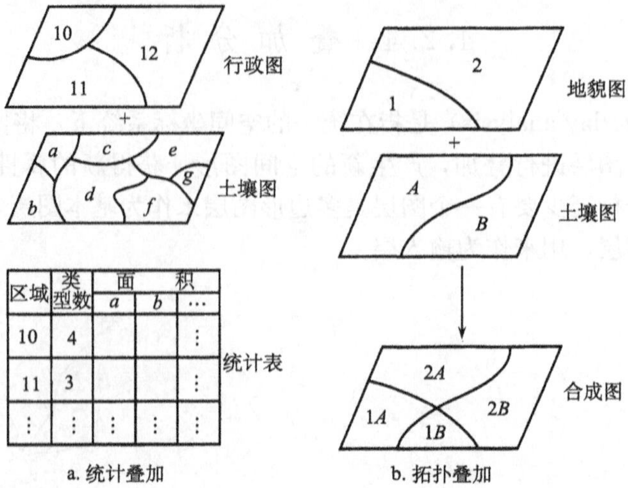

图 4.20　统计叠加与拓扑叠加（黄杏元等，2001）

2. 矢量数据叠加分析的几种类型

由于矢量数据叠加至少有一个多边形作为基本图层，其他点、线、面要素作为输入层，因而，矢量数据的叠加类型包括点与多边形的叠加、线与多边形的叠加、多边形之间的叠加。

(1) *点与多边形的叠加*

点层与多边形面层的叠加，将生成一个新的点图层。这种叠加的实质就是确定要素之间的包含关系，同时新生成的要素也获得了多边形的某些或者全部的属性，它可以用于确定一个点要素层中各点的归属问题。如图 4.21 所示，要确定某个城市属于哪个行政区或者某一行政区包含哪些城市，可以将城市数据（点）与行政区数据（多边形）叠加，然后再对叠加后数据的属性表进行统计即可得到所需结果。如图 4.22 所示，图 4.22a 表示叠加前城市的名称；图 4.22b 表示叠加前各行政区的名称；图 4.22c 表示叠加后按城市名称排序的属性表，通过该表可以很快确定各城市位于哪个行政区之中（如城市 A 位于兴隆县境内）；图 4.22d 是叠加后按行政区名称排序的属性表，通过该表可以知道各行政区有哪些城市（如兴隆县境内有三个城市，分别是 Q、P、A）。

图 4.21　点与多边形的叠加

(2) *线与多边形的叠加*

将一个线数据层与一个多边形数据层叠加，需要进行线段与多边形空间关系的判

a.

城市名称
A
B
C
D
E
F
G
H
I
J
K
O
P
Q
R
S

b.

行政区
兴隆县
大观县
南平县
铭隆县
土溪县
水江县
合溪县
吉龙县

c.

城市名称	行政区
A	兴隆县
B	南平县
C	土溪县
D	铭隆县
E	大观县
F	水江县
G	合溪县
H	合溪县
I	水江县
J	铭隆县
K	土溪县
O	大观县
P	兴隆县
Q	兴隆县
R	南平县
S	大观县

d.

城市名称	行政区
Q	兴隆县
P	兴隆县
A	兴隆县
K	土溪县
C	土溪县
I	水江县
F	水江县
B	南平县
R	南平县
G	合溪县
H	合溪县
J	铭隆县
D	铭隆县
E	大观县
S	大观县
O	大观县

图 4.22 点与多边形叠加前后的数据属性表

断。通过比较线上的点坐标与多边形坐标的关系，判断线段是否落在多边形内。对于跨越多个多边形的，需要在边界处对线进行剪切，使得被剪切的线段落入相应的多边形内，同时也获得了包含该线段的多边形属性。如图 4.23 所示，将河流（线图层）与行政区（多边形图层）叠加，河流在行政区边界处被切断（图中的圆点处），切断之后各河段就继承了多边形的属性信息（图 4.24），因此可以确定各行政区内河流的长度，进而计算各行政区的河网密度（区内河流总长度/该区面积）。

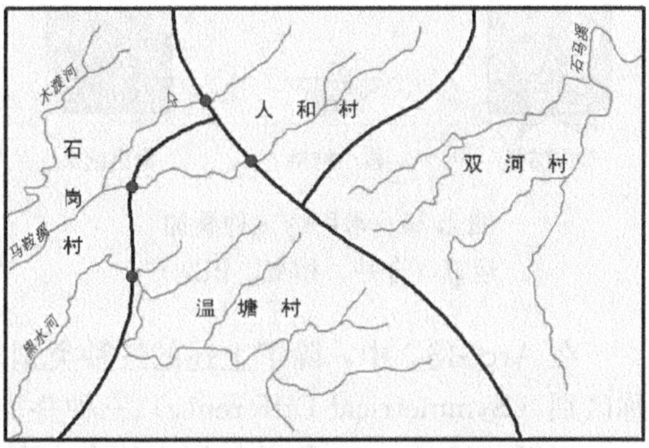

图 4.23 线与多边形的叠加

Attributes of 行政区

Object ID	Shape *	Shape_Length	Shape_Area	村名
1	Polygon	6972.409511	2405347.780345	温塘村
2	Polygon	6203.276797	1651966.810488	石岗村
3	Polygon	4368.588252	1081941.419979	人和村
4	Polygon	7118.267496	2790119.323325	双河村

Record: 1 Show: All Selected Records

a.

Attributes of river

OBJECTID *	Shape *	Shape_Length	河流名称
1	Polyline	1799.730393	木渡河
2	Polyline	7461.152288	黑水河
4	Polyline	4652.75365	马鞍溪
5	Polyline	6279.85419	石马溪

Record: 1 Show: All Selected

b.

Attributes of river_Identity

OBJECTID *	Shape *	河流名称	村名	Shape_Length
1	Polyline	木渡河	石岗村	1799.730398
2	Polyline	黑水河	温塘村	5986.176805
3	Polyline	黑水河	石岗村	1474.975484
4	Polyline	马鞍溪	温塘村	758.447337
5	Polyline	马鞍溪	石岗村	1652.745468
6	Polyline	马鞍溪	人和村	2241.560845
7	Polyline	石马溪	双河村	6279.85419

Record: 0 Show: All Selected Records

c.

图 4.24 线与多边形叠加前后的数据属性表

(3) *多边形与多边形的叠加*

多边形叠加是指将两个或多个多边形要素进行叠加，叠加后产生新的多边形，这些新多边形获得了叠加前两个或多个多边形的属性。多边形叠加过程可以分为几何求交和属性分配两个步骤：几何求交首先求出所有多边形边界线的交点，再根据这些点重新进行多边形拓扑运算；属性分配即对新生成的拓扑多边形图层的每个对象赋予唯一的标识码，同时生成一个与新多边形一一对应的属性表，表中继承了叠加前各多边形要素的属性数据。

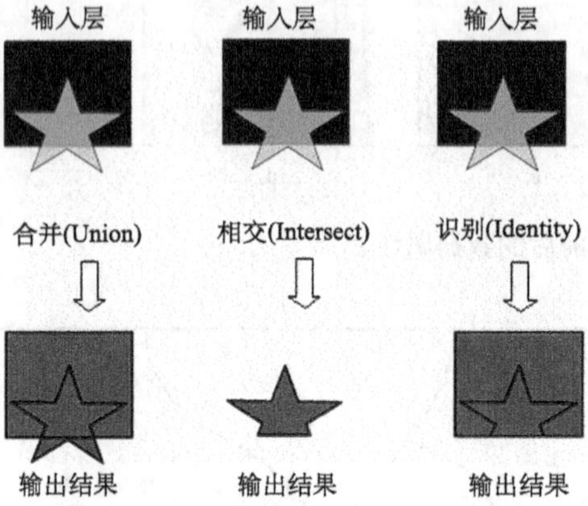

图 4.25　常用的三种叠加运算（合并、相交、识别）

根据叠加结果中需要保留的空间特征的不同要求，常用的 GIS 软件都提供了以下三种类型的多边形叠加工具（图 4.25）。

1）合并（Union）：保留所有图层范围内经叠加后新产生的多边形，包括图形信息和属性信息，即输出层综合了所有参与叠加运算的图层的几何图形和属性数据。

2）相交（Intersect）：只保留叠加图层公共部分的空间图形，并综合所有叠加图层的属性。

3）识别（Identity）：以输入层的数据范围为边界，保留边界内叠加图层的所有多边形，输出图层也获得了叠加图层的属性数据。

在 ArcGIS 9 中，除了上述的三种类型外，还有更新（Update）、擦除（Erase）、对称区别（Symmetrical Difference）三种叠加运算（图 4.26）。

更新（Update）：用叠加层内的多边形全部替换输入层中同一区域的所有要素，新生成的图层保留原来的属性字段，但在叠加层范围内的多边形属性是从叠加层获得的。

擦除（Erase）：以擦除层为界，将输入层中与擦除层相交的部分擦除。即在输入层中去掉叠加层范围内的要素，新生成的图层是以输入层的边界为外边界和叠加层的边界为内边界构成的。

对称区别（Symmetrical Difference）：也称对称差、反相交。它和逻辑交的运算是相反的，逻辑交是保留要素的相交共同部分，而对称区别是去掉相交部分，保留各自不相交的部分。

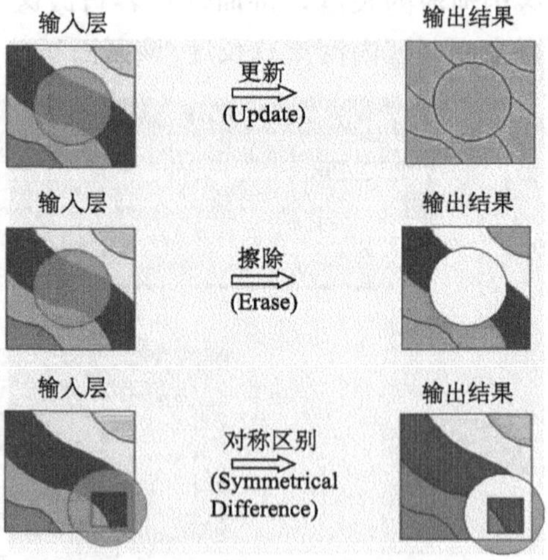

图 4.26　ArcGIS 中更新、擦除、对称区别三种叠加运算

与点（线）和多边形的叠加不同，多边形与多边形叠加由于矢量边界线不能完全重合等原因，叠加后产生很多碎多边形。为了美化出图效果，简化统计过程，通常需要对

这些碎多边形进行消除。消除碎多边形的方法通常有两种：一是通过设定模糊容差来自动消除碎多边形。即设定一个捕捉距离，若构成线的点落入捕捉距离范围之内，则强制地捕捉到一起。二是采用最小面积法进行碎多边形归并（Eliminate）。即设定一个最小面积单元，对叠加后新生成的多边形逐个进行面积比较，若小于设定的最小面积，则将该多边形合并到相邻的多边形内（按公共边最长法或面积最大法），从而达到消除碎多边形的目的。此外，如果对精度要求较高，还可以通过人机交互方式人为地逐个将碎多边形合并到相邻的多边形中去。

4.2.5　空间网络分析

1. 网络

网络由一系列相互连通的点和线组成，通常用来描述资源流动情况。网络按其与空间位置是否相关，可以分为空间网络和非空间网络。空间网络也称地理网络，如道路网、河网、电网、供水网、通信网等（图 4.27），这些都与地理位置相关。然而并非所有与位置相关的网络都可用于空间网络分析（如蜘蛛网、渔网）。事实上，只有当网络中能够进行物质、能量或信息的传输时，网络分析才具有意义。根据网络中资源传输方向的确定性，网络还可以分为定向网络和非定向网络。定向网络由源（source）流向汇合处（sink），网络中流动的资源自身不能决定流向，如水流、电流等（图 4.28）。非定向网络的流向不完全由系统控制，网络中流动的资源可以决定流向，如交通系统等（图 4.29）。

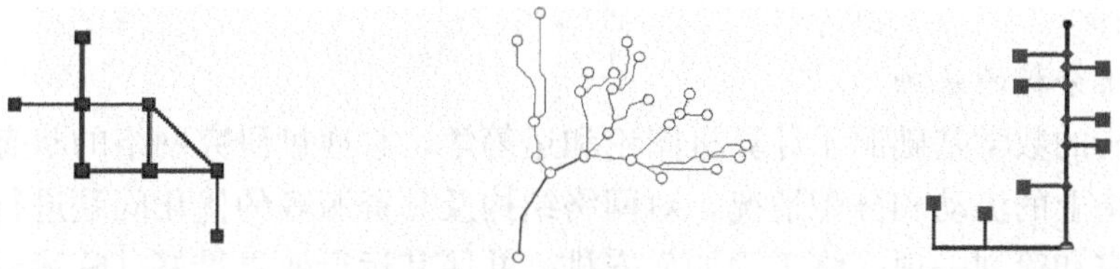

a. 道路网　　b. 河流网　　c. 设施网

图 4.27　地理要素网络

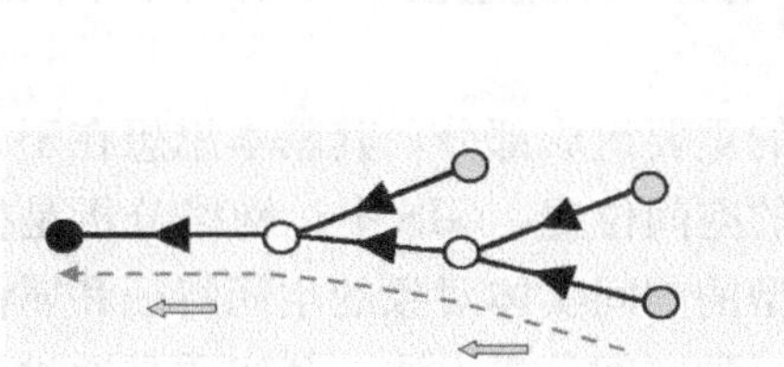

图 4.28　定向网络

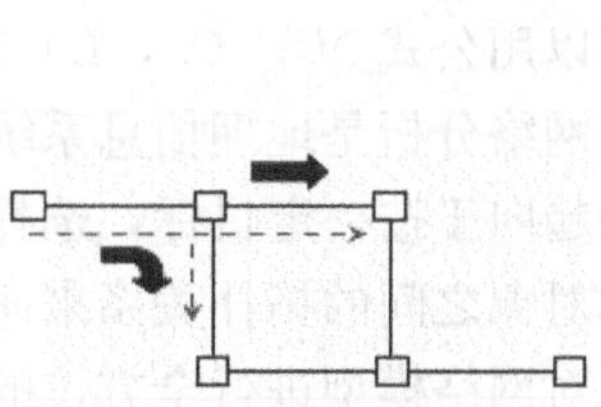

图 4.29　非定向网络

ArcGIS 中支持两种网络类型：一种是几何网络（geometric networks），主要用于定向网络分析，在 ArcMap 中使用 Utility Network Analyst 工具条（图 4.30），将点和线要素转换成几何网络；另一种是网络数据集（network datasets），主要用于非定向网络分析，使用ArcGIS中的Network Analyst扩展模块（图4.31），将点、线以及转弯(turns)转换成网络数据集。二者的差异情况见表4.5。

图4.30　几何网络分析工具

图4.31　Network Analyst扩展模块

表4.5　几何网络和网络数据集的比较

项　目	几何网络 (geometric networks)	网络数据集 (network datasets)
网络组成元素	边线、交汇点	边线、交汇点及转弯
数据源	只支持GDB要素类	GDB要素类，shp或者streetMap数据
连通性管理	网络系统管理	创建数据集时用户控制
网络属性（权重）	基于要素类属性	更灵活的属性模型
存在位置	只存在GDB要素集	要素集或文件夹
网络模式	单一模式	单一或多模式

2. 网络分析

(1) 网络分析的基础

网络分析的数学基础源于计算机图论和运筹学，它通过研究网络的状态以及模拟分析资源在网络上的流动和分配情况，对网络结构及其资源等的优化问题进行研究。其根本目的是研究和筹划一项网络工程如何安排，并使其运行效果最好（陈述彭等，1999）。网络图是图论中的“图”，用以表达事物之间的特定的关系，它是由点集合V(vertices)以及边或者弧E(edge)的集合构成的，其中E中的每一条边连接V中的两个不同的结点，图可以用公式$N=(V, E)$来表示。

空间网络分析是地理信息系统空间分析功能的重要组成部分，其基本思想在于人类活动总是趋向于按一定目标，选择达到最佳效果的空间位置。GIS中，网络分析是根据点线实体对象之间的拓扑关系来研究构成网络模型的空间实体对象的空间特征和属性特征，进而对网络模型进行全方位的研究和分析的一种空间分析方法。其实质是通过研究网络的状态，模拟分析资源在网络上的流动和分配，以实现网络上资源传输的优化。

(2) 网络的基本组成

1) 链(link)：构成网络的骨架，是资源传输的通道，如街道、河流、输电线、水管等，其属性信息包括资源流动的阻碍强度和资源的需求量。

2) 结点(node)：是链的端点或两（多）条链的交点，可以表示交叉路口等，其状态属性包括阻碍强度、资源需求量、方向数等。

3）障碍（barrier）：禁止网络中资源流动的点，如道路网中施工的路段、供水网络中的水阀等。

4）拐角点（turn）：指网络中状态属性有阻力的结点，如路网中对左拐、直行等有方向限制或时间限制的路口。

5）中心（center）：网络中接受或分配资源的结点，如供水网络中的水库、商业网络中的商业中心、电力网络中的电站等，其状态属性包括资源容量和阻力限制。

6）站点（stop）：在网络中资源增减的站点，如库房、汽车站等，其状态属性有被运输的资源需求，如车站的上下客流量（通常用正值表示资源装载量、负值表示资源下卸量）。

（3）网络分析的应用

网络分析常用于以下6个方面。

1）路径分析：通过对组成网络的各部分的属性数据的分析，找出满足特定条件的资源传输路径。通常指求解最佳路径，包括静态求最佳路径、动态求最佳路径、求 N 条最佳路径、求最短路径等。

2）资源的定位与配置：指为网络中的线路和结点求解最近中心，以实现网络设备的最优布局。

3）连通分析：求解从一个结点出发，可到达的全部结点或链，其中最少费用的连通问题是连通分析中的特定问题。

4）流分析：按照某种优化标准（时间最少、费用最低、路程最短等）设计资源运送方案。

5）动态分段（dynamic segmentation）：它是GIS网络分析中一种线性特征的动态分析、显示和绘图技术。它解决了传统的GIS在处理线性特征时所遇到的问题，是在传统GIS数据模型的基础上利用线性参考系统和相应算法，在需要进行分析、显示、查询及输出时，动态计算出属性数据的空间位置，即动态地完成各种属性数据集的显示、分析及绘图。

6）地址匹配：地址匹配实质是对地理位置的查询，涉及地址的编码。

ArcToolbox中有专门的网络分析工具箱（图4.32），包括Analysis（分析工具）、NetworkDataset（网络数据集工具）、Turn Feature Class（转弯要素），具体操作见ArcGIS的帮助文档。

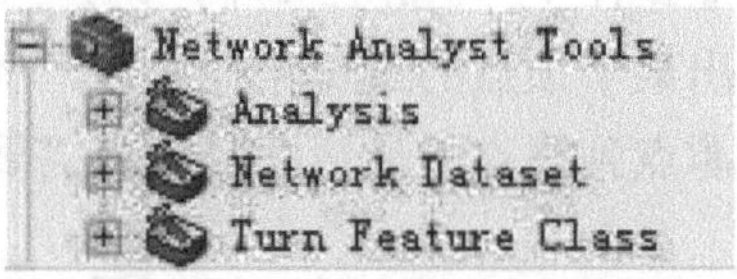

图4.32 ArcToolbox中的网络分析工具箱

3. 路径分析

（1）概念

路径分析（path analysis）在空间网络分析中有着十分重要的位置，它一直是计算机科学、运筹学、地理信息科学等学科的研究热点。进行网络路径分析之前，一般需要先将无向的网络（图4.33）转换成加权的有向网络（图4.34），也就是给网络中的弧段

(链）等要素赋以权值，其值的大小视约束条件而定。网络分析的典型应用是求最短路径：若一条弧段的权值表示起始结点和终止结点之间的长度，那么任意两结点之间的各条路径长度就等于该路径上所有边的长度之和，而最短路径就是所有路径中长度最小的路径。

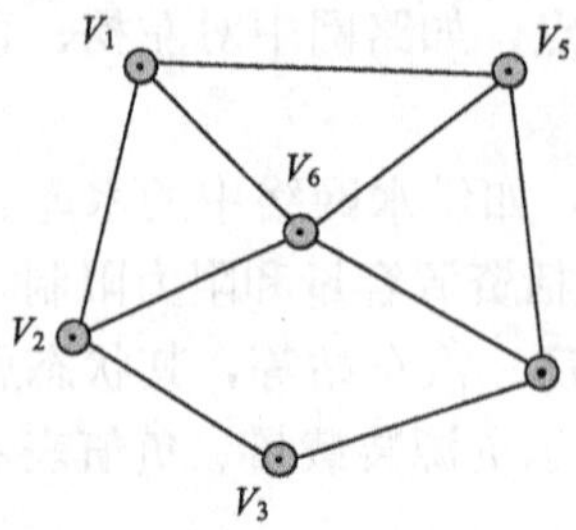

图 4.33　无向图

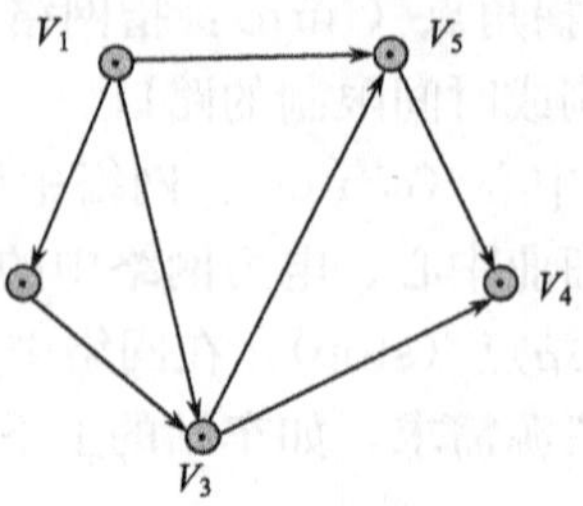

图 4.34　有向图

最佳路径实质上就是按特定条件加权后的最短路径，这里的最佳路径不仅指一般地理意义上的距离最短，还可以是成本最低、时间花费最少、资源流量最大、舒适程度最高等。例如，物流公司要将货物从 A 城市运到 B 城市，最短路径可能是时间花费最少的路径，但是最佳路径可能是还要考虑客户对货物的时间要求紧迫程度、各种道路的收费情况、道路拥挤程度、道路对车辆及货物的耗损情况等因素之后所得出的综合成本最低的路径。

（2）*最佳路径算法*

解决最佳路径问题的经典方法是 E. Dijkstra 提出的贪婪算法（greedy method），可用于计算一个结点到其他所有结点的加权最短路径（邬伦等，2001）。其主要特点是以起始点为中心向外层层扩展，直到终点为止。其基本思路是将网络转换成邻接矩阵和有向图，再采用运筹学方法解决最佳路径问题（郭达志，2002）。设有一个包含 n 个结点的网络，网络中各结点之间的加权距离采用 n 阶邻接矩阵 **cost** $[n, n]$ 来表示，其中 **cost** $[i, j]$ 为结点 i 到结点 j 的加权距离。若 i 结点与 j 结点不能连通，则 **cost** $[i, j] = \infty$；若 $i=j$，则 **cost** $[i, j] = 0$。如图 4.35 所示，欲求出源点 V_0 至各终点的最短距离，首先从 V_0 出发的各边中选取加权距离最小的边，作为源点 V_0 出发的最短路径（V_0，V_j），而下一个次短路径 V_k 可能是（V_0，V_k）或者是（V_0，V_j）和（V_j，V_k）的权重之和。由此可见，求出某个顶点的最短路径之后，就有可能影响到其他未求出最短路径的顶点，因此，在求从源点到终点的最短路径时就需要不断地对路径进行修正（表 4.6）。

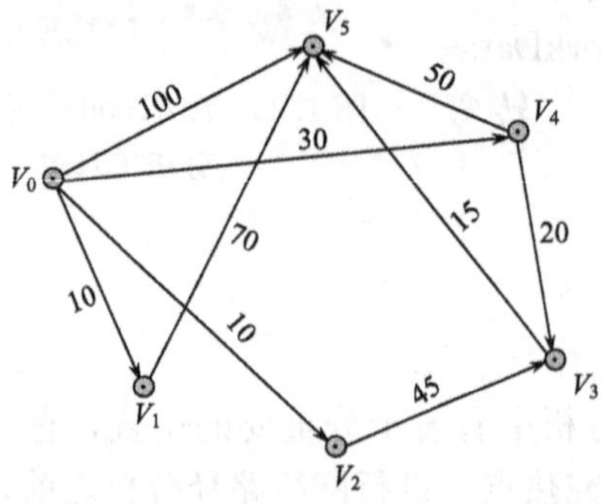

$$
\mathbf{cost}=\begin{pmatrix}
0 & 10 & 10 & \infty & 30 & 100 \\
\infty & 0 & \infty & \infty & \infty & 70 \\
\infty & \infty & 0 & 45 & \infty & \infty \\
\infty & \infty & \infty & 0 & \infty & 15 \\
\infty & \infty & \infty & 20 & 0 & 50 \\
\infty & \infty & \infty & \infty & \infty & 0
\end{pmatrix}
$$

图 4.35　网络有向图和邻接矩阵

表 4.6 Dijkstra 算法实现最佳路径选择的步骤

终点	从源点 V_0 到各终点的距离值及最短路径			
V_1	(V_0, V_1) 10			
V_2	(V_0, V_2) 10			
V_3	∞	(V_0, V_2, V_3) 55 (V_0, V_4, V_3) 50	(V_0, V_4, V_3) 50	
V_4	(V_0, V_4) 30	(V_0, V_4) 30		
V_5	(V_0, V_5) 100	(V_0, V_1, V_5) 80	(V_0, V_2, V_3, V_5) 70	(V_0, V_4, V_3, V_5) 65
V_j	V_1或V_2	V_4	V_3	V_5
S	(V_0, V_1) 或 (V_0, V_2) 10	(V0, V_4) 30	(V_0, V_4, V_3) 50	(V0, V_4, V_3, V_5) 65

Dijkstra 算法虽然能够得出最短路径的最优解，但由于它遍历计算的结点很多，所以效率偏低。

4. 资源的定位与配置

资源的定位与配置网络模型由资源的分配中心或资源需求源及其状态属性和网络组成。定位与配置分析是通过对需求源和供应点的研究，对一个或多个中心点资源在网络上的最优问题进行模拟，以实现网络设施的最优布局，包括定位和配置两个问题。定位是指已知需求源的分布，确定在哪里布设供应点最合适的问题，例如，确定消防站、仓库等的最佳位置问题。定位的实质是选址问题；配置是指已知供应点，确定供应点为哪些需求源提供服务的问题。例如，在要求学生从家到学校时间最短的情况下，确定各地的学生应该到哪个学校去上学。

5. 地址匹配

地址匹配（address matching），又称地理编码（geocoding）。简单来说，它是将文字性的描述地址与其空间的地理位置坐标建立起对应关系的过程。具体来讲，它是一种基于空间网络（如路网）的定位技术，它将包含地址的属性数据与 GIS 中具有地理位置的点相连接，从而将其在实际地理空间显示出来。地址匹配提供了一种把描述成地址的地理位置信息转换成可以被用于 GIS 的地理坐标的方式，通过将只有属性数据的源表中记录了地址的字段与地址数据库中的地理实体的对应字段的属性值进行比较，若找到相匹配的，就将地理实体的地理坐标赋给源表中的记录，从而实现源表中的地理编码。利用地理编码技术，可以建立空间信息与非空间信息之间的联系，使用户能用地址去确定在地图中的对应位置。

要实现地理编码，必须要有两种数据：空间数据和非空间数据，其中空间数据是已经包含相关地图定位信息的地理参考数据（如街道地图数据），非空间信息数据只包含地理实体的位置信息，而没有相关的地图定位信息的地址数据（如街道的门牌号）。

在 ArcMap 中，可以采用两种方式使用地理编码工具：一种是在 Tools 菜单下打开 Geocoding 中的工具（图 4.36a）；另一种是在任意工具栏上右击鼠标，在弹出的菜单中选择 Geocoding，打开 Geocoding 工具条（图 4.36b）。此外，在 ArcToolbox 中，还可以使用 Geocoding Tools 工具箱中的工具进行地理编码（图 4.36c）。有关 ArcGIS 中地理编码的具体操作方式可参见 ArcGIS 的帮助文档。

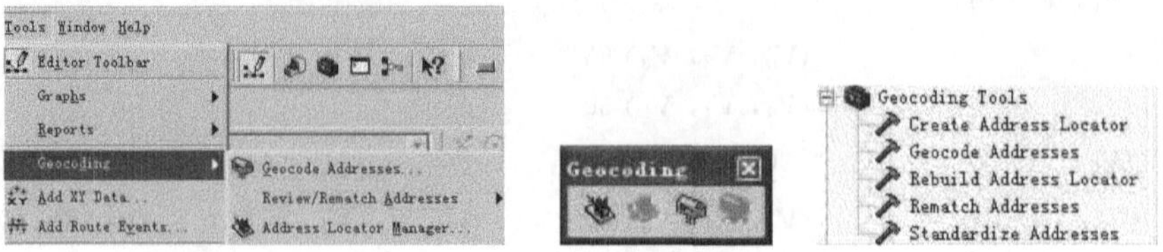

a.　　　　　　　　b.　　　　　　　　c.

图 4.36　ArcGIS 中的 Geocoding 工具

4.3　栅格数据分析方法

栅格数据模型使用规则格网表达地理空间，每一个栅格的像元值都可以用来表达空间现象的属性。因此，与基于点、线、面地理实体的矢量数据不同，栅格数据的分析是基于像元和格网。正是由于栅格数据自身的数据结构特点，在数据处理与分析中通常使用线性代数的二维数字矩阵分析法作为数据分析的数学基础，从而使栅格数据模型具有较高的计算效率和很强的模式化分析处理特性。

本节以 ArcGIS 为操作平台，结合空间分析模块（spatial analyst）和 ArcToolbox 中的相关工具，介绍栅格数据的常用分析处理方法，如聚合聚类分析、叠加分析、简单表面分析、统计分析、距离量测等。

4.3.1　数据分析环境

1. 设置分析环境

设置栅格数据的分析环境是完成空间分析的重要条件。在进行栅格数据分析之前，应当先要设置分析环境，否则会造成多层栅格像元未对齐（图 4.37a）以及分析区域不

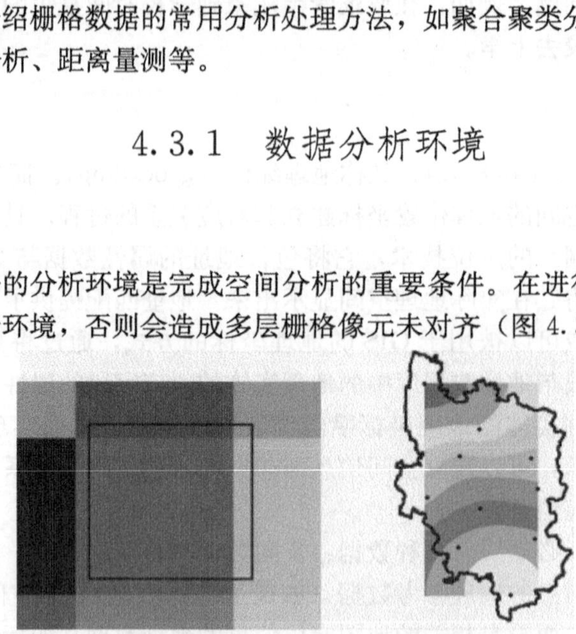

a. 栅格像元未对齐　　　　　　b. 不正确的分析区域

图 4.37　分析环境的可能影响

正确（图 4. 37b）、像元大小不正确、数据存储位置错误等一系列问题，从而导致空间分析结果不符合要求。栅格数据分析环境设置的主要内容包括设置工作路径、设置像元大小、设置分析范围与分析掩模、选择坐标系统等。

2. ArcGIS 中空间分析环境的设置

1）ArcGIS 中栅格数据分析的大部分功能都被集成到“空间分析”模块中，进行栅格数据空间分析前应该先激活空间分析模块（见实验十五）。

2）在 ArcMap 空间分析模块的下拉菜单中点击 Options，打开 Options 选项对话框，即可设置分析环境（图 4. 38）。

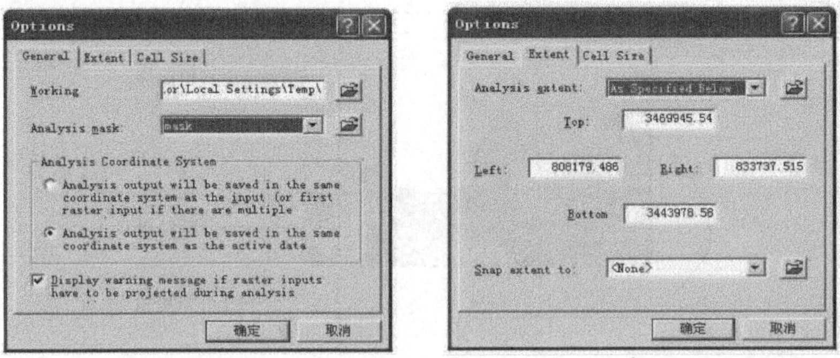

a. b.

图 4. 38 ArcMap 中设置分析环境对话框

需要注意的是，大部分的栅格数据操作，既可以通过 ArcMap 空间分析模块来完成，也可以通过 ArcToolbox 的空间分析工具完成。但是，对于 ArcGIS 9. 3 来说，二者设置分析环境的方式并没有结合起来，因此，在 ArcMap 和 ArcToolbox 中进行空间分析时，应该各自独立设置分析环境。

ArcToolbox 中设置空间分析环境与在 ArcMap 中不同：在 ArcToolbox 中打开任意一个空间分析工具，都会有一个 Environments 按钮，单击进入环境设置对话框，在该对话框中可以为各种数据（Coverage、Geodatabase、Raster 等）设置分析环境。栅格数据的空间分析往往需要设置 General Settings、Raster Analysis Settings、Raster Storage Settings 里面的相关内容（图 4. 39）。

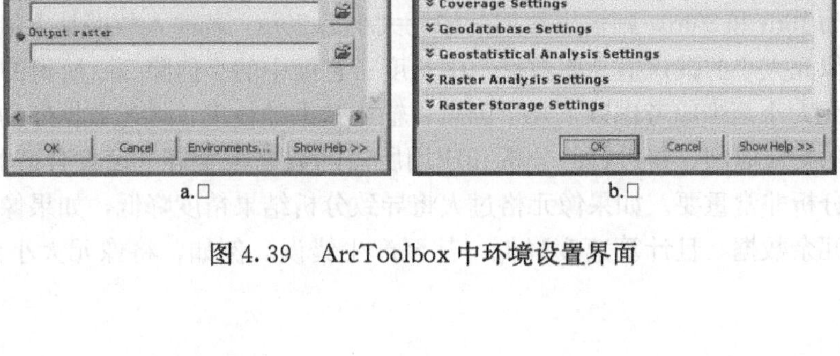

a. b.

图 4. 39 ArcToolbox 中环境设置界面

3）设置分析区域。分析区域包含两个方面的内容（图 4.40）：设置分析掩模（analysis mask）（图 4.38a）和设置分析范围（Analysis Extent）（图 4.38b）。分析范围用于确定输出数据的四至区域（矩形），分析掩模用于确定分析的有效区域（任意形状）。在实际应用中，这两个方面可以结合起来使用，也可以根据情况单独使用。在 Options 对话框中，如果两者都未设置，那么数据分析范围默认为是所有输入数据相交部分的坐标极值（$X \backslash Y$ 的最大值和最小值）所构成的矩形区域，由于分析掩模默认值为 None，因此数据分析结果的区域即为该矩形区域；如果只设置了分析范围，那么结果文件将会根据 Extent 选项框中确定的四至范围输出一个矩形区域的数据；如果确定了分析掩模，那么结果文件的数据区域将是分析掩模和分析范围所确定的重叠区域。

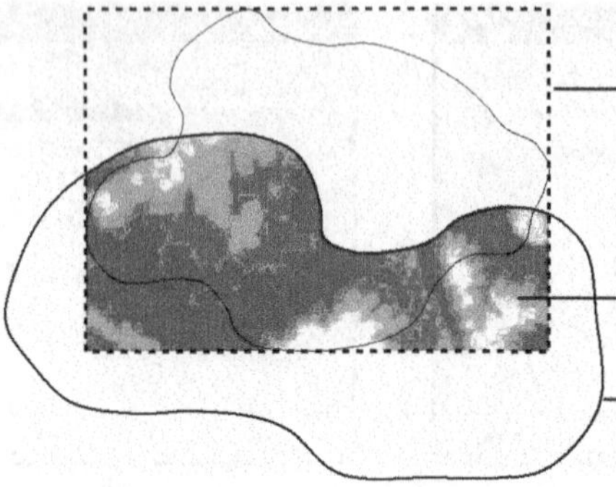

图 4.40　分析范围与分析掩模

图 4.40 中，矩形虚线为细线多边形所确定的分析范围，粗实线多边形为分析掩模，分析结果的数据区域则为分析范围与分析掩模的重叠部分，即图中的灰色区域。

分析区域的设置在实际应用中具有非常重要的意义。例如，在采用某地的土地利用数据分析耕地状况时，就可以设置掩模区域。首先利用重分类工具，将土地利用栅格数据中除耕地以外的其他类型的土地设置为空值（NoData），然后将生成的耕地数据设为分析掩模，进行空间分析运算，则运算过程及所得结果将仅限于耕地区域之内。由此可见，通过设置分析区域可以避免不必要的数据参与运算，减少数据冗余，提高运算效率。

用于 Analysis Mask 的图层数据可以是矢量数据也可以是栅格数据，但一般而言，采用栅格数据作为掩模往往具有更高的运算效率。但是不管掩模采用矢量还是栅格格式，其形式往往都是面状（或区域）数据，点状、线状数据只在特殊情况下才作为掩模。

4）设置像元大小。通常情况下，如果不设定栅格像元大小（cell size），ArcGIS 则默认输出像元的大小为所有输入数据层中的像元最大值。例如，如果两个输入图层的栅格像元大小分别为 10m 和 30m，则输出数据的像元大小为 30m。若输入数据是大量数据，则输出栅格数据像元大小的默认值为原数据范围长度、宽度中的小值除 250 所得的结果。

设置像元大小至少应考虑以下几个因素：输入数据的精度、结果数据库的大小和磁盘容量、期望的响应时间、将进行的分析和应用所需的数据精度等。设置合适的像元大小，对实现空间分析非常重要。如果像元格过大将导致分析结果精度降低，如果像元过小则会产生大量的冗余数据，且计算速度降低，甚至产生错误。例如，将像元大小为 10m 的高程数据输出设置为5m后，在计算坡度时则会引起错误（大量平地的存在）。因此，实际应用中应根据项目需要选择合适的像元大小，不要盲目地追求数据精度。

5）设置坐标系统。如图4.38a所示，ArcGIS空间分析中，系统使用两种方式控制分析结果的坐标系统（analysis coordinate system）。一是采用输入栅格数据的坐标系统（若有多个输入数据，则采用第一个数据的坐标系统），从而可以避免重投影所引起的效率降低或不必要的错误；二是采用当前活动数据框的坐标系统。系统默认状态为第一种坐标系统获取方式。

当两种以上不同坐标系统的数据同时加载到ArcMap时，由于ArcMap具有动态投影（On-the-fly Projection）功能，系统自动将所有图层按其所在数据框的投影进行显示，用户看不出不同投影数据之间的差别。但进行空间分析时则不然，它是严格按照指定的坐标系统进行运算的，如果投影方式选择不当，则分析结果可能错误或没有结果生成。

6）设置工作空间。工作空间（working space），也称工作路径（working directory）（图4.38a中的Working Space选项），是用于保存分析结果的默认目录。若设置了工作空间，则分析结果文件将会自动保存到指定的工作目录，否则将会保存到系统的临时目录下。保存在临时目录下的结果文件大多都是临时性的。如果要永久保存这些文件，可以选择需要保存的数据层，点击鼠标右键，选择Data→Export Data或Data→Make Permanent来保存数据。

7）设置栅格捕捉。栅格捕捉（snapping raster）是指将输出栅格数据范围的左下角与该角所在的另一栅格数据（snap raster）中的像元左下角对齐，并且根据输出像元的大小调整数据右上角的位置（图4.41a）。如果输出栅格的像元与捕捉栅格的像元大小相同，则两个栅格数据中的像元将完全对齐。

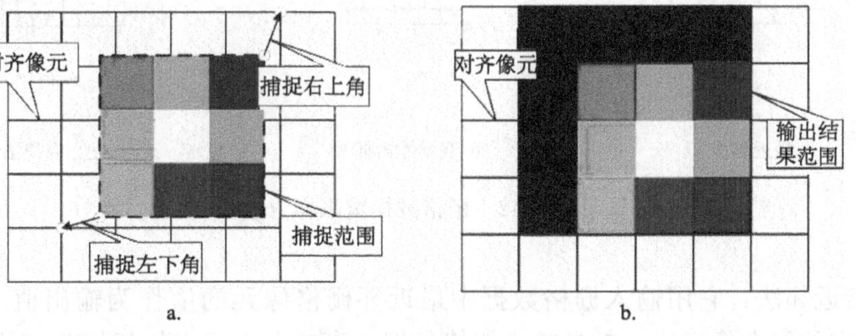

图4.41 栅格捕捉

栅格捕捉通常会使得输出数据生成多余的行或列，从而使数据的范围比给定的范围大（图4.41b）。栅格捕捉时，输出栅格数据中像元的值取决于该像元中心所在的输入栅格的像元值。图4.41b中，输出栅格中最上一行和最左一列的像元因其中心位于输入栅格之外而取值为空（NoData）。

通过栅格捕捉使栅格像元对齐的主要目的在于它能够使多个栅格数据在进行复合运算时，提高效率并减小数据误差。在ArcMap中，通过空间分析工具条Options选项框中的Extent标签即可设置栅格捕捉（Snap extent to）（图4.38b）。

8）设置过程文件。在 ArcGIS 关于栅格数据处理的工具中，往往不必设置输出栅格数据的路径和名称，系统会将输出的结果作为临时性的（temporary）数据，即仅保存在计算机内存中。若该数据符合用户要求，则可将其输出（Export）或使其永久化（make permanent）。

4.3.2 栅格数据的重采样

进行空间分析时，由于用来分析的栅格数据来源不同，其坐标系统或像元大小也不尽相同。此外，输出栅格数据的坐标系统或像元大小也可能与输入数据不同。因此，在进行栅格数据的空间分析时，往往需要确定输出栅格像元的取值，即对栅格数据进行重采样（resampling）。

栅格数据重采样的实质就是给栅格重新划分行列号并确定各像元的值。重采样过程中，需要将输出栅格的每个像元中心的坐标往回转换到输入栅格的坐标系统之下，根据其在输入数据中的位置及该位置附近的像元值来确定输出像元的值。

重采样主要基于三种方法：最近邻法（nearest neighbor assignment）、双线性内插法（ bilinear interpolation）和立方卷积法（cubic convolution）（图 4.42）（梅安新等，2001）。

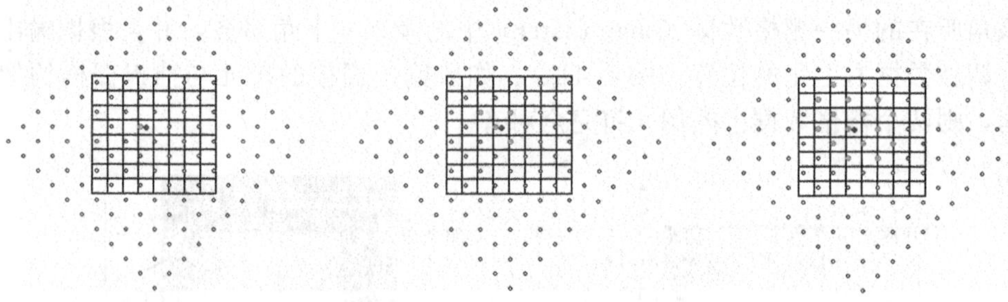

a.最近邻法　　b. 双线性内插法　　c. 立方卷积法

图 4.42　栅格数据重采样方法

1）最近邻法：它用输入栅格数据中最近邻栅格像元的值作为输出值。重采样后，输出栅格中的每个像元值，都是输入栅格数据中真实存在而未加任何改变的值。这种方法简单易用，计算量小，重采样的速度最快。

2）双线性内插法：取待采样点（x，y）周围四个最近邻点的像元值，在 Y 方向（或 X 方向）内插两次，再在 X 方向（或 Y 方向）内插一次，得到点（x，y）的像元值。

3）立方卷积法：它的基本思想是以增加邻点来获得最佳插值函数，从而进一步提高内插精度。它取待计算点周围最近邻的 16 个点作为插值点。与双线性内插法类似，可先在某一方向上内插，如先在 X 方向上，每四个值依次内插四次，再根据四次的计算结果在 Y 方上内插，最终得到采样点的像元值。

由于最近邻法既可用于连续数据，又可用于离散数据，而双线性内插法和立方卷积法仅能用于连续数据，因此，在栅格数据分析时，默认情况下均采用最近邻法进行重采样。

在 ArcGIS 中，可以采用 ArcToolbox 数据管理工具箱中的重采样工具（ArcToolbox→Data Management Tools→Raster→Raster Processing→Resample），对栅格数据单独进行重采样（图 4.43）。

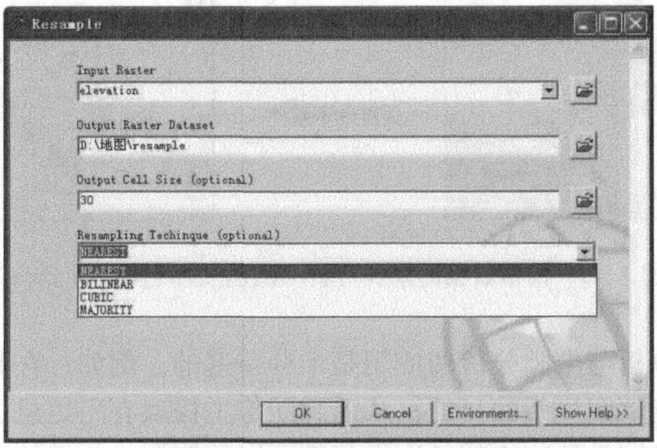

图 4.43　栅格数据重采样工具

4.3.3　聚合分析与聚类分析

1. 聚合分析

栅格数据的聚合分析是指根据栅格数据的分类表，进行数据类型的合并或转换以实现空间地域的兼并（图 4.44）。空间聚合的结果往往将较复杂的类别转换为较简单的类别，并且常以较小比例尺的图形输出。例如，在利用乡镇的土地利用数据生成某县的土地利用数据时，可将灌溉水田和望天田合并为水田，将水田和旱地合并为耕地。

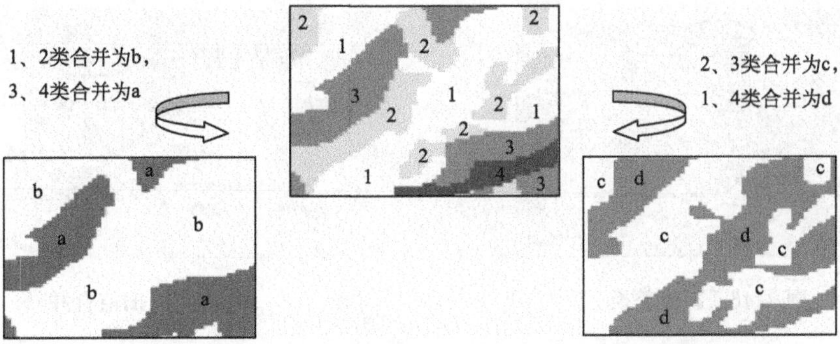

图 4.44　栅格数据的聚合分析（汤国安和赵牡丹，2000）

2. 聚类分析

栅格数据的聚类分析是根据设定的聚类条件对原有数据系统进行有选择的信息提取并生成新的栅格数据的方法。图 4.45 是从四种类型要素里提取要素 2 的聚类分析，符合条件的赋值为 1，不符合的赋值为 0。

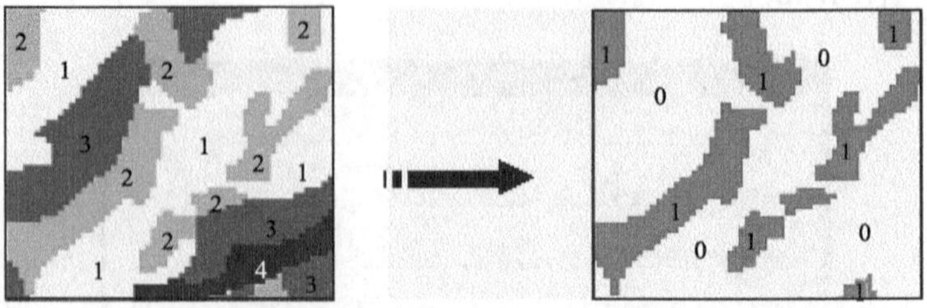

图 4.45 栅格数据的聚类分析（汤国安和赵牡丹，2000）

栅格数据聚合分析与聚类分析的应用是十分普遍的。例如，在制图综合当中常常用到聚合分析，以达到地图概括的目的；从遥感图像上提取有用信息、对遥感影像的解译结果进行整理、消除同类地物之间的边界等都可以用到栅格数据的聚类分析。

3. ArcGIS 中的聚合分析与聚类分析

ArcGIS 中，常常使用重分类方法或 Con 等函数以实现聚合分析与聚类分析。

（1）重分类

重分类（reclassify）是对原有栅格像元值重新进行分类整理而输出一组新值的过程。重分类一般包括四种类型（汤国安和杨昕，2006）。

1）新值替换（new values），即用新的值代替原有的栅格值（图 4.46）。例如，在将土地利用类型从一种分类系统转换成另一种分类系统时，需要对原来的类型代码赋予新的值（如将有林地的代号从 311 转换成 131），可以用到 ArcGIS 中的新值替换。

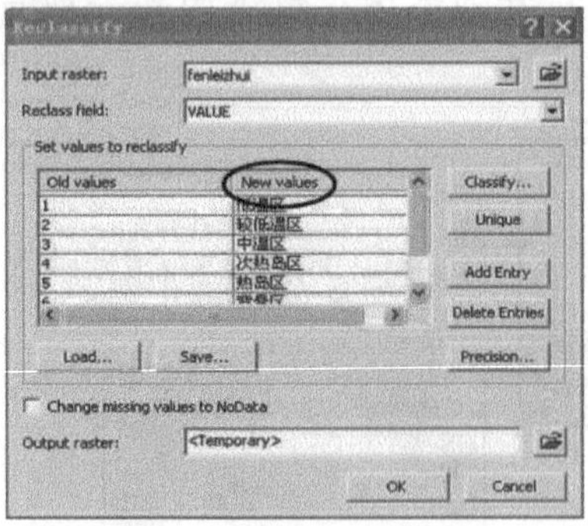

图 4.46 新值替换

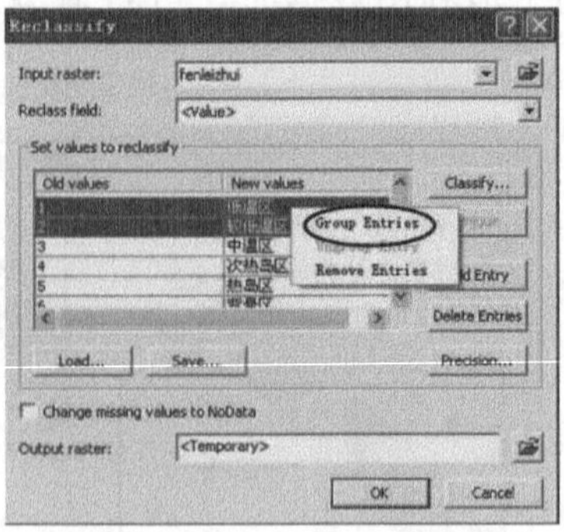

图 4.47 旧值合并

2）旧值合并（group entries），即将原来栅格数据中一些具有某种共性或具有相似特征的类型合并为一类（图 4.47）。例如，根据水田、旱地和菜地都具有的耕作特征，可将其合并成耕地。

3）重新分类（reclassify），即对数据按新的等级体系进行分类或者将多个栅格数据用同样的标准体系分类（图 4.48）。例如，在进行某市多年度热岛效应的温度分析时，为了使得各年份温度数据之间具有量度可比性，可将温度数据进行统一的分级处理，分为低温区、中温区等多个类型。ArcGIS 中重新分类方法有 7 种：手工分类（manual）、等间距分类（equal interval）、自定义间距分类（defined interval）、分位数分类（quantile）、自然断点分类（natural breaks）、几何间距分类（geometrical interval）和标准差分类（standard deviation）。用户可以根据不同的需要加以选择。

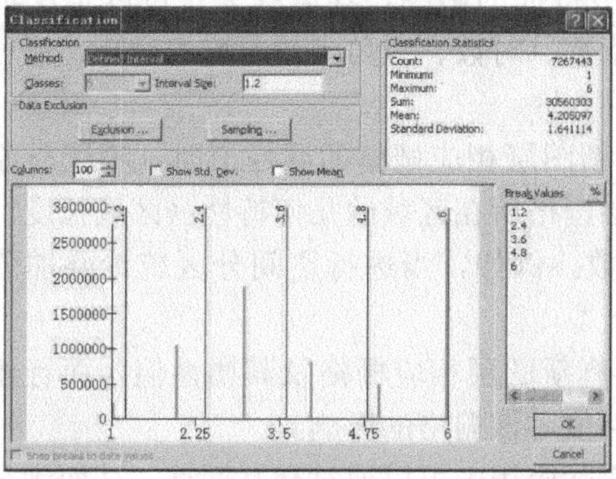

图 4.48 重新分类

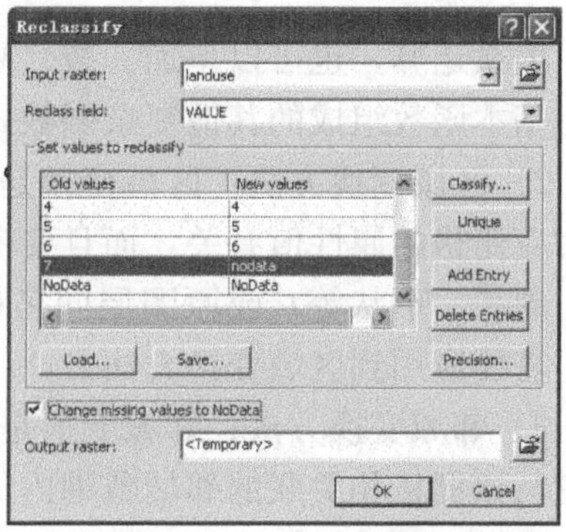

图 4.49 空值设置

4）空值设置（setnull），即将某些符合条件的值转换成空值（NoData）的过程。空间设置一般有两种方式：一是将重分类列表框中未出现的值设为空值（change missing values to NoData）；二是在重分类列表中直接将新值输入为 NoData（图 4.49）。栅格数据分析当中常常需要将某些值设为空值以控制栅格计算，前文提到的设置分析掩模，其实质就是将掩模区域之外不需要参与运算的像元值设置为空值。

(2) 基于栅格计算器的聚合、聚类分析

利用 ArcGIS 的栅格计算器（raster calculator）进行聚合、聚类分析的方法有很多，例如，可以利用选择函数 Select()、空值设置函数 Setnull()、条件函数 Con() 等对某一栅格或某几个栅格数据进行分析 [有关 Select()、Setnull()、Con() 等函数的具体使用方法参见 ArcGIS 的帮助文档]。

4.3.4 叠加分析

栅格数据的叠加分析可以用于对具有相同空间位置的多层栅格数据进行逻辑运算、关系运算、算术运算等操作，以揭示特定空间现象或空间演变过程（图 4.50）。栅格叠加分析最重要的条件是所有的输入栅格数据必须有一致的几何位置，即像元大小必须一致，没有相对偏移，同时可以通过转换和重采样来校正像元大小不一致的栅格。与矢量数据的叠加分析相比，栅格数据的叠加分析要简单得多，但数据量大，精度较低。因

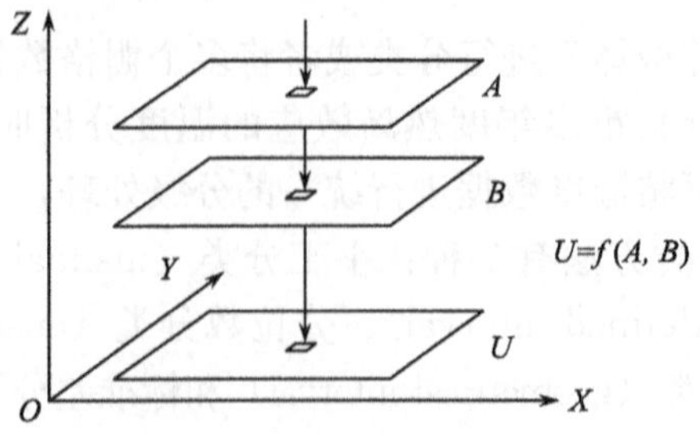

图 4.50　栅格数据的叠加分析

此，栅格数据分析主要的问题是减少数据存储量和提高运算效率。

通常，基于栅格数据的叠加分析可以根据应用目的的不同，采用以下三种变换方法对参与叠加的图层进行新属性值的计算。

1）点变换方法：点变换只依据参与叠加图层的相应点的属性值进行新属性值的运算。它既与各图层邻域点的属性值无关，也不受区域内一般特征的影响，其运算关系可以是逻辑运算、关系运算，也可以是加、减、乘、除、指数、对数、三角函数等算术运算，还可以是由基本函数组成的其他复杂函数式。

2）区域变换方法：区域变换是指在计算新图层相应栅格的属性值时，不仅与原图层对应栅格的属性值有关，而且要考虑原图层栅格所在区域的几何特性（区域长度、面积、周长、形状等）或原图层同名栅格的个数。例如，当进行空间分区统计叠加分析时，需要应用到区域变换方法。

3）邻域变换方法：邻域变换是指不仅计算新图层相应栅格及其属性值，而且还应考虑与该栅格相关联的邻域范围内的栅格属性值对该栅格的影响。

以上三种基于栅格数据的叠加分析，在实际应用中可以通过交互运算，从而满足不同的空间分析需求。

1. 逻辑运算叠加

栅格数据叠加的逻辑运算是通过逻辑或、逻辑与、逻辑非等基本运算，实现对多个叠加数据层的空间查询、空间聚类、空间聚合和区域信息提取。GIS 中，逻辑运算可以同时在超过两个专题图层上进行多运算符的操作。

如图 4.51 所示，设有 A、B 两个层面的栅格数据系统，用布尔逻辑算子以及运算结果的文氏图，表示两图层之间的运算思路与相互关系。图中，灰色部分表示命题为真。

$$\text{逻辑或（OR）}: C_{ij} = A_{ij} \cup B_{ij} = \begin{Bmatrix} 1 & \text{当} A_{ij} = 1 \text{或} B_{ij} = 1 \\ 0 & \text{当} A_{ij} = 0 \text{且} B_{ij} = 0 \end{Bmatrix} \tag{4.8}$$

$$\text{逻辑与（AND）}: C_{ij} = A_{ij} \cap B_{ij} = \begin{Bmatrix} 1 & \text{当} A_{ij} = 1 \text{且} B_{ij} = 1 \\ 0 & \text{当} A_{ij} = 0 \text{或} B_{ij} = 0 \end{Bmatrix} \tag{4.9}$$

$$\text{逻辑非（NOT）}: C_{ij} = A_{ij} - B_{ij} = \begin{Bmatrix} 1 & \text{当} A_{ij} = 1 \text{且} B_{ij} = 0 \\ 0 & \text{当} A_{ij} = 0, \text{或} A_{ij} = 1 \text{且} B_{ij} = 1 \end{Bmatrix} \tag{4.10}$$

$$\text{逻辑异或（XOR）}: C_{ij} = A_{ij} \oplus B_{ij} = \begin{Bmatrix} 1 & \text{当} A_{ij} \neq B_{ij} \\ 0 & \text{当} A_{ij} = B_{ij} \end{Bmatrix} \tag{4.11}$$

式中：$i = 1, 2, \cdots, m$；　$j = 1, 2, \cdots, n$。

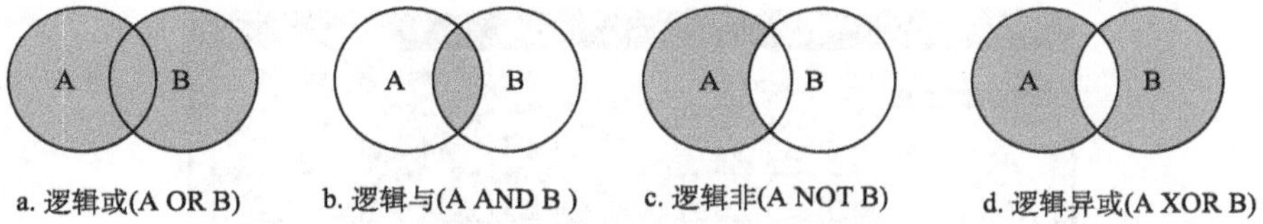

图 4.51 布尔逻辑算子文氏图

2. 关系运算叠加

关系运算符主要包括六种：=、＜、＞、＜＞、＞=、＜=。关系运算就是以一定的关系条件为基础，符合条件的为真，赋值为 1，反之则为假，赋值为 0。

3. 算术运算叠加

它是对不同层面的栅格数据逐像元利用代数运算符和数学变换函数进行运算，以得到新属性的一种叠加过程。在 GIS 中，常用的算术运算方法包括以下几种。

1）代数运算：加、减、乘、除等。图 4.52 给出了该方法在栅格数据叠加分析中的应用例证。

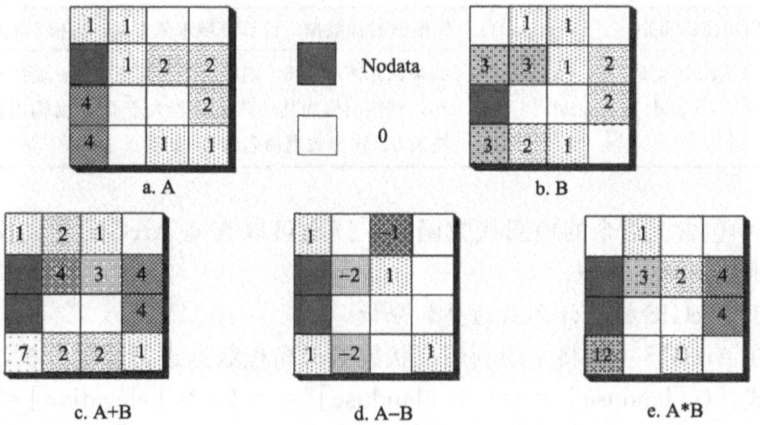

图 4.52 栅格数据的代数运算

2）数学变换函数：包括三角函数、对数函数、指数函数、幂函数等。

4. ArcGIS 栅格计算器

（1）栅格地图代数运算

ArcGIS 提供了功能强大且界面友好的栅格计算器（图 4.53）。栅格计算器可以十分方便的支持上文介绍的多层栅格数据的逻辑运算、关系运算、算术运算，还可以直接调用 ArcGIS 自带的栅格数据空间分析函数进行分析。此外，也可以通过使用 ArcGIS 中的栅格地图代数运算来完成相关的操作。表 4.7 列举了一些常用的地图代数函数。

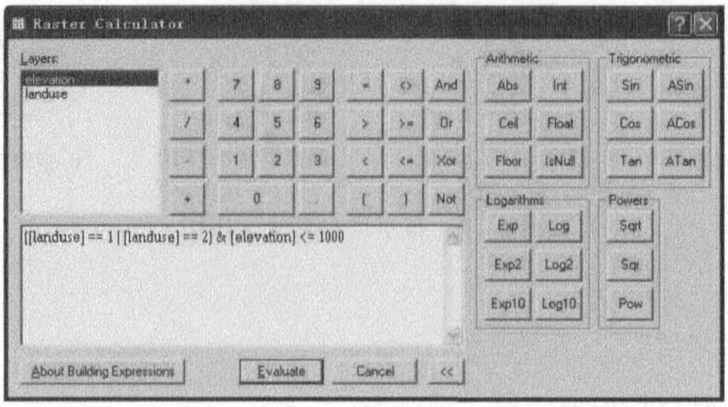

图 4.53 栅格计算器

表 4.7 常用地图代数函数举例

地图代数函数	说 明
SLOPE ([Inlayer1])	计算 [Inlayer1] 的坡度
MEAN ([Inlayer1], [Inlayer2], [Inlayer3])	计算多个具有相同空间位置的栅格像元的平均值
HILLSHADE (e: \ spatial \ elevation)	计算高程数据的山体阴影
MyShape=GRIDSHAPE (Ingrid)	将栅格数据转换成面状 Shapefile 文件，并将输出命名为 MyShape
BASIN (FLOWDIRECTION ([elevation]))	先根据高程数据，计算流域水流方向；再根据流向生成流域盆地
outgrid=CON (ingrid1 < 5, sin (ingrid1), ingrid1 < 20, cos (ingrid1), ingrid1 > 50, 100, 0)	如果像元值小于 5，则输出值为其正弦值；若大于等于 5 而小于 20，则输出值为其余弦值；若大于 50，则输出值为 100；否则输出 0。输出数据命名为 outgrid

ArcGIS 中包含上百个的地图代数函数，读者可以查询 ArcGIS 帮助文档了解更多的地图代数函数及相关知识。

(2) 基于 ArcGIS 栅格计算器的叠加分析

例如，在 ArcGIS 中，将土地利用现状数据与高程数据进行叠加分析，在栅格计算器中输入下式：([landuse] ==1 | [landuse] == 2) & [elevation] <= 1000 (图 4.53)，则可以选择出土地利用类型为 1 或 2，并且高程小于等于 1000m 的区域，其结果如图 4.54 所示，符合表达式条件的值为 1，其他值为 0。

在各类分析中，栅格叠加分析都十分有用，很多的原始资料都是离散数据，容易转换成栅格数据，便于进行栅格叠加分析。采用 ArcToolbox 的 Spatial Analyst Tools 中的 Overlay 工具（Weighted Overlay 和 Weighted Sum)，可以完成多个栅格图层的叠加操作，往往用于适宜性分析，例如，建房的最佳位置在什么地方，哪些区域适宜大熊猫生存，新建一条道路时成本最低的线路是什么等。

图 4.54 查询结果数据

应当注意的是，栅格数据的叠加与矢量数据的叠加有很大的不同，一方面，它不会对要素产生切割。由于没有矢量叠加时产生细碎多边形的问题，结果有时更为合理一些。另一方面，它不一定要继承用于叠加的数据的信息。矢量数据叠加后产生的新的要素继承了原要素的信息，而栅格数据叠加后产生的新的栅格数据属性表中的信息却是根据某些条件派生的（只有当栅格像元的数据类型为整型时才具有属性表）。

4.3.5 简单表面分析

表面（surface）是指物体的外围或最上层边界线。它通过记录某一种值（如高程、气温等）在地理空间上的分布状况，反映地理事物或现象在空间上的起伏形态。

表面可以是有形的，如地形表面，也可以是无形的，如气温表面。表面上无数点的值往往是在有限抽样点的值的基础上产生的。这些抽样点（如地形特征点、气象站点）往往通过直接测量的方式产生，抽样点之间各点的值可以通过抽样数据插值获得。表面也可以通过数学方式获得，例如，通过高程表面生成坡度和坡向表面，通过计算城市各点至最近公交车站的距离生成反映公交便捷度的距离表面。表面的表现形式有多种，如点矩阵、等值线、不规则三角网、栅格。在GIS中，最常见的表面形式是栅格和TIN。

表面分析是一种基于表面的空间分析技术，它通过各种操作处理对输入表面进行重新识别，生成特定的、在原始的表面中不易被表现出来的数据，从而提取新的信息以满足某种实际应用的需要。表面分析通常包括等值线的生成、坡度与坡向分析、山体阴影分析、可视性分析、地表侵蚀与堆积分析、表面积与体积量算、表面曲率分析、剖面分析等。本节仅介绍等值线的生成与坡度坡向分析，其余的表面分析方法将在后续章节中进行介绍。

在ArcGIS中，可以通过空间分析工具（spatial analyst）和三维分析工具（3D analyst）进行表面分析。

1. 生成等值线

等值线是将表面上具有相同值的相邻点连接起来所生成的线，如等高线、等温线、等压线等。等值线分布的疏密在一定程度上反映了表面的变化情况。等值线越密集，表明该地单位距离内的变化（梯度）越大，反之则越小。因此，通过研究等值线，可以获得表面变化的基本特征。图4.55为某一地区的地形图，从图中的等高线可以明显看出该地区的高程、山体、坡度、坡形、山脉走向等基本的地形表面特征。

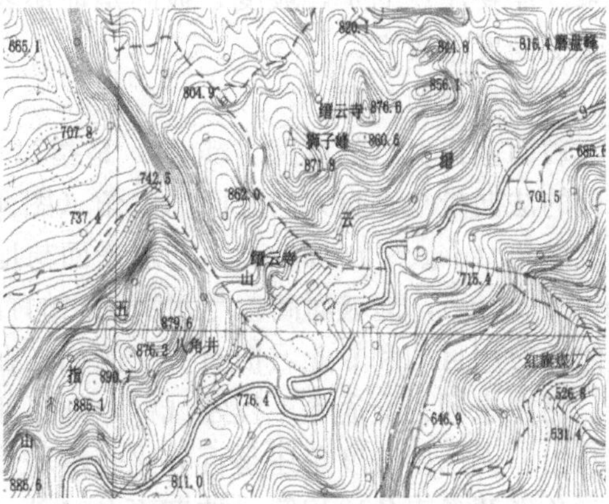

图4.55 地形图

在栅格DEM和TIN上，提取等值线的原理与常规地形测绘中绘制等高线的原理基本一致，它往往包括以下几个步骤：

1）在栅格DEM的每个像元点或TIN

的每条边上内插等值点；

2）按照内插的等值点，追踪等值线；

3）标记等值线；

4）对等值线进行平滑处理并输出。

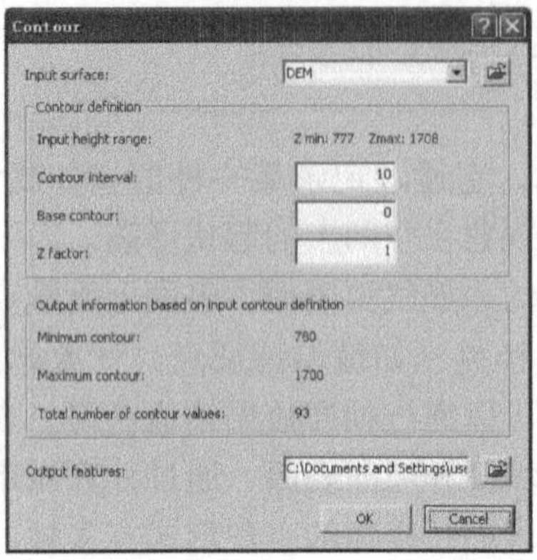

图 4.56　生成等值线的 Contour 对话框

ArcGIS 中生成等值线可以利用空间分析（spatial analyst）模块的表面分析（surface analysis）工具集中的等值线工具（contour）。图 4.56 为生成等值线的 Contour 对话框，其中在 Input surface 下拉框中设置用来生成等值线的栅格表面或 TIN 等数据集；在 Contour interval 文本框中设置等高距；在 Base contour 文本框中指定等值线的基准高程；Z factor 文本框中设定高程变换系数；在 Output features 文本框中设置输出的等值线文件存放路径和名称。

从栅格表面数据自动生成的等值线可能会出现一些与实际表面不相符合的现象，因此，通过人机交互编辑进行修改是十分必要的。

2. 坡度分析与坡向分析

坡度与坡向是表面分析中两个最常用的参数。坡度反映地球表面在该点的倾斜程度，坡向反映斜坡所面对的方向。坡度坡向是点函数，它们是定义在点上的，只有理论意义而不具备地理意义，因此在实际应用中，常根据一定的标准将坡度坡向进行分类。此外，作为地形特征分析和可视化的基本要素，坡度和坡向与其他参数一起使用，还有助于解决水土保持、选址分析、土地利用等方面的问题。例如，在土地利用中，坡度大于 25°的土地一般被认为是不适宜耕种的，因此可以利用坡度分析退耕还林问题。

坡度、坡向数据可由栅格 DEM、TIN 和等高线等不同数据结构的数字地面模型自动计算得出，但不同的数据结构、不同的计算方法，可能会产生不同的坡度、坡向计算结果。需要注意的是，坡度、坡向是地形表面的固有属性，它不应该随着表面数据结构的改变而发生改变。

（1）坡度的提取

表面上任一点的坡度（slope）是指过该点的切平面与水平地面的夹角，或该点切平面的法向量与垂直方向之间的夹角（图 4.57）。其表示方法有两种（图 4.58）：一种是坡度角（degree of slope），即水平面与地表面之间夹角；另一种是坡度百分比（percent of slope），即坡面高差与水平距离的百分数。在实际使用中，采用何种单位往往与具体的应用目的和专业习惯有关。例如，在农业、土地等领域，一般采用坡度角作为单位；而在水利、交通等工程领域中，则更倾向采用坡度百分比作为单位。从图 4.58 可以看出，无论用坡度角还是百分比表示坡度，坡面越缓，值越小。当坡面为 45°时，直角三角形两条直角边相等，坡度百分比为 100。当坡度角趋近 90°时，坡度百分比趋近无穷大。

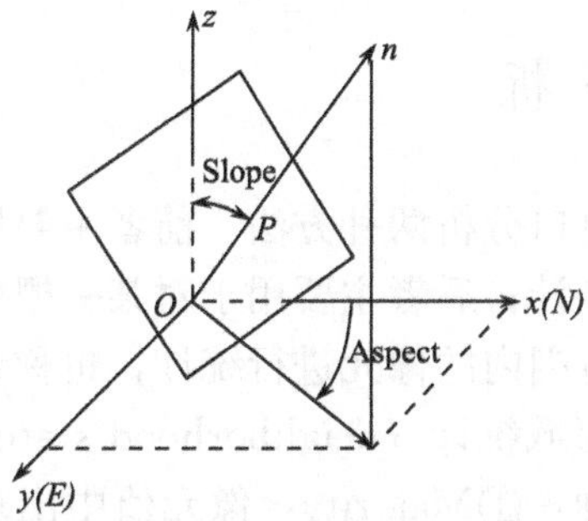

图 4.57 坡度与坡向（汤国安和杨昕，2006）

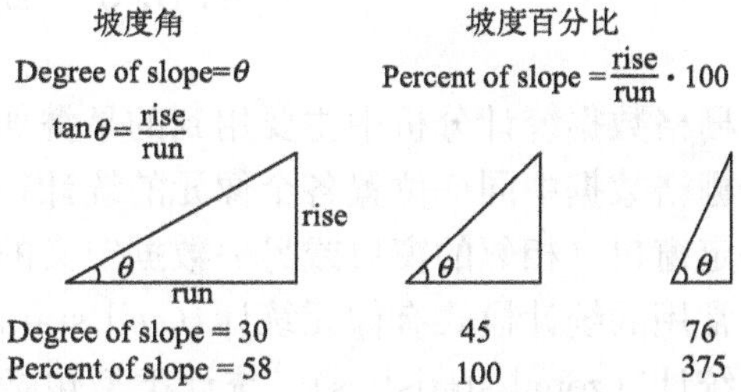

图 4.58 坡度的两种表达方式

坡度的提取主要应用于高程数据（即计算地形坡度），但是其他连续栅格数据也可以求取相对意义的坡度。例如，对人口密度求取坡度，可以更形象地表达人口空间分布的变化情况；对气温表面求取坡度，可以反映温度的变化梯度。

ArcGIS 中，提取坡度可以利用空间分析模块的表面分析工具集中的坡度工具。其参数设置包括坡度表示方法的选择、高程变换系数的设置、输出像元大小的设置等。

(2) 坡向的提取

坡向是指表面上一点的切平面的法线矢量在水平面的投影与过该点的正北方向之间的夹角（图 4.57）。对于地面任何一点来说，坡向表征了该点高程值改变量的最大变化方向。坡向从正北方向开始顺时针方向从 0°～360°。典型的坡向有正北、东北、正东、东南、正南、西南、正西、西北等方向（图 4.59）。

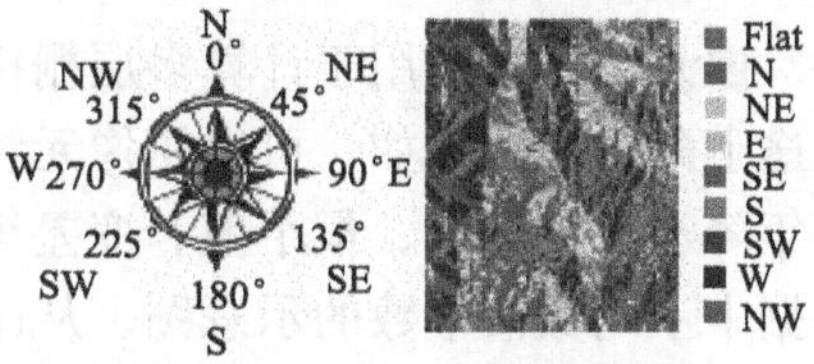

图 4.59 坡向示意图

ArcGIS 中，提取坡向可以利用空间分析模块的表面分析工具集中的坡向工具。图 4.60 是某地的地形坡向图，图中每一个栅格像元值代表该像元所在位置的坡向值，平坦的区域没有坡向，直接赋值为－1。

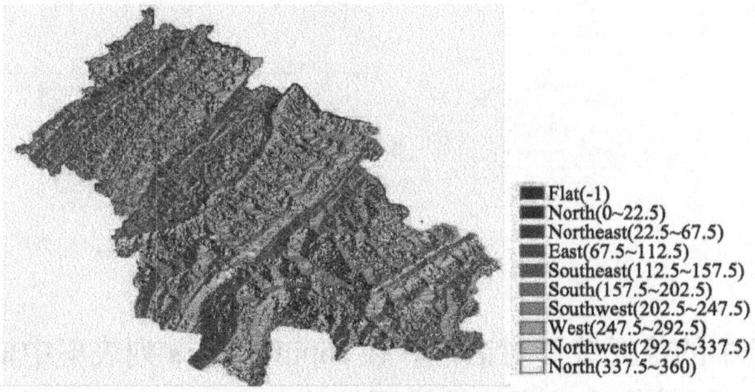

图 4.60 坡向提取

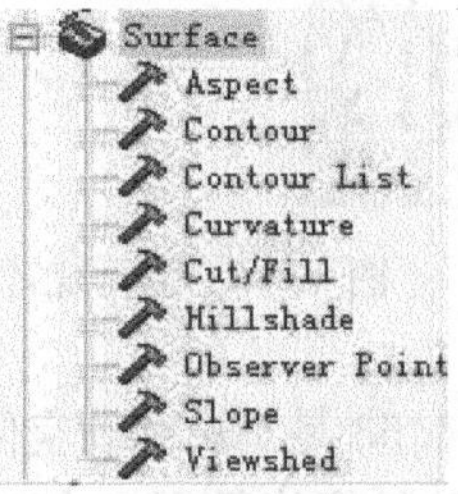

图 4.61 表面分析工具箱

ArcGIS 中，坡度、坡向等表面分析不仅可以在 ArcMap 中通过空间分析或三维分析模块的表面分析工具集得到实现，还可以在 ArcToolbox 中，利用空间分析工具箱中的表面分析工具进行相应操作（图 4.61）。

4.3.6　统 计 分 析

栅格数据统计分析中主要用到的是叠加分析和窗口分析两种方法。前者主要用于对多个栅格数据中同一位置各个像元的统计，即叠加统计；后者主要用于对某一栅格数据中一定窗口（相邻的窗口或另一数据定义的窗口）范围内的像元进行统计，也称窗口统计。常用的统计模式有像元统计（cell statistics）、邻域统计（neighborhood statistics）、分区统计（zonal statistics）。统计类型包括以下几种：①Majority：像元值中出现频率最高的数值，即众数；② Maximum：最大值；③ Mean：均值；④ Median：中值；⑤Minimum：最小值；⑥Minority：像元值中出现频率最低的数值，即寡数；⑦Range：像元值的数值范围，即最大值与最小值之差；⑧Standard Deviation：标准差；⑨Sum：总和；⑩Variety：像元值中不同数值的种类数。

对于不同数据类型的栅格，进行统计分析的类型也有所不同。例如，ArcGIS 中，对于浮点类型的栅格数据，只能进行 Maximum、Minimum、Mean、Range、Standard deviation、Sum 的计算，而整数类型的栅格数据，则可以进行所有类型的统计分析。

1. 像元统计

像元统计可以用于计算多层栅格数据中具有相同空间位置的多个像元的统计值，其用途十分广泛。例如，可以用像元统计来分析同一地区不同年份的人口变化，计算某地多年降水的平均值、最小值、变差等情况。图 4.62 是通过像元统计，求三个输入栅格数据中不同数值个数的示意图。从图中可以看出，空值像元不参与运算。

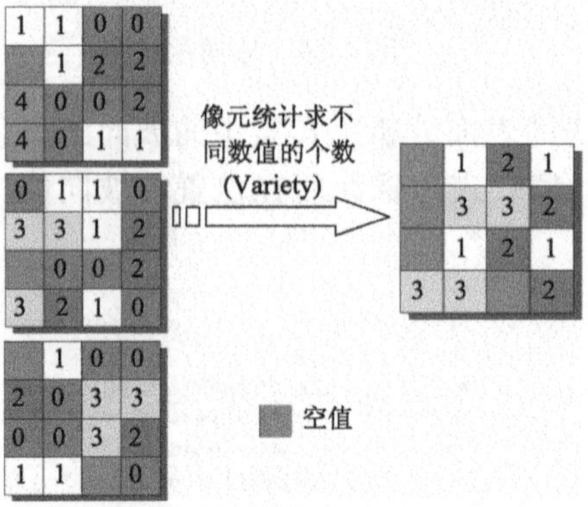

图 4.62　像元统计示意图

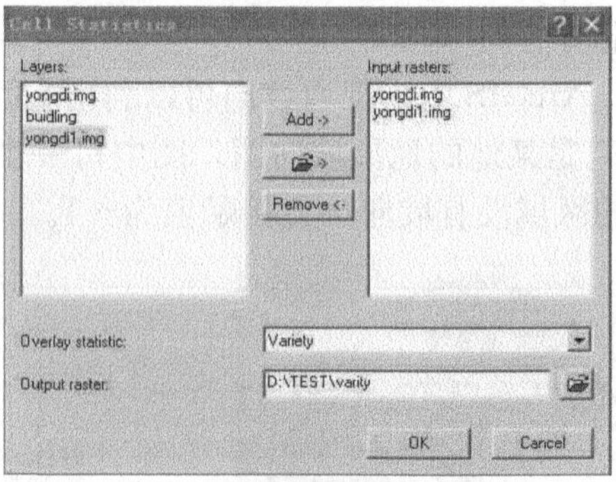

图 4.63　像元统计过程

图 4.63 是 ArcMap 空间分析工具条中的像元统计对话框，在 Input rasters 列表框中输入被统计的栅格数据，在 Overlay statistic 下拉框中选择统计类型，并在 Output raster 列表框中设置输出栅格即可完成统计。例如，为反映两个不同时期土地利用变化情况，可将两个时期的土地利用栅格数据加入像元统计对话框内，利用 Variety 作为分析函数来进行统计，输出数据中值为 2 的像元其土地利用发生了变化，值为 1 的区域其土地类型未发生变化。

2. 邻域统计

邻域统计是一种窗口分析，其基本思路就是以待计算的栅格像元为中心，向周围扩展一定的范围（可以是矩形扩展，也可以是圆形扩展或其他形状的扩展），然后根据这些扩展栅格像元与中心像元的值或仅用扩展像元（即分析窗口）的值进行函数运算，从而得到这个待计算像元的新值。邻域分析可用于模拟森林大火的蔓延趋势、工厂污染物的扩散等。

按照分析窗口的形状，可以将分析窗口划分为以下类型（图 4.64）：

1）矩形窗口：它是以目标像元为中心，分别向周围八个方向扩展一层或多层栅格像元。默认窗口的邻域大小为 3×3 像元。

2）圆形窗口：以目标像元为中心，向周围作等距离搜索区，形成圆形分析窗口。

3）环形窗口：以目标像元为中心，按指定的内外半径构成环形分析窗口，内半径以内的像元不参与计算。

4）扇形窗口：以目标像元为起点，按指定的起始角与终止角以及指定的半径构成扇形分析窗口。

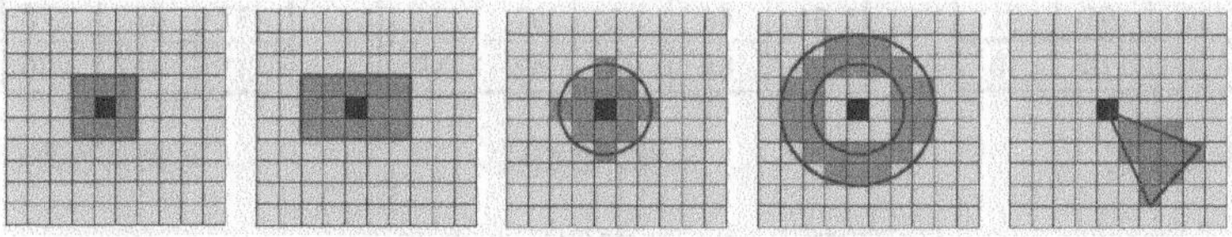

a. 默认窗口　b. 矩形窗口　c. 圆形窗口　d. 环形窗口　e. 扇形窗口

图 4.64 邻域分析的窗口类型

图 4.65 是 ArcMap 空间分析工具条中的邻域统计对话框。在该框中，需要依次设置用于统计的栅格数据、被统计的字段、统计类型、邻域窗口类型与相关参数、输出像元的大小、输出文件路径与名称。图 4.66 是用 3×3 的矩形窗口和 Sum 统计函数进行的邻域分析，处理后图形框中数值 24 就是由处理前 3×3 窗口中 9 个像元的值相加得到。

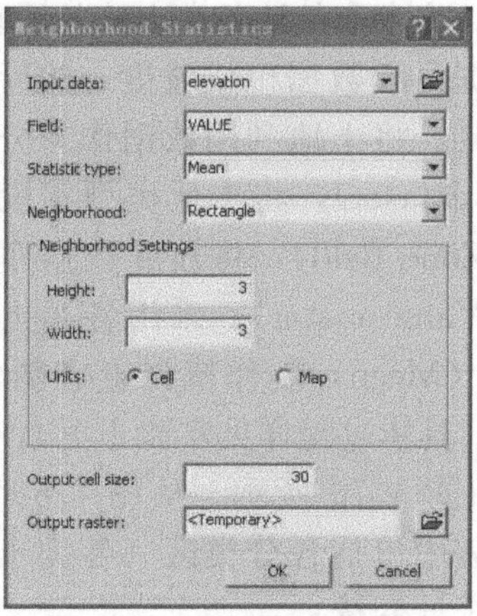

图 4.65　邻域统计分析对话框

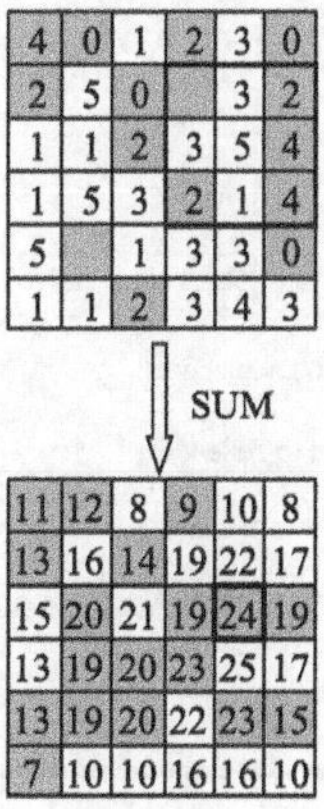

图 4.66　邻域统计示意图

如果邻域像元值为空，这些空值像元在进行邻域分析时被忽略。如果中心像元的扩展像元全部都是 NoData，中心像元的输出值也将是 NoData。

3. 分区统计

分区统计是以一个数据层中的各个分类区为基础，对另一个数据层进行数值统计（图 4.67）。例如，可以用土地利用类型数据作为分区数据（即以各类土地作为分类区），用坡度、坡向和高度等栅格数据作为统计数据，分别进行分区统计，可以得出不同土地利用类型的坡度、坡向和高程的统计特征。图 4.67 中，分区数据层中有值为 1、2、5、10、91 的五个区，根据这五个区分别计算统计图层中各像元的总和，结果如图 4.67c 所示。

1	1	1	2	2
1	1	1	2	2
1	1	1	2	2
5	5	1	2	2
5	5	1	2	2
5	5	10	91	91
5	5	10	91	91
5	5	10	10	10

a. 分区数据层

53	57	33	10	14
78	31	12	22	55
32	9	9	85	26
6	54	33	85	94
75	25	76	49	27
48	16	67	23	89
36	46	82	97	74
45	86	44	42	35

b. 统计数据层

423	423	423	467	467
423	423	423	467	467
423	423	423	467	467
437	437	423	467	467
437	437	423	467	467
437	437	270	283	283
437	437	270	283	283
437	437	270	270	270

c. 结果数据层(Sum)

图 4.67　分区统计示意图

分区统计中，分区数据层可以是矢量数据也可以是栅格数据，而统计数据层只能是栅格数据。由于矢量的分区数据层计算效率较低，所以在数据量较大的情况下，建议将矢量的分区数据先转换成栅格数据，再进行分区统计。

图 4.68 是 ArcMap 空间分析工具条中的分区统计对话框。在该框中，需要设置分区数据及分区所依据的字段、统计数据、统计是否忽略空值、是否将统计结果表与分区图层进行连接、是否生成统计直方图、直方图的统计类型、输出表格的路径与名称等参数。例如，为求取某地各类土地的平均坡度，可以先根据高程数据生成坡度，然后利用分区统计工具，将土地利用数据作为分区数据层（Zone dataset），将土地类型字段作为分区字段（Zone field），将坡度数据作为统计数据层（Value raster），采用各类土地的坡度平均值（Mean）制作统计直方图（Chart statistic）（具体过程详见实验十五），结果如图 4.69 和图 4.70 所示。从图 4.69 可以看出，统计表中包括各分类区（各类土地）坡度的各类统计变量。

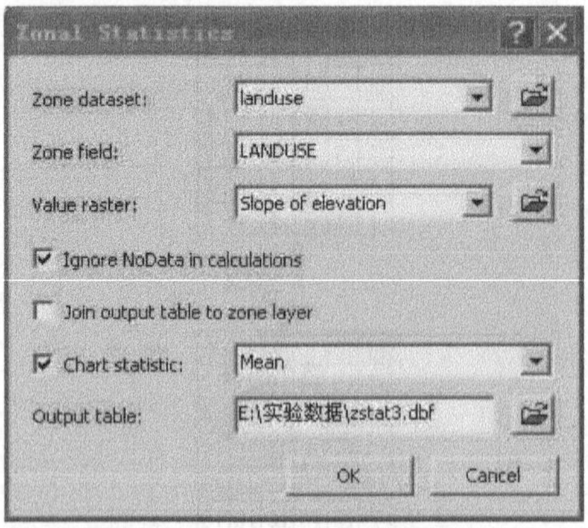

图 4.68　分区统计对话框

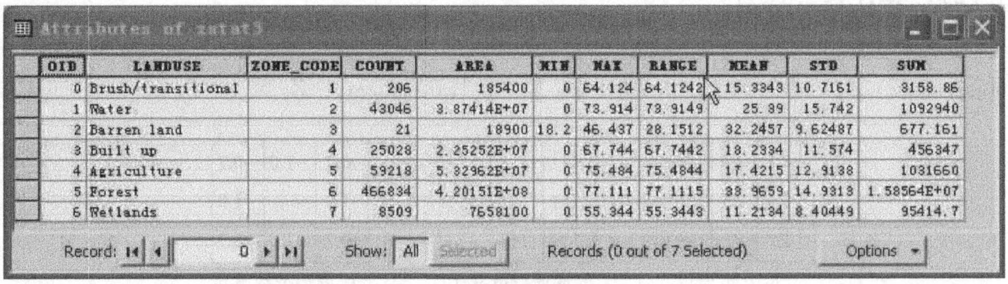

OID	LANDUSE	ZONE_CODE	COUNT	AREA	MIN	MAX	RANGE	MEAN	STD	SUM
0	Brush/transitional	1	206	185400	0	64.124	64.1242	15.3343	10.7161	3158.86
1	Water	2	43046	3.87414E+07	0	73.914	73.9149	25.39	15.742	1092940
2	Barren land	3	21	18900	18.2	46.437	28.1512	32.2457	9.62487	677.161
3	Built up	4	25028	2.25252E+07	0	67.744	67.7442	18.2334	11.574	456347
4	Agriculture	5	59218	5.32962E+07	0	75.484	75.4844	17.4215	12.9138	1031660
5	Forest	6	466834	4.20151E+08	0	77.111	77.1115	33.9659	14.9313	1.58564E+07
6	Wetlands	7	8509	7658100	0	55.344	55.3443	11.2134	8.40449	95414.7

Record: 0　Show: All　Selected　Records (0 out of 7 Selected)　Options

图 4.69　分区统计表

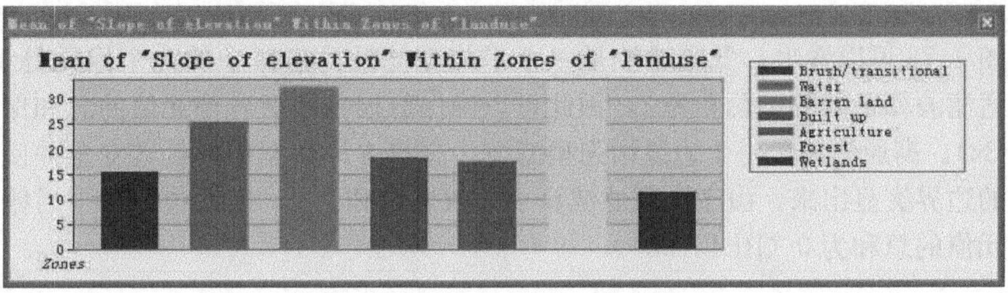

图 4.70　分区统计直方图

以上所介绍的像元统计、邻域统计、分区统计分别属于局域（Local）分析、邻域（Neighborhood）分析、分区（Zonal）分析中的统计分析。因此，要完成以下三类统计，除了可以利用 ArcMap 空间分析工具条中的统计工具外，还可以使用 ArcToolbox 空间分析工具箱中有关局域分析、邻域分析、分区分析的相关工具（图 4.71）。

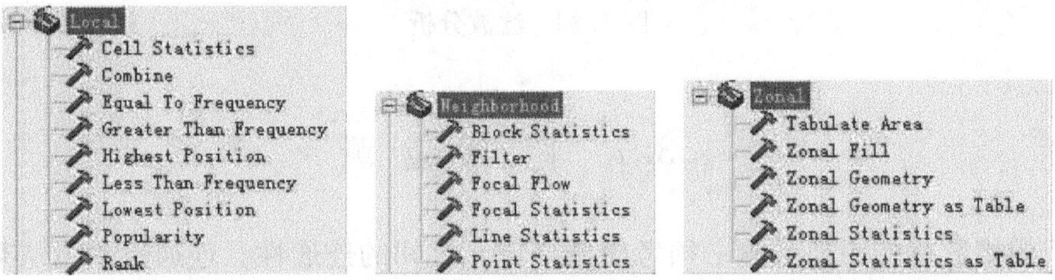

a. 局域分析工具箱　　b. 邻域分析工具箱　　c. 分区分析工具箱

图 4.71　ArcToolbox 中局域、邻域、分区分析工具箱

从图 4.71 可以看出，三类工具箱除了能完成像元统计、邻域统计、分区统计外，还可完成许多其他基于栅格的空间分析。以下简要介绍邻域分析中的滤波分析（Filter）。

滤波分析主要有高通（high pass）滤波和低通（low pass）滤波两种类型。高通滤波具有突出边缘的功能，而低通滤波正好相反，它具有减弱像元间显著变化，达到平滑数据的功能（图 4.72、图 4.73）。滤波分析在原始栅格上来回移动一个窗口（常用 3×3 的网格），窗口中心的像元值通过滤波算子与窗口中对应各像元的值加权求和而得到

(图 4.72)，其计算公式为

$$\text{低通滤波：} Z_5 = Z_1 \times 0.111 + Z_2 \times 0.111 + \cdots + Z_9 \times 0.111 \tag{4.12}$$

$$\text{高通滤波：} Z_5 = Z_1 \times (-0.7) + Z_2 \times (-1.0) + \cdots + Z_9 \times (-0.7) \tag{4.13}$$

Z1	Z2	Z3
Z4	Z5	Z6
Z7	Z8	Z9

a. 分析窗口

.111	.111	.111
.111	.111	.111
.111	.111	.111

b. 低通滤波算子

-0.7	-1.0	-0.7
-1.0	6.8	-1.0
-0.7	-1.0	-0.7

c. 高通滤波算子

图 4.72　滤波算子

从图 4.72 可以看出，低通滤波是一个平均型滤波，窗口中的九个像元等量加权。由于低通滤波算子的权重总和为 1，因此可以确保数据平滑后各像元值的总和保持不变(图 4.73a)。高通滤波是一个边缘增强型滤波，它将去掉数据中的低频变量并使不同区域之间的边界突显出来。由于高通滤波算子的权重总和为 0，因此边缘增强后栅格数据中各像元值的总和为 0（图 4.73b）。

5.0	5.0	5.0	5.0	5.0	5.0
5.0	5.0	5.0	5.0	5.0	5.0
5.0	5.0	5.0	5.0	5.0	5.0
5.0	5.0	5.0	9.0	5.0	5.0
5.0	5.0	5.0	5.0	5.0	5.0
5.0	5.0	5.0	5.0	5.0	5.0

5.0	5.0	5.0	5.0	5.0	5.0
5.0	5.0	5.0	5.0	5.0	5.0
5.0	5.0	5.4	5.4	5.4	5.0
5.0	5.0	5.4	5.4	5.4	5.0
5.0	5.0	5.4	5.4	5.4	5.0
5.0	5.0	5.0	5.0	5.0	5.0

a. 低通滤波

5.0	5.0	5.0	9.0	9.0	9.0
5.0	5.0	5.0	9.0	9.0	9.0
5.0	5.0	5.0	9.0	9.0	9.0
5.0	5.0	5.0	5.0	5.0	5.0
5.0	5.0	5.0	5.0	5.0	5.0
5.0	5.0	5.0	5.0	5.0	5.0

0.0	0.0	-9.6	9.6	0.0	0.0
0.0	0.0	-9.6	9.6	0.0	0.0
0.0	0.0	-6.8	16.4	9.6	9.6
0.0	0.0	-2.8	-6.8	-9.6	-9.6
0.0	0.0	0.0	0.0	0.0	0.0
0.0	0.0	0.0	0.0	0.0	0.0

b. 高通滤波

图 4.73　滤波分析

4.3.7　距 离 量 测

基于栅格数据的距离量测必须考虑栅格像元之间的连通性。连通性是指从某个像元开始，一个像元接一个像元地进行离散的转移。由于不同像元之间有不同的摩擦系数，而这种摩擦系数直接关系着研究对象如何在表面上进行移动，因此，在考虑连通性之前，需要生成一个摩擦表面。也就是说，在移动之前，必须对每个像元的 8 个邻近像元进行测试，以发现阻力（成本）最小的方向或最容易移动的方向（如坡面上某一点的水流方向）。若栅格像元在处理过程中还涉及其他测量参数的选择，像元的属性在经过每个像元的时候就会被累积起来；如果把这个累计值与测量的自然距离联合起来，那么就有可能找出表面中两点之间的最短路径。

1. 距离量测

栅格数据分析中的距离有欧氏距离与成本距离两种。前者也称自然距离，是指两个像元中心点之间在欧氏平面上的距离；后者也称成本加权距离，它是指两点之间累计成本最低的距离。在具体应用中，欧氏距离往往过于理想，而成本距离更贴近实际。例如，翻山到达目的地也许距离最近，但绕过山到达目的地可能更快，即时间成本更低。

距离量测常用于选址分析、路径分析等应用之中。例如，学校、连锁商场、银行网点的合理布设、公路规划选线、购物中心的选择、事故救援路线的确定等。距离量测中常常用到以下术语。

源（source）：源是距离分析中的目标或起点（distance to 或 assign to），在空间上它是一些相互离散的点、线或面，如学校、银行、道路、公园等。源可以用栅格数据表示，也可以用矢量数据表示。

成本（cost）：成本是指对某一分析目标而言在某一空间位置上所需要的开销。这种开销也许是金钱、时间，即费用成本、时间成本等。成本栅格数据中，每一个像元的成本往往都是几种不同成本赋予不同的权重值相加所得到的和。例如，超级市场的选址，不仅要考虑建设成本，还要考虑区位成本和运作成本等。由于每一个成本因子使用的单位往往并不相同（如土地利用类型与坡度），不能直接对比，因此，所有的成本因子必须通过重分类，采用相同的尺度来进行比较或求和。

如图 4.74 和图 4.75 所示，分别将土地利用数据和坡度数据进行重分类，根据不同土地类型或坡度对成本的影响大小，赋值 1～10 用以表示单要素成本的高低；然后将两个成本因子分别赋予不同的权重，再通过加权求和，即可得到两个成本因子共同影响下的成本栅格数据（图 4.76）。前一过程可通过 ArcMap 空间分析工具条中的重分类工具（Reclassify）完成，后一过程可以通过栅格计算器（Raster Calculator）实现。

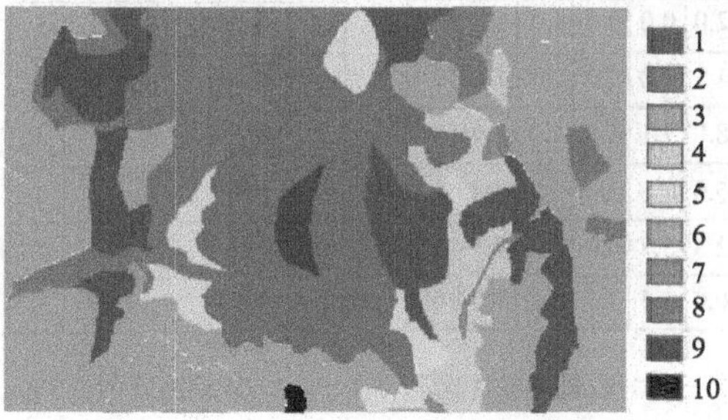

图 4.74 土地利用成本分级图

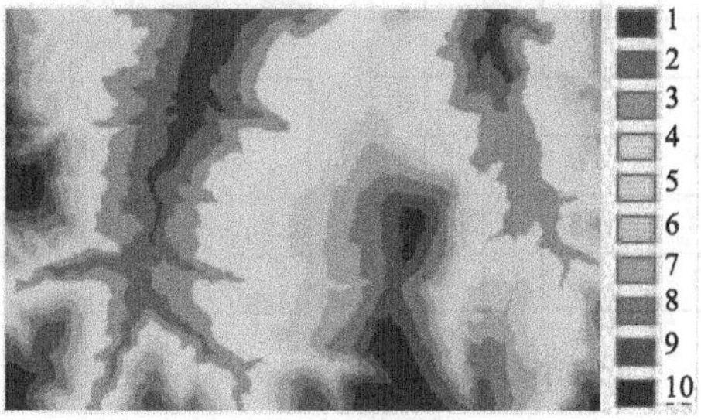

图 4.75 坡度成本分级图

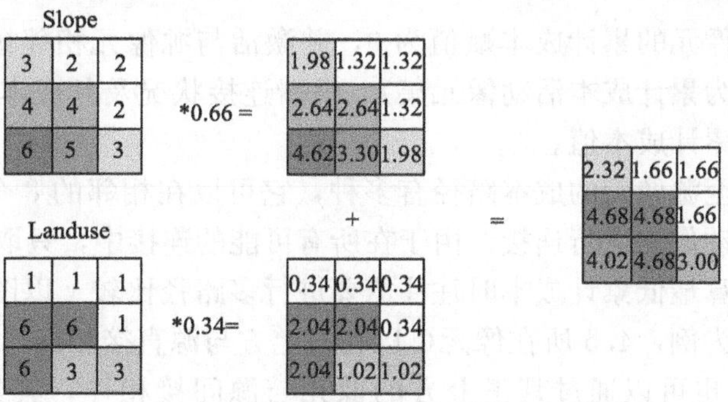

图 4.76 成本栅格数据

累计成本（accumulative cost）：指每一个像元到距离最近、成本最低的源的最少累加成本。累计成本必须考虑连接路径，横向连接与斜向连接的计算是不同的（图 4.77）。横向连接的成本距离是所连接像元的成本的平均值（图 4.77a）；斜向连接的成本距离是平均成本乘以 1.4142（图 4.77b）。

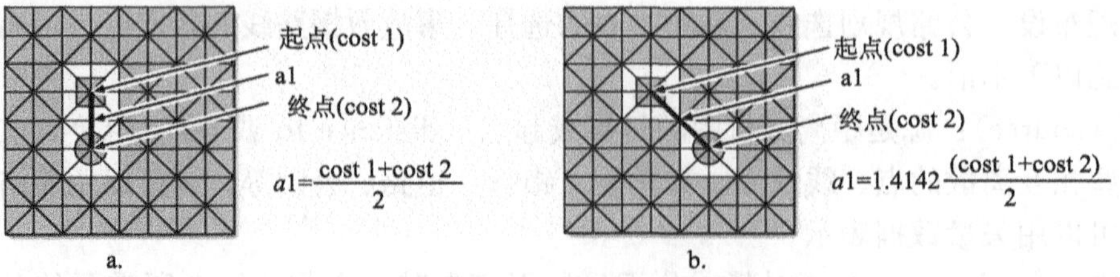

图 4.77　累计成本的连接路径

累计最小成本栅格的生成是一个从源像元开始的迭代过程，其基本步骤如下（图 4.78）。

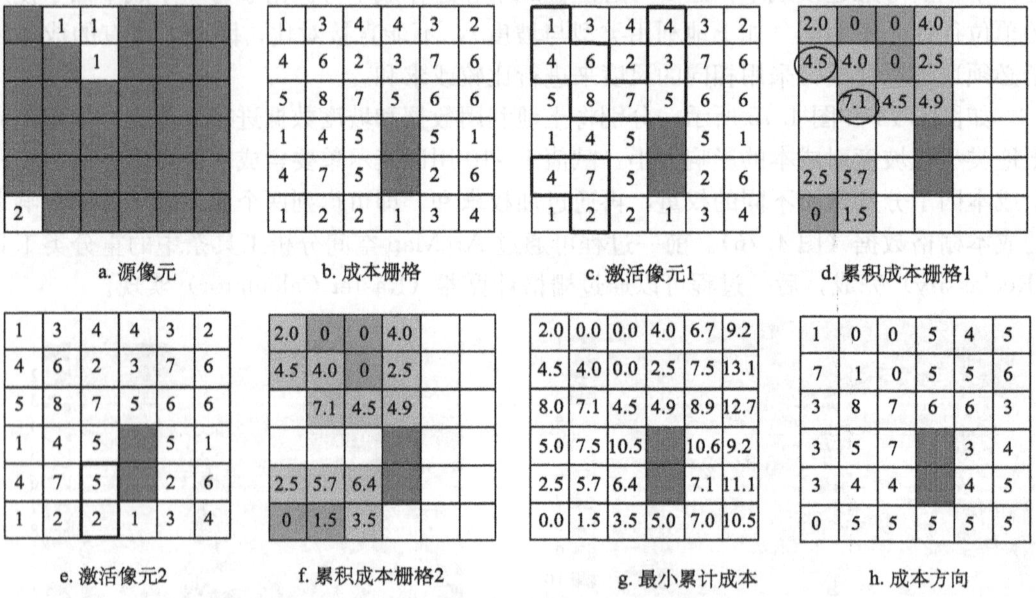

图 4.78　最小累积成本栅格的生成过程

步骤一：将源像元的累计成本赋值为 0，并激活与源像元相邻接的像元（图 4.78c 中粗线框里的像元为累计成本活动像元集），根据连接状况及其成本计算方法，计算每个活动像元的最低累计成本值。

每个活动像元至源像元的成本路径有多种，它可以在相邻的 8 个方向上直接连接，也可以通过其他活动像元进行连接。由于在所有可能的连接中，只取其中累计成本最低的连接，因此在计算最低累计成本时往往需要进行多路径比较。以图 4.78d 圆框里 4.5 和 7.1 这两个像元为例，4.5 所在像元可以在右上方与源直接相连，其成本为 1.4142×（4＋3）／2＝4.9，也可以通过其正上方的像元与源间接相连，其累计成本为2＋（1＋4）／2＝4.5。可见间接连接的成本低于直接连接，因此取值为 4.5 而不是 4.9。

7.1所在的像元，其与右上方直接连接的成本低于通过上方或右方像元间接连接的成本，因而取值为7.1（图4.79）。

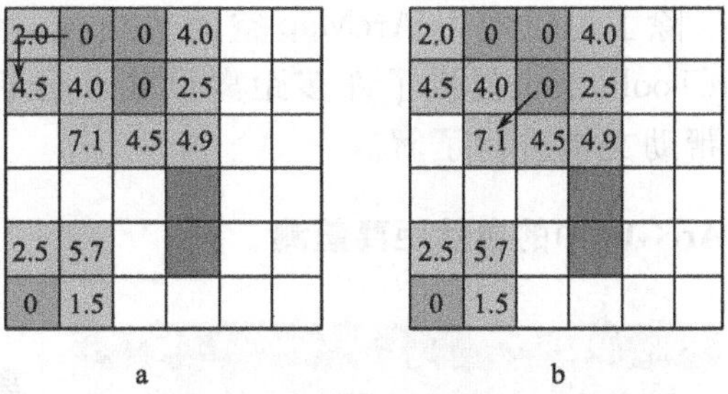

图4.79　成本累积的计算过程

步骤二：选出上一步活动像元集中累计成本值最小（1.5）的像元，先将其值赋予输出的成本栅格数据中同位置的像元，并将它从活动像元集中剔除，再将它的相邻像元（2、5）补充进入活动像元集中，计算其最低累计成本［1.5＋（2＋2)/2＝3.5，1.5＋1.4142×（2＋5)/2 ＝6.4］。

步骤三：重复第二步，不断进行循环迭代，直至所有的像元均已赋予最低累积成本值。

成本方向（cost direction）：根据累积最低成本栅格数据，确定每一个像元沿最低成本路径，回到最近邻源的方向。ArcGIS中，像元的最低成本路径方向采用0～8的数字编码（图4.80），0为像元本身，1～8分别为从正东方向开始顺时针的8个相邻像元的方向。例如，当值为3时，为正南方向；值为4时，为西南方向。

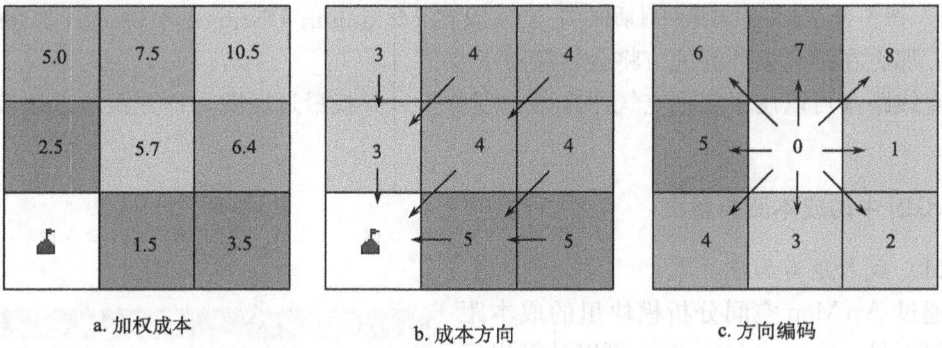

图4.80　成本方向数据说明图

成本分配（cost allocation）：确定每一个像元属于哪一个最近源的信息，像元值与所对应的源相同。在自然距离量测中，成本分配利用自然距离最邻近方法确定归属；在成本距离量测中，成本分配基于最低累计成本而确定。图4.81是由上文的最小累积成本图确定的成本分配数据。

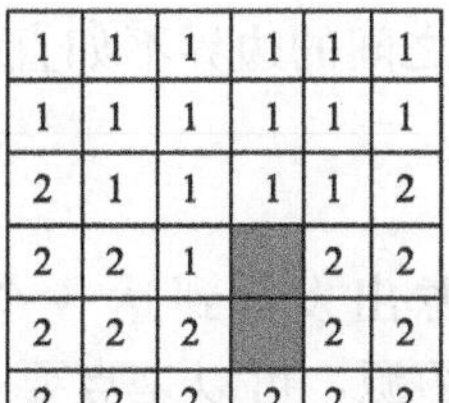

图4.81　成本分配

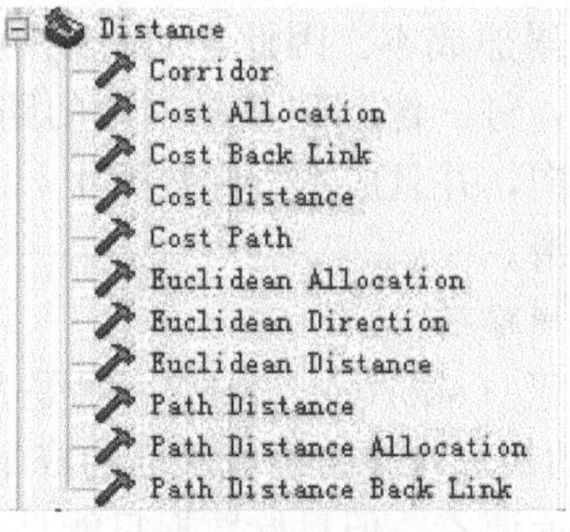

图4.82　ArcToolbox距离量测工具

除了可以使用 ArcMap 空间分析模块里的 Distance 工具进行距离量测分析外，ArcToolbox 也提供了许多距离量测和分析函数（图 4.82），读者可以通过 ArcGIS 的帮助文档进行了解。

2. ArcGIS 中的自然距离量测

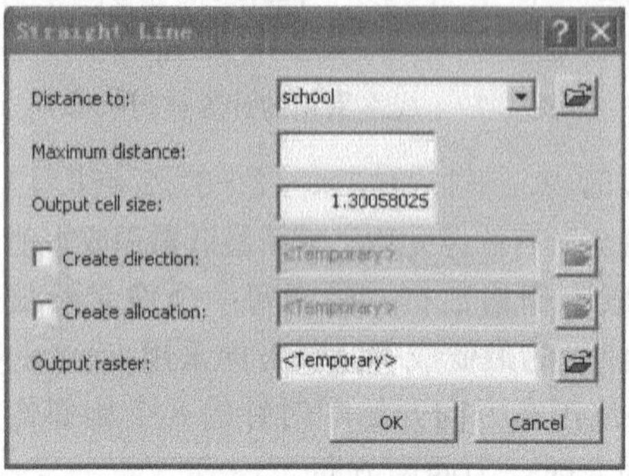

图 4.83　直线距离量测对话框

通过 ArcMap 空间分析模块里的直线距离工具（Straight Line）（图 4.83），可以计算每个栅格像元与最近源之间的欧氏距离，并按距离远近分级。计算欧氏距离需要输入源数据（Distance to），设置输出的直线距离数据（Output raster）及其像元大小，同时还可根据需要输出直线方向数据（Create direction）和直线分配数据（Create allocation）。如果只想在一定范围内计算距离，可以在 Maximum Distance 中输入计算的最大距离，那么在距离以外的地方将会直接赋予空值。

直线距离可以用于实现空气污染影响度分析、寻找最近医院、计算距最近超市的距离等。

3. ArcGIS 中的成本距离量测

（1）*成本距离加权*

通过 ArcMap 空间分析模块里的成本距离加权工具（cost weighted），可以计算出每个栅格像元到距离最近、成本最低源的最少累加成本。与直线距离量测运算相比，成本距离量算更为复杂，其输入项增加了一个成本栅格数据（图 4.84）。

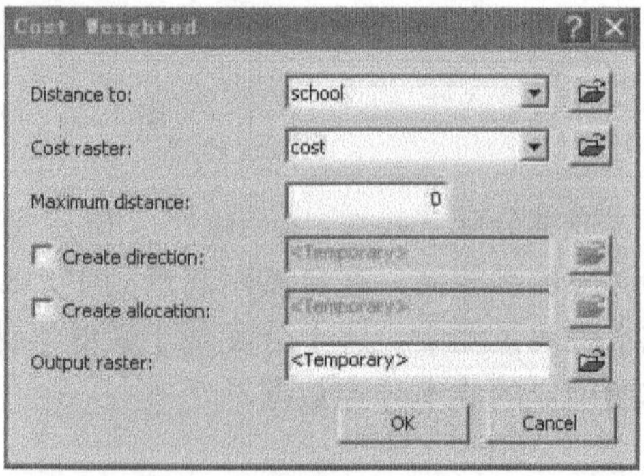

图 4.84　成本距离量测对话框

成本距离加权函数通过成本因子修正直线距离，获得每一像元到距离最近、成本最低源的最少累加成本。因此，与直线距离分析结果相比，每一像元到其最近源的路径不再是直线方向，并且成本分配数据中，不同源的分配区域之间的边界不如直线距离分配结果边界平滑。

（2）*最短路径*

最短路径（shortest path），就是从一个源或一组源出发，到达一个指定目标（path to）的最短直线路径或最低的成本路径。最短路径的源，可以是点要素，也可以是线要素或面要素，但目标数据只能是点数据。在 ArcGIS 中提供三种最短路径算法。

1）For Each Cell：为源中每个像元寻找一条成本最小的路径。

2）For Each Zone：为每个源寻找一条成本最小的路径。

3）For Best Single：为所有源寻找一条成本最小的路径。

图 4.85 是 ArcMap 空间分析模块里的最短路径工具。从图 4.85 可以看出，求算最短路径，至少需要设置三个关键内容：一是目标点数据；二是成本累积数据；三是成本方向数据。由此可知，在 ArcGIS 中进行最短路径的分析时必须先进行成本距离和成本方向的计算。

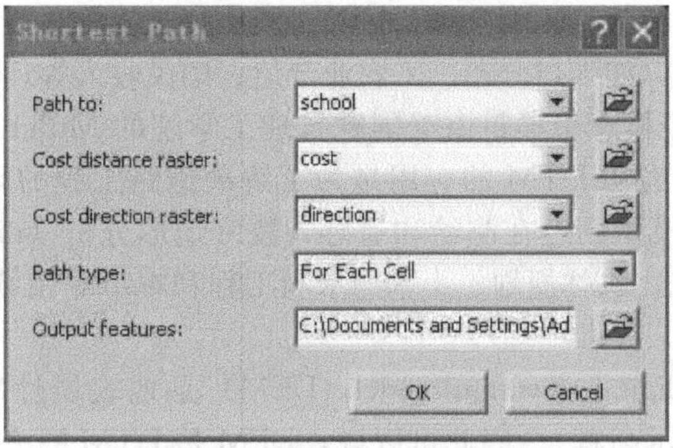

图 4.85　最短路径量测对话框

4.4　DTM 与三维分析

随着科学技术特别是计算机科学和计算机图形学等技术的迅猛发展，现实世界中地形地貌等地表内容的模拟与表达已经突破了传统的以等高线为主要内容的地形图的限制。数字地面模型便是 20 世纪中叶以后诞生的一种数字地面表达技术，它采用数字的形式模拟地表特征，可以对坡度、坡向、山体阴影、地表曲率、地表侵蚀与堆积、可视性、表面积与体积、地表剖面等地形参数进行计算和提取，并进行三维可视化表达与分析，从而使现实世界的三维特征能够得到充分且真实的再现。

4.4.1　创 建 表 面

表面是一个含义较广的概念，在不同的领域中有不同的定义。在 GIS 中，表面是指由无数具有不同数值的点集拟合而成的一个面域。这些点的属性数值可以是高程、温度、降水量等，这些数值一般通过三维坐标系统的 Z 值来表达，从而产生一个连续的三维表面用以进行各种分析应用。

表面可以通过等值线、TIN 或栅格数据进行表达，在 GIS 中，表面分析往往都是通过数字地面模型来完成的。

1. DTM 与 DEM

（1）DTM 与 DEM 的概念

数字地面模型（digital terrain model，DTM）是利用一个任意坐标系中大量的已知坐标（X、Y、Z）的点集对地表特征的表示，或者说，DTM 就是地表特征的数字表达，是带有空间位置特征（X、Y）和地表属性特征（Z）的数字描述。

DTM 中 Z 值所表达的地表属性特征一般可以分为以下四类。

1）地貌信息，如高程、坡度、坡向、坡面形态以及其他描述地表起伏状况的更为复杂的地貌因子；

2）基本地物信息，如水系、交通网、居民点和工矿企业以及境界线等；

3）自然资源和环境信息，如土壤、植被、地质和气候等；

4）社会经济信息，如人口分布、工农业产值、国民收入等。

数字地面模型这个概念最早是由美国麻省理工学院的 Miller 和 Laflamme 于 20 世纪 50 年代提出来的，当初 DTM 的应用是为了解决道路工程的计算机辅助设计问题。50 多年来，数字地面模型已经在测绘和遥感、数字地形分析（digital terrain analysis，DTA）、地理信息系统、农林规划、土木与水利工程和军事等领域得到了广泛的研究和应用。

数字高程模型（digital elevation model，DEM）是地表属性特征为高程时的数字地面模型（即 Z 值表示高程）。因此可以说，DEM 是 DTM 的一个子集或是特例。数字高程模型可以看作是一种新型的地形图，地形不再是用直观的等高线和图例符号在纸上表达，而是通过存储介质中的大量密集的地面点的空间坐标和高程，以数字的形式来描述。

美国地质调查局（USGS）在 20 世纪 90 年代提出了“4D 产品”的概念。所谓 4D 产品，即数字正射影像图（digital orthophoto map，DOM）、数字高程模型、数字线划地图（digital line graphic，DLG）和数字栅格地图（digital raster graphic，DRG）。数字高程模型作为 4D 产品的重要组成部分，目前已经成为了国家空间数据基础设施（NSDI）建设的基础核心数据之一。

(2) DEM 的数据源和采集方法

DEM 数据包括平面位置和高程两种信息。建立 DEM 首先要获取高程数据，在表达精度要求较高的情况下，还可以加入断裂线、山脊线、山谷线等地形特征线和一些特征点（如山顶点、鞍部等）。

当前，DEM 数据源主要来自以下三个方面。

1）地面测量：这是一种传统的数据获取手段，一般是采用全站仪、经纬仪、GPS 等测绘仪器在野外进行实测，获取目标测点的角度、距离和高程数据，再将这些数据输入计算机中经过处理获取该点的三维坐标以构建 DEM。这种方法可以建立精度很高的 DEM，但是工作量较大、耗时多、效率低，且成本较高，所以只适用于小范围内大比例尺 DEM 的建立，一般在房屋、道路设计、建筑等土木工程领域应用较多。

2）地形图：地形图是地表起伏形态和地物位置、形状在水平面上的投影图，它是地貌形态的传统描述方法，主要是通过等高线来表达地面的高度和地表起伏状况。以地形图为数据源建立 DEM，一般先要对地形要素（如等高线、高程点）进行数字化并赋予高程值，然后再采用一定的表面建模方法内插生成 DEM（图 4.86）。

由于地形图一般更新慢，周期较长，所以对于经济发达、地形地貌变化迅速的地区来说，利用地形图获取 DEM 往往难以满足现势性的需要，而对于地形地貌变化不大的地区来说，地形图则是获取 DEM 的一种物美价廉的数据源。

3）数字摄影测量和遥感影像：通过各种数字摄影测量仪器，利用摄影测量方法建立空间地形立体模型，从航空或航天遥感立体影像中量测并提取高程数据。该方法数据更新较快，可以用来获取高精度大范围的 DEM 数据，但购买遥感影像价格昂贵，成本较高。

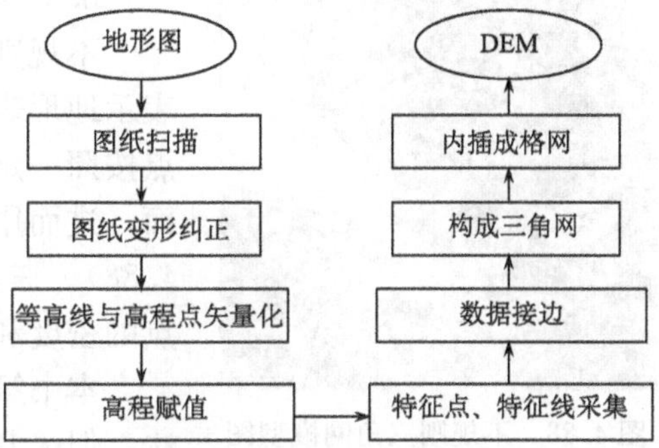

图 4.86 根据地形图生成 DEM 的流程图

除以上三种应用较为广泛的方式之外，还可以利用 GPS、结合雷达和激光测高仪等进行 DEM 数据的采集。对于一些区域范围较大且对高程精度要求较低的研究，还可以采用气压测高等方法获取数据。总之，采用哪种方法，需要根据 DEM 的应用目的、数据采集效率、应用范围以及成本等因素进行综合考虑。

(3) DEM 的表达模型

从地面测量、地形图、数字摄影测量和遥感影像等方法获取的高程数据往往只是一些离散的地面点，这些点之间往往相互独立，不具备联系，为了满足地形表面分析等其他应用的需要，必须通过一定的插值方法和表达模型将这些离散数据点进行地形表面的重建，从而产生可以被广泛应用的数字高程模型。用以表达 DEM 的数据模型主要有规则格网模型、不规则三角网模型和等高线模型三种。

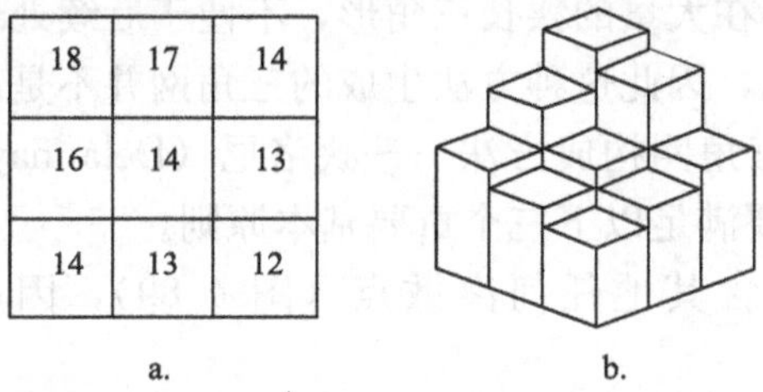

图 4.87 规则格网模型

a. 规则格网模型

规则格网模型是最常用的一种 DEM 表达模型，它将离散数据点所在的区域划分为一系列规则格网单元，每个单元代表一个高程点，并赋予该点高程值（图 4.87）。因此，规则格网模型 DEM 的实质是属性值为高程的栅格数据。由离散点生成栅格 DEM 往往需要通过空间插值的方式，具体插值方法将在后文中介绍。

规则格网的高程矩阵数据排列规则，结构简单，容易被计算机处理和存储；便于计算等高线、坡度、坡向、山地阴影，描绘流域轮廓等；易与遥感影像数据结合。这些优点使得规则格网模型成为 DEM 最常见的表达模型之一。但其缺点也较为明显：数据存储量大，为数据管理带来不便；数据点的密度对于整个分析区域来说都是一样的，从而造成在地形简单地区容易出现大量的数据冗余，而在地形复杂地区的分辨率则较低的现象。理想的情况应是数据点在复杂地形处的密度大一些，而在平坦地区密度小一些。针对这一缺点，也有学者提出了许多对规则格网模型的改进方法。例如，使采样间隔随地形复杂程度的变化而变化，在地形简单地区的间隔大，而在地形复杂地区则相应地减小采样间隔等措施，从而使得该模型表达的 DEM 质量得到一定程度的改善。

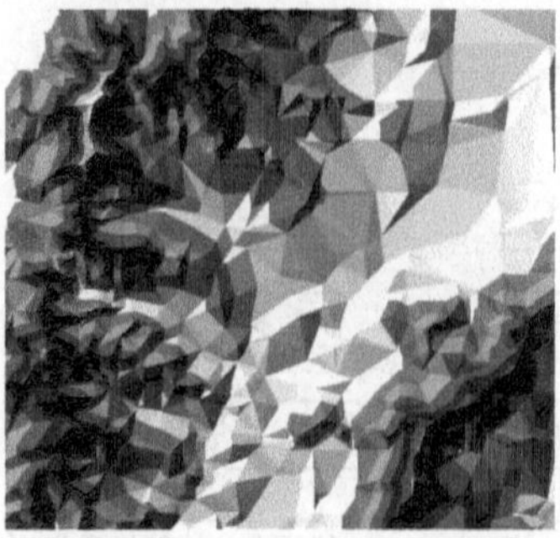

图 4.88　不规则三角网模型图

b. 不规则三角网模型

不规则三角网是一种直接利用原始的离散采样点来表示地形表面的结构模型。具体来讲，它是将离散采样点按照一定的优化组合原则连接成为相互连续的三角面，进而用这些连续三角面来逼近真实的地形曲面（图 4.88）。三角形的形状和大小取决于不规则分布的采样点的密度和分布位置。

本书第 2 章中介绍了生成不规则三角网的一般方法，但采用这种方法生成三角网需要注意以下一些事项。

1）以第一边为底边搜索第三个顶点时，应该在向量的左右两边都搜索。

2）搜索时所依据的点与边“距离最近原则”是指第三点到此边中点距离为最短，也可指第三点与边所构成的以此点为顶点的角度为最大，即“角度最大原则”。

3）为加快搜索速度，可以先在待扩展底边所在区域附近搜索，若找到最近的点则停止搜索；若找不到，则向外扩大搜索区域直到找到最近的点或到边界为止。

4）由于在三角网中，共享一条边的三角形最多有两个，因此在以一边为底边进行扩展时，可以先判断此边是否已被两个三角形共享。若已共享，则不需对该边进行扩展，否则需要以它为底边进行扩展。

5）在搜索最近点过程中，若存在四点共圆的情况，则需对生成的新三角形进行是否与已存在的三角形交叉或同一的判断。若交叉或同一，则生成的三角形无效，不予记录。

上面介绍的三角网的一般生成方法，可能存在大量的狭长三角形，不便于后续处理（如插值、坡度坡向计算等），其几何结构并不强，因此这种方法生成的三角网并不是最优三角网。以下介绍一种目前应用较广的最优三角网构成方法——狄洛尼（Delaunay）三角剖分法。用该方法构建 TIN 模型，一般需要满足以下三个重要基本原则。

1）空外接圆准则：三角形的外接圆不包含其他任何离散点（图 4.89），因此 Delaunay 三角网是唯一的，任意四点不能共圆。

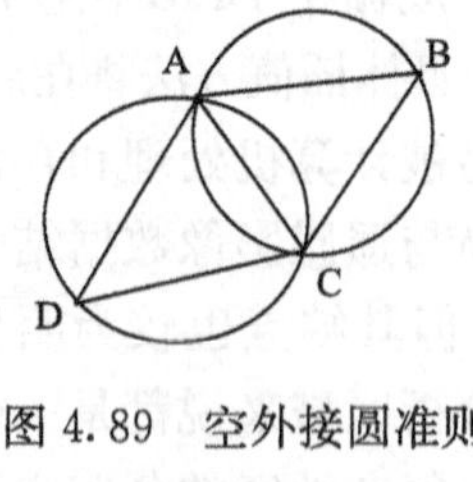

图 4.89　空外接圆准则

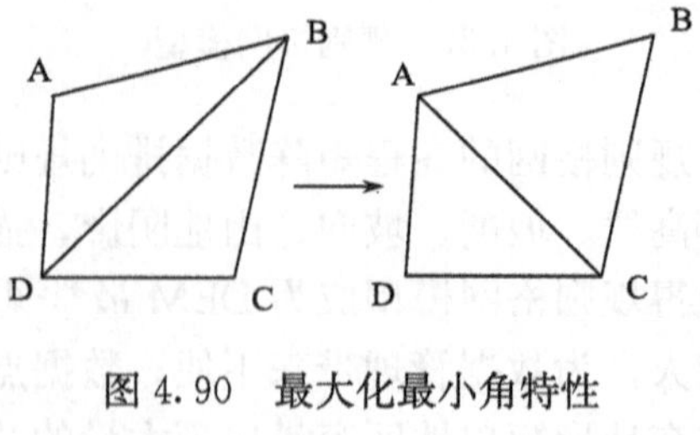

图 4.90　最大化最小角特性

2）最大化最小角特性：在离散点集所能形成的三角网中，Delaunay 三角网中每个三角形的最小角是最大的。如图 4.90 所示，两个相邻的三角形 ABD 和 BCD 构成凸四边形，其对角线在相互交换后，六个内角的最小角不再增大。从这个意义上讲，Delaunay 三角网是“最接近于规则化的”的三角网。

3）保证用最邻近的点构成三角形，即三角形边长之和最小。

很显然，用 TIN 表示 DEM 比规则格网模型表示 DEM 要复杂得多，但是它能克服规则格网模型的一些缺点。例如，TIN 能随地形的起伏变化而改变采样点的密度和调整采样点的位置，因而能够克服地形起伏不大的地区产生冗余数据的问题，从而节省存储空间；同时它还能够根据地形特征点或线，如山顶点、鞍部、山脊（谷）线、悬崖以及其他能够进行数字化的重要地形特征，获得更加逼真的 DEM 数据。

c. 等高线模型

等高线模型是通过一系列具有高程值的等高线表示地形表面的高低起伏状况的 DEM。通常，在数字化地形图中的等高线时，一般是沿着每条等高线按一定距离采样，并存储这些采样点的 X、Y 坐标值，然后在属性表中输入该线的高程，这样就形成了具有一定高程属性的弧段（图 4.91）。由于等高线模型存储的高程值仅仅是所分析区域中的部分高程值，因此为了获取其他点的高程值，往往需要采用该点周围等高线上的点，通过某种插值方法计算而得到。事实上，为更加准确的模拟地表，常常还需要结合高程点（如山顶点）表达微地貌形态。

图 4.91 等高线模型

等高线模型可以形象地看作一系列闭合的嵌套多边形，它比较适合表达一个连续曲面，但不适合数学分析或模拟，所以通常将它们转化为规则格网模型或 TIN 模型。

以上三种 DEM 表达模型中，规则格网模型和 TIN 模型是目前 GIS 中最主要也是最为常见的表达方式，各种主流 GIS 软件平台，如 ArcGIS、MapGIS、SuperMap 等都能够通过栅格或 TIN 来重建地形表面以完成地形分析等各种应用。

（4）DEM 的应用

DEM 的应用非常广泛：在测绘上可用于绘制等高线、坡度图、坡向图、立体透视图，生成正射影像、立体景观图、立体地图修测和地图的修测；在各种工程项目中，可用于计算面积和体积、计算挖填土石方量、制作各种剖面图、规划道路线路和建设项目的选址；在军事上，可用于飞行体的导航、通信、越野通视情况分析、军事目标的三维立体地形显示等；在遥感中，可用于辅助分类；在环境与规划方面，可用于土地利用现状分析、城市规划设计和水灾险情预测等。

在 DEM 的各种应用中，地形分析是最基本的应用，其他应用都可以看作是地形分析的扩展和推广。

2. 基于规则格网（栅格模型）的表面创建

GIS 中创建表面模型的方法通常有插值法和三角测量法。前者一般是采用某种插值方法由点数据插值生成栅格表面，后者则一般是由矢量数据生成不规则三角网来完成表面的创建。

（1）空间插值的理论基础

空间插值是一种由点数据生成面数据的表面创建方法。它利用离散的已知点数据来估算其他未知点数据以生成连续表面。在 GIS 中，空间插值主要应用于生成栅格表面数据，用以估算出每个栅格像元的值。

空间插值技术在理论上源于地理学的一个基本定律——相近相关，即空间位置上越靠近的点，越可能具有相似的特征值；而距离越远的点，其特征值相似的可能性越小。例如，若街道的这一边在下雨，那么街道的另一边也在下雨的可能性很大，但城市的另一边是否也在下雨可能就不那么确定，至于邻县的天气状况就更难确定。在这一基本理论支持下，人们提出了多种空间插值方法，其中最具代表性的有反距离权重法、样条函数法、克里格法等。但不管采用何种方法，样本点越多，分布越广泛，插值结果就越接近真实值。

（2）反距离权重插值

反距离权重（inverse distance weighted，IDW）插值法基于相近相关原理，认为距离越近的点对插值点具有越大的影响，而距离越远的点对插值点的影响越小（即作用的大小与距离的大小成反比）。该方法假设各已知采样点对待插值点的预测值都有局部影响，其影响随着距离的增加而减小，离预测点近的已知采样点在预测过程中所占的权重大于离预测点远的已知采样点的权重。其一般公式为

$$Z=\frac{\sum_{i=1}^{n}\left(\frac{1}{d_i^n}\right)Z_i}{\sum_{i=1}^{n}\frac{1}{d_i^n}} \tag{4.14}$$

式中：Z 为某待插点的值；Z_i 为第 i（$i=1, 2, \cdots, n$）个已知采样点的值；d_i 为第 i 个已知采样点与待插点的距离；n 为幂。n 值的大小显著影响插值的结果，n 值越大，较近的已知点对待插点的影响越大（即将注意力放在了近处的点，拟合的表面不够光滑，有更多的细节），反之较小。当 n 太小（接近于 0）时，预测值接近于采样点的平均值；当 n 太大（如 10 以上）时，预测值接近于距离最近的采样点的值。

在 ArcGIS 中，三维分析模块以及空间分析模块均可用于从现有数据中通过空间插值创建栅格表面。由于这两个模块都是扩展模块，因此使用之前需要具有相应的许可（License）并且激活（菜单 Tools→Extensions）。

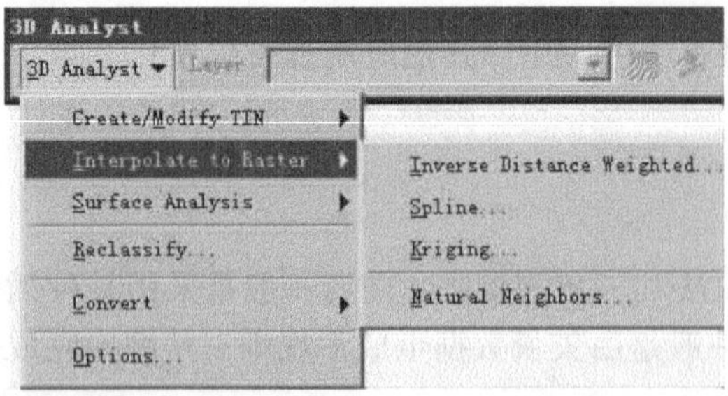

图 4.92　ArcGIS 中的几种插值方法

图 4.92 是三维分析工具条上的空间插值工具，点击 Inverse Distance Weighted，即可打开如图 4.93 所示的反距离权重插值对话框。在该对话框中，需要设置以下关键参数。

1）Input points：设置用于插值的离散点数据。

2）Z value field：选择数据源中用于插值的属性字段。该字段一般是包

含各点高程或者某种数量值的字段。

3) Power：设置距离的幂。幂值可以明显地改变内插的效果，它规定在内插过程中，距离变化影响已知点对未知点的权重按何种指数规律增、减的方式。幂值可以是大于 0 的任何数值，但一般较为合理的值应设置为 0.5～3。ArcGIS 中的默认值为 2。

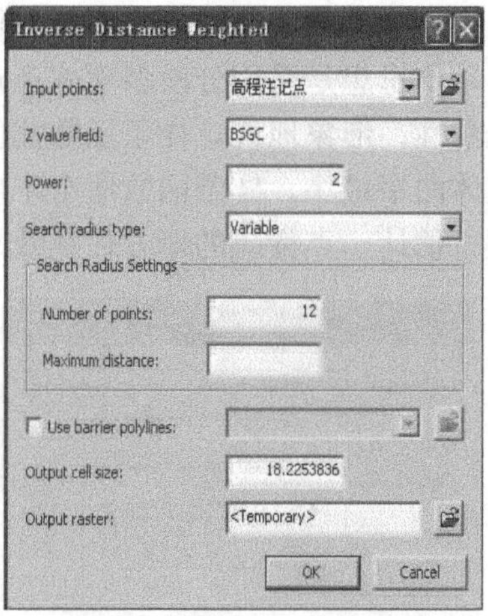

图 4.93　IDW 插值对话框

4) Search radius type：选择搜索范围的类型。搜索范围类型控制着内插时已知采样点的数量和方式等。分为可变搜索范围（Variable）和固定搜索范围（Fixed)，ArcGIS 默认为 Variable。

5) Search radius setting：搜索范围的具体参数设定。可变和固定搜索范围对应不同的设置。

可变搜索范围需要设置内插时选择的最邻近采样点个数（Number of points，默认为 12 个点）和最大搜索距离（Maximum distance，可选），其中采样点个数的选择取决于插值像元周围样本点的密度，密度越大，搜索范围也就越小；而最大搜索距离可用来限制最邻近采样点个数，若指定采样点个数超过了最大搜索距离的要求，系统会选取较少采样点进行内插。

固定搜索范围需要设置内插时的搜索距离（Distance）和选用采样点的最小个数(Minimum number of points)，其中搜索距离的默认值是输出栅格像元大小的 5 倍，采样点个数默认为 0，如果搜索距离范围内未找到采样点或者点的个数小于指定的最小采样点个数，则搜索距离会自动增大直到满足最小采样点个数。

6) Use barrier polylines（可选）：设置隔断线。隔断线是在搜索输入采样点时用来限制插值计算的多线段数据集，它使得插值计算只能在线的两侧进行，落在线上的点同时参与两侧计算。悬崖、峭壁、堤岸等都是典型的隔断线。

图 4.94 是采用 IDW 对高程点进行高程插值所得的结果。

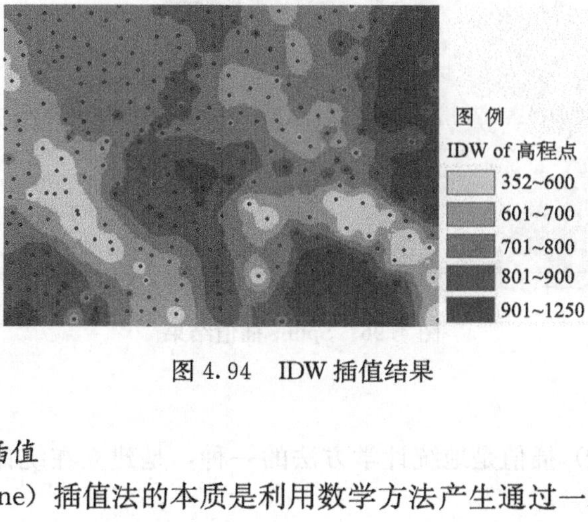

图 4.94　IDW 插值结果

(3) 样条函数插值

样条函数（spline）插值法的本质是利用数学方法产生通过一组已知采样点的整体

曲率最小的平滑曲线或曲面，并依据这个曲线或曲面来估计每个待插点上的属性数据。其基本思想是采用分段多项式逼近已知数据点，同时又保证在各段交接的地方有一定的光滑性。形象地说，样条函数插值就如同拉伸一片橡皮膜使之通过所有的样本点并保证整体曲率最小。样条函数适合于模拟高程、污染物浓度等渐变曲面，缺点是难以对误差进行估计，点稀疏的地方往往效果不好。

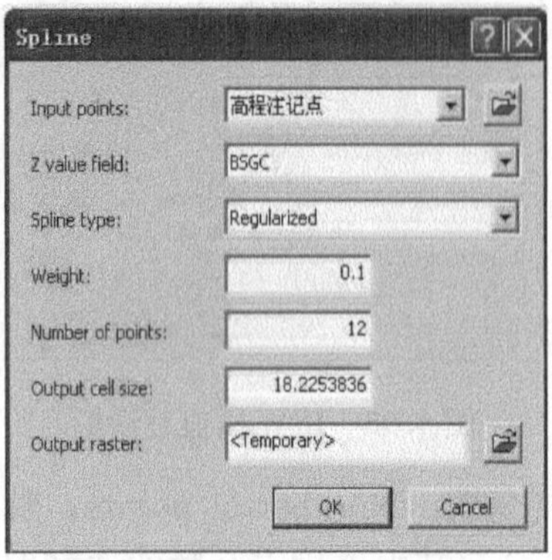

图 4.95 Spline 插值对话框

图 4.95 是 ArcGIS 中 Spline 插值对话框。在该对话框中，需要设置以下关键参数（与前述重复的参数不再介绍）。

1）Spline type：选择样条函数的类型。样条函数种类有很多，ArcGIS 中提供了两种：规则（Regularized）样条和张力（Tension）样条。

规则样条插值可以生成一个平滑、渐变的表面，插值结果可能会超过采样点数据的范围；而张力样条插值方法可以根据建模现象的特征生成一个相对不太平滑的表面，但内插值更接近采样点数据的值域范围之内。

2）Weight：设置插值权重。对于规则样条来说，该权重值用来控制表面的平滑度，它指定三阶导数的系数，以使表面曲率最小。权重越大，表面越平滑。权重值必须大于等于 0，一般用到的典型值有 0、0.001、0.01、0.1 和 0.5；对于张力样条来说，权重值定义了表面的弹性值。权重越大，输出表面越粗糙。当权重值为 0 时，为标准的薄板样条插值，典型值有 0、1、5 和 10。ArcGIS 对两种插值方法的默认权重值都是 0.1。

3）Number of points：设置参与插值计算的采样点个数。它指定了在插值计算中每个像元参与计算的采样点数，指定的采样点数越多，每个像元越会被距离更远的采样点影响，输出的表面越平滑，处理的时间也会越久，系统默认点数为 12 个。

图 4.96 是采用 Spline 工具中的规则样条函数对高程点进行高程插值所得的结果。

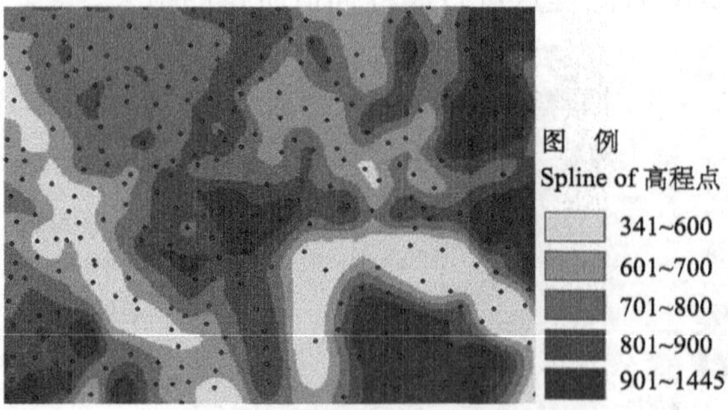

图 4.96 Spline 插值结果

(4) 克里格插值

克里格（Kriging）插值是地统计学方法的一种，是建立在统计模型基础上包含空间自相关等理论的一种插值方法。这种方法充分吸收了地统计学方法的思想，认为任何在空间连续变化的属性是非常不规则的，不能用简单的平滑数学函数进行模拟，可以用随机表面给予较恰当的描述。这种连续性变化的空间属性称为区域化变量，可以描述像气压、高程及其他连续性变化的指标变量。

与IDW、Spline等确定性插值方法（直接使用预测点周围采样点数值或根据数学函数进行插值）不同的是，克里格方法引入了包括概率模型在内的统计模型，预测结果将与概率联系在一起，即用克里格方法进行插值，一方面能生成预测面，另一方面还能给出预测值的误差。克里格方法与IDW方法有些相似，因为它们都采用对周围采样点加权的方法对预测点进行插值计算，不同的是克里格方法的权重值不仅需要考虑预测点与周围采样点数据的空间距离关系，还要考虑已知点的位置以及已知点的整体空间分布和排列，揭示数据的空间自相关关系。

采用克里格方法进行插值一般分为两步。

第一步：进行采样点的空间结构量化分析，即半变异函数分析（半变异函数是一个关于数据点的半变异值与数据点间距离的函数，对半变异函数的图形描述可以得到一个数据点与其邻近数据点的空间相互关系），也就是在充分了解已知采样点性质（空间自相关的信息）的前提下，为样点数据拟合一个空间独立模型；

第二步：利用第一步拟合的半变异函数、采样点数据的空间分布及样点数据值对未知点进行预测。

由此可见，进行克里格插值时，需要对数据进行两次运算：一是用于估算空间自相关；二是用于预测。

ArcGIS中，除了3D Analyst模块以及Spatial Analyst模块中含有克里格插值方法外，另一个扩展模块——地统计分析（geostatistical analyst）中含有更加专业的克里格插值分析工具。

图4.97是ArcGIS的Spatial（3D）Analyst工具条中的克里格插值对话框。在该对话框中，需要设置以下关键参数（与前述重复的参数不再介绍）。

1）Kriging method：此处提供了两种克里格插值方法：普通克里格法（Ordinary Kriging）和泛克里格法（Universal Kriging）。

普通克里格法是最普及且最广泛使用的一种克里格方法，它假设区域化变量的平均值是未知常数；泛克里格法假设数据内部存在潜在趋势（如盛行风），可用一个确定性函数或多项式来模拟，该方法仅适用于数据的潜在趋势已知，并且能够对它进行合理而科学描述的情况。

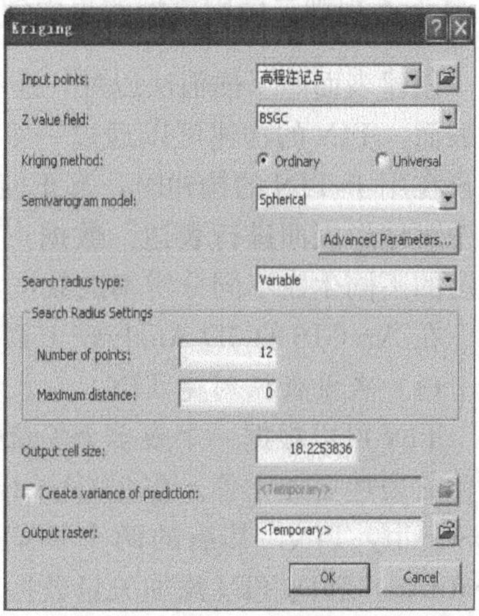

图4.97 克里格插值对话框

2）Semivariogram model：指定半变异函数曲线图模型。前面提到，为进行克里格插值，需要进行半变异函数分析，从而构建半变异函数模型进行插值。通常，利用样本点数据和半变异函数的计算公式得出样本点的实验半变异函数，拟合后的曲线图称为经验半变异函数曲线图，用来直接描述区域化变量的随机性和结构性。在分析该半变异函数曲线图后，可以寻找一种最优的理论模型或者多个理论模型的线性组合进行曲面拟合。

ArcGIS 中提供了以下几种模型供选择：球状模型（Spherical）、圆形模型（Circular）、指数模型（Exponential）、高斯模型（Gaussian）、线性模型（Linear）、线性漂移模型（Linear drift）和二次漂移模型（Quadratic drift）。其中后两种模型适用于泛克里格法，其他模型都适用于普通克里格法。选中某种模型后可以点击 Advanced Parameters 按钮进行高级参数设置（可选），包括最大步长（Lag size）、主要变程（Major range）、偏基台值（Partial sill）和块金值（Nugget）。

3）Create variance of prediction：确定是否输出预测方差数据。若选择此项，需要设定输出数据的路径与名称。

图 4.98 是采用普通克里格法，选择球状模型，利用 12 个点（可变搜索范围）的数据进行插值所得到的结果。

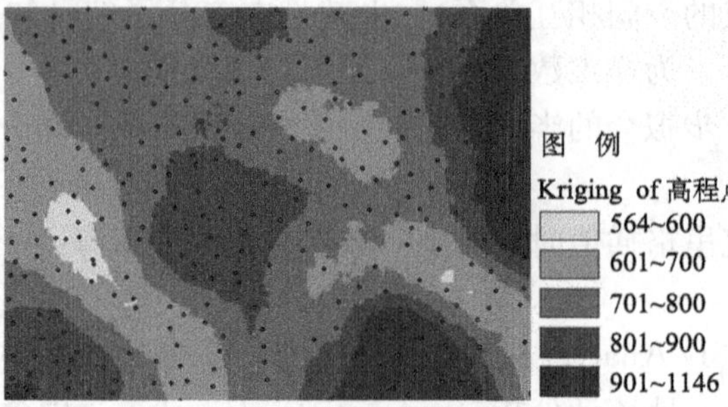

图 4.98　Kriging 插值结果

3. 基于不规则三角网模型的表面创建

创建表面除了插值法以外，还有三角测量法，即通过不规则三角网模型的形式来创建表面。TIN 的构建可以通过一系列点、线或多边形要素来实现，但线要素和多边形要素在用于 TIN 的构建时，真正使用的是弧段上的点。TIN 表面通常用在一些工程项目中对地形表面进行表达。数据点往往是不规则分布的，TIN 表面可以根据地形复杂程度的不同生成不同分辨率的数据，因此能够很好地表达变化较为复杂的地形表面。

在 ArcGIS 的 3D Analyst 工具条中，可以通过矢量数据和栅格数据生成 TIN 表面。

（1）矢量数据创建 TIN

TIN 可以根据一个或多个矢量数据源来创建，也可以对已创建的 TIN 添加其他数据使其表达更加完善。在 3D Analyst 工具条中，点击 3D Analyst 下拉菜单，选择 Creat/Modify TIN，其后的两个子菜单分别为从矢量数据创建 TIN（Create TIN From Features）和向 TIN 添加矢量数据（Add Features to TIN）（图 4.99）。由于这两种方式生成 TIN 的对话框相似，以下只对 Create TIN From Features 进行说明。

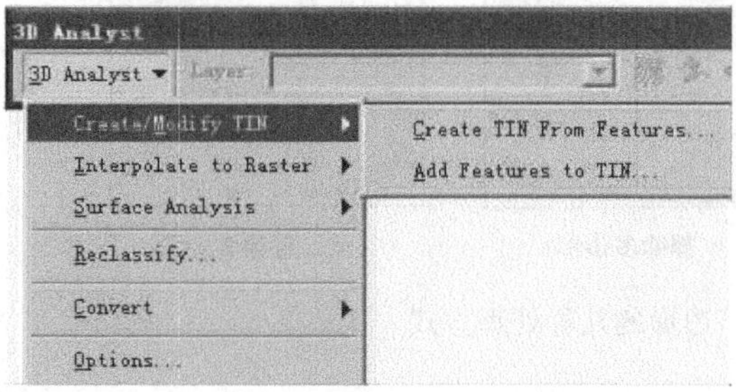

图 4.99 创建/编辑 TIN 工具

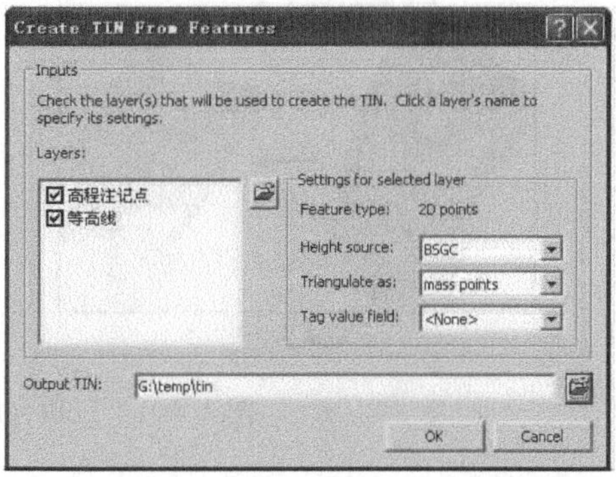

图 4.100 Create TIN From Features 对话框

图 4.100 是 Create TIN From Features 对话框，在该框中，需要选择参与 TIN 构建的图层以及对所选图层进行相应的参数设置。

首先，在 Layers 列表框中，选择构建 TIN 所需要的图层（数据事先已经加入 ArcMap），或点击右方的按钮，添加新的数据用于构建 TIN。

然后，对每一个所选的图层进行以下三个参数的设置（Setting for selected layer）。

1）高程源（Height source）：设置数据源所具有的 Z 值属性（如高程、污染物浓度等）字段。

2）三角合成方式（Triangulate as）：设置数据源以何种方式参与 TIN 的创建。

对于点要素来说，只能选择点集（mass points）方式作为三角网的结点。

对于线要素来说，可以选择点集（mass points）、硬隔断线（hard line）、软隔断线（soft line）三种方式。硬隔断线用来表达表面坡度的不连续性，捕获表面的突然变化，改善 TIN 表面的显示和分析。陡坎和悬崖在 TIN 中可以作为硬隔断线。软隔断线在 TIN 表面上用来表示线性要素但不改变表面的坡度起伏情况。例如，要表示某一区域的边界，可以将该边界作为软隔断线。

对于多边形要素来说，除了具有线要素的三种方式外，还有裁剪（Clip）、擦除（Erase）、替换（Replace）和填充多边形（Value Fill）四种。其中，裁剪多边形用来定义插值边界，处于裁切多边形之外的输入数据不参与插值与分析操作（图 4.101a）；擦除多边形与裁剪多边形相反，它也用来定义插值边界，只是位于多边形以内的输入数据不参与插值与分析操作（图 4.101b）；替换多边形可以将边界和内部高度设置为相同值，可用于将湖泊或斜坡区域开挖成为一个水平的表面（图 4.101c）；填充多边形可以对落在填充多边形里面的所有三角形赋予整数属性值，不影响表面高度也不进行裁剪或擦除。以上四种方式均具有软、硬两种形式。与软硬隔断线类似，软多边形不影响表面的形状，硬多边形限制插值的计算。

3）标记字段（Tag value field）：是指用来标记输入数据的字段。

标记值是存储在结点或三角形中的整数值。可以在后期用来符号化 TIN，或由识别工具给出标记值进行一些分析操作。

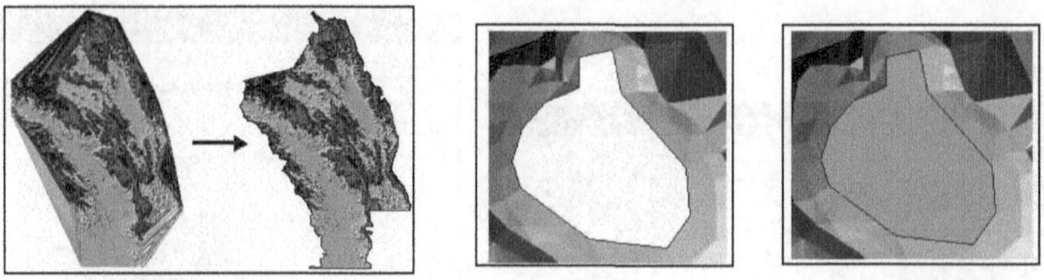

a. 裁剪多边形　　b. 擦除多边形　　c. 替换多边形

图 4.101　三角合成中多边形的几种处理方式

图 4.102 是根据某地的等高线和高程点数据创建的 TIN 表面。

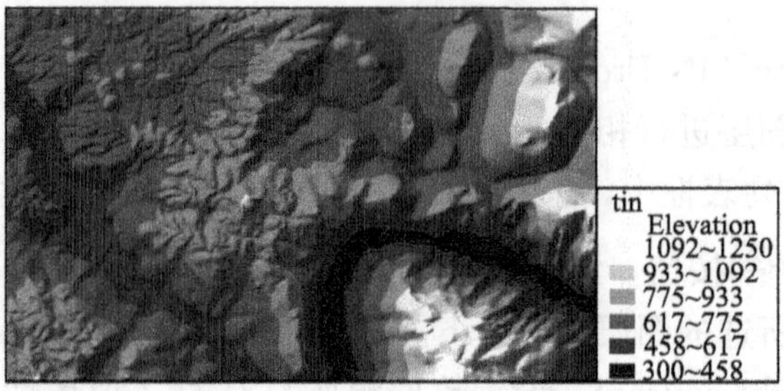

图 4.102　根据某地的等高线和高程点创建的 TIN 表面

(2) 栅格数据创建 TIN

在表面建模过程中，有时候为了可视化等方面的目的，需要将栅格表面转化为 TIN 表面，但这样做并不一定能产生更好的效果，有时候还需要将一些并不包含在原始栅格表面中的辅助数据（如河流和道路等）加入表面来改善表面的表达精度和效果。由栅格数据生成 TIN 的实质是将栅格像元的中心点作为点集（mass points）来构建 TIN。在转换过程中，需要指定输出 TIN 表面与原始栅格表面之间的垂直精度。

在 ArcMap 的三维分析工具条上，点击 3D Analyst→Convert→Raster to TIN，打开如图 4.103 所示的对话框。在该框中，需要设置以下两个关键参数。

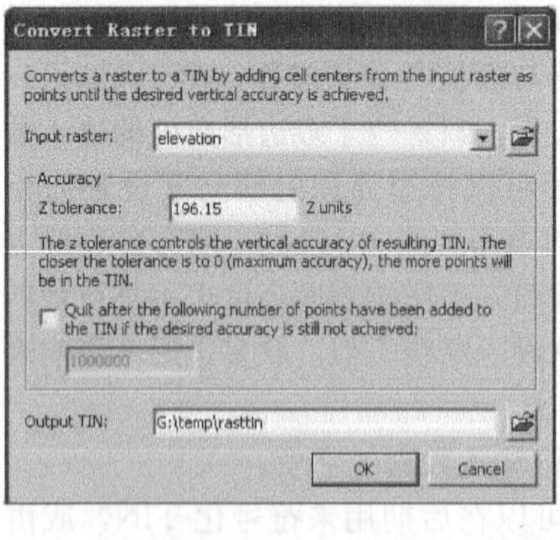

图 4.103　Convert Raster to TIN 对话框

1）Z tolerance：设置垂直精度值。垂直精度表示了输出 TIN 表面的高度与输入栅格表面像元中心高度的最大允许误差。该值越小，TIN 表面越能精确地表示栅格表面的细节，即精度越高，但是高精度也意味着 TIN 表面的输出会产生更多结点和三角形，处理时间也会越长。默认的垂直精度值为栅格表面 Z 值极差（最大值与最小值之差）的 1/10。

2）选择是否设置 TIN 中包含的结点数。

在转换过程中，如果 TIN 中包含的结点数超过指定个数时垂直精度仍没达到，则退出操作。

图 4.104b 是将图 4.104a 的栅格表面转换成 TIN 表面后所得的结果。

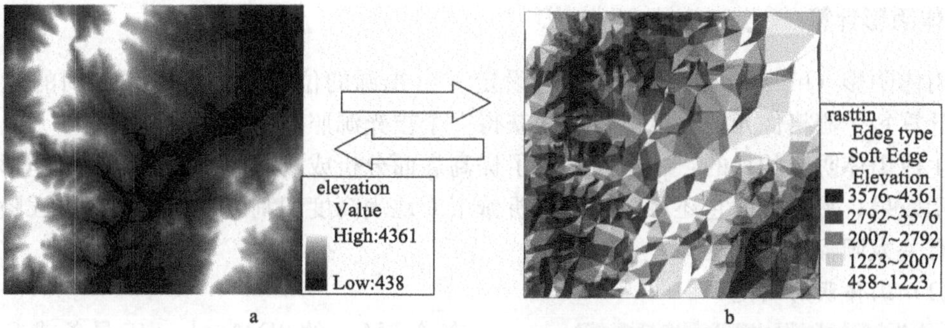

图 4.104　栅格表面与 TIN 表面的转换

(3) 由 TIN 创建栅格表面

除了以上介绍的通过空间插值生成栅格表面外，有时也经常需要将 TIN 表面转换成栅格表面，以便于提高表面的可视化效果，更好地开展地形分析、水文分析等应用研究。转换过程中，栅格表面是通过一定分辨率和采样间隔从输入 TIN 表面像元的 Z 值内插获得的。由于对 TIN 表面进行内插获取栅格表面是通过等间隔采样的，所以不可避免会造成信息损失。栅格表面对 TIN 的表达精度取决于栅格的分辨率和 TIN 表面的变化程度。

在 ArcMap 的三维分析工具条上，点击 3D Analyst→Convert→Convert TIN to Raster，打开如图 4.105 所示的对话框。在该框中，需要设置以下两个关键参数。

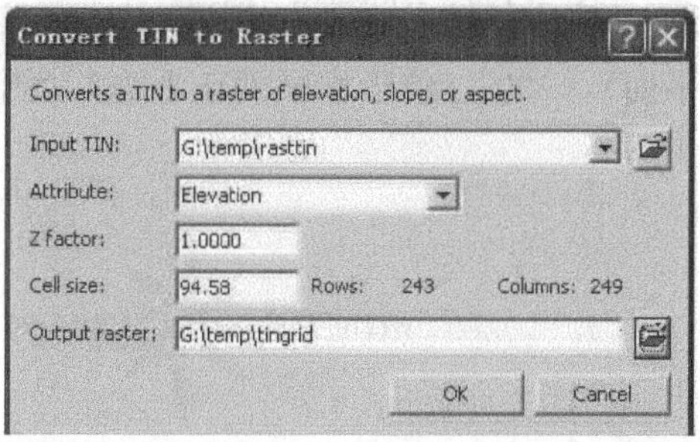

图 4.105　Convert TIN to Raster 对话框

1) Attribute：选择生成栅格表面时，需要使用的 TIN 的表面属性，包括高程、坡度（包含以坡度角表示的坡度和以百分比表示的坡度）和坡向。

2) Z factor：设置高程转换系数。高程转换系数是指当高程坐标单位与平面坐标单位不一致时，将高程坐标单位转换到平面坐标单位所对应的常数值。例如，平面 x，y 坐标单位为米，z 坐标单位为英尺时，由于 1ft=0.3408m，需要将高程转换系数设置为 0.3408。系统默认为两者单位相同，此时高程转换系数为 1。

4.4.2　表 面 分 析

本章 4.3.5 节中对等值线绘制、坡度坡向分析等简单的表面分析方法进行了介绍，以下介绍其他常用的表面分析方法。

在 ArcGIS 中，表面分析可以通过 ArcMap 中的空间分析工具和三维分析工具实现，也可以采用 ArcToolbox 中的相关工具来完成。

1. 山体阴影计算

山体阴影（hillshade）计算是通过设定一个光源的位置，分析像元之间的遮蔽关系，计算每个栅格像元的亮度值，从而获得一个被光源照亮的表面。

生成山体阴影的目的：一方面是为了提高表面分析或显示的可视性，增强地形起伏的显示效果；另一方面它还可以用于分析城市或地表高度切割区（如黄土区、丘陵山地区）有关太阳辐射的问题。

（1）山体阴影创建

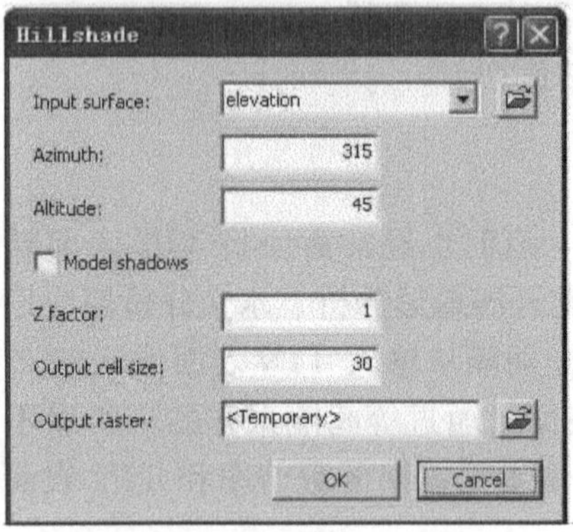

图 4.106 Hillshade 对话框

在 ArcMap 的 3D Analyst 工具条或 Spatial Analyst 工具条上，点击 Surface Analysis→Hillshade，打开阴影创建对话框（图 4.106），设置如下关键参数。

1）Azimuth：设定太阳方位角，即太阳所在的方位。ArcGIS 以正北开始，按顺时针方向以 0°～360°测算（图 4.107a）。系统缺省值为 315°（西北方向）。

2）Altitude：设定太阳高度角。太阳高度角是指从太阳中心直射到当地的光线与当地水平面的夹角。太阳高度角范围为 0°（太阳位于水平面）～90°（位于水平面正上方）（图 4.107b）。系统缺省值为 45°。

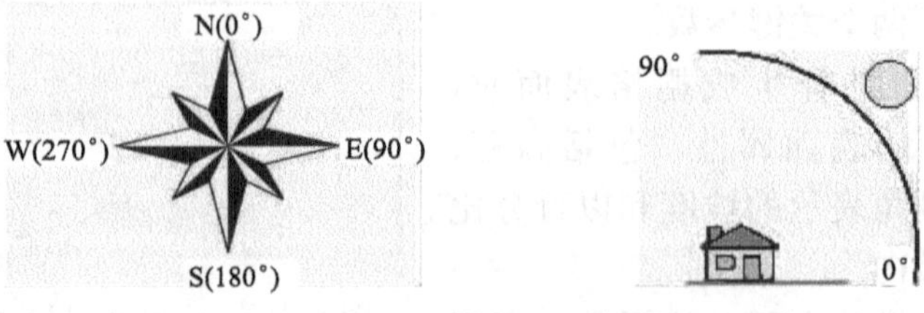

a　　b

图 4.107 太阳方位角和太阳高度角示意图

3）Model shadows：选择是否进行阴影建模。若选中该项，则输出结果同时考虑光照角度和阴影影响，输出结果的每个栅格像元值变化范围为 0～255，0 值代表阴影区域像元，255 则是最亮的像元；若不选该项，则只考虑光照角度，0 值代表最暗像元，255 是最亮像元。

图 4.108 是采用默认参数生成的某地山体阴影。

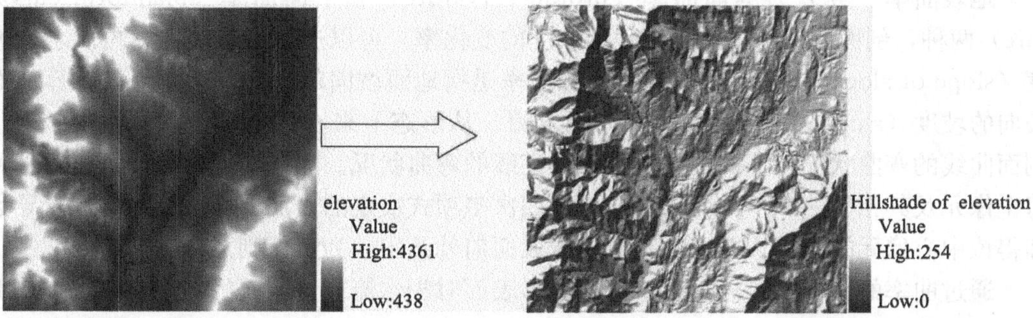

图 4.108　山体阴影的创建

(2) 山体阴影显示

山体阴影创建完毕后，可以将之前用于创建山体阴影的高程栅格表面叠加在阴影表面之上，并对高程栅格表面设置一定的透明度（如 50%），这样便可以建立地貌景观的逼真图像（图 4.109）。在此基础上，可以再加入其他的要素图层，如道路、河流、植被、遥感影像等，从而可以更加逼真地反映地表信息，使显示更加完美。

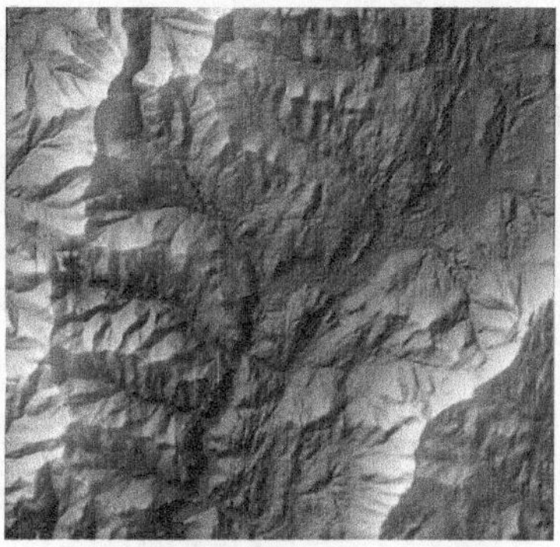

图 4.109　高程表面与山体阴影透明叠加显示

透明度的设置有两种方式：一是右键点击数据图层，选择 Properties，在打开的属性对话框 Display 选项卡下的 Transparency 中设置透明度百分比；二是打开 Effect 工具条，采用其中的透明度调节滑动条进行设置。

(3) 山体阴影分析

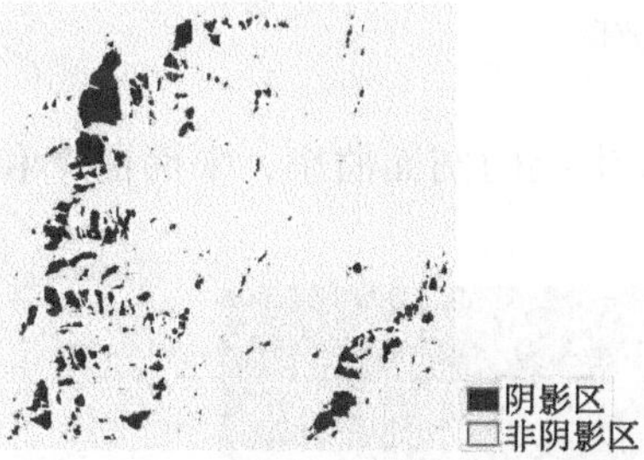

图 4.110　阴影二值图像

在创建阴影时，通过阴影建模（model shadows）选项，可以计算出哪些区域处于阴影区。该选项选择以后，可以识别出在特定光照条件下处于其他像元阴影中的那一部分像元，这一部分像元值被赋予 0，其他像元则被赋予 1～255 的整数值。

为了明显地表示出阴影区和非阴影区，可以通过重分类工具（见 4.3 节），将值大于等于 1 的像元值全都赋予 1，这样便可以产生阴影二值图像（0 表示阴影区，1 表示非阴影区），如图 4.110 所示。

2. 地表曲率提取

地表曲率（curvature）是地形曲面在各个截面方向上的形状凹凸变化的反映，它反映局部地形的结构和形态，也影响着土壤有机物含量的分布，在地表过程模拟、水文与土壤研究等领域有着重要的应用。

地表曲率一般分为剖面曲率（profile curvature）和平面曲率（planiform curvature）两种，剖面曲率其实质是指地面坡度的变化率，可以通过对地表坡度再次求取坡度（slope of slope，SOS）而得到；平面曲率是指地面坡向的变化率，可通过计算地面坡向的坡度（slope of aspect，SOA）而求得。从形态上来看，剖面曲率反映地形垂直剖面曲线的弯曲状况；平面曲率反映出等高线的弯曲状况。对栅格表面来说，一般采用每个像元及其相邻的 8 个像元构建一个由四次多项式决定的表面，对该表面求二阶导数即得该中心像元的曲率。曲率为正意味着表面向外凸出，为负值则意味表面向内凹进。

通过曲率的提取可以分析某一区域地形表面对于水流或土壤侵蚀与堆积的影响。例如，剖面曲率影响着流速的增加或降低，进而影响着坡面土壤的侵蚀与泥沙的堆积；平面曲率影响着水流的汇集与分离。

在 ArcGIS 中地表曲率的提取过程如下：首先，打开 ArcToolbox→3D Analyst Tools→Raster Surface→Curvature 工具（图 4.111）；然后设置参数，包括输入的栅格表面数据、输出的曲率数据、高程转换系数，此外还可确定是否生成剖面曲率和平面曲率以及它们的存放路径和名称。

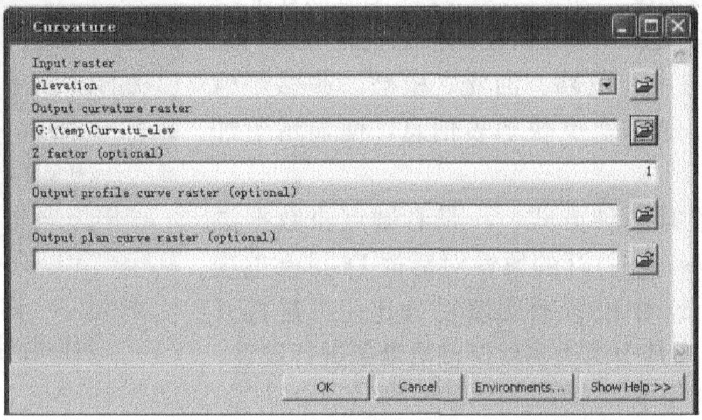

图 4.111　地表曲率提取对话框

图 4.112 至图 4.114 分别是利用某地的栅格 DEM 生成的剖面曲率、平面曲率和地表曲率。

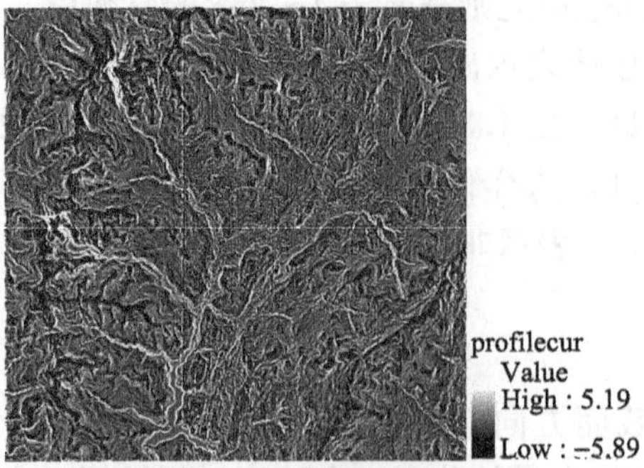

图 4.112　剖面曲率提取结果

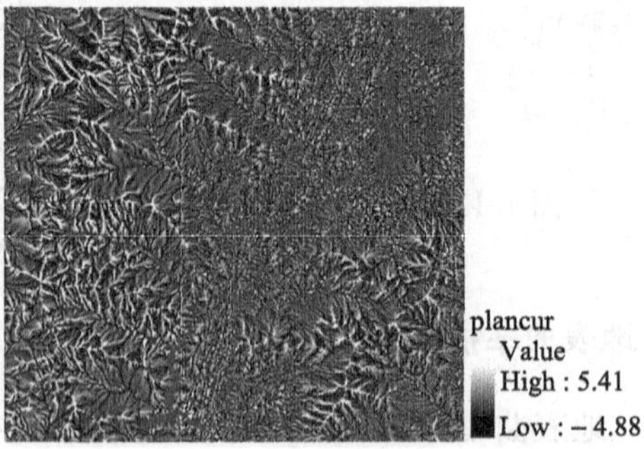

图 4.113　平面曲率提取结果

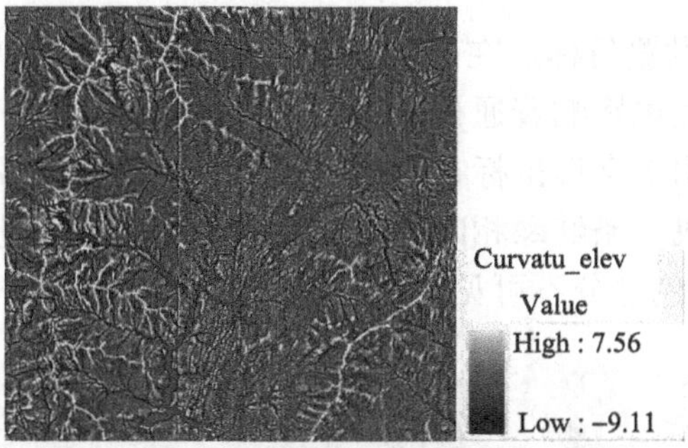

图 4.114　地表曲率提取结果

3. 可视性分析

可视性分析（visibility analysis）是指从一个或多个位置所能看到的地表范围或与其他地形点之间的可见程度，属于对地形最优化处理的范畴。可视性分析的应用范围非常广泛，例如，在森林火灾监测点的布设中，通常为了对林区有最大限度的观察范围，避免地形阻挡，选择建在可视性较好的地方。类似情况还有设置观察哨所、敷设通信线路、设置雷达站点和电视台信号发射站等。

可视性分析的基本内容可以分为两个：通视性（intervisibility）分析和视域（viewshed）分析。通视性分析主要研究两点之间是否可见；视域分析研究的是在一点或多点上所能（或不能）看到的范围。

（1）通视性分析

通视性分析研究的是两点之间是否可见，回答“是否能看到”的问题，可应用在军事阵地、通信塔站的布设等领域。

在 ArcGIS 中，3D Analyst 工具提供了分析某一特定表面上两点间通视性的功能，这就是观察视线工具（Line of Sight）。

观察视线是位于地形表面上的一条连接观察点和目标点的图像线，一般认为是直线，但距离较长时，要考虑大气折光的影响，有时可能还要考虑视线的衰变效应。通过观察视线工具，可以确定沿着观察视线，哪些区域对于观察点是可见的，哪些是不可见的。

在 ArcMap 中，首先加入高程表面数据，在 3D Analyst 工具条上点击观察视线工具（Create Line of Sight）图标，打开观察视线对话框（图 4.115），此时鼠标变为十字形；然后，设置以下参数。

1）Observer offset：设置观察点在高程表面上的高度（相当于在地面上设置一个一定高度的观测塔或人的眼睛高度）。高度单位与表面 Z 值坐标的单位相同。为获得较好通视效果，一般应将该值设置为大于

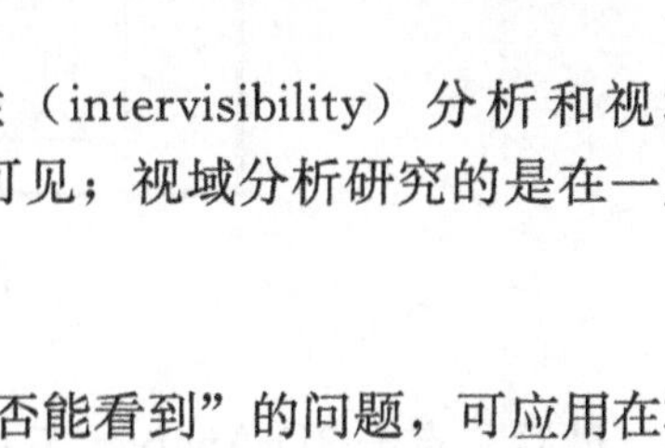

图 4.115　观察视线工具对话框

1 的数值。

2）Target offset：设置目标点在高程表面上的高度。单位与表面 Z 值坐标的单位相同。同样，目标点高度也影响着通视效果。

参数设置完毕后，用十字形鼠标在表面上先后取两个点分别作为观察点和目标点，之后会自动在表面上生成一条红绿相间的线，其中绿色代表可见段，红色代表不可见段（图 4.116 中，视线的深色部分不可见，浅色部分可见）。

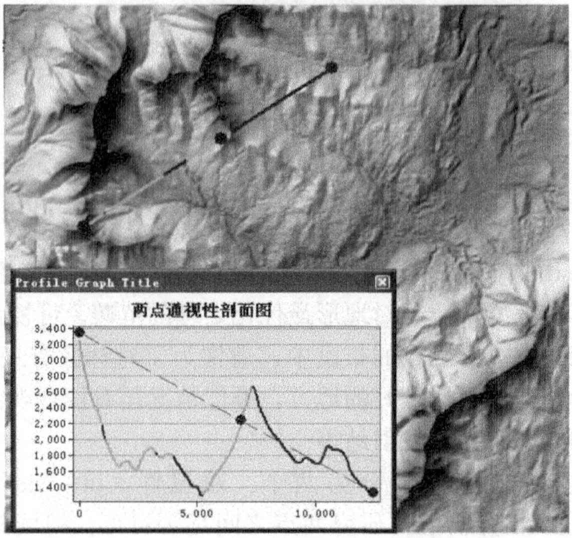

图 4.116　两点的通视性分析

最后，点击 3D Analyst 工具条上的创建剖面图按钮，即可生成如图 4.116 所示的两点通视性剖面图（剖面线中，深色为不可见区域，浅色为可见区域）。

（2）视域分析

视域分析研究的是在一点或多点上所能看到的范围，分析的结果是产生一个栅格表面，从中识别出哪些区域可以被一个或多个点观察到，从而直观展现出来。视域分析回答的是"能看到什么"的问题，应用广泛。例如，分析在一个观景台或者一条旅游线路上可以看到哪些区域的景点。

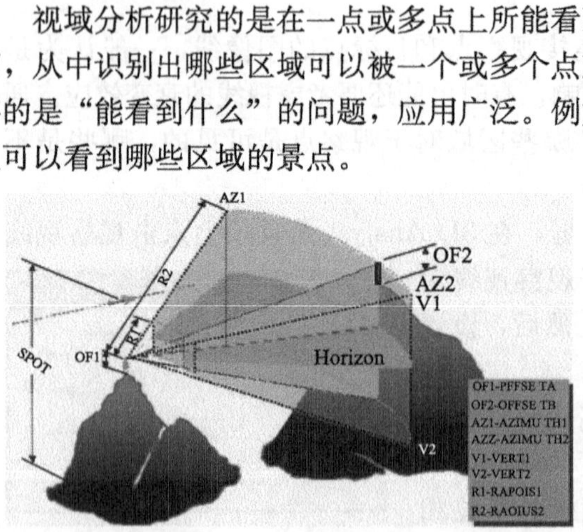

图 4.117　视域分析原理图

图 4.117 是视域分析的原理图解。图 4.117 中，OF1 所在地是位于左边山顶的一个观察点，OF2 所在地是位于右边山顶的一个可见目标点，观察区域为一个锥形区域。在进行视域分析的过程中，可以控制以下 9 个参数来改变分析的结果。

1）SPOT：观察点所处表面的高度；

2）OFFSETA（OF1）：观察点在垂直方向的偏移值（图 4.118）；

3）OFFSETB（OF2）：可见目标点在垂直方向上的偏移值（图 4.118）；

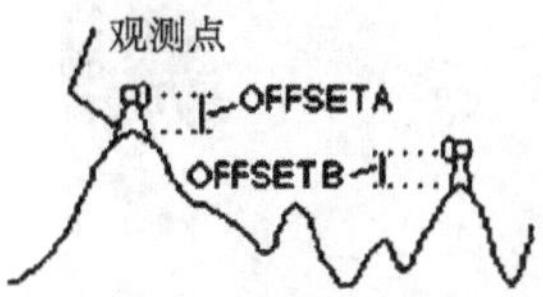

图 4.118　偏移示意图

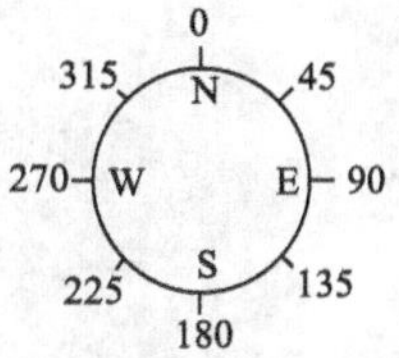

图 4.119　方位角示意图

4）AZIMUTH1（AZ1）：观察区域的水平起始方位角（图 4.119）；

5）AZIMUTH2（AZ2）：观察区域的水平终止方位角（图 4.119）；

6）VERT1（V1）：观察区域在垂直方向上顶部的角度（图 4.120）；

7）VERT2（V2）：观察区域在垂直方向上底部的角度（图 4.120）；

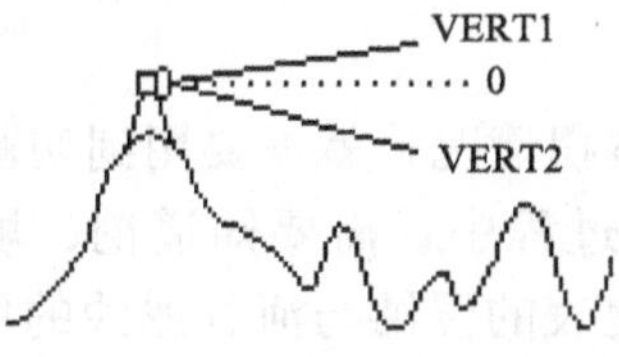

图 4.120　垂直角度示意图

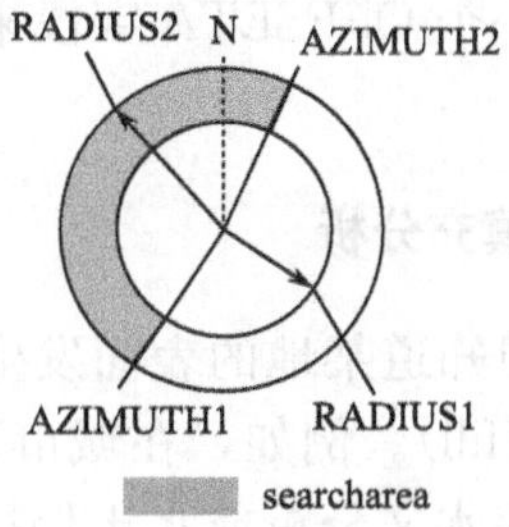

图 4.121　搜索半径示意图

8）RADIUS1（R1）：观察区域搜索内半径（图 4.121）；

9）RADIUS2（R2）：观察区域搜索外半径（图 4.121）。

ArcMap 中 3D Analyst 及 Spatial Analyst 工具条下的 Surface Analysis 工具中，均有视域分析工具 Viewshed（图 4.122）。在该工具的对话框中，需要设置以下关键参数。

1）Observer points：设定观察点数据。可以是点也可以是线，其中线数据以其结点或端点作为观察点。

2）Use Earth curvature：确定是否考虑地球曲率影响。在进行视域计算时，有时根据需要可能要考虑地球曲率的影响。该选项只有在表面数据具有投影坐标系统且 Z 值单位被定义时才可使用。

如图 4.123 所示，图 4.123b 是根据图 4.123a 中的栅格表面和观察点得到的视域分析结果，其中的深色区域可见，浅色区域不可见。

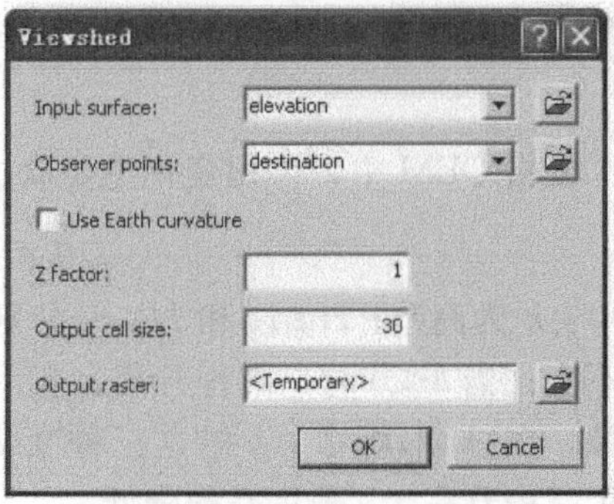

图 4.122　视域工具对话框

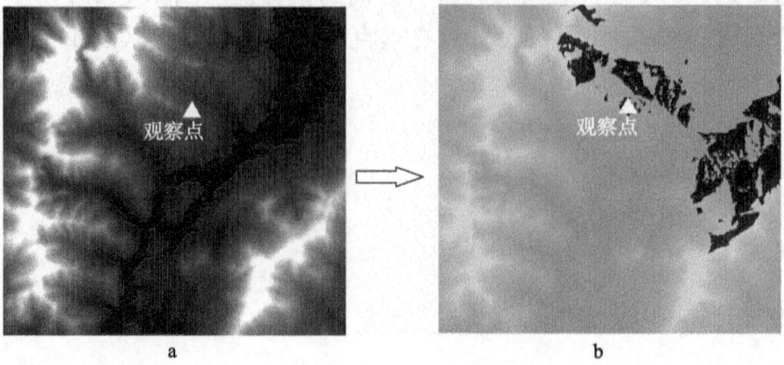

图 4.123 视域分析

为了使视域分析结果满足特定的要求，往往还需要对前述的 9 个参数进行设置。具体方法是在观察点的属性表中新建字段并在该字段中输入相应的值来实现。例如，可以新建一个 OFFSETA 字段来控制观察点在垂直方向的偏移值，其他参数也可作类似处理。

4. 切割与填充分析

如果想知道某地的表面发生变化的区域面积及体积情况，就需要用到切割与填充分析（cut/fill）。例如，在城市新区建设的土地平整过程中，需要知道挖、填土方量的情况；在水文分析或水土保持研究中，需要确定地表的侵蚀与河谷泥沙的堆积状况（图 4.124）。

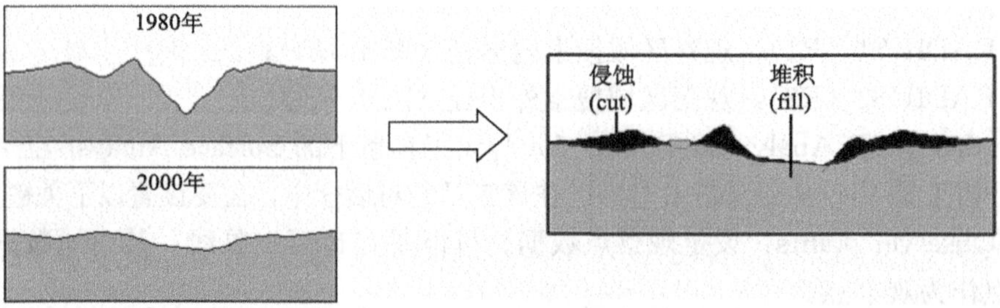

图 4.124 切割与填充应用示例图

栅格 DEM 中，体积变化主要取决于高程属性的变化（高差），即

$$h = H_{原DEM} - H_{新DEM} \tag{4.15}$$

式中：h 为高差；$H_{原DEM}$和 $H_{新DEM}$分别为前后两个时期 DEM 的高程值。当 $h=0$ 时，高程不变；当 $h<0$ 时，高程升高，表示填方或堆积；当 $h>0$ 时，高程降低，表示挖方或侵蚀。在 ArcGIS 中，h 的这三种变化情况可以通过代码表示，用 1 表示高程不变，2 表示高程升高，3 表示高程降低。

切割与填充计算的原理可以通过图 4.125 来理解。

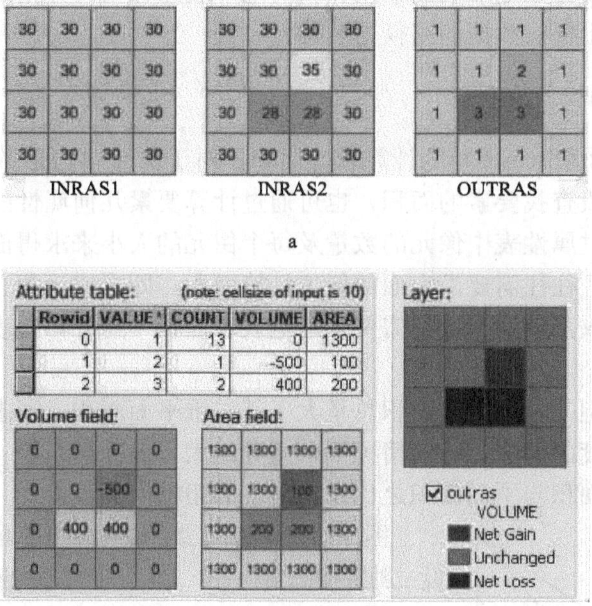

图 4.125　切割与填充计算原理示意图

图 4.125 a 是三个 4×4 的栅格矩阵，其中 INRAS1 和 INRAS2 为原始栅格和新的栅格数据，像元值可以看作是高程，OUTRAS 为切割与填充计算后的结果数据。前后两个栅格矩阵的数据值经计算，只有一个像元值变大（30→35），在输出栅格矩阵中该像元值用 2 表示，表示填方；有两个像元值变小（30→28），在输出栅格矩阵中对应像元值用 3 表示，表示挖方；其余像元值不变，在输出栅格矩阵中像元值用 1 表示，表示未发生变化。

图 4.125b 是切割与填充计算结果栅格数据所对应的属性表以及体积字段、面积字段和图层数据用矩阵表示的计算结果。由属性表可知，输入每个像元面积大小为 10×10=100，VALUE 值 1、2、3 分别表示前面提到的计算结果像元体积不变、填方和挖方；对体积字段而言，填方像元个数为 1 个，对应的体积变化量为 Volume＝像元个数×高差×每个像元面积 ＝1×（30－35）×100＝－500；对面积字段而言，填方像元对应的 Area＝像元个数×每个像元面积＝1×100＝100。挖方部分和不变部分的往往体积、面积同理计算可得。输出结果将产生一个新的栅格表面数据，通过不同灰度值表示原始表面的体积变化情况。

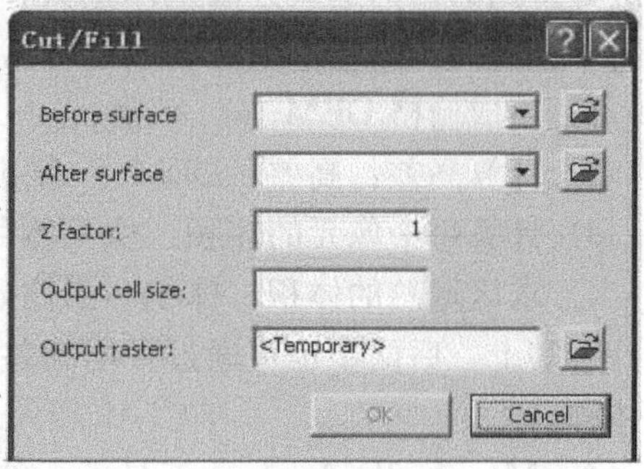

图 4.126　切割与填充工具对话框

ArcMap 中 3D Analyst 及 Spatial Analyst 工具条的下的 Surface Analysis 工具中，均有切割与填充分析工具 Cut/Fill（图 4.126）。在该工具

的对话框中，需要设置原地形表面数据和新的地形表面数据，并指定高程转换系数、输出的像元大小和输出栅格数据的路径与名称。

5. 表面积与体积统计

GIS中，平面面积（area）的计算较为简单。对于矢量多边形数据，可以直接通过属性表中的面积字段查找要素的面积，也可通过计算要素几何属性的方式得到面积；对栅格数据，可以通过属性表中像元的数量及每个像元的大小来求得面积。

在实际应用中，往往需要沿表面的斜坡计算面积，即求表面积。例如，在坡耕地的利用中、山区森林农药喷洒时，都需要知道地表表面积。此外，地表形态研究中，往往也需要了解表面积。

除非表面是平坦的，通常表面积总是大于其二维平面面积，通过比较两者数值差异可以获取地表粗糙度的情况。一般情况下，差异越大，表面越粗糙；差异越小，表面越平坦。通常采用表面积与平面面积之比作为地表的粗糙度系数。

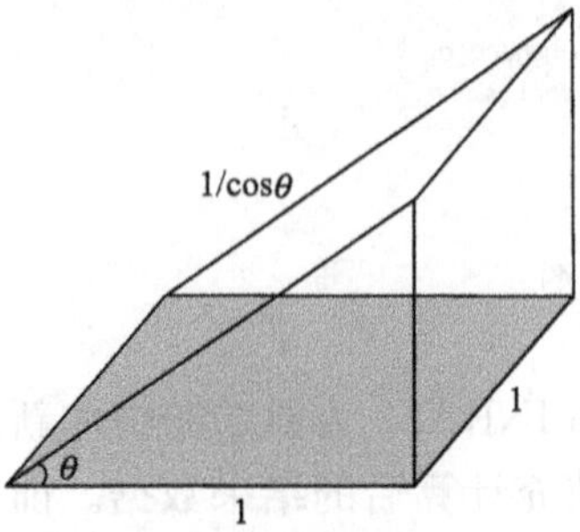

图 4.127　表面积计算原理图

图 4.127 显示了基于栅格表面的表面积计算原理。设二维平面上有一个 1×1 的单位像元，该像元对应坡面的坡度角为 θ，则斜面面积 $=1\times 1/\cos\theta=1/\cos\theta$。由于单位像元平面面积 $=1\times 1=1$，因此，地表粗糙度系数 $=1/\cos\theta$。

基于以上原理，为求取某地的表面积，可以采取以下步骤：首先对栅格表面数据计算坡度，其次计算每个像元的地表粗糙度系数，再次计算该区域的平均粗糙度系数，最后用这个平均系数乘以平面面积即可得到表面积。

体积（volume）计算是公路、铁路、水利、土地整理、房屋建设等工程的一项重要基础工作。例如，水库建设中的库容计算、土地平整项目中的挖填土方量计算等。体积，通常是指在一定区域内地形曲面与参考基准面之间所包含的空间物体的容积。基准面可以是任何形式的曲面，也可以是水平面或是斜面，但通常情况为平面。

传统的体积量算往往是基于地形图中的等高线，采取横剖面法（解析法）和微分均高法等得到的，但这些方法工作量大，效率较低。在 GIS 中，基于栅格表面的体积计算简单、高效，其基本原理和过程可以概括为以下几个步骤：

1）生成栅格 DEM；

2）计算高差：高差＝DEM － 基准面高程；

3）计算每个像元的体积：像元体积＝高差×像元面积；

4）求区域总的体积：体积＝∑像元体积。

事实上，后两步也可通过平均高差乘以区域平面面积（像元个数×像元面积）而得到体积。

ArcMap 在 3D Analyst 工具条下的 Surface Analysis 工具中，提供了可用于表面积与体积计算的工具 Area and Volume（3D Analyst→Surface Analysis→Area and Volume)（图 4.128）。在该工具对话框中，需要设置以下参数。

1）Input surface：设置要进行统计计算的表面数据。

2）Height of plane：指定一个参考表面的高程值。该高程值将作为表面积与体积计算的起始参考位置。缺省值为输入表面的最小高程值。

3）选择统计计算的方式：选择统计参考平面以上部分（Calculate statistics above plane）或统计参考平面以下部分（Calculate statistics below plane）。缺省值为向上统计。

4）Z factor：设置高程转换系数。

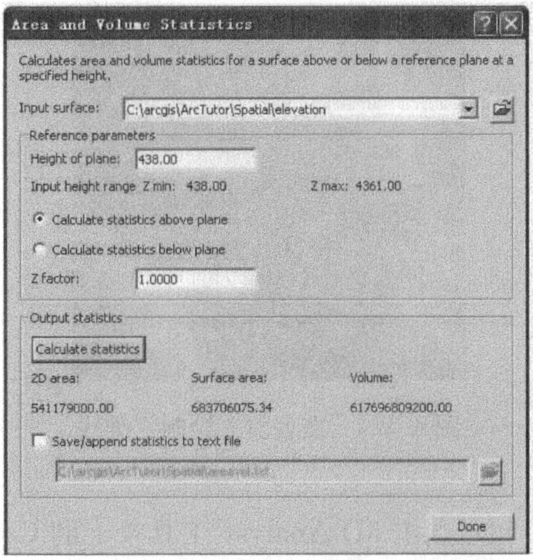

图 4.128　表面积与体积计算对话框

以上参数设置完毕后，点击 Calculate statistics 按钮，计算的结果将显示在按钮下方，包括平面面积（2D area）、表面面积（Surface area）和体积（Volume）。此外，还可以将统计参数和结果以文本文档的形式输出，具体方法是：勾选最下方的保存统计为文本选项（Save/append statistics to text file），设置输出文件的路径及名称，点击完成按钮（Done）即可。

6. 剖面分析

剖面（profile）是一个假想的垂直于海平面、并与地形表面相交，延伸于海平面之间的部分。在一些工程项目，如公路、铁路、水库、管线等的设计过程中，常常需要制作剖面图。剖面图可以直观地反映表面沿着某一路线的高程变化情况，帮助工程人员估算道路建设的难度、分析给定线路铺设铁轨的可行性等。研究地形剖面通常可以以线代面，采用剖面线分析区域的地貌形态、轮廓形状、地势变化、地质构造和地表切割强度等。

剖面图的绘制一般是在栅格 DEM 上进行的。已知 A 和 B 两点，求这两点的剖面图的过程是：首先内插出 A、B 两点的高程值；然后求出 AB 连线与 DEM 像元的所有交点，插值出各交点的高程，并将交点按离起始点的距离远近进行排序；最后选择垂直比例尺和水平比例尺，以各点的高程为纵坐标，以距起始点的距离为横坐标，绘制剖面图。

在 ArcGIS 中，可以采用 ArcMap 的 3D Analyst 工具条中的 Create Profile Graph 工具绘制剖面图。其基本过程如下：

1）在 ArcMap 中加载表面数据，可以是 TIN 表面或栅格表面，然后在 3D Analyst 工具条的 Layer 下拉列表框中选择要进行剖面图绘制的表面数据；

2）点击 3D Analyst 工具条上的 Interpolate Line 工具按钮，在表面上依次单击画一条线，双击结束，生成一条经过剖面的线（图 4.129）；

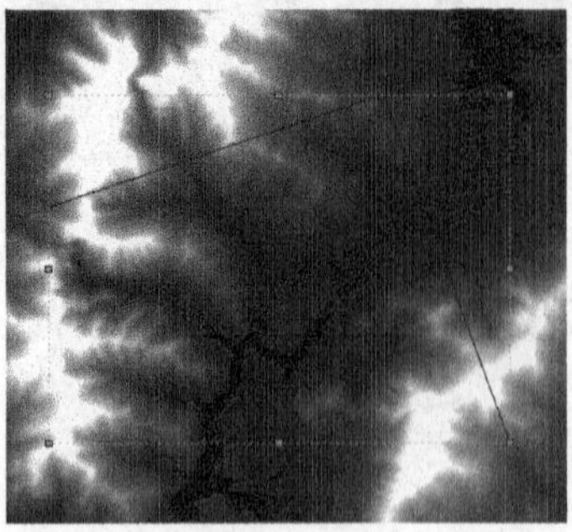

图 4.129　在表面上绘制三维线

图 4.130　地形剖面图

3）点击 3D Analyst 工具条上的 Create Profile Graph 工具按钮，即可产生一个剖面图（图 4.130）。

4）剖面属性的修改与剖面应用：剖面图绘制好以后，可以在剖面图上单击右键进行属性设置，以改变剖面图的外观效果，同时还可以进行打印、保存、输出等操作，甚至也可以将其复制到 Photoshop、Word 等应用程序中。

4.4.3　三维可视化

1. 三维可视化

随着 GIS 技术的发展和应用的深入，用户不仅对传统二维的静态地图、电子地图感兴趣，更需要对地理现象的演化过程进行可视化和动态分析与模拟。通常，用户希望有一个动态的、三维可视化的、交互的环境来处理、分析、显示多种地理数据，复杂的静态地图，不管在纸上还是显示在屏幕上，都不能满足用户的要求，于是，三维可视化技术应运而生。三维可视化可以将计算结果用逼真的图形或图像直观地显示出来，从而使许多抽象的、难于理解的原理和规律变得容易理解。

三维可视化的概念是随着地理信息系统的出现而逐渐形成的，具有动态化和可交互的特点。它是指在计算机上对数字地面模型中的地面特征数据（如地形）进行逼真的三维显示、模拟仿真、简化、多分辨率表达和网络传输等内容的一种技术，涉及计算机图形学、地理信息系统、遥感、虚拟现实技术等众多学科领域，在军事、娱乐、道路选址、土地规划等领域有着广泛的应用。

（1）三维可视化的原理和实现过程

三维可视化是一种计算机图形生成技术，它首先在计算机中构造显示所需的几何模型，然后根据一定的光照条件，计算显示屏幕上可见的各景物表面的光线亮度，使观察者产生身临其境的视觉效果。

电脑显示器是光栅图形显示器，其显示屏幕由一系列显示单元组成，每一个显示单元称为一个像素。生成三维图形时，必须逐个像素地计算画面上相应景物表面区域的颜色。在计算可见景物表面区域的颜色时，必须考虑一定光源（包括环境光）条件下物体表面区域的背向、材料以及反射特性等，也就是说，这种计算必须基于一定的光学物理模型，即光照模型。基于场景几何和光照模型生成一幅真实感图形的过程称为绘制(rendering)。

三维可视化的一般过程可以概括为以下5个步骤（图4.131）。

1）数据准备：通过对三维实体（物质）和空间现象进行计算机数值模拟，形成数据文件或数据文件库。文件格式由生成数据的工具或软件来确定，其数据结构对构建模型的人来说是透明的。

2）数据简化与处理：对于数据量过大的原始空间数据，需要对其进行简化处理，以达到在一定显示精度的前提下尽可能地减少数据量、降低计算负荷、提高显示速度的目的。

3）可视化映射：这是整个流程的核心，其含义是将经过处理的原始数据转换为可绘制的几何图形要素（点、线、面或其组合）并确定其属性。即用可视化要素（形状、光亮度、颜色以及其他要素）表示出原始数据中人们感兴趣的性质和特点，在这个过程中需要进行三维建模、纹理映射、选择光照模型等具体工作。

4）三维图形绘制：即按照一定的光照模型将第三步产生的几何要素转换为可供计算机显示的图像，基本技术包括视觉变换、光照计算、隐藏面消除等。这个过程可以借助现有的图形软件包（如OpenGL、Direct3D等）及图形硬件来完成。

5）场景显示与交互：将三维场景显示在特定的窗口系统中并完成其他图像操作，如图像的几何变换、图像格式转换以及动态输出等。场景显示与交互是三维图形应用系统开发过程中的重要环节，是评价三维可视化图形系统的重要指标。

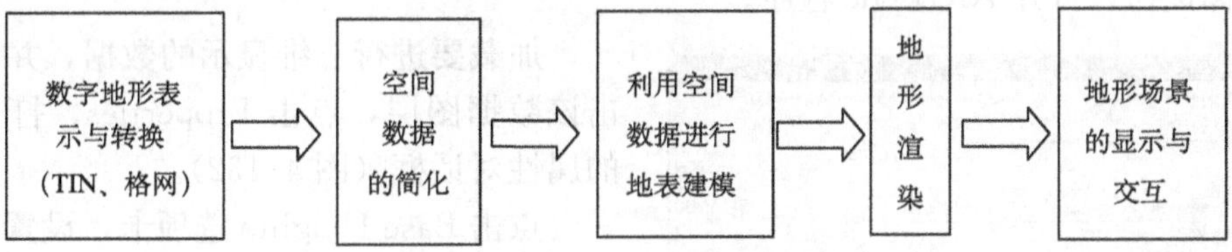

图4.131 三维可视化的一般过程

(2) 三维可视化工具

在GIS中，空间实体的三维可视化表达更多是在二维平面的基础上，利用算法造成人眼三维的感受。目前，GIS三维可视化的实现有多种途径，其中包括三维建模工具和一些系统开发软件包。

三维建模工具的重点在于可视化模型的建立，而基于商业目的的GIS软件的可视化功能并不能达到某些专业应用要求，为此，通常需要采用一些开发软件包自行编程进行系统开发来实现。目前流行的三维可视化系统开发软件包有开放性图形库（open graphics library，OpenGL）、虚拟现实建模语言（virtual reality modeling language，VRML）、DirectX / Direct3D、交互式数据语言（interactive data language，IDL）等。

目前国际上有代表性的三维可视化软件有SGI公司的Inventor和Performer、TerreX公司的TerraVista、Equape公司的Blue Sky、ERDAS公司ERDAS Image软件

的 Virtual GIS 模块、ESRI 公司 ArcGIS 软件的 ArcScene 模块等。这些软件都能在实时三维环境下，提供 GIS 分析和实时三维飞行方式的访问和漫游。国内从事三维可视化研究和技术开发的公司也为数不少，已有一些较为成熟的软件投放市场。例如，适普软件有限公司的 IMAGIS 三维可视地理信息系统，是一套以数字正射影像、数字高程模型、数字线划图和数字栅格图作为处理对象的 GIS；北京灵图软件技术有限公司的 VRMap 软件，可以为三维地理信息系统与虚拟现实领域提供从底层引擎到专业应用的全面解决方案。

2. ArcScene 中的三维可视化

ArcScene 作为 ArcGIS 三维分析的核心扩展模块，是以 OpenGL 为基础开发的。它可以支持复杂三维线条的符号化、纹理制图以及立体表面的创建和显示等。

(1) 要素的立体显示

在三维场景中，要素要进行三维立体显示的条件是该要素要具有 Z 值或能够通过某种方式获取 Z 值。当用户在 ArcScene 的三维场景中添加数据以后，那些具有三维几何的要素以及 TIN 表面会自动以三维立体方式显示，但是有些二维数据并不具有 Z 值，若要对其进行立体显示，必须对该数据定义 Z 值。

通常对不具有 Z 值的要素数据进行立体显示的方法是对该数据进行基准高程设置以指定其 Z 值进行三维显示。一般有两种方式：一种是为数据指定一个基准高程值常量；另一种是将要素与其所在区域的表面数据进行叠加，从该表面上获取 Z 值。

在 ArcGIS 的安装程序中点击 ArcScene，或在 ArcMap 的 3D Analyst 工具条上点击图标按钮，打开 ArcScene 程序。

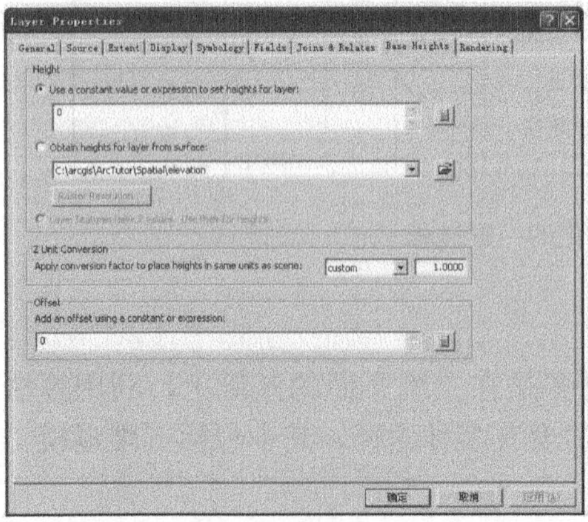

图 4.132　基准高程设置选项卡

加载要进行三维显示的数据，并右键单击该数据图层，点击 Properties，打开图层的属性对话框（图 4.132）。

点击 Base Heights 选项卡，设置如下的参数。

1) Height：为数据指定基准高程值。有三种选择：①使用一个常量或 SQL 表达式来为数据设定高程值；②从该数据所在区域的表面数据上获取高程值。若该表面不在下拉列表框中，可以加载。此外还可以点击 Raster resolution 按钮改变栅格表面的分辨率，使得三维显示效果更加逼真；③若数据本身有高程属性，则将以该属性作为基准高程值来进行立体显示。

2) Z Unit Coversion：设置 Z 值转换系数。如果所设置基准高程值的单位与三维场景的平面坐标单位不一致，则要将高程值单位转换为平面坐标单位。类似前面很多工具中介绍的 Z Factor 参数。有时为了显示的需要，如地表起伏过大或过小，需要人为调整该参数以改善三维效果。

3) Offset：为数据图层指定偏移量。可以设定一个数值常量，也可以通过 SQL 表达式来指定。偏移量设定以后，要素图层将在基准高程基础上进一步向上（下）偏移一定距离。系统默认偏移量为 0。

图 4.133 是某地地形三维显示前后的对照图，从图 4.133 可以看出，三维显示之后，地表的高低起伏特征更加明显。

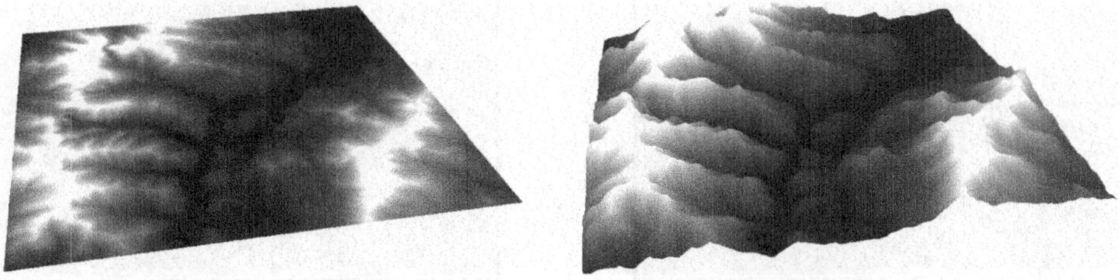

图 4.133　要素立体显示效果对比图

为进一步改善三维效果，可以添加山体阴影数据，并从数字高程表面中获取 Z 值，再将它与三维表面进行透明叠加。

(2) 场景属性设置

在要素数据的三维显示过程中，可以通过多种场景视角的变换或采用阴影、透明化等手法改变图层属性来浏览三维场景，还可以通过各种场景属性设置来控制 ArcScene 在每次启动时的工作方式和状态。一般可以进行场景的以下属性设置：垂直拉伸、背景颜色、动画旋转、坐标系统、场景范围、光照。这些属性设置是在场景图层（Scene layers）的 Scene Properties 对话框中设置完成的（图 4.134）。其中，垂直拉伸、背景颜色、动画旋转是在场景属性对话框的 General 选项卡中进行设置的（图 4.134），坐标系统在 Coordinate System 选项卡中进行设置（图 4.135），场景范围在 Extent 选项卡中进行设置（图 4.136），光照在 Illumination 选项卡中进行设置（图 4.137）。

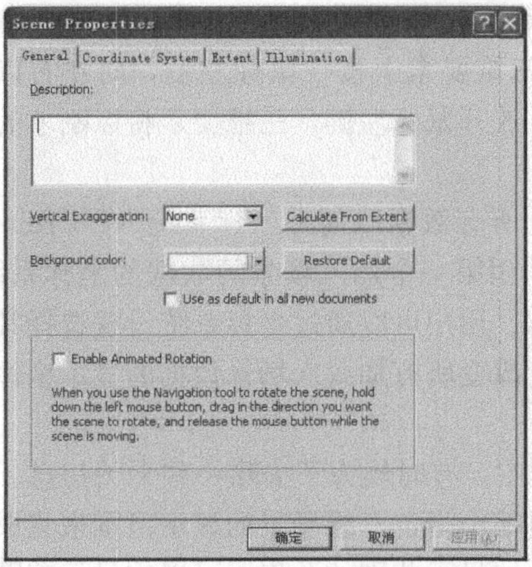

图 4.134　场景属性设置 General 选项卡

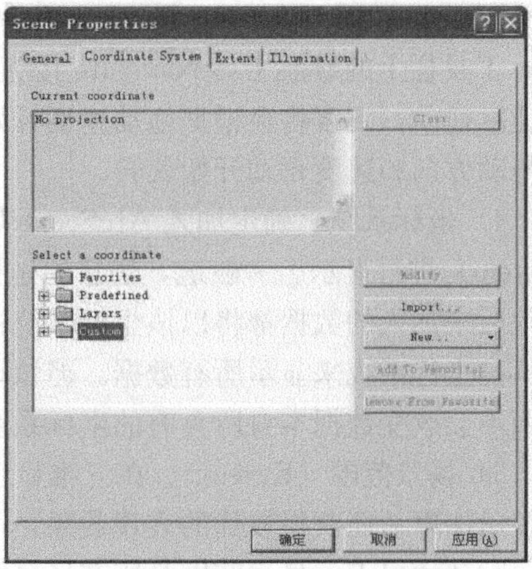

图 4.135　场景坐标系统设置

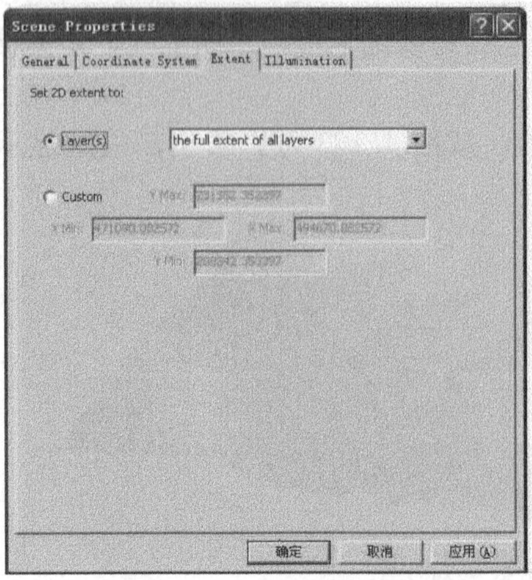

图 4.136 场景范围设置

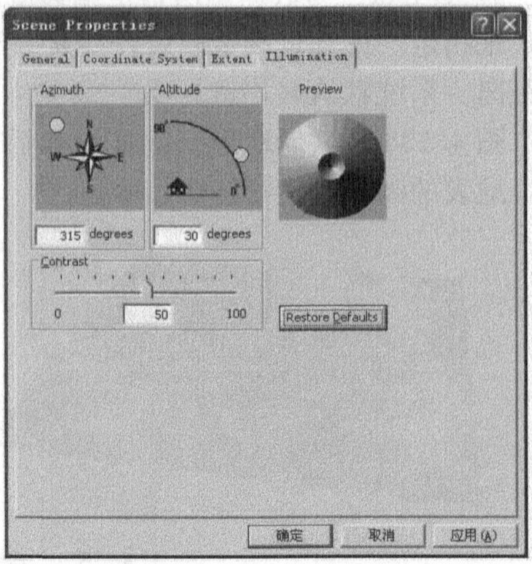

图 4.137 场景光照设置

1）垂直拉伸。垂直拉伸（Vertical Exaggeration）往往用来强调表面的细微变化，使显示效果更加明显。当表面垂直变化剧烈时，可以将垂直拉伸值设置为小数，这样可以使表面变得平整。垂直拉伸设置对场景中的所有图层都会起作用，若只想对某个图层的垂直拉伸进行设置，可以通过对上文所述的 Z 值转换系数（Z Unit Coversion）的设置来实现。

2）背景颜色。背景颜色（Background color）用来指定场景显示时候的背景（如蓝天），从而有效加强可视化的效果。

3）动画旋转。对三维要素进行动画旋转（Animated Rotation）可以从不同角度更好地获取三维显示的内容。在动画旋转过程中，可以对旋转速度、观察角度进行调整，还可以进行放大、缩小操作。

图 4.134 中，勾选 Enable Animated Rotation 项，激活动画旋转功能，点击 ArcScene 工具栏上的导航工具 Navigate 按钮，在三维要素上按住鼠标左键，向左右以一定速度拖动，要素将会根据拖动速度开始旋转，放开鼠标左键，三维要素将以刚才的鼠标拖动方向和速度自动开始旋转。

4）坐标系统。确定加入 ArcScene 场景中的所有数据以何种坐标系统（Coordinate System）进行显示。一般地，场景的坐标系统采用第一个加入场景的数据的坐标系统，其他后来加入的数据都将以该坐标系统进行显示，用户可以通过坐标系统设置选择其他的某种坐标系统来显示所有数据。但该设置只会改变所有加载入场景数据的显示坐标系统而不会改变数据本身所具有的坐标系统。

5）场景范围（Extent）。在三维显示的过程中，有时候为了去除一些无关信息、加快显示速度从而获得较优的表现效果，可以通过缩小指定三维场景的显示范围来完成。

默认情况下，显示范围是所有场景中要素图层显示范围的并集。可以将显示范围指定为与某个图层范围一致，或者通过指定坐标范围来确定显示的范围。范围指定后，处于该范围以外的要素将不会显示。

6）光照（Illumination）。三维场景中要进行要素的立体显示都需要有一个光源去照明，可以通过控制光源的属性来达到不同的显示效果。在 ArcScene 中，场景是用点光源进行照明的，可以通过控制光源的方位角（Azimuth）、高度角（Altitude）以及对比度（Contrast），从而改变场景中的光照效果。场景光照属性可以对所有要素产生阴影效果。在每个要素图层属性对话框的 Rendering 选项卡中，还可以控制该要素图层阴影效果的可见性、显示效果等。

（3）三维动画

GIS 中，动画（Animation）是指一个或多个对象（如图层）属性变化的可视化表达。它由一个或多个轨道（Track）组成的，每个轨道控制着对象的一个属性项的动态变化，例如，场景的背景颜色、要素的可见性等。轨道又是由一系列帧（Frame）所组成，每一帧是对某一对象在特定时间、具有一定属性状态下的一个快照（Snapshot）。

动画通过多帧画面的连续播放，用一种“可见”的方式，使视角的变化、场景属性的变化、要素在时间和空间上的变化等变得生动、逼真。动画的这种视觉动态，有助于人们理解数据随时间和空间变化的模式，并模拟其过程。

在 ArcGIS 中，用户可以通过 ArcMap、ArcScene 或 ArcGlobe 中的动画功能，生成不同类型的动画。例如，反映数据（如人口）随时间的变化的动画、场景导航、图层透明度或可视性的动态模拟、沿路径移动图层、沿路径改变地图视图、动态改变场景的背景色、光照或垂直拉伸等。

在 ArcMap 中，用户可以用二维动画反映温度随时间的变化、气压随高程的变化、区域人口的时空变化、城市扩展等。多个方面的动画可以同时播放，例如，在一次飓风活动监测中，可以将飓风眼的移动轨迹与区域温度场的变化同时动态显示。

在 ArcGlobe 中，可以用动画来反映海水温度随时间的变化、模拟卫星的运动轨迹。

在 ArcScene 中，可以以 DTM 为基础，制作三维动画，从而使空间要素的三维表现变得更加生动，更好地对三维透视图、要素属性以及各种地理活动的变化进行观察和分析。

ArcScene 中的动画效果都是通过 Animation 动画工具产生的。在 ArcScene 的任一工具栏上单击右键或者点击菜单 View→Toolbars，即可打开 Animation 动画工具条（图 4.138）。以下介绍几种常用的动画生成方法。

a. 捕获视图创建动画

通过捕获视图工具可以捕捉三维场景中的视图，系统将这些视图保存为动画关键帧（Keyframe）组成轨道，并经过平滑处理来生成动画。

1）将场景要素通过 Tools 工具条（图 4.139）上的导航、放大、缩小、漫游等工具定位至感兴趣的视图，点击 Animation 工具条上的捕获视图按钮，捕获当前视图作为相机类型的关键帧。

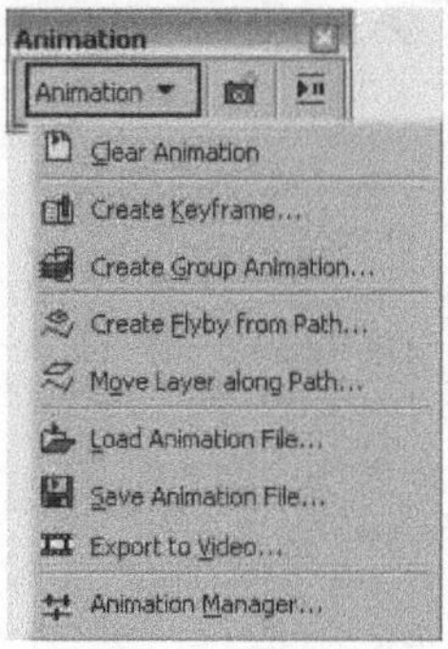

图 4.138　动画工具条及其下拉菜单

图 4.139 ArcScene 的 Tools 工具条

2）通过以上工具逐步调整视角，改变视图，不断重复上一步操作捕获更多的关键帧。

3）点击 Animation 工具条上的动画控制器按钮，打开动画控制器（图 4.140），点击其上的播放按钮，即可对以上捕获的关键帧所组成的轨道进行播放。

b. 录制视图创建动画

通过动画控制器中的录制工具，将视图的变化情况进行录像来创建关键帧，从而生成动画。

1）点击动画控制器（图 4.140）中的录制按钮开始录制。

2）使用 Tools 工具条（图 4.139）上的导航、飞行、放大、缩小、漫游等工具不断进行视角调整操作。其中，飞行工具是一个重要的工具，它可以对场景进行飞行浏览。点击该工具，鼠标将变为一只栖息的小鸟，再次单击鼠标小鸟将展翅飞翔，这时，可以控制鼠标沿一定速度和路线在场景中飞行，单击左键加速、右键减速，飞行途中可以按键盘 ESC 键或鼠标滚轮（中间键）暂停飞行。

3）视图调整完毕，点击动画控制器上的停止按钮结束录制。

4）点击动画控制器上的播放按钮，即可对以上录制的视图进行动画播放。

c. 创建动画帧生成动画

这种方法可以直接创建基于一般要素图层、场景、照相机视角和包含时间属性图层的四种动画关键帧来生成动画。例如，要模拟某一场景从白天到黑夜的变化过程就可以采用改变场景背景色和光照的方法来产生场景动画的效果。以下以场景动画为例介绍其实现步骤（其他类型的关键帧类似）：

1）点击 Animation 工具条上的 Animation 按钮，在弹出的下拉菜单中选择 Create Keyframe，打开创建动画帧对话框（图 4.141）。

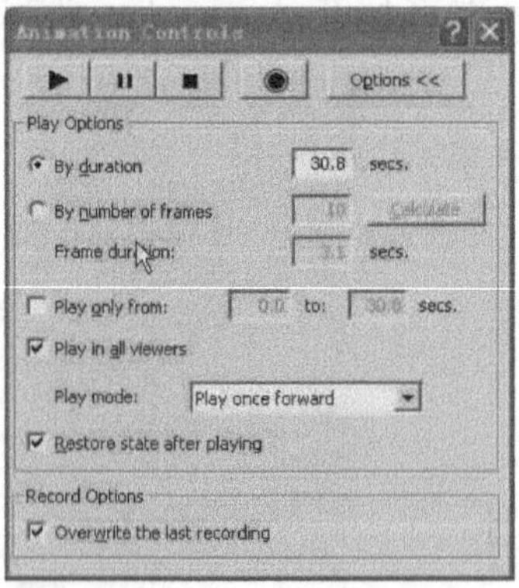

图 4.140 动画控制器

图 4.141 创建动画关键帧对话框

2）选择创建动画的类型（type）为场（Scene）。

3）选择动画对象源。对于场景动画来说即是当前场景。

4）点击 New 按钮新建一个目标轨道，并设置轨道名。

5）点击 Create 按钮创建一个当前场景属性状态下的动画帧，可以指定动画帧名称。

6）改变场景属性，如背景色、垂直拉伸或光照等（可以不关闭创建动画帧对话框），再次点击 Create 按钮，创建一个在新的场景属性状态下的动画帧。重复以上过程直至所有的帧生成完毕，点击 Close 按钮完成场景动画创建。

7）点击动画控制器上的播放按钮，即可对以上创建的动画进行播放。

d. 沿指定路径生成飞行动画

这种方法可以通过捕捉沿某一指定路径上运动的视图来创建动画轨道生成飞行动画。

1）点击 Animation 工具条上的 Animation 按钮，在弹出的下拉菜单中选择 Create Flyby from Path，打开对话框（图 4.142）。需要注意的是，使用该工具前需要选中飞行路径，该路径可以是线形矢量要素或图形（graphic）。

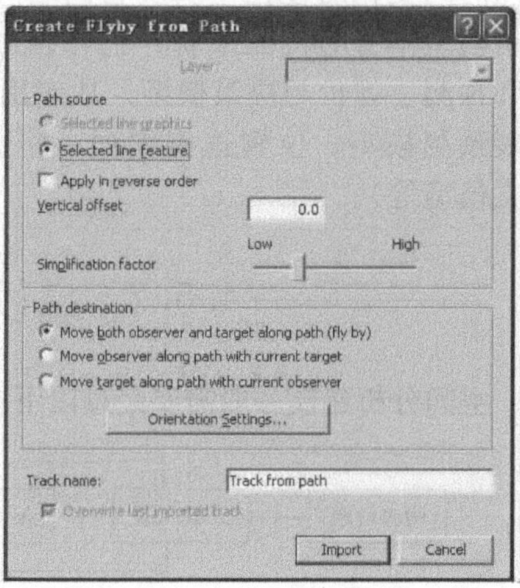

图 4.142　沿指定路径创建飞行动画对话框

2）飞行路径设置：包括路径的选择、路线的方向、飞行物体相对于路径的偏移高度（Vertical offset）、简化系数（Simplification factor）等。其中，简化系数设置越高，飞行动画会越精细、平滑。

3）设置路径目的地，有三种方式：沿指定路径同时移动摄像机和目标地物、沿指定路径围绕目标地物移动摄像机、目标地物沿指定路径围绕摄像机移动。

4）设置轨道名称，点击 Import，完成飞行动画创建。

5）点击动画控制器上的播放按钮，即可对以上创建的动画进行播放。

以上几种方式的动画创建好后，可以点击动画控制器中的 Options 按钮（图 4.140）进行播放设置；可以点击 Animation 菜单下的 Clear Animation 清除创建好的动画；还可以通过该菜单下的动画管理工具 Animation Manager 编辑修改动画；最后，可以将动画保存为 ArcScene 的动画格式，以便下次加载使用或将动画输出为视频文件用其他播放器进行播放。

4.5　空间分析建模

4.5.1　概　　述

模型是对现实世界中的实体或现象的抽象或简化，是对实体或现象中最重要的构成部分及相互关系的表述。通过模型，不仅可以将思维过程简约化，将研究对象更清晰的呈现出来，还可以使复杂的问题一般化，以揭示客观对象的本质。此外，模型比原型容易操作，而且模型试验能够节约成本。

根据建立方式的不同，模型可以分为三种类型：一是应用数学分析方法建立起来的数学表达式，反映事物或现象的理化规律，称为理论模型；二是通过大量的观测实验和数理统计方法建立起来的，反映变量之间的统计关系的模型，称为经验模型；三是基于原理和经验的混合模型，这类模型中既有基于理论原理的确定性变量，也有应用经验加以确定的不确定性变量。根据模型的表现方式不同，模型还可以分为概念模型、数学模型、图解模型、实物模型等。

空间分析建模是指将空间问题的分析与处理采用模型的方式来表达的过程。空间分析模型可以模拟现实地理世界中各种自然要素、社会经济要素的空间分异特征和其随时间变化的过程，以及它们之间的相互关系，以解决各类型空间问题。从空间分析模型本身的特征来看，它可以分为空间分布模型、空间关系模型、空间相关模型和预测、评价与决策模型。从应用的角度看，空间分析模型包括适宜性分析模型、发展预测模型、位置选择模型、交通规划模型、地学模拟模型（如土壤侵蚀模型、水文模型等）。

4.5.2　空间分析建模的一般过程

空间分析建模一般需要经过以下 5 个阶段（图 4.143）（汤国安和杨昕，2006）。

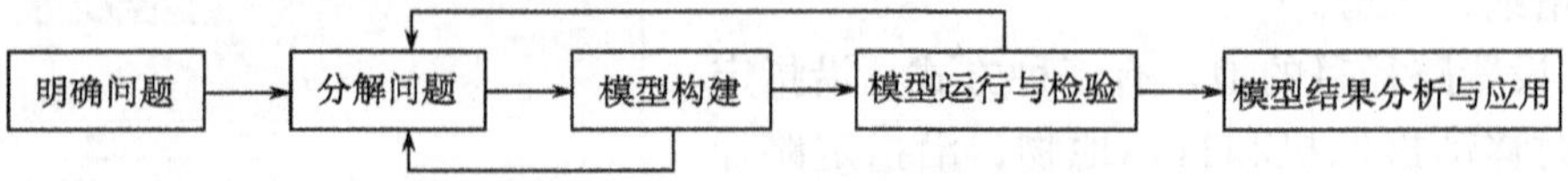

图 4.143　空间分析建模的一般过程

1. 明确问题

弄清建立模型的目的，明确需要解决的问题是什么，解决问题的途径和方法有哪些，需要用到什么数据。

2. 分解问题

根据问题的实质，对问题进行分解、简化，找出相关因素，明确模型中需要的参数，并准备好相关的数据。

3. 模型构建

根据各因素之间的关系，运用数学知识，并结合 GIS 的空间处理工具，构建模型，以描述各变量之间的关系。

4. 模型运行与检验

运行模型，并通过对模型结果的解释或对比来检验模型。若模型结果能够得到合理解释，或与实际观测结果能够很好地吻合，则表明模型可行；若与此相反，则表明模型存在问题，需要返回问题分解阶段，检查问题的分解是否合理，模型本身、模型参数、模型所用数据等是否正确、是否需要调整，并再次运行模型，直至模型符合要求。

5. 模型结果分析与应用

将模型运行的结果进行分析，了解其中所包含的信息，并将这些信息应用到具体的实践中（如决策支持）。

4.5.3 图解建模

1. 概述

图解建模是指用直观的图形语言将具体的空间处理过程以模型的形式建立起来。在模型中，分别定义不同的图形来代表输入数据、输出数据、空间处理工具，它们以流程图的形式进行组合，从而为复杂的 GIS 任务建立固定有序的处理过程。

在 ArcGIS 中，Model Builder（模型生成器）是构造地理处理工作流程和脚本的图形化建模工具。它主要由输入数据、空间处理工具、输出数据以及它们之间的连接关系等四个部分组成。输入数据和输出数据可以是矢量数据集，也可以是栅格数据集；空间处理工具主要是 ArcToolbox 中的工具集，也可以是模型、由脚本定制的工具或其他工具箱中的工具。连接指定了数据与操作之间的关系，只有符合条件的要素才能被连接起来。四者之间的有机组合，即可形成完整的图解模型。

一个模型可以由一个或多个过程组成。每个过程都有一个共同的基本结构：输入—函数—输出，不同模型所包含的输入、函数、输出的数量可以不同，但整体的结构保持不变。同时，在模型运行前，所有的组成部分必须彼此连接。

2. 图解模型的分类

1）按照模型中所包含的过程的数量，可以分为单过程模型和多过程模型。单过程模型只有一个过程，较为简单。而多过程模型包含多个过程，且第一个过程所产生的输出数据往往作为第二个过程中的输入数据，依此类推。

2）按照模型中过程的种类，可以分为单一处理工具模型和复杂处理工具模型。单一处理工具模型的空间处理工具仅为一种；复杂处理工具模型则由多种空间处理工具构成，例如，在为某地建立的地形分析模型中，既可能要用到数据转换工具，也可能要用到数据管理工具；既可能用到空间分析工具，也可能用到三维分析工具。

3. 图解建模的基本过程

建立图解模型的基本过程如图 4.144 所示。

图 4.144　建立图解模型的基本过程

在 ArcGIS 中，图解建模主要包括以下 8 个步骤。

(1) 打开 Model 生成器

在 ArcGIS 中，Model 生成器打开的方式有两种。

第一种：打开 ArcMap 或 ArcCatalog，在 Standard 工具条上，直接点击 按钮，即可启动 Model Builder（图 4.145a）。

第二种：在 ArcMap 或 ArcCatalog 中，打开 ArcToolbox，右键点击 ArcToolbox→New toolbox，生成一个新的工具箱，右击该工具箱，选择 New→Model，打开 ModelBuilder（图 4.145b）。

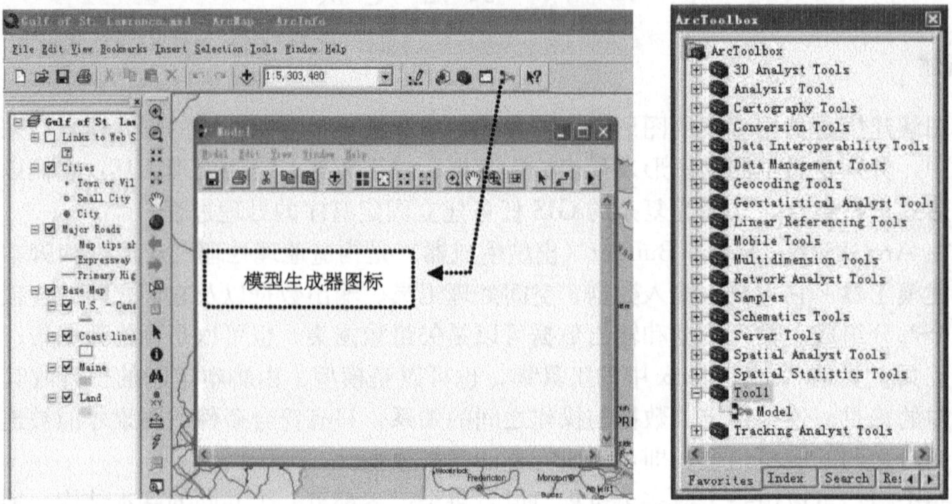

a　　　　b

图 4.145　ArcGIS 中模型生成器的打开

(2) 添加所要输入的数据

从 ArcMap 或 ArcCatalog 中将数据拖入 Model 窗口，也可以在 Model 窗口中点击右键，选择 Create Variable，在变量列表中选择所要的数据类型，此后双击新建的变量，选择所要添加的数据。此外，还可以在添加空间处理工具后，在工具中设置输入数据。

(3) 添加空间处理工具

根据所需处理的空间问题，在 ArcToolbox 中选择合适的空间处理工具，将其直接拖入 Model 窗口中，并对输出的路径等进行设置。

(4) 连接空间处理工具

添加空间处理工具后需将这些空间模型要素有机连接起来才能组成完整的图解模型。方法有两种：一是单击 Model 生成器界面工具条的图标，连接各要素；二是双击空间处理工具，在对话框中选择所要处理的数据，从而为数据和工具添加连接。

(5) 设置参数

若希望在打开模型时由用户输入数据、常数或者设置输出文件的路径与名称，则需要在建立模型时设置参数。具体方法有两种：一是右键单击所要设置为参数的图形要素，选择 Model Parameter 命令，所设置的要素右上角便出现一个“P”表示设置成功(图 4.146)；二是在点击菜单 Model→Model Properties，打开模型属性对话框，进入 Parameters 选项卡，单击按钮，选择所要设置为参数的要素（图 4.147）。

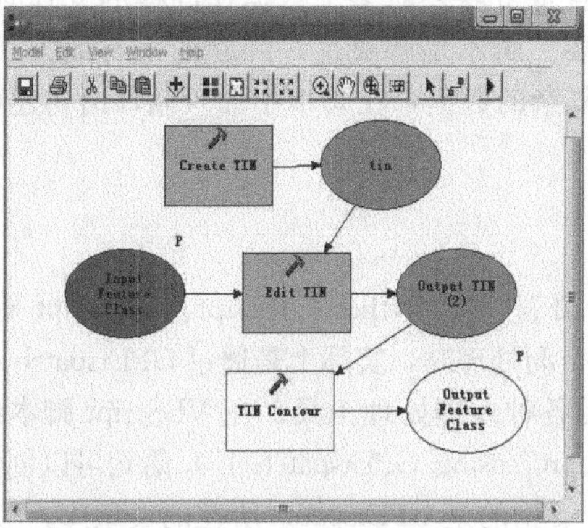

图 4.146 模型参数设置方法一

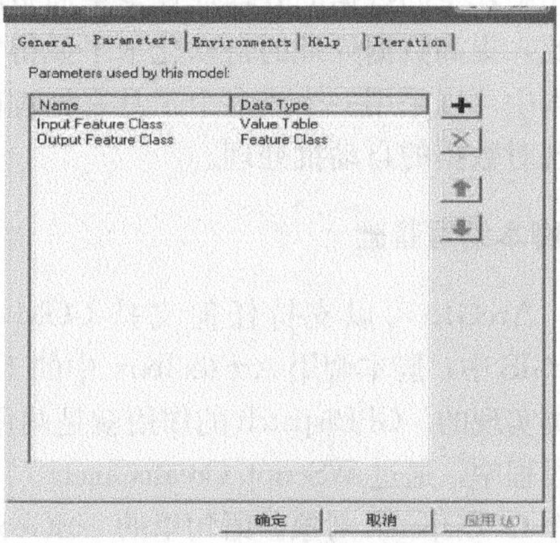

图 4.147 模型参数设置方法二

(6) 保存模型

在菜单中点击 Model→Save，或直接点击工具条上的 Save 按钮，即可保存模型。右键点击模型所在的工具箱（toolbox)，点击 Save As，将工具箱保存为单独的文件。为便于下次打开 ArcToolbox 能见到所建的模型，可右键点击 ArcToolbox，选择 Save Settings，保存到文件（To File）或缺省（Default)。当下次打开时，只需右键单击 ArcToolbox→Load Settings，即可打开上次所作的设置。

(7) 运行图解模型

模型建好之后，需要运行模型以检查结果是否满意。方法有三种：一是在工具条上，点击运行模型；二是在菜单条中，单击 Model 下的 Run 命令，模型被启动运行；三是双击 ArcToolbox 工具箱中的模型，点击 OK 即可。模型运行后，模型运行状态框中可以显示出模型是否成功运行。

(8) 将图解模型转换为脚本

建立好的模型可以转换为脚本使用。在菜单中点击 Model→Export→To Script 命令，选择输出的脚本类型（Python、JScript 或 VBScript)，设置输出的文件名并保存。

4.5.4 脚本文件

1. 简介

脚本（Script）是指通过记事本程序或其他文本编辑器创建，并保存为特定扩展名

（如＊.py、＊.vbs、＊.js 等）的文件。脚本可以通过利用应用程序或工具的规则和语法来表达指令，以控制应用程序中各种元素的反应，也可以由简单的控制结构（如循环语句、If/Then 语句）组成。脚本同 VB、C 语言等相比，其最主要的特点在于脚本语法比较简单，容易掌握。此外，脚本还与应用程序密切相关，可以包含应用程序自身的某些功能。

在 GIS 中，各类工具往往是针对单一数据、单一进程的空间处理与分析，而实际应用中，空间数据的处理往往复杂而费时，并且常常需要对多个数据作同样的处理时，因此，提高数据处理的自动化水平显得尤为必要。脚本是解决这一问题的最有效方式。脚本中可以采用一个或多个工具来处理简单或复杂的数据，在脚本中加入循环语句还可实现对数据的自动批处理。

2. 脚本编写基础

ArcGIS 可以支持任何支持 COM 的脚本语言，如 Python、JScript、VBScript 等。ArcGIS 中，脚本调用 ArcToolbox 中的工具进行空间处理时，实际上是通过 GPDispatch 组件类实现的。GPDispatch 的作用就是调用和执行各种地理处理工具。在 VBScript 脚本编写过程中，通过 WScript. CreateObject（" esriGeoprocessing. GPDispatch. 1"）语句可以创建一个 GPDispatch 对象。语句里的 esriGeoprocessing 指的是 GPDispatch 所在的类型库，“1”表示版本号（汤国安和杨昕，2006）。GPDispatch 主要有以下几种常用的方法。

CheckOutExtension：检查扩展模块许可，如检查 3D 扩展模块 gp. CheckOutExtension "3D"；

AddToolbox：添加所用工具箱，如 gp. AddToolbox "C：/Program Files/ArcGIS/ArcToolbox /Toolboxes/Data Management Tools. tbx"；

RemoveToolbox：移除工具；

Execute：执行工具；

Setproduct：设置产品类型，如 gp. AddToolbox “ArcInfo”。

3. 创建批处理脚本文件

脚本的最大价值在于能够对数据进行批处理。用脚本进行批处理的方式主要有以下两种。

1）直接编写脚本而后进行批处理，一般包括以下步骤：第一步，新建一个文本文档；第二步，在文档中创建 GPDispatch 对象；第三步，检查扩展模块的 license；第四步，加载必要的 Toolbox；第五步，定义变量；第六步，编写循环处理语句；第七步，保存并修改文件名和类型（如 compactDB. vbs）；第八步，添加脚本至 ArcToolbox 中，并设置其属性；第九步，运行脚本。

2）首先生成针对单一数据处理的模型，再由模型生成脚本，最后在脚本文件中加入循环语句以实现批处理。其过程为：建立模型→生成脚本→加入循环语句→添加脚本→运行脚本。

以下重点介绍在 ArcGIS 中如何运用脚本实现压缩地理数据库（Compact Geodatabase）的批量处理（数据库的结构可参见图 2.29）。

（1）模型建立

在 ArcMap 或 ArcCatalog 中打开 ArcToolbox，右键单击 ArcToolbox→New Toolbox，生成一个新的工具箱，右键点击该工具箱，选择 New→Model，打开 ModelBuilder，将 ArcToolbox 中的 Compact 工具（Data Management Tools→Database→Compact）拖入其中。

（2）生成脚本

单击菜单 Model→Export→To Script→VBscript（图 4.148），输出脚本文件。

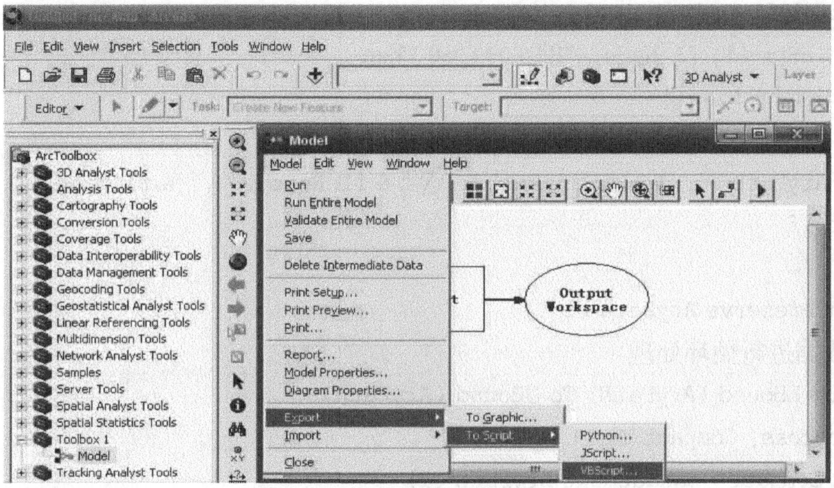

图 4.148 模型转换成脚本

采用记事本打开该文本文件，可以见到以下主要内容：

```
'Create the Geoprocessor object
Set gp = WScript. CreateObject ("esriGeoprocessing. GPDispatch. 1")
'Load required toolboxes...
gp. AddToolbox "C: /Program Files/ArcGIS/ArcToolbox/Toolboxes/Data Management Tools. tbx"
'Local variables...
Output _ Workspace = ""
'Process: Compact...
gp. Compact _ management ""
```

（3）加入循环语句

修改以上脚本文件中的最后两行（即数据处理部分），具体过程是：首先将需要处理的数据读入一个数组中，然后加入循环语句，对数组中的数据进行循环处理。以下是对图 2.29 所示的数据库中各个 Geodatabase 进行读取并压缩的代码：

```
' 传递外部参数
DataPath = WScript. arguments. item (0)
' 定义并设置变量
```

```
Dim fso, f, f1, fc, i
Dim AryPath ()
Set fso = CreateObject ("Scripting. FileSystemObject")
Set f = fso. GetFolder (DataPath)
Set fc = f. SubFolders
i = 0
'将需要处理的文件（含路径）放入数组中
For Each f1 in fc
  If InStr (1, f1. Name, "H", 0) >0 Then
    i = i + 1
    Redim Preserve AryPath (i)
    AryPath (i - 1)  = DataPath & "\" & f1. Name & "\" & f1. name & ". mdb"
  End if
Next
Redim Preserve AryPath (i - 1)
'对数据进行循环处理
For i = LBound (AryPath) To UBound (AryPath)
  'Process: Compact...
  gp. Compact _ management AryPath (i)
Next
```

（4） 添加脚本

由于编辑好的脚本不能直接运行，需要相应的应用程序支持，这里将该脚本添加进 ArcGIS，具体步骤是：在新建的工具箱上，选择 Add→Script，打开添加脚本对话框，给脚本命名、添加标签和注释（图 4.149a）；然后点击下一步，添加编辑好的脚本（图 4.149b）；再次点击下一步，进行参数的添加（图 4.149c）：在 Display Name 中加入一

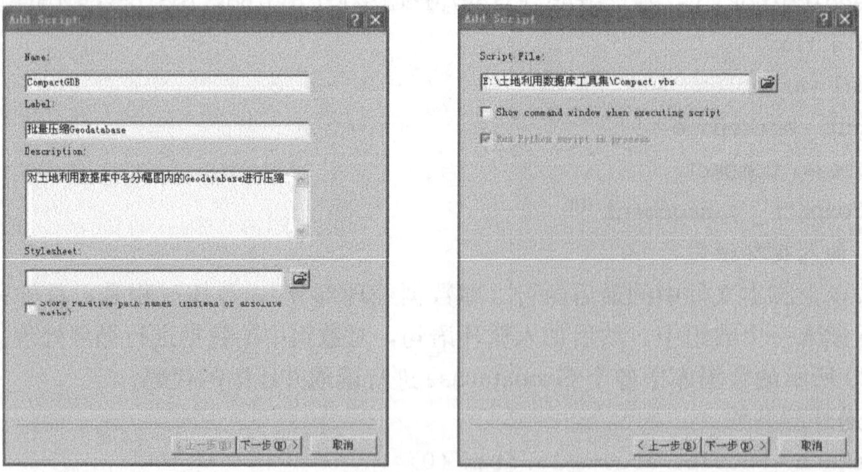

a. 脚本命名　　　　b. 脚本文件

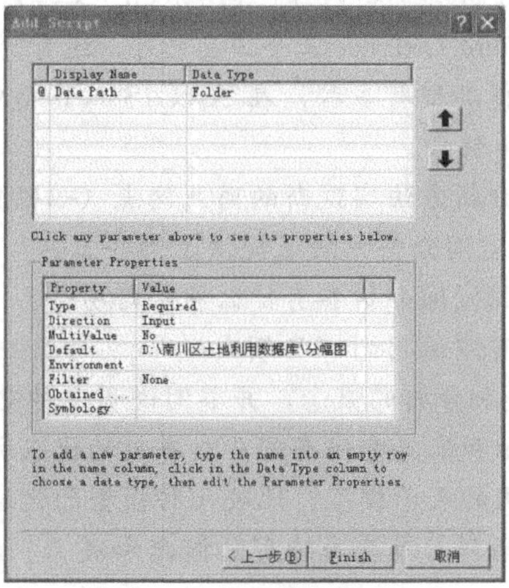

c. 脚本参数设置

图 4.149 添加脚本

个参数 Data Path，并将其 Data Type 设置成 Folder 类型，在下方的参数属性（Parameter Properties）列表中，将 Default 选项设置为默认的数据路径。

(5) 运行脚本

在 ArcToolbox 中双击脚本，在打开的对话框中选择需要批处理的文件路径（图 4.150），点击 OK，即可对所选文件夹中所有的 Geodatabase 进行压缩。

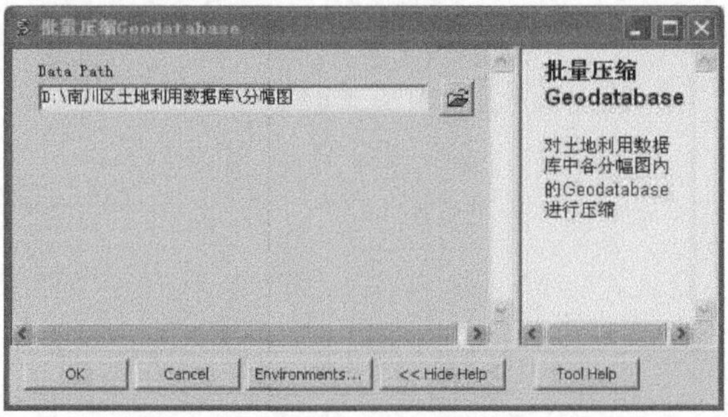

图 4.150 脚本的运行（批量压缩 Geodatabase）

复习思考题

1. 谈谈空间分析在 GIS 中的地位与作用。

2. 试述空间分析的基本过程。

3. 矢量数据的空间统计分析方法有哪些？在 ArcGIS 中常用的统计工具怎么使用？与其他专业的统计软件（如 SPSS 等）相比有什么不同？

4. 矢量数据的邻近性分析有哪些内容？在 ArcGIS 工具箱中除了本书介绍的 Buffer、Create Thiessen Polygon、Point Distance 三个工具之外，还有哪些邻近性分析工具？

5. 矢量数据的叠加分析类型有多种，在 ArcGIS 工具箱中叠加分析也有很多工具，比较这些工具之间的区别和联系。

6. 如何通过空间网络分析方法实现新的商业网点（如银行、超市）的选址？

7. ArcGIS 中矢量数据空间分析方法还提供了哪些工具？

8. 栅格数据与矢量数据空间分析各有什么优势与劣势？

9. 栅格数据空间分析可以运用到哪些领域？

10. 试解释栅格数据叠加分析的概念，并举例说明这种空间分析方法的用途。

11. DEM 获取的数据源和采集方法有哪些？各自的优点和缺点是什么？

12. DEM 有哪几种常用的表示模型？比较几种模型的优缺点。

13. 简述 Delaunay 三角网与泰森多边形的概念和关系。构建 TIN 应满足哪些基本要求？

14. 如何理解空间插值的概念？请列举出几种常用的空间插值方法并简述其基本原理。

15. 在 GIS 中常用的表面分析方法有哪些？在实际工作中有什么用途？

16. 简述三维可视化的概念、原理和一般实现过程。

17. 三维可视化在建设数字地球和数字城市中有哪些应用？

18. 试述空间建模的概念及基本过程。

19. 简述 ArcGIS 中图解建模与脚本文件的相互关系。

20. 结合 ArcGIS 中的空间分析工具，谈谈如何实现栅格数据的比例分成法编码。

实验部分

实验十二　缓冲区分析

一、实验目的

理解缓冲区分析的实质，掌握缓冲区分析的基本方法。

二、实验内容

某房地产商准备开发一住宅区，需要对城市噪声进行分析，拟通过计算各地的噪声强度找出受噪声影响较小的区域。

三、实验原理与方法

实验原理：缓冲区分析是地理信息系统最重要和最基本的空间分析功能之一。它是对一组或一类地理要素按设定的距离条件，在其周围形成具有一定宽度范围的多边形区域，分析区内的空间数据以获取数据在二维空间扩展的信息。

实验方法：对城市路网建立多环缓冲区，根据缓冲区至道路的平均距离以及噪声衰减模式计算各缓冲区内的噪声强度。

四、实验设备与数据

(1) 仪器设备：计算机。

(2) 主要软件：ArcGIS。

(3) 实验数据：随书光盘中提供的“实验 12”文件夹下的城市路网数据（streets），并假定噪声强度衰减模式为线性衰减，噪声的影响距离为 2000m，道路所在地的噪声强度值为 100。

五、实验步骤

(1) 打开 ArcMap，加载城市路网数据 streets（图 4.151）。

(2) 加载缓冲区工具（图 4.152）：点击菜单 Tools→Customize，进入 Commands 标签，在其目录中找到 Tools，在命令集中找到 Buffer Wizard，将其拖至任一工具条上，关闭 Customize 对话框。

(3) 研究路网数据的空间范围，确定适宜的缓冲区数量及缓冲距离。

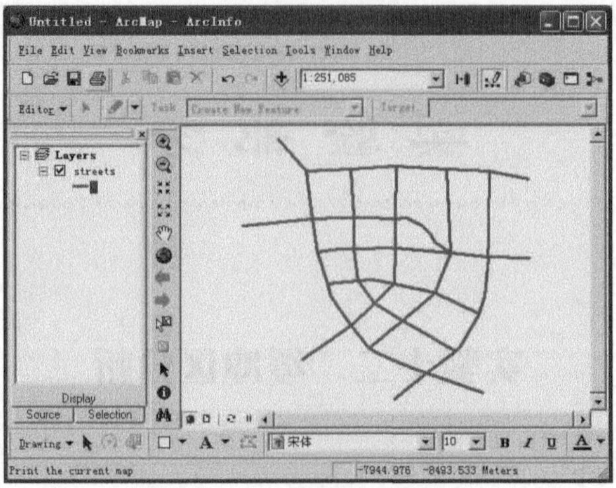

图 4.151　加载路网数据

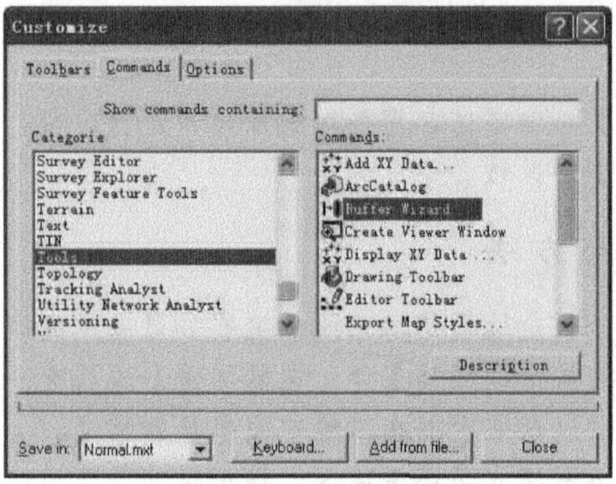

图 4.152　加载 Buffer Wizard 工具

(4) 打开 Buffer Wizard 工具（图 4.153），选择需要建缓冲的数据图层 streets，点击下一步，设置建立缓冲区距离单位为 Meters，缓冲区的类型选择第三个选项 As multiple buffer rings，以建立多个缓冲环，最后设置缓冲区的数量及距离（图 4.154）。

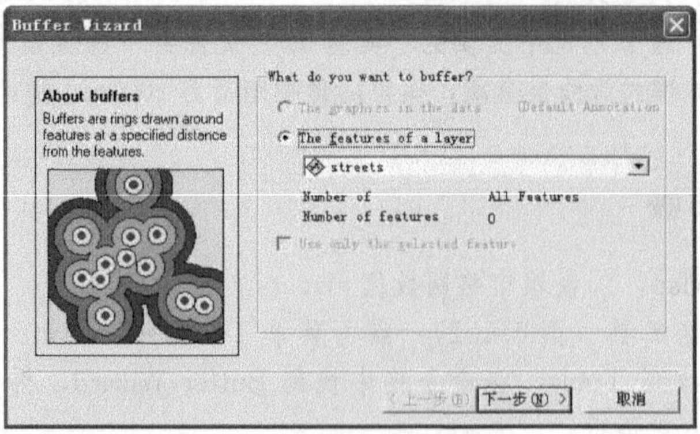

图 4.153　选择缓冲区的数据层

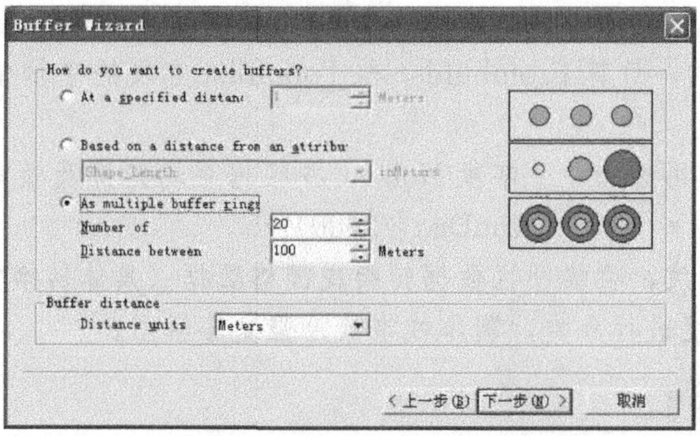

图 4.154 设置缓冲区的类型及参数

(5) 点击下一步，首先设置 Buffer output type 的 Dissolve barriers between 为 Yes (表示重叠部分合并在一起)，然后设置缓冲区多边形的保存位置（图 4.155)。

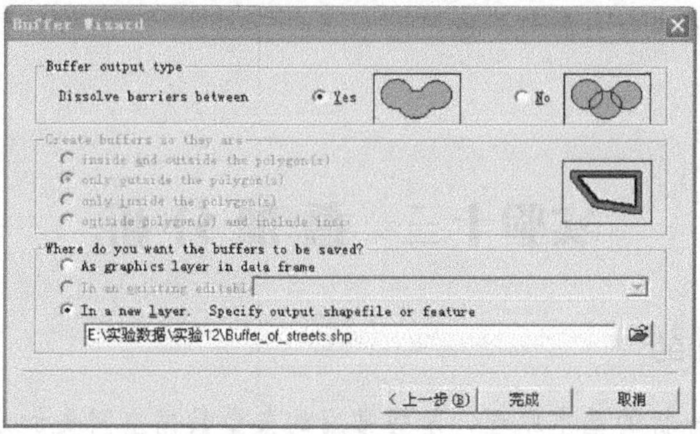

图 4.155 设置缓冲区的合并类型及保存路径

(6) 检查缓冲区数据，一方面检查缓冲区是否完全覆盖了整个城市区域（图 4.156)，另一方面检查缓冲区数据的属性表中是否具有起止距离字段（Frombufdst，Tobufdist)。

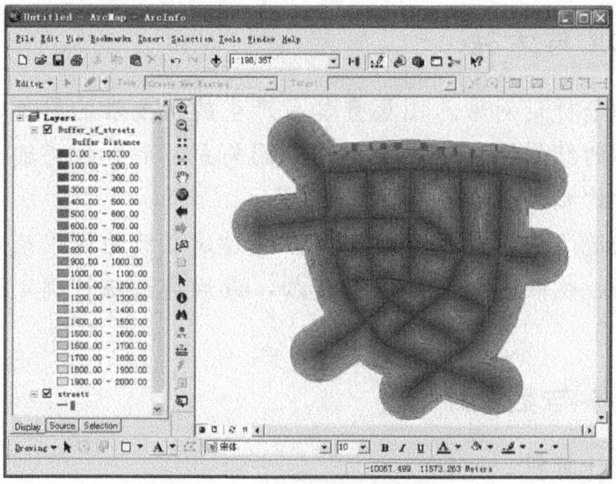

图 4.156 检查缓冲结果

(7) 检查无误后，在属性表中添加一个 Double 型的字段 MeanDist，采用字段计算器 (Field Calculator)，计算 Frombufdst 和 Tobufdist 字段的平均值（即平均距离）作为该字段的值。

(8) 在属性表中再添加一个字段 Noise，并根据平均距离及噪声衰减模式计算各缓冲区的噪声强度 100 * (1−[MeanDist]/2000)。

(9) 根据噪声强度，将缓冲区数据转换成栅格数据（具体转换方法参见实验二）。

(10) 对噪声强度进行分类，制作城市噪声强度等级图。

六、注意事项

(1) 缓冲区的距离不能太大，否则会造成大量的同等噪声区域。

(2) 缓冲区的数量要足以使缓冲范围能够覆盖全部区域。

(3) 栅格大小以缓冲区距离的 1/5 左右为宜。

(4) 本实验假定各道路产生的噪声强度是相同的，请思考在不同级别的道路产生的噪声强度不同时该问题应当如何处理。

实验十三 叠加分析

一、实验目的

理解空间叠加分析的基本原理，掌握常用的矢量数据空间叠加分析方法。

二、实验内容

根据规划道路的中心线及道路宽度 (600m)，确定各村将被占用的各类土地的范围与面积，并完成统计表。

三、实验原理与方法

实验原理：叠加分析是对输入图层叠加后产生的新要素的属性，按一定的数学模型进行计算分析。叠加的结果不仅生成了新的空间关系，而且还将输入的多个数据层的属性联系起来产生了新的属性关系。

实验方法：根据道路中心线及道路宽度，通过建立缓冲区以确定用地范围，再将它分别与土地利用数据、行政区划数据进行叠加，最后通过统计确定道路建设占用各村各类土地的面积。

四、实验设备与数据

(1) 仪器设备：计算机。

(2) 主要软件：ArcGIS、Microsoft Office 等软件。

(3) 数据准备：随书光盘中提供的“实验 13”文件夹下的相关数据，包括道路中心线（road. shp）、土地利用数据（landuse）、分村行政区划数据（village. shp）、道路占地统计表 . xls。

五、实验步骤

(1) 在 ArcMap 中加载数据，打开 ArcToolbox，利用 Analysis Tools 中 Proximity 的 Buffer 工具为 road. shp 建立宽度为 300m 的缓冲区，产生道路用地范围数据（图 4. 157）。

(2) 将生成的缓冲区数据与土地利用数据叠加（ArcToolbox→Analysis Tools→Overlay→Intersect），确定道路用地范围内需要占用的各类土地（图 4. 158、图 4. 159）。

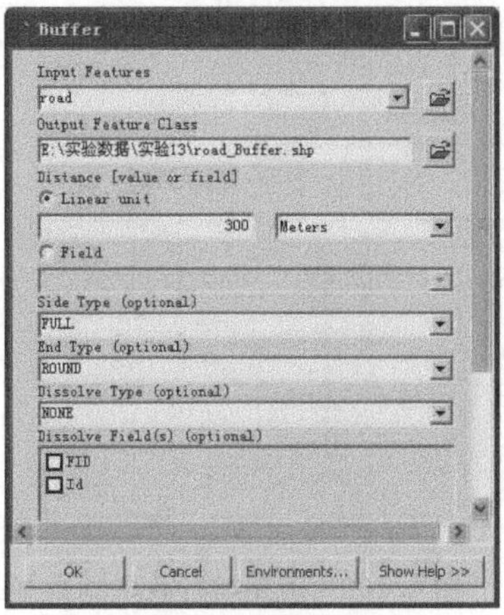

图 4. 157 建立道路缓冲区

图 4. 158 数据叠加对话框

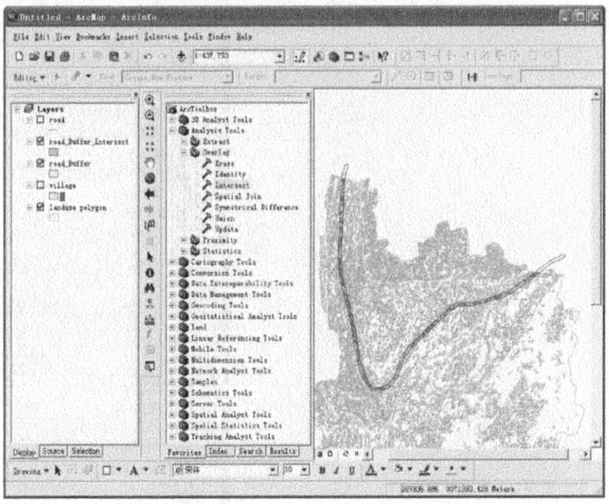

图 4. 159 道路与土地利用数据的叠加

(3) 将上一步生成的被占用土地数据与分村行政区数据叠加（Overlay→Identity），给多边形添加权属信息（图 4. 160、图 4. 161）。

(4) 统计各村各类土地被占用的情况。可以采用以下两种方式进行统计：一是将叠加后数据的属性表输出，在 Excel 中分村分地类进行面积统计；二是直接利用 ArcToolbox 中的频数统计工具（Analysis Tools→Statistics→Frequency）进行分村分地类面积统计（在频数字段（Frequency Field (s)）下选择村名和土地类型字段LANDUSE_ID，在汇总字段（Summary Field (s)）下选择存放面积的字段）（图 4. 162）。

(5) 根据统计结果，完成道路占地统计表 . xls，并根据叠加的结果制作道路用地图。

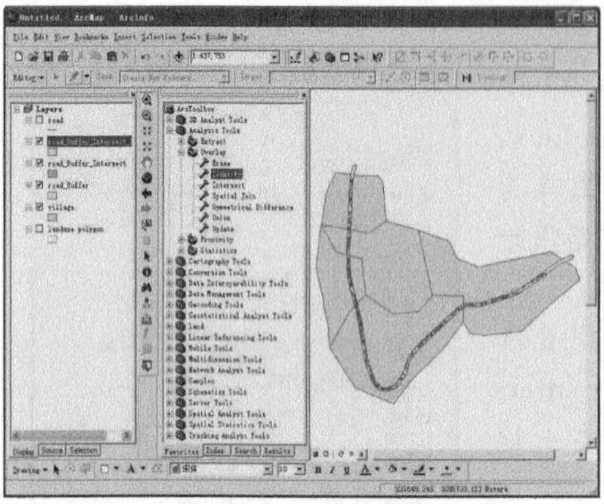

图 4.160　道路与行政区划数据的叠加

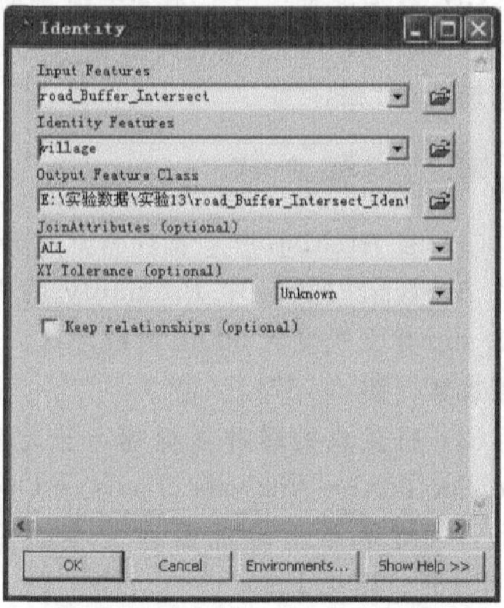

图 4.161　Identity 叠加对话框

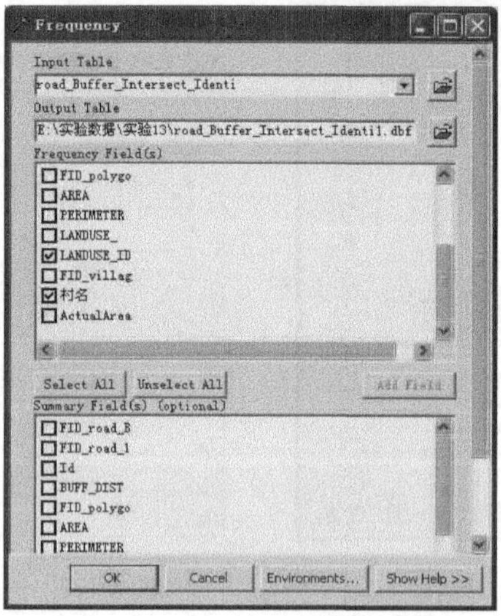

图 4.162　频数统计

六、注意事项

(1) 叠加方法：道路用地范围与土地利用数据、行政区数据的叠加可以用 Intersect 一步完成。

(2) 面积认定问题：叠加后生成的多边形的面积不能直接采用 Area 字段中的面积，因为它是在叠加时从土地利用 Coverage 数据中继承过来的。在上述第四步之前可以采用下面两种方法之一来计算图斑的真实面积：①新加一个面积字段（如 ActualArea），右键点击该字段标题，采用弹出菜单中的 Calculate Geometry 工具来计算面积；

②将数据转换成 GeoDatabase 格式，采用属性表中 Shape_Area 字段的值。

(3) 土地类型问题：由于需要统计的是土地各大类的面积，因此需要将土地类型代码转换成一级代码，可以采用以下三种方法之一：①分类进行选择，运用字段计算器来进行计算；②用字段计算器中的高级功能，采用条件判断语句及取整函数来计算；③直接采用 Left 函数提取代码中的第一位数字（Left（[LANDUSE_ID]，1））。

(4) 面积统计问题：根据新的土地类型代码、村名及新的面积，采用频数统计工具（Frequency）进行统计效率更高。

实验十四　网络分析

一、实验目的

掌握常用的矢量数据网络分析方法，理解网络分析的原理，并能进行最佳路径分析。

二、实验内容

根据城市路网数据、学校数据、车站数据，为两地之间选择最佳路径，并制作最佳路径图。

三、实验原理与方法

实验原理：网络分析是通过研究网络的状态，模拟分析资源（物质、能源和信息）在网络上的流动和分配，以实现网络上资源的优化配置。

实验方法：对城市路网数据建立几何网络，改变网络的状态，进行网络跟踪，寻找最佳路径。

四、实验设备与数据

(1) 仪器设备：计算机。

(2) 主要软件：ArcGIS（具有 Utility Network Analyst 扩展模块）。

(3) 实验数据：随书光盘中提供的“实验 14”文件夹下的相关数据，它包括城市路网数据（streets）、学校数据（schools）、车站数据（stations）。

五、实验步骤

(1) 建立几何网络：在 ArcCatalog 中，右键点击城市路网数据（streets）所在的 Feature dataset（Transportation），选择 New→Geometric Network（图 4.163），打开建立几何网络的对话框。

(2) 点击下一步，选择第一项，从已有要素中建立几何网络，点击下一步，选择用

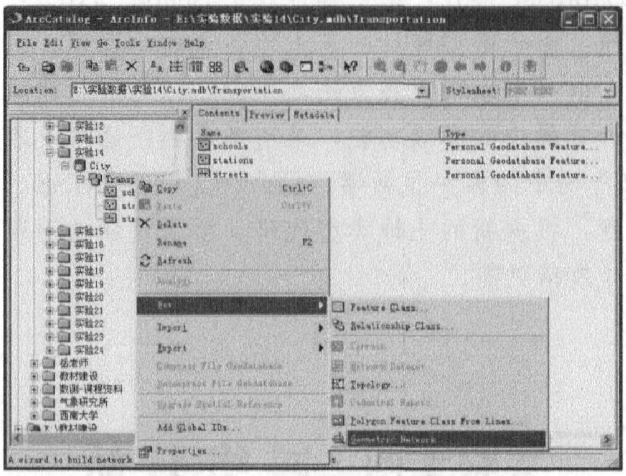

图 4.163　建立几何网络

来建立网络的数据 streets，并为新建的网络命名（图 4.164），连续五次点击下一步，点击 Finish，完成几何网络的建立。

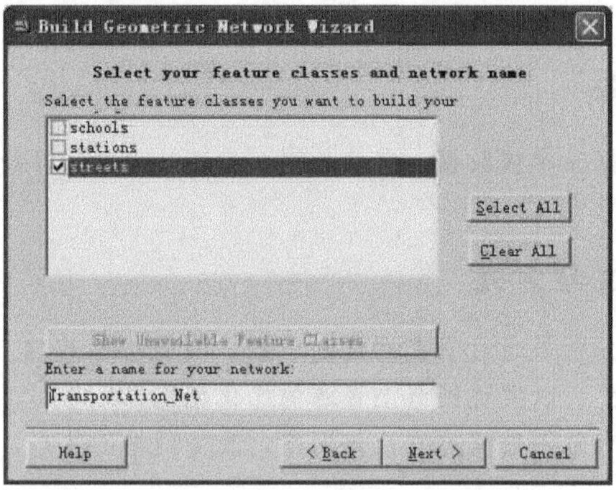

图 4.164　选择建立几何网络的数据

(3) 打开 ArcMap，首先加载新建的几何网络，按街道类型（StreetType）确定显示时所用的线型，将街道分为五类；然后再加载学校和车站数据，并对其进行符号化（图 4.165）。

(4) 右键点击任一工具条，选择 Utility Network Analyst，打开该工具条（图 4.166），并在网络的节点或通道上设置一些障碍，以限制网络中的某些流动，点击工具条上的 (Add Junction Barrier Tool) 设置结点障碍；点击 (Add Edge Barrier Tool) 设置通道障碍；点击 Analysis 按钮，在弹出的菜单中选择 Clear Barriers 可以清除障碍。

(5) 用 Flag 设置网络分析的起点和终点。点击 (Add Junction Flag Tool) 设置路径的起点或终点；点击 (Add Edge Flag Tool) 设置路径的起止通道；点击 Analysis 按钮，在弹出的菜单中选择 Clear Flags 可以清除标旗。在 Trace Task 中选择 Find

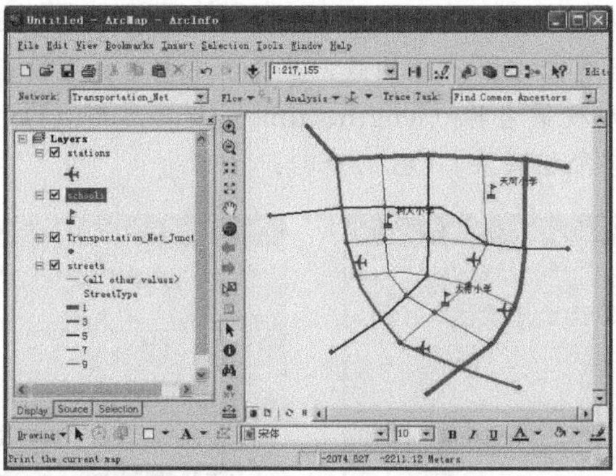

图 4.165 街道、学校和车站的符号化

图 4.166 Utility Network Analyst 工具条

Path，并点击工具条最右端的 Solve 按钮，产生最佳路径（图 4.167）。

（6）打开道路数据的属性表，分别增加平均行车速度 Speed（短整型）和行车时间 Passtime（双精度）两个字段（图 4.168）。启动编辑，选择同一类型道路，采用字段计算器，分别给每类道路输入平均行车速度（设 1、3、5、7、9 类道路的车速分别为 80km/h、70km/h、60km/h、50km/h、40km/h），并根据路线长度（Shape _ Length 字段）（单位：m），采用字段计算器计算通过该路段的行车时间“［Shape _ Length］/（［speed］*1000 / 60）”（分）。

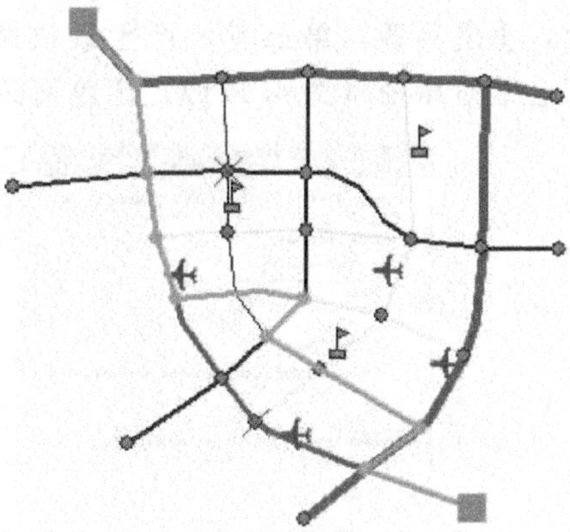

图 4.167 路径生成

Attributes of streets

OBJECTID *	Shape *	StreetType	宽度	路面质量	Enabled	Shape_Length	speed	passtime
1	Polyline	9	25	一级	True	3264.523592	40	4.896785
2	Polyline	9	25	一级	True	5676.22637	40	8.51434
3	Polyline	5	25	一级	True	4676.454793	60	4.676455
4	Polyline	5	25	一级	True	2799.455181	60	2.799455
5	Polyline	1	25	一级	True	2670.791733	80	2.003094
6	Polyline	3	25	一级	True	4064.819486	70	3.484131
7	Polyline	5	25	一级	True	3939.789955	60	3.93979
8	Polyline	1	25	一级	True	2712.484572	80	2.034363
9	Polyline	9	18	一级	True	3753.25008	40	5.629875
10	Polyline	9	18	一级	True	2762.835651	40	4.144253
11	Polyline	1	18	一级	True	2968.901737	80	2.226676
12	Polyline	1	18	一级	True	3030.116667	80	2.272588
13	Polyline	5	18	一级	True	2799.209796	60	2.79921

Record: 0 Show: All Selected Records (0 out of 43 Selected) Options

图 4.168 道路属性表

(7) 保存数据与地图，关闭 ArcMap，在 ArcCatalog 中删除第二步中生成的几何网络，然后重复第一步至第二步［不同的是，第二步中需要分别设置街道长度和行车时间为网络的权重：先确定权重名称（length、time）及其类型（Double），再分别将所建的权重与属性表中的字段相联系］（图 4.169）。

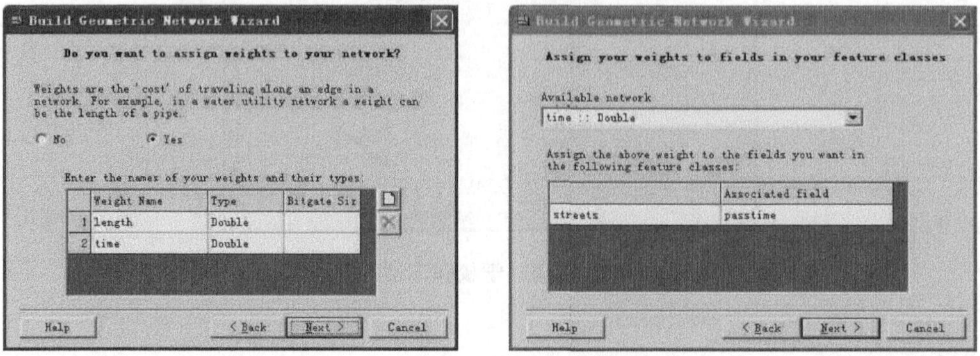

图 4.169　权重设置

(8) 重复第三步，然后在 Utility Network Analyst 工具条上点击 Analysis→Options，选择 Weights 标签，为 Edge weights 指定权重，先设置行车时间 time 作为权重，重复第四、第五步，产生最快路径（图 4.170）；再将道路长度 length 作为权重，产生最短路径（图 4.171）。比较两条路径之间的不同，分析造成差异的原因。

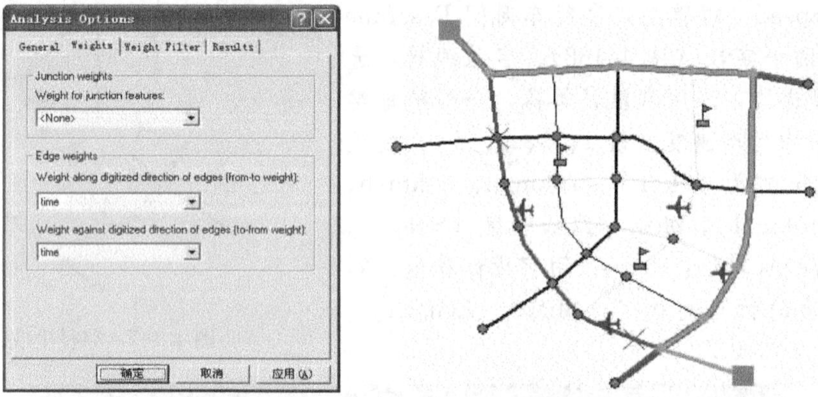

图 4.170　以 time 为权重的对话框设置及结果显示

(9) 寻求某校至某车站的一条最佳路径（选做）。

(10) 制作最佳路径图：将分析所得的路径分别按 Drawing 和 Selection 的方式显示或输出（在 Utility Network Analyst 工具条上点击 Analysis→Options→Results→Results format 中设置）。

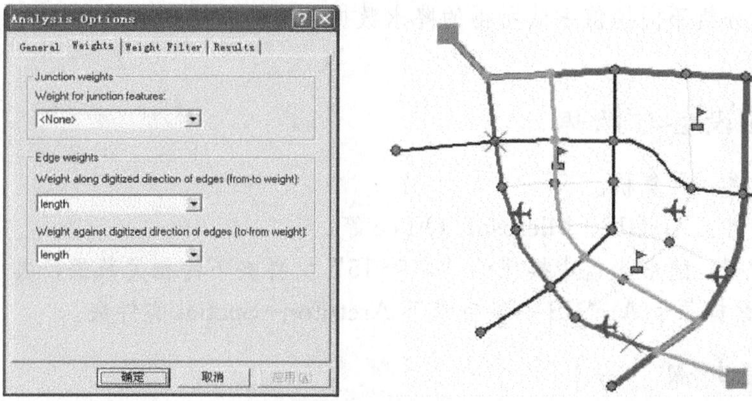

图 4.171 以 Length 为权重的对话框设置及结果显示

六、注意事项

(1) 设置障碍以限定流动可以采取两种方式：①使用交汇点或通道障碍（如水管破裂、交通事故、道路施工等）（暂时性）；②在属性表中改变交汇点或通道的 Enabled 值域（修改数据库）（永久性）。

(2) 注意比较在是否设置权重以及权重不同时所得结果之间的差异，找出差异产生的原因。

(3) 注意观察数据中的道路立交给路径搜索带来的影响。

实验十五 栅格数据的统计分析

一、实验目的

理解栅格数据统计的原理，掌握常用的栅格数据的统计分析方法。

二、实验内容

统计各类土地的平均坡度；分析三个降水表面数据的差异；提取土地利用数据的地类界线。

三、实验原理与方法

实验原理：像元统计用于计算多层栅格数据中具有相同空间位置的像元统计值；邻域统计用于计算某一像元周围一定范围内像元的统计值；分区统计用于计算各分类区中被统计栅格像元的统计值。

实验方法：根据 DEM 生成坡度，采用分区统计方法统计各类土地的平均坡度；采用像元统计方法分析不同插值方法所得的降水数据之间的差异；采用邻域统计方法提取地类界线。

四、实验设备与数据

（1）实验设备：计算机。

（2）主要软件：ArcGIS、Microsoft Office 等。

（3）实验数据：随书光盘中提供的“实验 15”文件夹下的相关数据，其中的 elevation 和 landuse 数据源于 ArcGIS 安装目录下 Arctutor→Spatial 文件夹。

五、实验步骤

1. 前期处理

（1）启动 ArcMap，打开 Spatial Analyst 工具条，检查 Spatial Analyst 扩展模块是否被激活。若未激活，单击 Tools 菜单下的 Extensions，勾选 Spatial Analyst，点击 Close 退出。

（2）设置空间分析环境：点击空间分析工具条上的 Spatial Analyst→Options，在 General 标签中将工作空间（Working Space）设置为本实验数据所在的文件夹（图 4.172）。

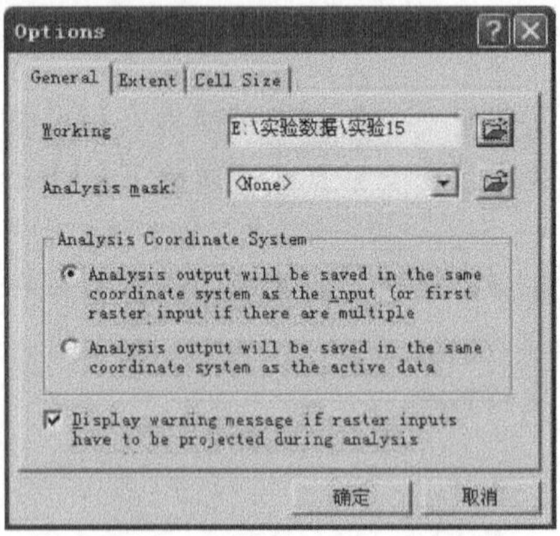

图 4.172　设置空间分析环境

2. 统计各类土地的平均坡度

（1）加载高程数据 elevation 和土地利用数据 landuse。

（2）计算坡度：点击空间分析工具条上的 Spatial Analyst→Surface Analysis→Slope，打开坡度计算对话框（图 4.173），选择 elevation 作为输入栅格数据，坡度的度量方式选择 Degree，高程变换系数 Z factor 采用默认值 1，输出像元大小采用默认值 30，点击 OK 开始计算坡度。

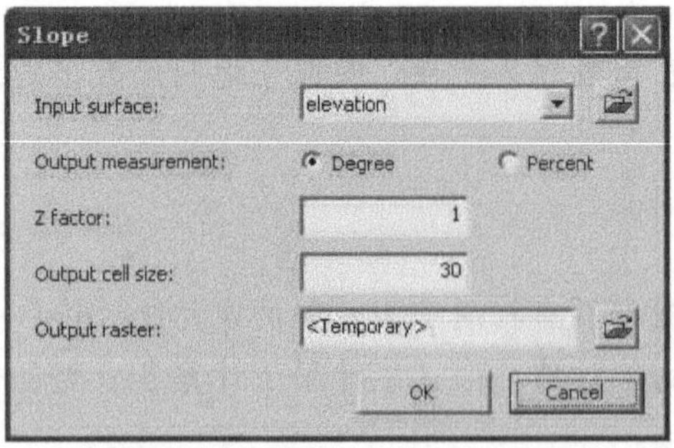

图 4.173　坡度计算对话框

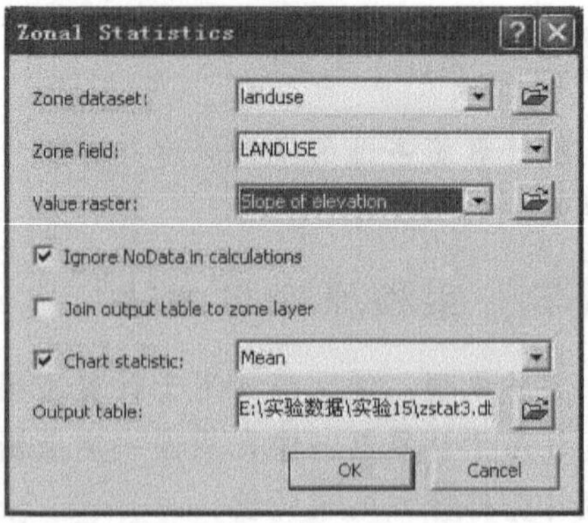

图 4.174　分区统计

（3）统计坡度：点击空间分析工具条上的 Spatial Analyst→Zonal Statistics，打开分区统计对话框（图 4.174），分区数据集（Zone dataset）选择 landuse，分区字段选择（Zone field）LANDUSE，被统计的栅格数据（Value raster）选择上一步生成的坡度数据，其余选择默认设置，点击 OK。

（4）浏览各类土地的平均坡度统计直方图和坡度统计表，关闭 ArcMap。

3. 分析采用三种方法所得的降水表面数据（Rain1、Rain2 和 Rain3）之间的差异

（1）启动 ArcMap，加载数据 Rain1、Rain2 和 Rain3，点击空间分析工具条上的 Spatial Analyst→Cell Statistics，打开像元统计对话框，添加 Rain1、Rain2 和 Rain3 至输入栅格数据列表框，统计类型选择 Range，设置输出栅格数据的位置与名称，点击 OK。

（2）浏览输出的数据，分析三个数据差异较大的区域，关闭 ArcMap。

4. 提取土地利用数据 landuse2 的地类界线

（1）启动 ArcMap，加载数据 landuse2，点击空间分析工具条上的 Spatial Analyst→Neighborhood Statistics，输入 landuse2，选择 Value 字段，统计类型选择 Variety，其余保留为默认值，点击 OK。

（2）点击 Spatial Analyst→Reclassify，输入上一步所得的邻域统计数据，点击 Classify 按钮，将类型数量（Classes）设为 2，将断点值（Break Values）设为 1.5，点击 OK，将 1～1.5 的新值（New values）设为 Nodata，1.5～3 的新值设为 1，点击 OK（图 4.175）。

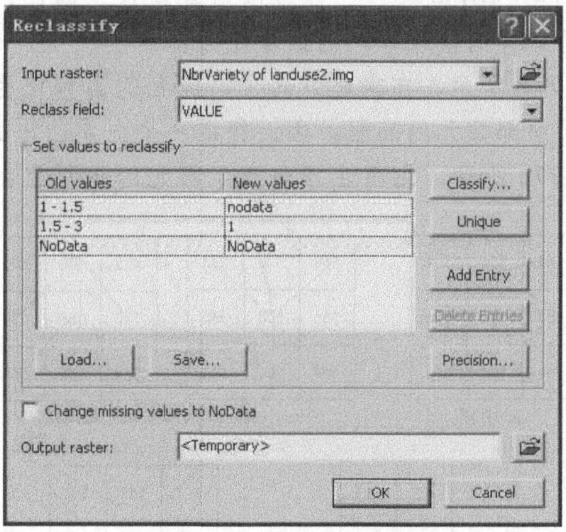

图 4.175 数据重分类

（3）检查结果，若符合要求，保存结果（右键点击图层，选择 Data→Make Permanent 或 Export Data）。

（4）必要时，将以上所生成的栅格数据转换成矢量数据。

实验十六　地形特征点的提取

一、实验目的

掌握邻域统计分析、等高线的生成与显示、栅格计算等空间分析方法。

二、实验内容

根据DEM数据提取区域地形特征点——以提取山顶点为例。

三、实验原理与方法

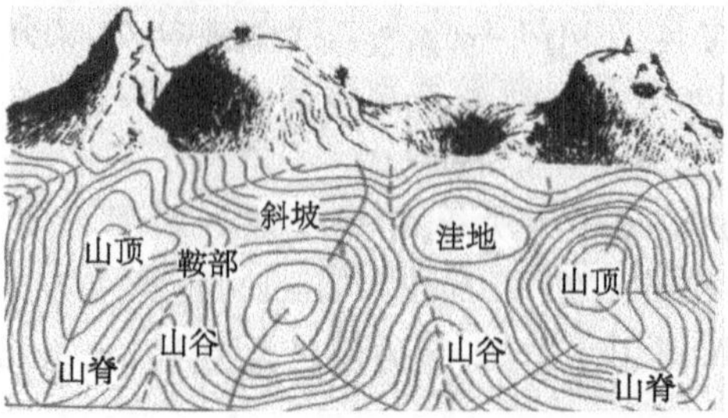

图4.176　基本地形形态示意图

实验原理：地形特征点主要有山顶点、山脊线、山谷线、洼地、鞍部等（图4.176）。根据DEM中相邻像元之间的相互关系，采用GIS的邻域统计等方法可以提取地形特征点（图4.177）。

山顶点：如图4.177 a所示，中间像元的高程值比周围像元的都高，表明其在局部范围内是顶点。因此，若DEM中某一像元的邻域最大值与该像元本身的值相等，则该像元为山顶点。

山脊线：如图4.177b所示，在南北方向上，像元的高程值由北向南降低，而其两侧像元的高程值均低于中部像元的高程，因而存在一个向南凸出的山脊。

山谷线：如图4.177c所示，在南北方向上，像元的高程值由北向南降低，而其两

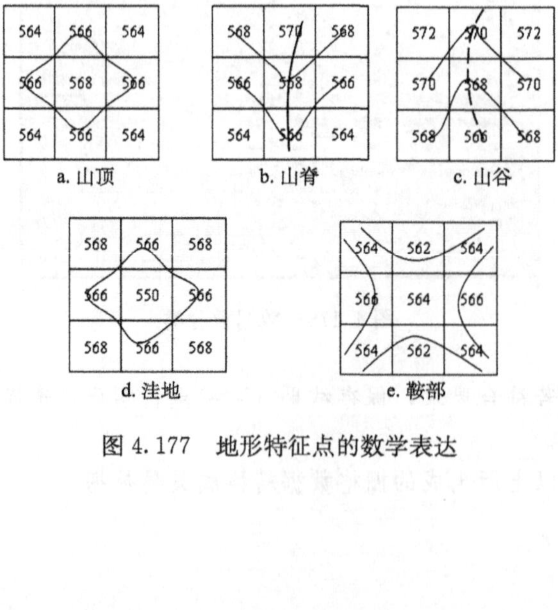

图4.177　地形特征点的数学表达

侧像元的高程值均高于中部像元的高程，因而存在一个向北凹进的山谷。

洼地：如图 4.177d 所示，与山顶相反，周边像元的高程均高于中间像元。

鞍部：如图 4.177e 所示，中间像元在南北方向上是顶点，而在东西方向上是洼地。

实验方法：先用邻域统计方法找出一定大小邻域内高程的最大值，再将其与原 DEM 数据相减，找出值为零的地方即可提取出山顶点。

四、实验设备与数据

(1) 实验设备：计算机。

(2) 主要软件：ArcGIS。

(3) 实验数据。随书光盘中提供的“实验 16”文件夹下的 DEM 数据。

五、实验步骤

1. 前期处理

(1) 启动 ArcMap，打开 Spatial Analyst 工具条，检查 Spatial Analyst 扩展模块是否被激活。若未激活，单击 Tools 菜单下的 Extensions，勾选 Spatial Analyst，点击 Close 退出。

(2) 设置空间分析环境：点击空间分析工具条上的 Spatial Analyst→Options，在 General 标签中将工作空间设置为本实验数据所在的文件夹。

(3) 加载 DEM 数据，对其进行符号化：采用 Stretched 的显示方式，颜色采用红蓝过渡色带，地势高的采用红色，地势低的采用蓝色。

2. 根据 DEM 生成等高线

(1) 点击空间分析工具条上的 Spatial Analyst→Surface Analysis→Contour，Input surface 中选择 DEM，等高距（Contour interval）设置为 10m，输出文件命名为 Contour10（图 4.178）。

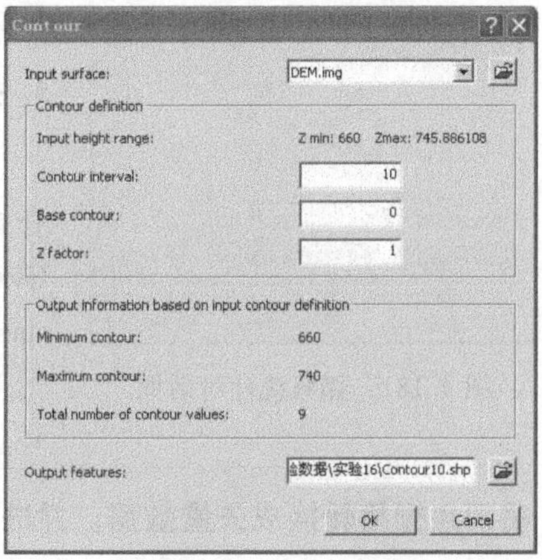

图 4.178 生成等高线

(2) 重复上一步，将等高距设为 50m，输出文件命名为 Contour50，并将 Contour50 数据层中的等高线加粗显示。

3. 生成山体阴影，增强地形的立体效果

(1) 点击空间分析工具条上的 Spatial Analyst→Surface Analysis→Hillshade，Input Surface 选择 DEM，太阳方位角和高度角、像元大小均采用默认值，输出文件命名为 Hillshade，点击 OK。

(2) 右键点击 Hillshade 数据层，选择 Properties，在 Layer Properties 对话框中选

择 Display 标签，将其透明度（Transparency）设置为 60%（图 4.179）。

（3）按 Contour50、Contour10、Hillshade、DEM 顺序放置数据层，生成地形立体效果图（图 4.180）。

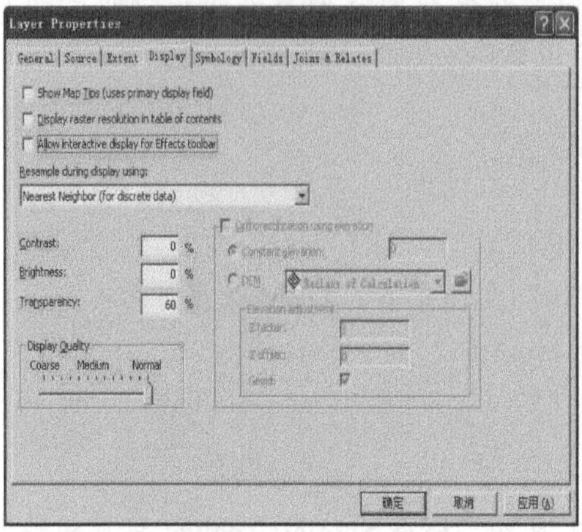

图 4.179　透明度设置

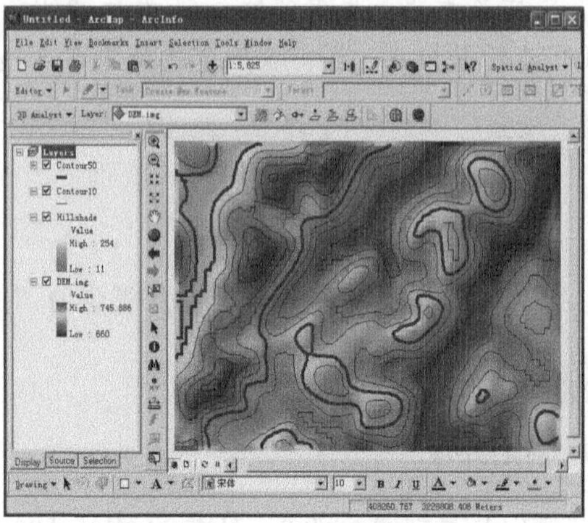

图 4.180　地形立体效果图

4. 对 DEM 求邻域最大值

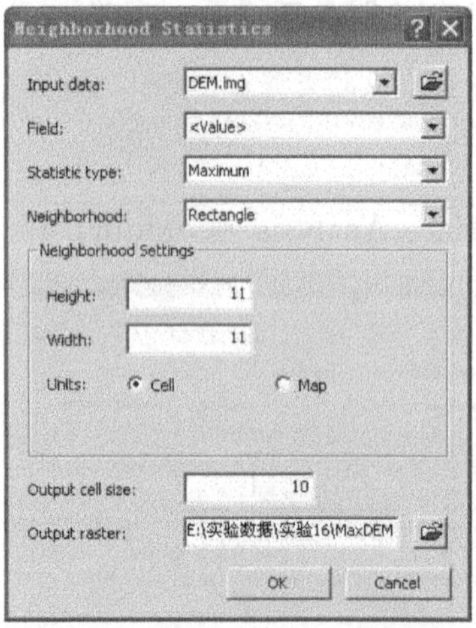

图 4.181　邻域统计对话框

点击空间分析工具条上的 Spatial Analyst→Neighborhood Statistics，打开邻域统计对话框，Input data 选择 DEM，Statistic type 选择最大值（Maximum），邻域窗口设置为 11×11 的矩形（Rectangle），输出文件命名为 MaxDEM，其余采用默认值（图 4.181）。

5. 提取山顶顶点

先点击 Spatial Analyst→Raster Calculator，在栅格计算器中输入“[MaxDEM] − [DEM.img]”，点击 Evaluate；然后对新生成的栅格数据进行重分类（Reclassify），将值不为 0 的像元设为 Nodata（具体过程参见实验十五），输出数据命名为 TopPoint（图 4.182）。

6. 将顶点栅格转换成矢量数据，并进行符号化设置

点击 Spatial Analyst→Convert→Raster to Features，将 TopPoint 输出为点要素，命名为 Peak，并对其进行符号化。

7. 分析数据

研究 TopPoint 或 Peak 中的山顶数据，理解平山顶的地方存在多个顶点的原因，思考如何解决这些问题。

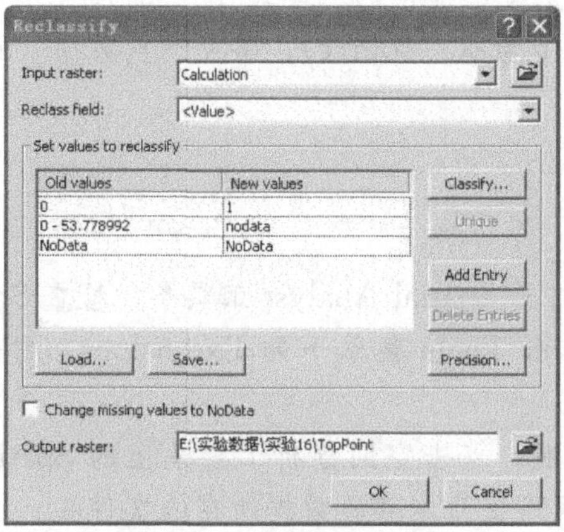

图 4.182 重分类参数设置

实验十七 最短路径分析

一、实验目的

理解距离制图的基本原理，掌握基于栅格数据的路径分析方法。

二、实验内容

根据高程数据，寻找一条从起点至终点的最短路径。

三、实验原理与方法

实验原理：栅格像元之间的连通性受摩擦系数的影响，它体现为对某一分析目标而言在某一空间位置上所需要的开销，即成本。通过计算累计成本和成本方向，从而可以找出从源点到目标点的最低成本路径。

实验方法：首先根据高程数据生成坡度数据和起伏度数据，再将坡度数据和起伏度数据重分类为 5 个级别，并加权获得成本栅格数据集，最后基于成本数据集计算最短路径。

四、实验设备与数据

（1）实验设备：计算机。

（2）主要软件：ArcGIS 等。

（3）实验数据：随书光盘中提供的“实验 17”文件夹下的相关数据，它包括高程数据（elevation）、路径源点数据（source）、路径终点数据（end）。

五、实验步骤

1. 前期处理

（1）启动 ArcMap，打开 Spatial Analyst 工具条，检查 Spatial Analyst 扩展模块是否被激活。若未激活，单击 Tools 菜单下的 Extensions，勾选 Spatial Analyst，点击 Close 退出。

（2）设置空间分析环境：点击空间分析工具条上的 Spatial Analyst→Options，在 General 标签中将工作空间设置为本实验数据所在的文件夹。

（3）加载高程数据、路径源点数据、路径终点数据，并对数据进行符号化。

2. 创建成本累积数据

（1）确定成本因子及其权重：将地形坡度及地表起伏度作为影响路径的因子，其权重分别为 0.6 和 0.4。

（2）生成坡度数据：Spatial Analyst→Surface Analysis→Slope。

（3）坡度数据重分类：点击 Spatial Analyst→Reclassify，采用等间距法（Equal Interval）将 Slope 数据分成 5 类，各类的新值分别为 2、4、6、8、10，输出数据命名为 SlopeClass（图 4.183）。

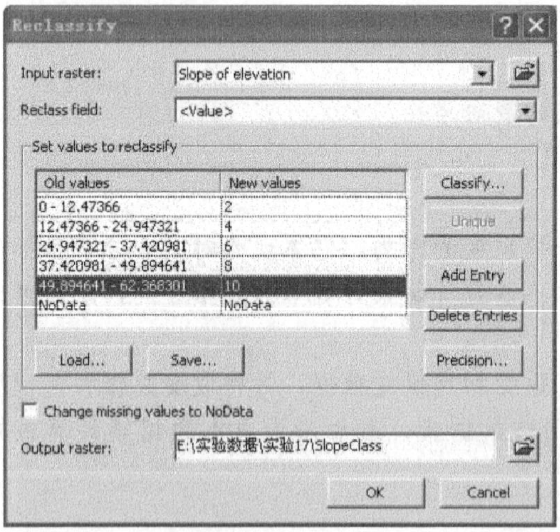

图 4.183　坡度重分类

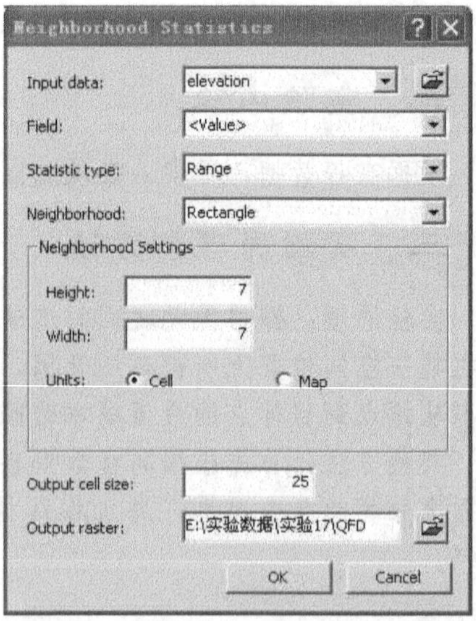

图 4.184　通过邻域统计计算起伏度

(4) 生成起伏度数据：点击 Spatial Analyst→Neighborhood Statistics，输入高程数据，统计类型选择 Range，邻域采用 7×7 的矩形，输出数据命名为 QFD，点击 OK（图 4.184）。

(5) 起伏度数据重分类：分类方法及赋值与坡度数据的重分类相同，分类结果名为 QFDClass。

(6) 计算成本栅格数据：点击 Spatial Analyst→Raster Calculator，在栅格计算器中输入“Cost = [SlopeClass] * 0.6 + [QFDClass] * 0.4”，点击 Evaluate 得到成本数据 Cost。

(7) 计算成本距离加权数据：点击 Spatial Analyst → Distance → Cost Weighted，在 Distance to 的下拉框中选择 source，Cost raster 的下拉框中选择 Cost，勾选 Create Direction，点击 OK，生成成本距离加权数据和成本方向数据（图 4.185）。

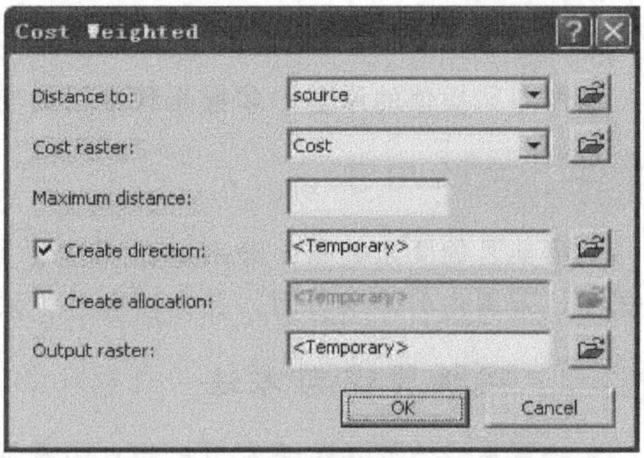

图 4.185 计算成本距离加权数据

3. 最短路径生成

点击 Spatial Analyst→Distance→Shortest Path，在 Path to 的下拉框中选择 end，在 Cost distance raster 和 Cost direction raster 的下拉框中分别选择上一步生成的成本距离和成本方向数据，将输出文件命名为 Path.shp，点击 OK 即可生成最短路径（图 4.186）。

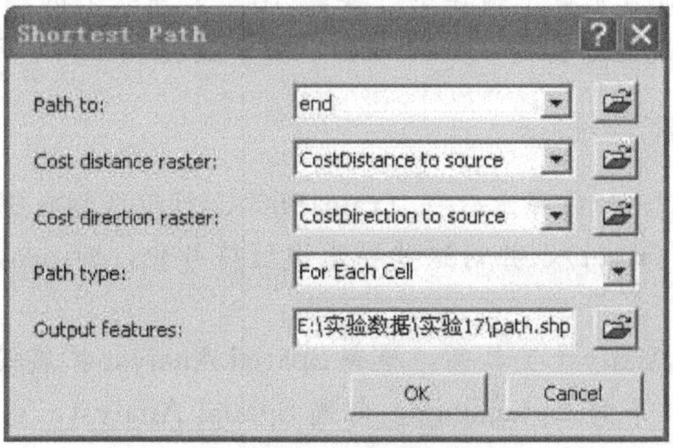

图 4.186 计算最短路径

4. 分析与制图

浏览并分析所得的最短路径，制作最短路径图。

实验十八 空间插值

一、实验目的

理解空间插值的原理，掌握几种常用的空间插值分析方法。

二、实验内容

根据某月的降水数据，分别采用 IDW、Spline、Kriging 方法进行空间插值，生成中国陆地范围内的降水表面，并比较各种方法所得结果之间的差异，制作降水分布图。

三、实验原理与方法

实验原理：空间插值是利用已知点的数据来估算其他邻近未知点的数据的过程，通常用于将离散点数据转换生成连续的栅格表面。常用的空间插值方法有反距离权重插值法（IDW）、样条插值法（Spline）和克里格插值方法（Kriging）。

实验方法：分别采用 IDW、Spline、Kriging 方法对全国各气象站点 1980 年某月的降水量进行空间插值生成连续的降水表面数据，分析其差异，并制作降水分布图。

四、实验设备与数据

（1）实验设备：计算机。

（2）主要软件：ArcGIS 软件（具有空间分析或三维分析扩展模块）。

（3）实验数据：随书光盘中提供的“实验 18”文件夹下的相关数据，它包括降水数据（rain1980）、行政区划数据（province）、城市数据（city）、河流数据（river）。

五、实验步骤

（1）打开 ArcMap，加载降水数据（rain1980）、行政区划数据（province）、城市数据（city）、河流数据（river），并对这些要素进行符号化，对 province 中的多边形取消颜色填充。

（2）打开 Spatial Analyst 工具条，检查 Spatial Analyst 扩展模块是否被激活。若未激活，单击 Tools 菜单下的 Extensions，勾选 Spatial Analyst，点击 Close 退出。

（3）点击空间分析工具条上的 Spatial Analyst→Options，在 General 标签中将工作空间设置为本实验数据所在的文件夹。

（4）点击 Spatial Analyst→Interpolate to Raster→Inverse Distance Weighted，在 Input points 下拉框中输入 rain1980，Z 值字段选择 rain，像元大小设置为 10 000，其余采用默认值，点击 OK（图 4.187）。

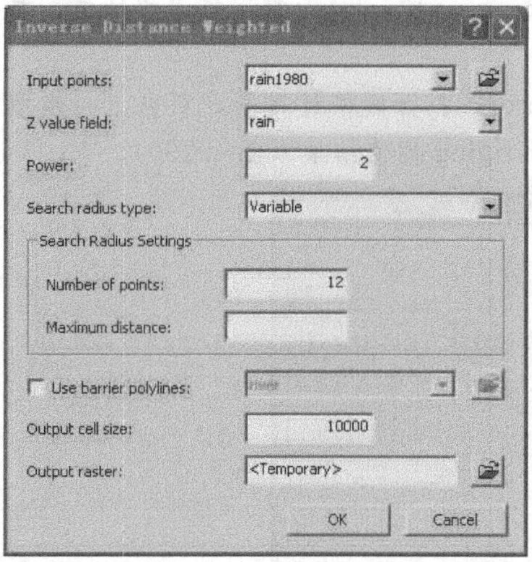

图 4.187 IDW 插值

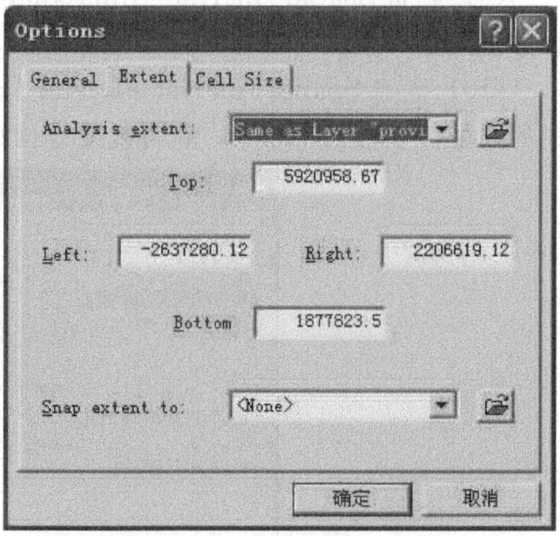

图 4.188 设置空间分析范围

(5) 点击空间分析工具条上的 Spatial Analyst→Options，在 Extent 标签中，将分析范围设置为与行政区数据 province 一致，重复第四步（图 4.188）。

(6) 点击空间分析工具条上的 Spatial Analyst→Options，在 General 标签中选择 province 作为分析掩模（Analysis mask），重复第四步（图 4.189）。

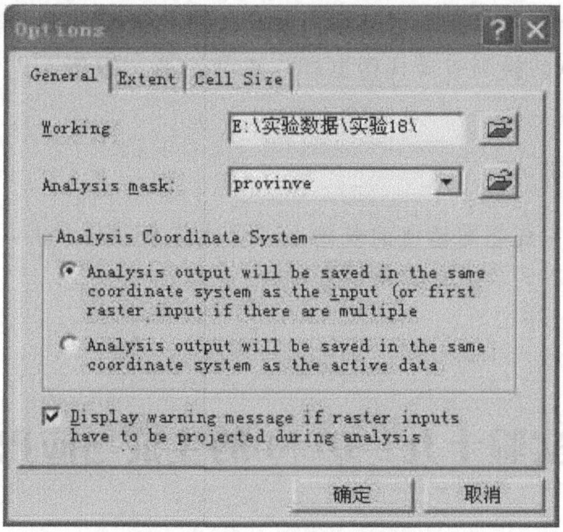

图 4.189 设置空间分析掩模

(7) 比较以上三个数据之间范围上的差异，理解设置空间分析范围（Mask 与 Extent）对分析结果的影响。

(8) 点击 Spatial Analyst→Interpolate to Raster→Spline，采用样条插值，其设置方法参照第四步中 IDW 的设置。

(9) 点击 Spatial Analyst→Interpolate to Raster→Kriging，采用克里格插值，其设置方法同上一步。

(10) 点击 Spatial Analyst→Raster Calculator，打开栅格计算器，双击上一步所生成的数据，点击 Evaluate，获得规定范围内的 Kriging 插值结果（图 4.190）。

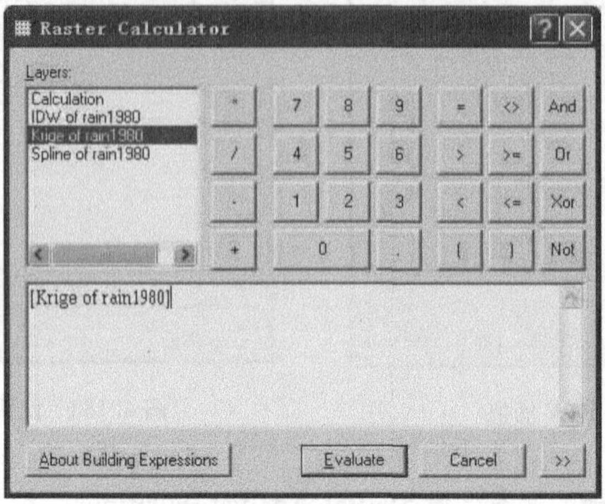

图 4.190　栅格计算器

(11) 采用实验十五中的像元统计方法，比较三种插值方法所得结果之间的差异，并将三个结果的值域与 rain1980 中的降水值域进行比较，理解三种插值方法之间的差异。

(12) 以栅格计算器计算三种方法所得结果的平均值作为最终结果数据。

(13) 将 ArcMap 切换到布局视图窗口，添加图名、图例、比例尺等制图要素，制作降水分布图。

六、注意事项

在采用以上方法完成空间插值的基础上，尝试修改三种方法中的其他参数，比较结果之间的差异，理解不同参数对结果的影响。

实验十九　DEM 的生成与应用

一、实验目的

了解 DEM 表面创建的基本过程，熟悉 DEM 分析与应用的基本方法。

二、实验内容

采用等高线和高程点生成 DEM，并通过对坡度的分析，找出某一地区适宜退耕还林的区域及其在各村的面积。

三、实验原理与方法

实验原理：根据生态建设的需要，坡度大于25°的耕地需要退耕还林。而通过具有高程信息的点、线，可以生成TIN表面；根据TIN表面可以生成栅格DEM；通过坡度分析可以找出坡度大于25°的区域；通过空间查询，可以找出耕地；通过栅格计算，可以找出符合多个条件的像元；通过分区统计，可以求出各区的相关信息。

实验方法：根据高程点和等高线数据生成TIN和DEM，再通过坡度分析等操作找出该地区适宜退耕还林的区域，最后采用分区统计方法，求出各村退耕还林的面积。

四、实验设备与数据

(1) 实验设备：计算机。

(2) 主要软件：ArcGIS软件（具有三维分析扩展模块）。

(3) 实验数据：随书光盘中提供的“实验19”文件夹下的相关数据，它包括地类图斑、行政区划以及地形中的高程点和等高线。

五、实验步骤

(1) 打开ArcMap，加载高程点、等高线、地类图斑和行政区划等数据。

(2) 打开3D Analyst工具条，检查该扩展模块是否被激活。若未激活，单击Tools菜单下的Extensions，勾选3D Analyst，点击Close退出。

(3) 点击空间分析工具条上的3D Analyst→Options，在General标签中将工作空间设置为本实验数据所在的文件夹。

(4) 在3D Analyst工具条上点击3D Analyst→Create/Modify TIN→Create TIN From Features，勾选高程点和等高线，并分别设置其Height source为BSGC（标识高程）字段，输出文件命名为tin，其余采用默认值，点击OK（图4.191）。

(5) 点击3D Analyst→Convert→TIN to Raster，将像元大小设为5，输出文件命名为tingrid，其余采用默认值，点击OK（图4.192）。

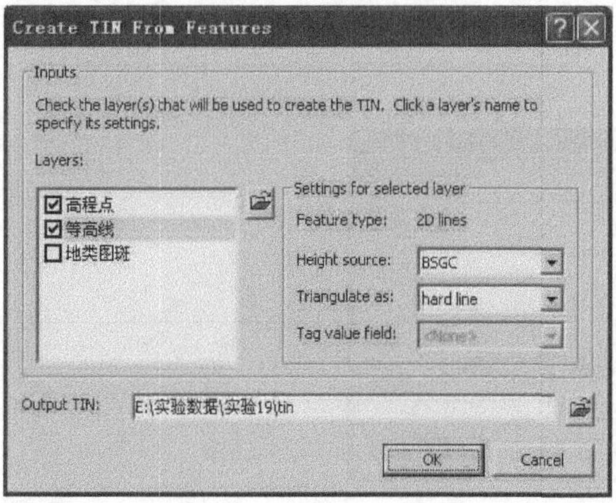

图4.191 生成TIN表面

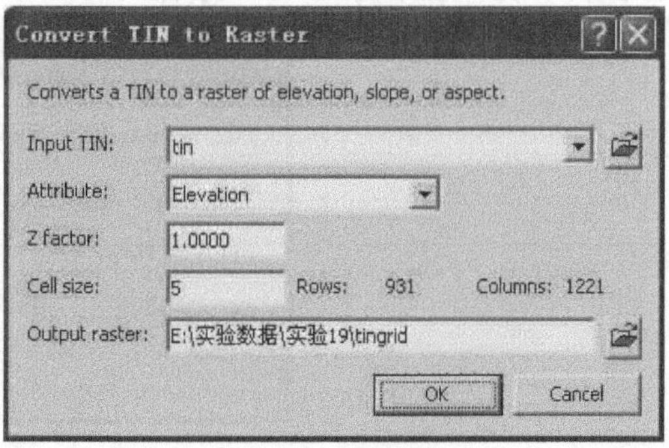

图4.192 生成DEM表面

(6) 根据 tingrid 生成坡度，对坡度数据进行重分类，将坡度小于等于 25°的值设为 Nodata，大于 25°的设为 1，输出的栅格数据命名为 Slope25（重分类的方法参见实验十五）。

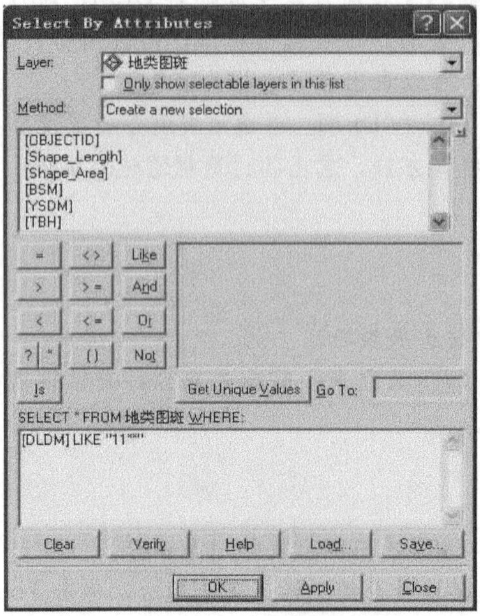

图 4.193 选择耕地

(7) 点击菜单 Selection→Select by Attributes，在 Layer 下拉框中选择“地类图斑”，在 Method 下拉框中选择 Create a new selection，在条件语句框中输入“[DLDM] LIKE"11**"”（以 11 开头的地类代码为耕地），点击 OK，选择耕地图斑（图 4.193）。

(8) 右键点击“地类图斑”图层，选择 Data→Export Data，在输出对象上选择“Selected features”，输出文件命名为 arable.shp，点击 OK 将所选的耕地输出，并将其加载到当前窗口中。

(9) 点击空间分析工具条上的 Spatial Analyst→Options，在 General 标签中将 Slope25 设置为掩模，在 Extent 标签中将空间分析的范围设置为 Same as Layer “arable”，在 Snap extent to 下拉框中选择 Slope25，在 Cell Size 标签中，对分析像元选择 Same as Layer “Slope25”，点击确定。

(10) 点击 Spatial Analyst→Convert→Feautres to Raster，输入要素选择 arable，字段选择 DLDM，像元大小为 5，输出栅格命名为 SlopeArable，点击 OK（图 4.194）。

(11) 关闭其他图层，浏览 SlopeArable，数据中有值的区域即是应当退耕还林的区域。

(12) 点击 Spatial Analyst→Zonal Statistics，用行政区划数据中的行政区划代码字段（XZQHDM）对 SlopeArable 进行分区统计（Zonal Statistics），计算各村退耕还林的面积（统计表中的 AREA 字段）。

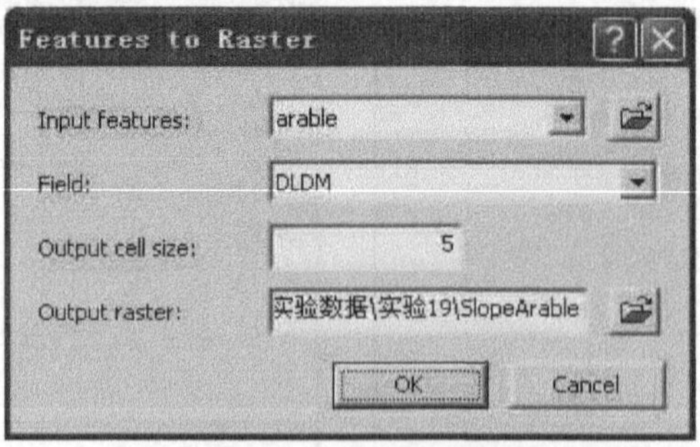

图 4.194 生成坡耕地数据

实验二十　三维显示

一、实验目的

理解三维显示的原理，掌握在场景中进行三维立体显示和制作三维动画的基本方法。

二、实验内容

根据DEM数据，对地形进行三维立体显示，并制作飞行动画。

三、实验原理与方法

实验原理：三维可视化是一种计算机图形生成技术，它首先在计算机中构造显示所需的几何模型，然后根据一定的光照条件，计算显示屏幕上可见的各景物表面的光线亮度，使观察者产生身临其境的视觉效果。

实验方法：根据DEM数据，创建山体阴影，对地形表面进行透明度设置并与山体阴影表面叠加以实现地形的三维立体显示，在此基础上沿指定飞行路径创建一个飞行动画。

四、实验设备与数据

(1) 实验设备：计算机。

(2) 主要软件：ArcGIS软件（具有三维分析扩展模块）。

(3) 实验数据：随书光盘中提供的“实验20”文件夹下的相关数据，它包括高程数据（elevation）、飞行路线数据（Path），其中elevation数据源于ArcGIS安装目录下Arctutor→Spatial文件夹。

五、实验步骤

(1) 打开ArcScene，加载elevation栅格表面数据，在显示区中拖动鼠标，从不同角度浏览高程数据。

(2) 右键点击elevation图层，点击Properties，打开属性对话框，点击Symbology标签，显示方式选择拉伸（Stretched）、颜色条选择红蓝过渡色，并勾选Invert，对高程进行符号化。

(3) 点击Base Heights标签，设置该数据进行三维立体显示所用的基准高程：选择Obtain heights for layer from surface，并在其下拉列表框中选择elevation数据，即从elevation自身获取高程值，必要时对垂直方向转换系数（Z Unit Conversion）进行修改，以突出（缩小）地形起伏或满足水平距离与高程单位不一致的需要（图4.195）。

(4) 点击3D Analyst→Surface Analysis→Hillshade，采用默认值，直接点击OK

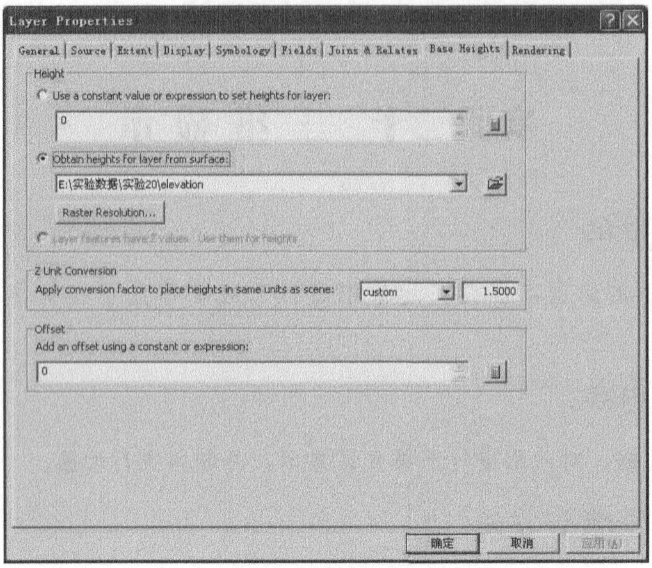

图 4.195　基准高程设置

创建山体阴影。

(5) 右键点击阴影数据图层，点击 Properties，打开属性对话框，点击 Base Heights 标签，选择 Obtain heights for layer from surface，并在其下拉列表框中选择 elevation 数据，即从 elevation 获取高程值，垂直方向转换系数与 elevation 的系数一致。

(6) 点击 Display 标签，将透明度设置为 50%，点击 OK，拖动鼠标或滑动滚轮，从不同角度或高度浏览地形。

(7) 反复关闭、打开阴影数据，比较地形立体效果的差异。

(8) 加载飞行路径数据 Path，对其符号化，并将其基准高程指定为从 elevation 表面获取（图 4.196）。

图 4.196　三维立体显示效果

(9) 右键点击 Path 图层，打开其属性表，选择其中的要素。

(10) 加载 Animation 工具条，点击 Animation，在下拉菜单中选择 Create Flyby from Path，将 Vertical offset 设置为 1500（即飞行高度离地面 1500m），适当调整简化系数（Simplification factor），其他保持默认值，点击 Import，完成沿指定路径飞行动画的创建（图 4.197）。

(11) 点击 Animation 工具条上的控件按钮，打开动画控件（Animation Controls），点击 Play 按钮，播放飞行动画。

(12) 点击 Animation→Export to Vedio，指定动画名称，将其输出为可用多媒体播放器进行播放的 AVI 视频文件。

(13) 点击 Animation 工具条上的屏幕捕捉按钮，然后对地形进行任意浏览，点击动画控件上的 Play 按钮，即可播放刚才的浏览过程。

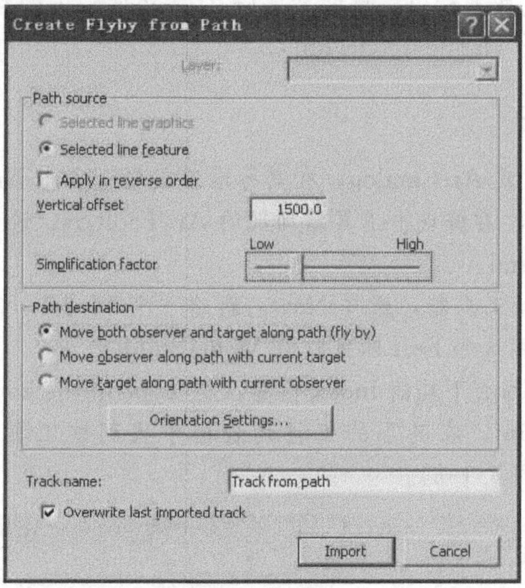

图 4.197 沿指定路径生成飞行动画的设置

实验二十一 空间图解建模

一、实验目的

了解空间图解建模的一般过程，掌握空间图解建模的基本方法。

二、实验内容

建立直观的空间处理图解模型，根据地类图斑生成带有地类代码和名称信息的点要素。

三、实验原理与方法

实验原理：图解建模是用图形语言将具体的空间处理过程模型化，以流程图的形式执行复杂的 GIS 空间分析任务。ArcGIS 中的 ModelBuilder 是构造地理处理工作流和脚本的图形化建模专用工具。

实验方法：在 ModelBuilder 中建立图解模型，实现由面生成点、属性字段添加与属性输入等任务。

四、实验设备与数据

(1) 实验设备：计算机。

(2) 主要软件：ArcGIS。

(3) 实验数据：随书光盘中提供的“实验 21”文件夹下的相关数据，它包括地类图斑、土地类型代码表 (landusecode. dbf)。

五、实验步骤

(1) 打开 ArcMap 或 ArcCatalog，在其标准工具栏上点击 ArcToolbox 按钮，打开 ArcToolbox 工具箱，右键点击工具箱顶部的 ArcToolbox，选择 NewToolbox，新建工具箱，将其命名为 land。

(2) 右键点击 land 工具箱，选择 New，新建一个 Model，直接打开 ModelBuilder (对已有 Model，右击并选择 Edit 即可打开 ModelBuilder)。

(3) 点击 ArcToolbox 下端的 Index 标签，在 Type in the keyword to find 下方空白处输入 Feature To Point，在其下的工具列表框中找到该工具后，将其拖入 ModelBuilder 的显示区中 (图 4. 198)。

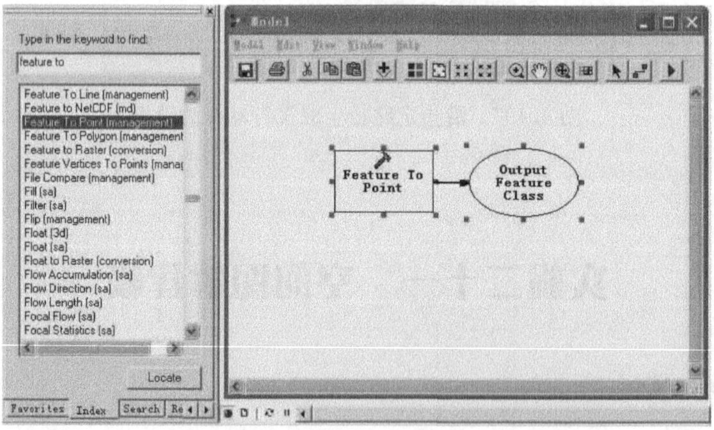

图 4. 198　为 ModelBuilder 添加数据转换工具

(4) 依照步骤 (3)，依次分别找到 Add Field、Make Feature Layer、Add Join、Calculate Field 工具，将其拖入 ModelBuilder 的显示区中 (图 4. 199)。

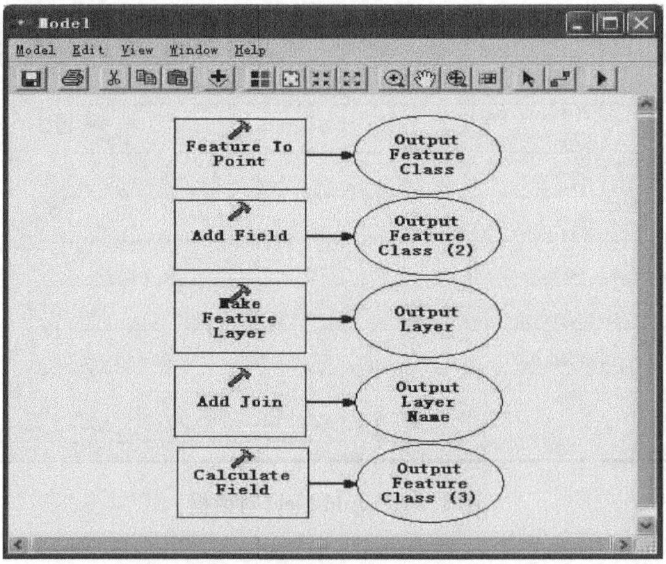

图 4.199 添加更多的空间处理工具

(5) 在 ModelBuilder 的工具条上点击，分别连接 Output Feature Class 至 Add Field、Output Layer 至 Add Join、Output Layer Name 至 Calculate Field。

(6) 双击 Feature To Point，在 Input Features 文本框中，添加 H48G051024 中的“地类图斑”数据并勾选 Inside 选项（将生成的点限定在多边形内），点击 OK（图 4.200）。

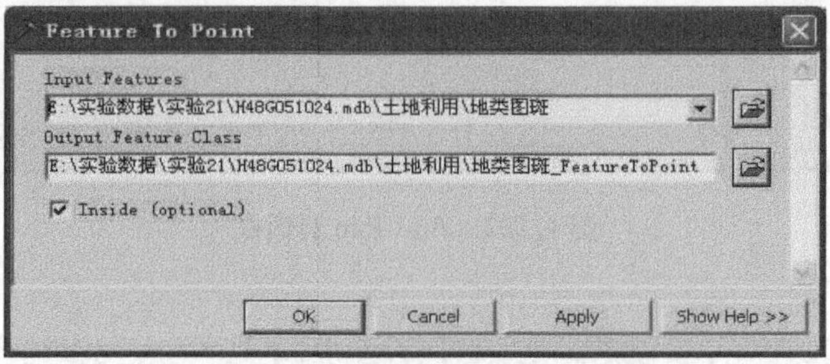

图 4.200 Feature To Point 对话框

(7) 双击 Add Field，添加一个字段，设置字段名为“地类名称”，字段类型选择 TEXT，字段长段输入 20，点击 OK（图 4.201）。

(8) 点击，连接地类图斑 _ FeatureToPoint 至 Make Feature Layer，双击 Add Join，对 Input Join Field 选择地类代码字段 DLDM，点击 Join Table 右边的按钮，添加实验 21 文件夹下的 landusecode. dbf 文件，对 Output Join Field 也选择地类代码字段 DLDM（图 4.202），点击 OK，建立数据连接。

(9) 双击 Calculate Field，在 Field Name 下拉列表框中选择“地类图斑 _ FeatureToPoint. 地类名称”，在 Expression 下的文本框中输入“[landusecode. NAME]”（可以通过点击该框右边的按钮，打开字段计算器对话框，双击字段列表框中的landusecode. NAME 来输入该值）（图 4.203），点击 OK 生成地类名称属性。

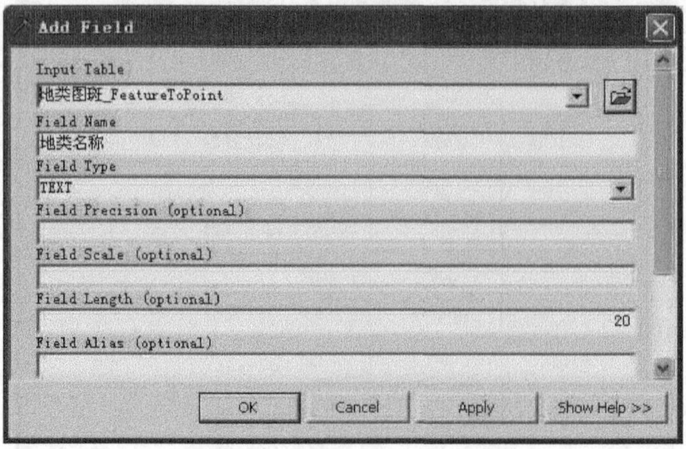

图 4.201　Add Field 对话框

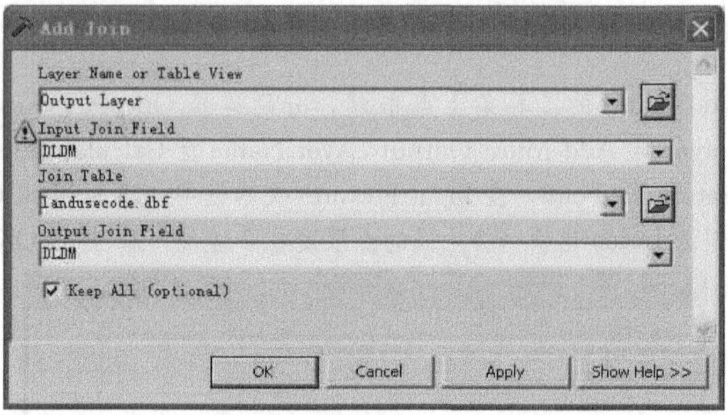

图 4.202　Add Join 对话框

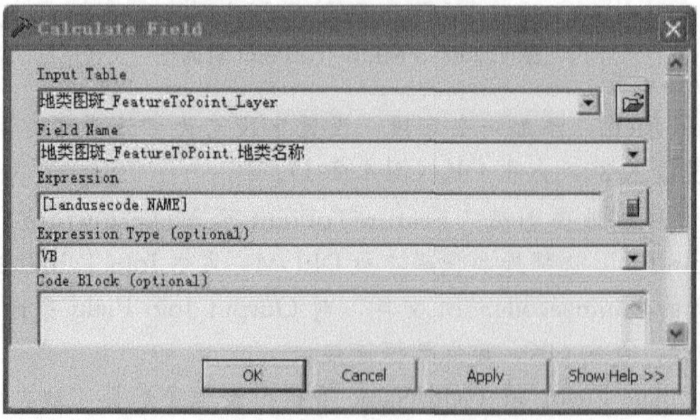

图 4.203　Calculate Field 对话框

（10）右键分别点击“地类图斑”和“地类图斑_FeatureToPoint”，选择 Model Parameter，将这两项设置为参数（图 4.204）。

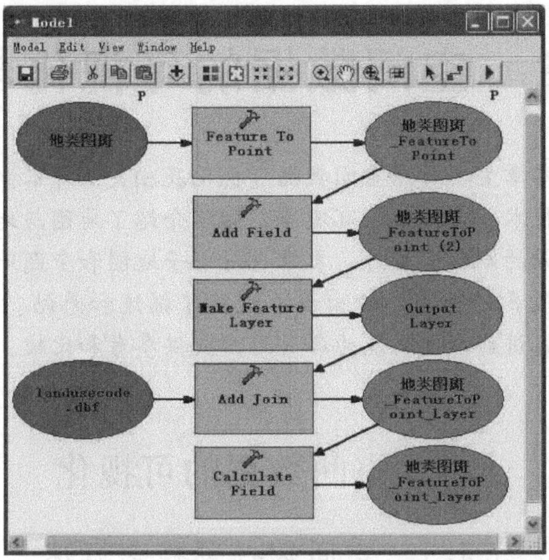

图 4.204　空间处理图解模型

（11）点击 ModelBuilder 工具条上的 Save 按钮，保存模型 Model。

（12）双击 ArcToolbox 中 land 工具箱内的 Model，点击 OK 运行模型。

（13）在 ArcCatalog 中浏览生成的带有地类代码和地类名称的点数据。

（14）保存工具箱。①在 ArcToolbox 中右键点击 land 工具箱，选择 Save As→9.2 Toolbox，将 land 工具箱保存为单独的文件。②右键点击 ArcToolbox，选择 Save Settings →To Default，以便下次打开 ArcToolbox 时能直接使用 land 工具箱。

（15）点击 ModelBuilder 菜单 Model→Export→To Script→VBScript，将模型输出为脚本文件，用记事本打开该文件，浏览其结构，理解代码的含义。

（16）思考如何在代码中加入循环，以实现对多个数据的批量处理。

第 5 章　空间数据的可视化与输出

内容提要： 本章主要介绍空间数据可视化及相关的基本概念，包括多维可视化、虚拟现实技术、虚拟地理环境等，简单介绍了地图与地图符号的概念和分类以及地图符号的制作。另外，本章也对电子地图和专题地图进行了详细介绍，对 GIS 产品输出的形式、输出设备进行了描述和总结，并把专题地图的制作作为重点内容讲解，使之能为各种用户提供参考和比较。

5.1　空间数据的可视化

5.1.1　空间数据可视化概述

可视化（visualization）是指将人类对于客观对象的认知通过视觉、以“可见”的方式进行表达或模拟，从而便于人类理解客观现象、发现客观规律和传播知识。狭义的可视化是指利用计算机图形学和图像处理技术，将数据转换成图形或图像在屏幕上显示出来，并进行交互处理的理论、方法和技术。可视化的研究最初起源于科学计算可视化，它是将抽象的理论、规律、过程和结果形象化地以图形和图像的形式表示出来，使人们能更好、更生动形象地理解客观事实，它不仅包括科学计算数据的可视化，还包括了工程计算数据可视化，涉及计算机图形学、图像处理、计算机视觉及人机交互技术等许多领域。

继科学计算可视化的概念提出后，地学专家对可视化在地学中的地位和作用做了许多研究，提出了空间数据可视化，包括地图可视化、地理可视化、GIS 可视化、地学多维图解、地理信息的多维可视化、虚拟地理环境等。在 GIS 数据输入、处理到输出的过程中，数据流错综复杂，数据量庞大且读取不便，要想得到某个特定区域或特定组合的地理对象的有关信息，必须使空间数据具有可视化的特征。

空间数据可视化是指运用计算机图形学和图像处理、地图学等技术，将复杂的地学现象和自然景观及一些抽象概念图形化，对其在信息输入、处理、查询、分析以及预测中产生的数据结果采用符号、图形、图像等形式表示出来，同时结合图表、文字、视频、动画等可视化形式进行交互处理的理论、方法或技术。其特点可以概括为以下几个方面。

1. 可视化过程具有交互性

空间数据可视化的目的是为用户提供使用、操作、控制系统的功能，这就使得在空间数据的可视化过程中用户能够进行多种方式的交互操作。同理，在查询信息、控制可视化过程中也具有人机的交互性。

2. 信息表达具有动态性

空间数据是时时刻刻都在变化的，空间数据可视化的表达也随着数据的变化而处于动态变化中。

3. 空间数据表达载体的多维性

空间数据的可视化形式有多种，其载体也往往与图表、文字、视频、动画等结合在一起，信息的表达载体具有多媒体信息集成的特点。

5.1.2　空间数据可视化的常用形式

空间数据可视化的常用形式包括地图、图像、统计图表、数字数据等四种，其中，纸质的平面地图是二维可视化空间数据的最主要最古老的形式。最初，空间数据可视化的常规形式通常指二维平面上的数据可视化，随着计算机多媒体技术、三维动画技术、虚拟现实技术等新技术的出现，空间数据可视化的内容日益丰富，其表现形式也多种多样，如三维电子地图、多媒体地图、虚拟地理环境、数字地球等。

5.1.3　空间数据的多维可视化

GIS 空间数据的多维可视化是指采用 2.5 维、三维、四维等地图表现形式来反映地理实体的多维特性。GIS 空间数据的多维可视化在地理科学的研究中具有举足轻重的作用，它能够全方位、立体、动态地描述客观地物，对各种地理现象进行虚拟化研究、再现和预测。具体来说，空间数据多维可视化的发展历经了二维静态到二维动态、交互、三维、虚拟现实的过程。

在 GIS 中，对空间数据的三维可视化的研究是最多的。从本质上来说，空间数据就是三维信息，三维形式能更好地表达地理空间实体之间的空间位置和拓扑关系。三维数字地形模型是 GIS 中应用最多的模型，它利用计算机图形学原理和方法，对 DEM 资料进行处理，生成高度逼真的三维地形。例如，在地质科学中，真三维可以立体的显示地下矿体、矿脉。三维仿真和三维图形结合生成的三维仿真地图，不仅可以仿真空间地理实体的形状、光照、纹理，还可以在三维图形上实现三维测量和分析。图 5.1 与图 5.2 是相同空间数据的二维与三维显示效果，通过对比可以看出，三维比二维具有更加逼真的效果。

四维是除了三维立体外再加上一维属性值（通常是时间维），将时间数据和三维模型相结合，可以对某时刻的所有地理条件或某一时间段内的平均地理条件进行评价，具有十分重要的科学价值和实际意义。随着用户需要的增加，还可以加入各种属性特征作为五维或者六维甚至更多维的显示，从而更好地满足需求。

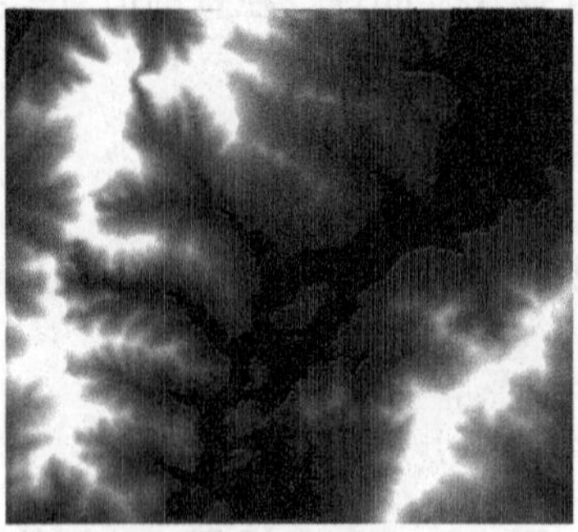

图 5.1 空间数据的二维显示

图 5.2 空间数据的三维显示

5.1.4 虚拟现实技术与虚拟地理环境

1. 虚拟现实技术

虚拟现实又称为虚拟环境或者人工现实、灵镜技术，它是空间数据可视化的一种新方式，能够通过头盔式的三维立体显示器、数据手套（Data Glove）、三维鼠标、数据衣（data suit）、立体耳机等使人完全沉浸在计算机创建的一种特殊三维图形环境中，通过人与计算机的交互操作，实现对现实或虚幻现实的仿真模拟，使人能得到置身其中的感觉。

虚拟现实使用户不再是被动性的观看，而是融入其中，交互式地体验和感受虚拟现实世界。由于它以视觉为主，并结合了听觉、触觉、嗅觉、味觉，因此具有多感知性（视觉、听觉、触觉等）、交互性（interaction）、自主感（autonomy）、沉浸感（immersion）四个突出特征。多感知性是指在虚拟世界中，可以调动人的五官一起来感知环境；交互性指用户可以使用专用的设备，实现对模拟环境的考察与操作；自主感指虚拟环境中的物体依据物理定律动作的程度；沉浸感又称为投入感，指虚拟现实力图使用户在计算机创造的三维虚拟环境中处于一种全身心投入的认真感觉状态，使人感觉身临其境（图 5.3、图 5.4）。

图 5.3 虚拟故宫
(http://bbs.godeyes.cn)

图 5.4 虚拟校园
(http://www.cmr.com.cn/distance/wangluo/013.htm)

2. 虚拟地理环境

虚拟地理环境（virtual geographic environment）是地理数据可视化的一种高级形式，它是由虚拟现实技术、计算机网络技术和地理学结合而产生的，是基于地学分析模型、地学工程等的虚拟现实。虚拟地理环境是地学工作者根据观测实验、理论假设等建立起来的表达和描述地理系统的空间分布以及过程现象的虚拟地理信息世界，是一个关于地理系统的虚拟实验室。它允许使用者在虚拟地理环境中可以按照个人的知识、意愿、假定来设计分析模型，并直接观测交互后的结果，通过多次的交互操作，可以在网络环境下产生置身其中的感觉。

虚拟地理环境有两个特点：一是地理工作者可以进入地学数据中，有身临其境之感；二是具有网络性，使不同地域的地学专家能够同时进行合作研究、交流和讨论，因此，虚拟地理环境对地学发展有重要的意义。

另外，一般认为地理科学发展缓慢的一个原因是无法进行室内试验，从而使地学理论假设无法得到实践的检验。而虚拟地理环境为地学工作者提供了进行可重复的信息模拟实验的可能，任何一个地学分析模型均可以由其他人在虚拟地理环境中运行、模拟、检验，从而加速地学理论的成熟和发展。

总的说来，虚拟地理环境的发展与完善，除了依赖计算机的虚拟现实技术外，还与地学信息获取与处理技术（如遥感、遥测等）、地学分析模型构建水平、地学可视化、地学专家系统、地学空间认知理论等的发展密切相关。

5.2　地理信息系统与地图制图

5.2.1　地　图

地图是地理信息的载体，是人们认知客观世界的重要工具，是地理学的“第二语言”，是对地理信息进行综合可视化表达的重要手段和方法。尽管地理信息系统源于计算机地图制图，但现在地理信息系统的核心功能已不再是制图，而是空间分析。然而在地理信息系统中，很多功能的实现往往需要通过地图进行可视化表达，以便于空间数据的处理与分析，另外，分析结果的显示与输出也往往通过地图来实现。因此，在 GIS 中，地图制图常常被认为是 GIS 最重要和最基本的功能。

地图按照一定的数学法则，将空间数据进行科学的概括，并采用符号系统将其缩小表达在一定载体上，是传递空间地理环境信息的工具，能反映各种自然和社会现象的多维信息、空间分布、组合、联系和制约及其在时空中的变化与发展。与其他图形相比，地图具有可量测性、一览性和直观性等特点。一幅完整的地图至少应当包括以下三个方面的要素（蔡孟裔等，2000）。

1）图形要素：它是地图的主体，是地图的核心内容，是各种地理要素的符号化表达（符号、注记等）。

2）数学要素：它是根据一定的数学法则所构成的地图要素，包括地图投影、坐标系统、比例尺、测量控制点等内容。它是保证地图具有可量测性的基础。

3）辅助要素：辅助要素是为便于读图和用图而在图形外侧设置的要素，包括图名、图例、图号、接图表、图廓线与坐标注记、坡度尺、制图时间、制图单位、密级等内容。

此外，有些地图上还有补充说明要素，如通过添加统计图表、照片、文字甚至音频与视频等内容以补充和丰富地图的内容。

5.2.2 地图符号

地图符号（symbol）是地图的图解语言，是用来沟通客观世界、制图者、用图者，传输地图信息的媒介，是表达地图内容的基本手段。在GIS中，地图符号是指在地图上对制图对象的空间分布、数量、质量等特征进行可视化表达的标志或信息载体，具体包括点状符号、线状符号和面状符号。注记是一种特殊的符号，它直接说明这些点、线、面的某些属性。作为一种人造标志，地图符号具有综合抽象性、系统性、约定性、时空性、传递性五个基本特征。

1. 地图符号的构成与分类

地图符号的构成要素主要有三个：形状、尺寸、颜色（邬伦等，2001）。

1）符号的形状：地图符号的形状主要是用来表示地物的外形和特征。点状符号的形状与地物外部特征相联系，线状符号的形状表示各种形式的线条，面状符号的形状是由其表示的地物平面图形来决定的。

2）符号的尺寸：符号的大小与地图内容、用途、比例尺等均有关系，符号的尺寸要与地图大小相符合，比例尺不同，大小也不同。

3）符号的颜色：颜色可以用来增强图面要素的分类、分级概念，简化符号的形状差别，减少符号数量，提高地图的表现能力。因此，使用颜色的目的是为了形象地反映地物的质量、数量和等级特征。

地图符号分类可按不同的方法进行分类。按照符号的定位情况可以将地图符号分为定位符号和说明符号；按照符号所代表的客观事物的分布状况分类，可以分为点、线、面状符号（图5.5至图5.7）。此外，还可以按照地图符号的结构分为矢量符号和栅格符号；根据符号的图形特征可分为几何符号、文字符号、象形符号和透视符号；根据符号所表示的制图对象的地理特征量度可分为定性符号、定量符号和等级符号等。

图5.5　点状符号（邬伦等，2001）

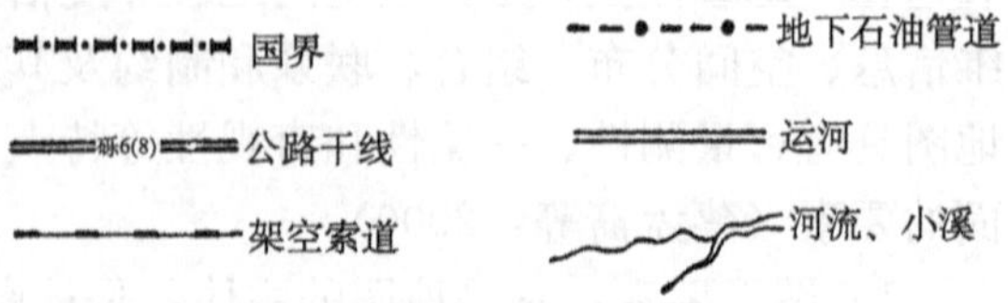

图5.6　线状符号（邬伦等，2001）

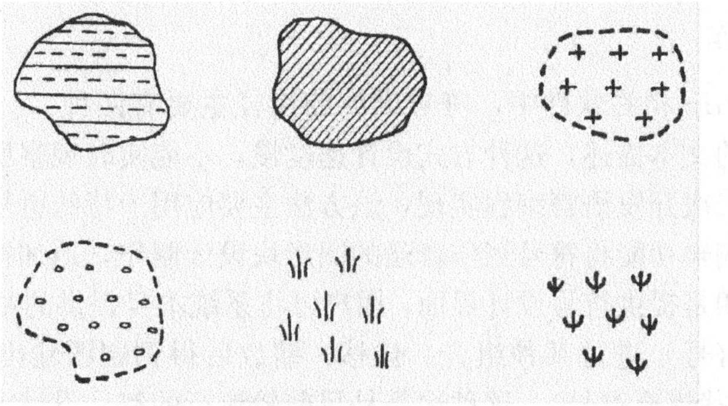

图 5.7　面状符号（邬伦等，2001）

由形状、尺寸和颜色变化组成的各种地图符号并不是孤立存在的，它们具有内在的联系。通过符号的变化可以把地图内容的分类、分级关系以及重要程度等表达出来。因此，在使用地图符号时，还必须注意符号的系统化。

2. 地图符号的感受效果

地图由位置不同的符号图形所组成，地图符号的不同排列会引起人眼的不同视觉效果，在读图时可获得整体感、差异感、立体感等不同的感受。整体感主要是由符号之间不存在明显的差异而形成的；差异感是由不同组成要素在图形间产生明显区别而形成的；立体感主要是利用透视的方法，通过改变符号的尺寸、颜色的亮度等来实现的，如晕渲法就是利用光影，模拟地表面受光的强弱，用浓淡不同的色调显示地形起伏而产生立体感（邬伦等，2001）。

地图符号使用不同的视觉变量，如尺寸、形状、灰度、纹理、方向和颜色等，能够实现不同的感受效果，如图 5.8 所示。

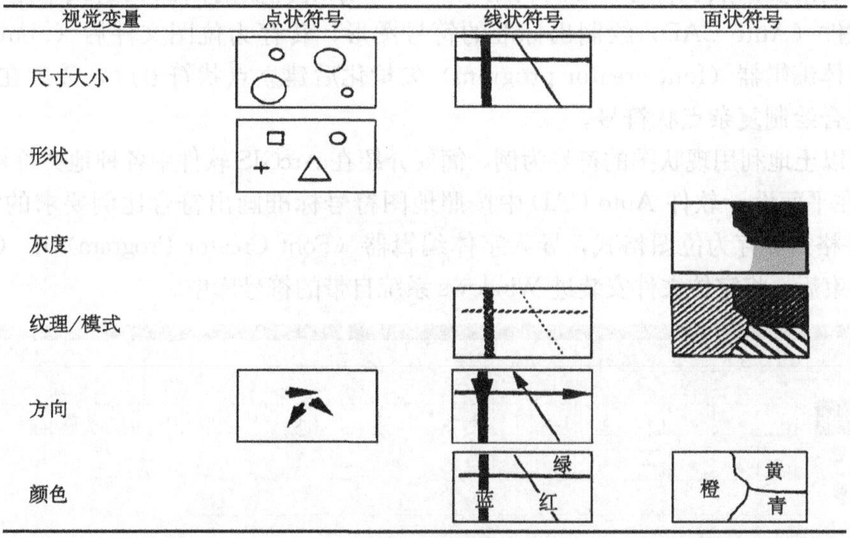

图 5.8　地图符号效果实例图（邬伦等，2001）

3. 地图符号的制作

目前国内外 GIS 相关软件中，符号设计的途径主要有四种：一是文本编辑器设计方法，建立符号的文本描述，这种方式设计速度慢，不能实时观察所设计的符号；二是采用系统提供的二次开发语言编程实现，该方法主要应用于特殊符号的绘制；三是利用系统本身的图形编辑功能将符号当作普通的图形块设计制作，追加符号码等描述项后存储到符号库中；四是提供符号设计界面，用户可将系统本身提供的基本符号与自定义的简单符号（如点符号）进行某种组合、位移、缩放后得到制图输出所需要的复杂符号（如复杂线型和面状填充符号），这种途径是目前较流行的符号设计方式。

（1）地图符号设计原则

地图符号的设计是一个复杂的过程，需要综合考虑多种因素的影响，它和地图内容、区域资料特征、用户视觉要求、用户使用要求、制作地图的生产成本等因素密切相关。不同地图的符号设计有不同的要求，但总的说来，地图符号设计应当遵循以下基本原则：①符号形状图案化；②符号种类简化；③符号具有对比协调性；④符号具有逻辑系统性；⑤图形色彩具有象征性；⑥总体具有艺术性。

（2）地图符号制作实例

a. 点状符号制作

由于点状符号固定、规则的特点，因此点状符号的绘制相对简单。在绘制时只要满足用户的尺度及比例尺要求，该点状符号即可以满足地图显示的要求。在 ArcMap 的 Style Manager 中，平面点状符号有四种实现方式，包括箭头符号（arrow marker symbol）、简单的图形符号（simple marker symbol）、字体符号（character marker symbol）和图片符号（picture marker symbol）。实际绘制时需要将复杂的点状符号进行分层，划分为基本的点状符号然后利用 ArcMap 提供的功能进行组合。对于某些不能利用基本符号进行绘制的复杂点状符号，可以利用 Windows 系统提供的画图工具或采用专门的平面设计软件（Auto CAD）绘制出标准的符号图形，转存为位图文件后（. bmp 文件），再经过字体编辑器（font creator program）矢量化后建立点状符号库，最后在 ArcMap 中进行组合绘制复杂点状符号。

下面以土地利用现状图的符号为例，简要介绍在 ArcGIS 软件中各种地类符号的实现。

1）在平面设计软件 Auto CAD 中按照地图符号标准画出符合比例要求的符号。将 CAD 文件格式转存为位图格式，导入字体编辑器（Font Creator Program）中（图 5.9）。在修改结束后，将字体文件安装进 Windows 系统自带的符号库中。

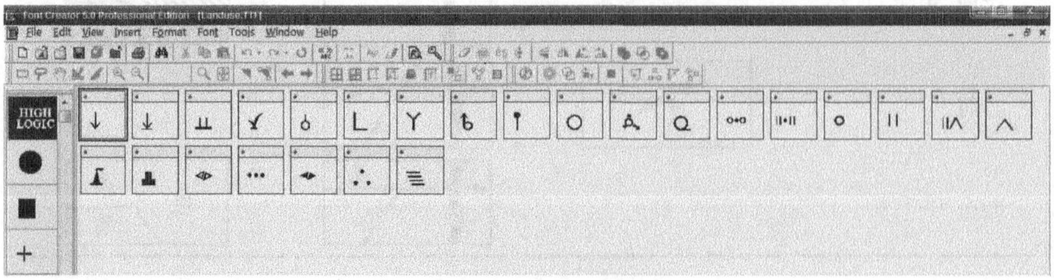

图 5.9 字体编辑器界面

2）打开 ArcMap 界面，点击菜单 Tools→Styles→Style Manager，打开符号库管理对话框。

3）单击 Styles 按钮，在弹出的菜单底端点击 Create New，新建一个 Landuse. Style。单击 Landuse. styles，在右边的列表框中右键点击 Marker Symbols 命令，选择 New→Marker Symbel 新建点状符号（图 5.10）。

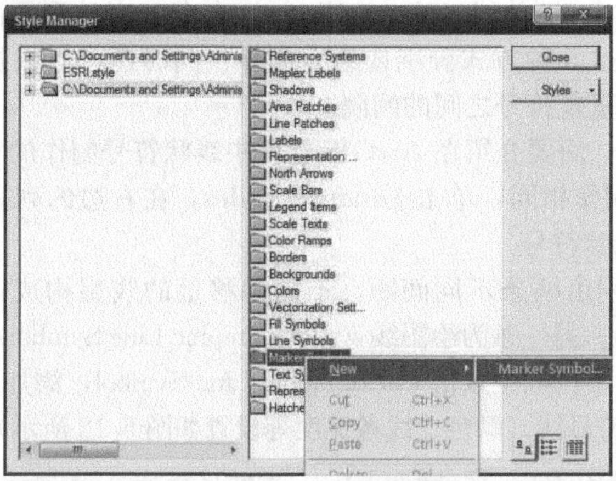

图 5.10　符号管理界面

4）在弹出的 Symbol Property Editor 对话框的 Type 下拉框中选择 Character Market Symbol，在 Font 下拉框中选择 Landuse 字体，在 Subset 中选择其中的一个符号，如水田符号，确定符号外轮廓形状、符号大小、外轮廓线的颜色、粗细等（图 5.11）。

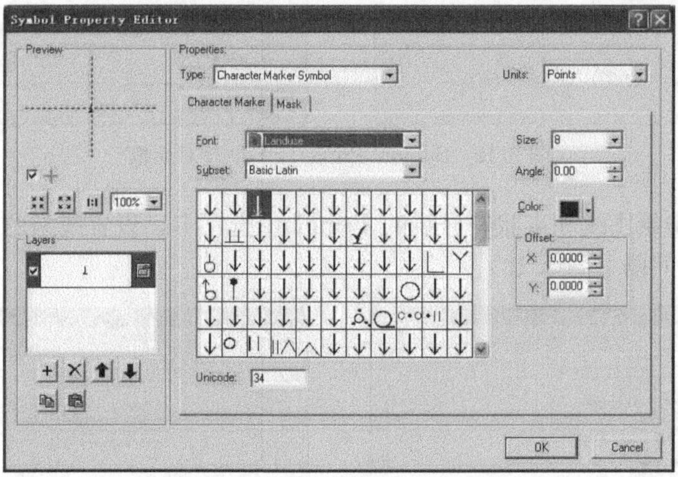

图 5.11　Symbol Property Editor 对话框

5）单击 OK 完成简单点状符号制作，在 Style Manager 对话框右侧出现一个新符号，给新符号命名，完成制作。

b. 线状符号制作

线状符号是长度依比例尺表示而宽度不依比例尺表示的符号。用于表示呈线状或细条带状延伸的地物，如海岸线、道路、河流等。一条复杂的线状符号从纵向分析可以把它看成是若干基本线条的组合和叠加，从横向分析可以看作是点状符号沿着线前进方向的周期性重复。根据这一思想，线状符号的制作可以通过简单线状和点状符号的拼合来完成。在 ArcGIS 的 Style Manager 提供了 5 种基本平面线型，包括基本线（simple line symbol)、细切线（hash line symbol)、制图线（cartographic line symbol)、点线（marker line symbol）和图片线（picture line symbol)。对地形图图式中不同类型的线型，大部分可以根据这 5 种方式分别或组合制作，同时还可以根据要求调整线条的宽度、偏移量和周期性重复符号之间的间隔。

下面以村界为例，简要介绍在 ArcGIS 软件中线状符号制作的实现过程。

1）与点状符号制作相同，单击 Landuse. styles，在右边的列表框中右键点击 Line Symbol，新建一个线状符号。

2）村界符号分别由两条不同间距、不同偏移量的线型构成：一条为点状符号线（Marker Line Symbol)；另一条为绘图线（ Cartographic Line Symbol)。在 Symbol Property Editor 对话框的 Type 下拉框中点击 Cartographic Line Symbol，添加一条绘图线，再点击添加按钮，添加一条符号线（颜色、线条宽度等设置如图 5. 12 所示)。

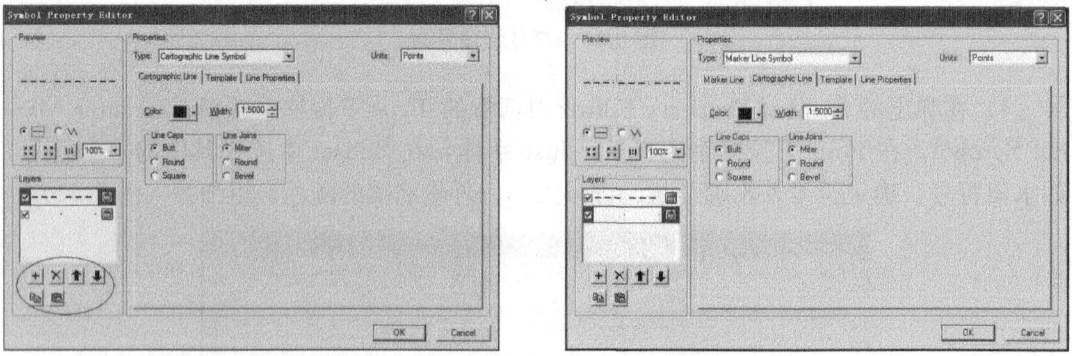

图 5. 12　Symbol Property Editor 对话框

3）分别点击绘图线和点状符号线的 Template 选项卡，设置线条的偏移量和周期性重复符号之间的间隔（图 5. 13)。

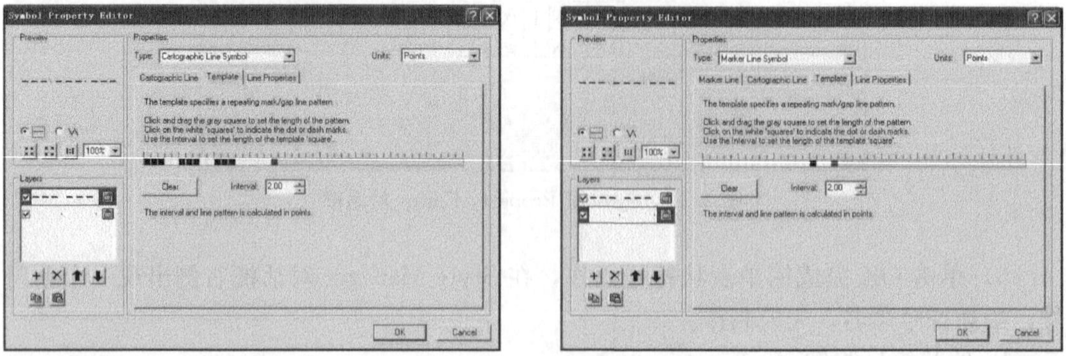

图 5. 13　Template 选项卡对话框

4）单击 OK 完成村界线状符号制作，在 Style Manager 对话框右侧出现一个新的线状符号，给新符号命名，完成制作。

Line Properties 选项卡内可以为线符号设置偏移量和箭头方向。在制作“跳绘线”和有向线的时候很有用处。

c. 面状符号制作

面状符号是指在二维平面上表示面状分布的物体或地理现象，它通常有一条封闭的轮廓线；多数面符号是在轮廓线范围内配置不同的点状符号、绘制阴影线或着色。ArcMap 中面状符号的制作主要是基于填充的思想，即在面状区域内填充不同的图案。面状符号填充图案可抽象为三种基本类型：一是在轮廓线范围内以不同的倾角、不同的间距、不同的实部虚部长度的平行线簇来构成不同的图案，即阴影线填充图案；二是在轮廓范围线内以不同的间距、不同的布点形式（“井”字形或“品”字形）、不同的旋转角绘制点状符号以构成图案，即点符号填充图案；三是在轮廓线范围内填充颜色，即颜色填充图案。对于前两种类型填充图案的面状符号的制作，同线状符号的制作相似，即通过点状符号、线状符号或面状符号组合而成；对于第三种类型填充图案的面状符号的制作，只需从颜色模板中选择自己所需要的颜色即可，具体操作步骤这里就不再赘述。

除了平面符号以外，ArcGIS 还提供了丰富的 3D 符号库，有兴趣的读者可以深入学习。

5.2.3　地 图 注 记

地图注记是指地图上所有的文字（汉字及其他文字）和数字的总称，它是地图内容的重要组成部分，用来表示事物的名称、质量、数量等属性特征，或者对制图对象进行文字说明。注记并不是自然界中的一种要素，但它们与地图上表示的地物有关，没有注记的地图只能表达事物的空间概念，而不能表示事物的名称以及某些质量和数量特征（邬伦等，2001）。地图注记作为一种人工的语言符号，弥补了地图符号的不足，是地图的可阅性、可翻译性和地图信息传输的基础。

地图注记的组成要素包括字体、字形、字号、颜色、位置、方向、间隔、注记内容和注记的排列方式等。

1. 地图注记的种类

地图上的注记可分为三种：名称注记、说明注记和数字注记。

1）名称注记：用来说明各种事物的专有名称，如地名、路名等，在地图上数量最大。

2）说明注记：用来说明各种事物的种类、性质或特征，它常用简注表示。

3）数字注记：用来说明某些事物的数量特征，如高程、公路宽度、人口数量等。

2. 注记的字体、字级和颜色

地图上常用不同的字体来表示不同的事物，常用的汉字字体有宋体、黑体、仿宋体和华文新魏等，数字和西文则常采用 Times New Roman；字级是指地图上注记尺寸的大小，常以字号或磅为单位。在同一幅图上，按照事物的重要程度和意义，采用不同的字级，使注记大小与图形符号相对应；注记的颜色只有色相的变化，颜色的选用要与注记所表示的事物类别相联系。

3. 注记的排列和配置

地图注记数量众多，遍布地图的任何位置，其排列和配置是否恰当，常常会影响读图的效果。汉字注记通常有水平字列、垂直字列、雁形字列（注记的字向指向北方或图廓上方）和屈曲字列（注记的字向与注记文字中心线垂直或平行）等。注记配置的基本原则是不应该使注记压盖图上的重要部分。注记应与其所说明的事物关系明确。对于点状地物，应以点状符号为中心，在其上下左右四个方向中的任一适当位置配置注记，注记呈水平方向排列；对于线状事物，注记沿线状符号延伸方向从左向右或从上向下排列，字的间隔均匀一致，特别长的线状地物，名称注记可重复出现；对于面状事物，注记一般置于面状符号之内，沿面状符号最大延伸方向配置，字的间隔均匀一致（图 5.14）。

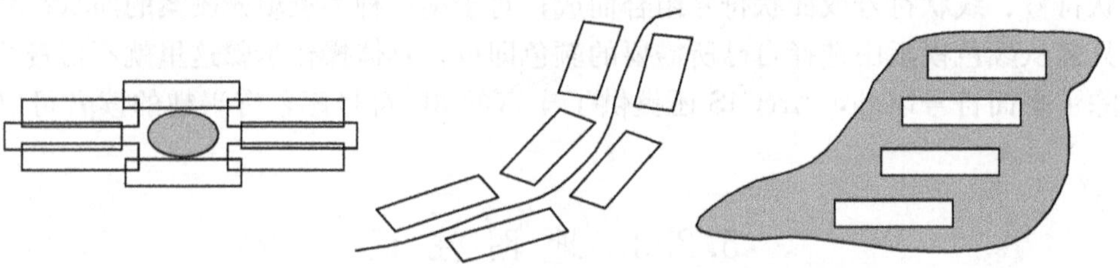

图 5.14　几种可能的注记配置方式（邬伦等，2001）

为了确定地物注记的位置，要进行空间关系的判断，GIS 可以为地图制图提供自动标注功能。一个实现自动注记放置的系统要具有以下功能：①确定地图上的要素以及相应的注记文字；②对空间数据进行搜索和显示；③产生试验性的注记点；④选择较好的注记位置。

由于地图上的注记只是对图上地物的描述，因此在地图上显示时，注记不能遮盖地物，注记之间也不能相互重叠，所以，还可以利用 GIS 进行注记是否重叠的判断。在进行标注时，由于图面荷载的原因，不可能对所有的地物进行标注，这就需要选择相对重要的地物来标记，当然这也可以通过对地物属性的排序来实现（邬伦等，2001）。

下面以 ArcGIS 为例，介绍地图标注的设置过程。

(1) 地图标注的方法设置

在需要进行标注的数据层上单击右键点击 Properties，打开图层属性对话框，点击 Labels 选项卡，勾选“Label features in this layer”复选框，设置标注方法。在 ArcGIS 中，实现自动标记主要有三种方式：全部要素标注、部分要素标注、多种属性标注。如果需要单一属性全部要素标注，在 Method 下拉菜单中选择“Label all the features the same way”，在 Label Field 下拉菜单中选择需要标注的字段。如果需要单一属性的部分要素标注，可以在 Method 下拉菜单中选择“Define classes of features and label each class differently”，单击 SQL Query 按钮输入条件表达式即可。如果需要多种属性要素标注，前述两种方法均可以实现。可以选择“Define classes of features and label each class differently”，点击 Add 按钮，再添加一个标注（图 5.15）。也可以选择“Label all the features the same way”，单击“Expression”按钮打开“Label Expression”对话框，依次双击需要显示的属性字段，并用合法的表达方式连接起来（如采用“&”进行符号连接）。

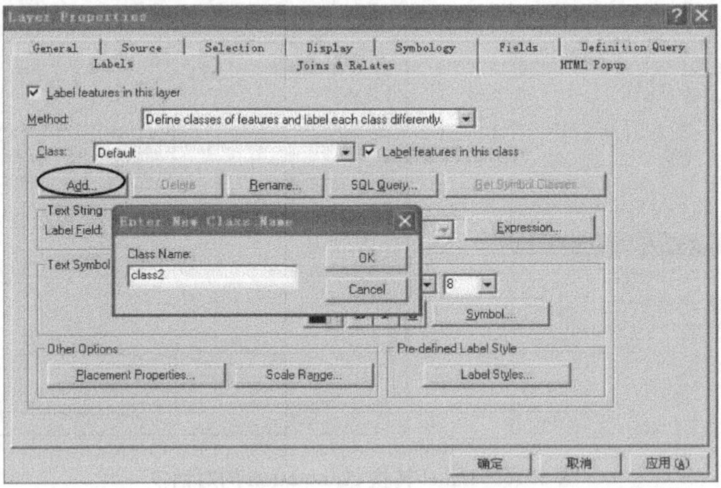

图 5.15　标注选项卡对话框

“Label Expression”对话框可以写单句表达式，或勾选 Advance 选项框，编写代码来实现复杂的表达式。ArcGIS 中的“Expression”支持多种数学函数来设置各种形式的标注（如分数、下划线等等），功能强大。在 Parser 下拉框中还可以选择不同的脚本来运行，包括 VB 和 Java 两种。

（2）标注要素编辑

ArcMap 默认状态下，注记大小是不随地图的缩放而变化的，如果需要在屏幕缩放时相应变化注记，就必须设置数据框（Data Frame）的相对比例尺。在数据框上右键单击，打开快捷菜单，选择 Reference Scale 中的 Set Reference Scale 命令，那么此时的地图比例尺将成为相对比例尺，以后地图与标注都会随着这个相对比例尺缩放。如果想恢复原来状态，只需要选择 Reference Scale 中的 Clear Reference Scale 命令即可实现。

ArcGIS 中存在另一种标注方式 Annotation。为了与 Label 区别，在 ArcGIS 中，Label 一般称作标注，而 Annotation 称作标记。Label 和 Annotation 都是用来识别要素的，它们最大的差别在于，Annotation 不再像 Label 一样依赖于属性要素层显示，它是单独建立的一个图层，可以单独进行编辑，并移动其位置。Annotation 可以通过 Label 转换过来，实现步骤如下：

1）按照上文的操作将所需的数据层进行属性标注（Label），操作完毕后，右键点击数据层，Label Feature 已被勾选。

2）点击“Convert Labels to Annotation”，在弹出的对话框中设置存储的位置和存储的对象。标记的存储位置可以选择 geodatabase 数据库，也可以在一个地图文档中。

如果选择 geodatabase 数据库，那么在转换前就必须存在一个 geodatabase 数据库。可以为数据层里所有的要素进行标记，也可以只标记地图显示范围内的要素，点击 Convert 按钮完成转换（图 5.16）。

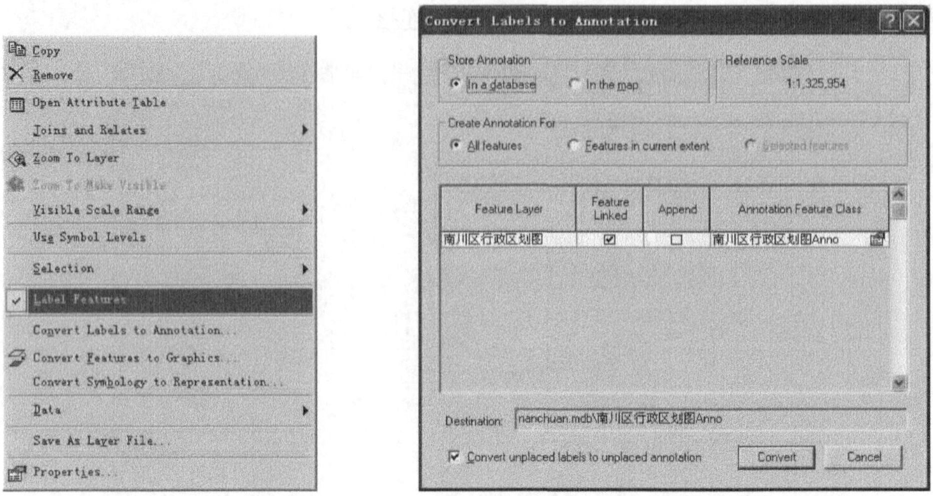

图 5.16　Label 转换 Annotation 的对话框

5.2.4　专 题 地 图

专题地图是相对于普通地图而言的。普通地图是全要素地图，它表示的是制图区域内所有的自然要素和人文要素的一般特征，是最基础性的地理图件。专题地图是根据专业需要，突出反映一种或多种主题要素或现象且表示特定专题信息的地图，它着重反映自然和社会经济现象中某一方面或某几个方面的特征，是满足专业部门特殊需要的地图。在 GIS 应用中，专题地图的制作是一项重要的任务。

1. 专题地图的内容

专题地图同普通地图一样，由图形要素、数学要素和辅助要素等构成。专题地图的图形部分可分为专题要素和地理底图要素两大类。

专题地图的内容主体是专题要素，它表征地图的主题和用途。对于具有多种专题要素的专题地图，通常把最主要的专题要素放在第一层面，次要和更次要的要素依次排列。不同的专题地图其专题要素的内容容量、精确程度和复杂程度也不尽相同。

底图要素是制作专题地图的地理基础，主题要素是依据底图要素而编制在底图上的。底图要素具有确定方位的骨架作用，是确定专题要素的控制系统，能反映主题要素和周围环境相互联系、相互制约的关系，起衬托主题的作用。具体说来，地理底图要素包括描述专题地图区域内地理状况的水系、居民点、交通网、地貌、土质、植被、境界、重要的独立地物等。并非每幅专题地图的底图都包含所有的地理底图要素，当某一专题地图的主题要求表示的要素与地理底图中某一种或几种要素一致时，此地理底图要素也成了专题要素了。

2. 专题地图的特征

与普通地图相比，专题地图具有以下特征。

1）内容主题化：专题地图只将一种或者几种与地图主题有关联的要素特别完备地表现出来，对其他要素的表示则较为概略甚至不表示。例如，交通旅游图上详细表示了各级道路网及相连通的旅游景点等，而地貌、植被等要素则不予显示。

2）内容前沿化：专题地图取材广泛，且多由科研成果、论文报告等构成，能反映学科内容的最新前沿信息与成果。

3）功能多元化：专题地图不仅能如普通地图一样表示制图对象的空间分布规律和相互关系，还能反映制图对象的动态发展变化，如气候变化、土地利用变化等。

4）表达形式多样化：由于用途及编制特点等的不同，专题地图可以采用多种多样的图形。此外，专题地图大多没有专门规定的符号系统，表达方式多样，地图符号可根据主题内容自主创新。

3. 专题地图的表示方法

用户对专题地图要求不同，专题地图的表示方法也不同。专题地图的表示方法主要分为统计表示方法和非统计表示方法。统计表示方法表示定量分类专题信息；非统计表示方法可分别表示定量和定性专题信息，下面简要介绍几种常用的专题地图表示方法。

（1）分级统计图

分级统计图主要用来反映统计资料的分布特性，指出某种现象分布的强弱，使用相对值的指标，通常用颜色深浅变化来反映该现象的强弱差异和分布。在 GIS 中，往往采用某个区域内的某一个属性字段中的数值来进行分级统计，从而得到该专题图。图 5.17 是根据重庆市各地的人口密度数据分级得出的统计图。

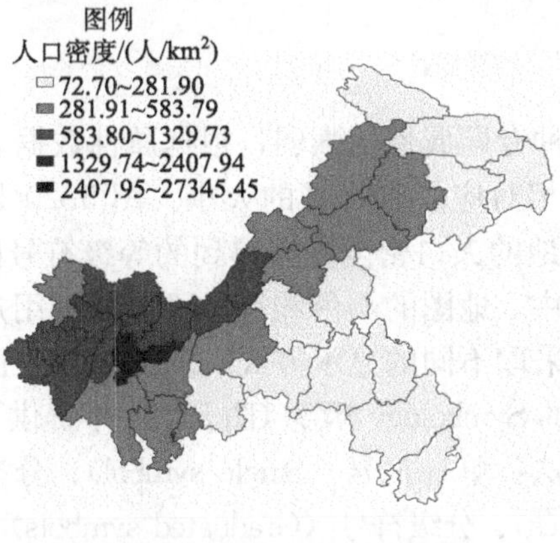

图 5.17　分级统计图

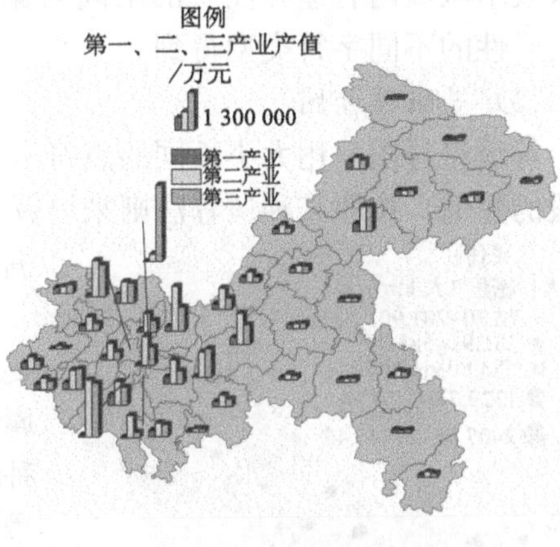

图 5.18　图表统计图

（2）图表统计图

图表统计图是指采用统计图（直方图、圆饼图、柱状图等）的形式表示某个区域内的数量结构特征的图形。统计图的符号位置不表示地物的位置，它只反映每个区域单元内统计数量的差异，使地图看起来对比明显。在 GIS 中，通常采用某个区域内的某几个属性值字段数值来进行分类统计，以反映制图对象的结构差异及对比情况。图 5.18 是根据重庆市第一、二、三产业产值分类得出的统计图。

（3）定位统计图

定位统计图是把某些地点的统计资料用图表的形式绘制在地图的相应位置上，用以表示该地区某种专题要素的变化，通常用来表示周期性发生的专题要素。在 GIS 中，一般采用柱状图表中的符号高度（长短）或者曲线图表来表示该专题要素的数量变化，如各个月份或各年份的风力、风向、降水量、气温、湿度、日照等均可采用这种图表（图 5.19）。

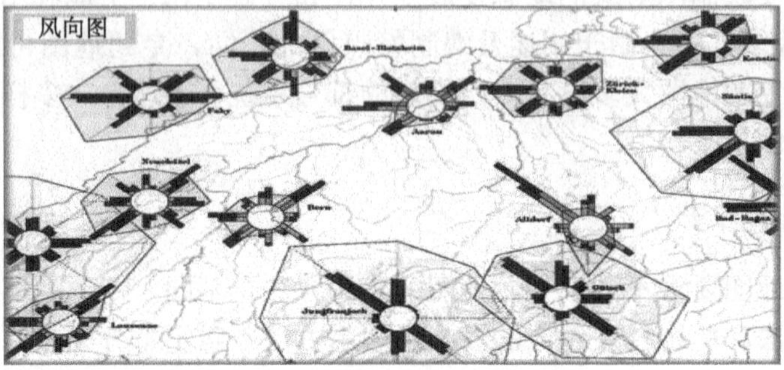

图 5.19　定位统计图

（4）质底专题图

质底专题地图也称为色底专题图，它反映制图区域分布现象的质量属性特征，是一种符号化的定性数据专题地图。该专题地图采用不同颜色、不同面状符号或不同的晕线等来表示区域内有差异性质的不同对象类型。在 GIS 中，通常根据图中属性表或与其有关联性的不同字符类型得到。

（5）等级符号图

等级符号图是用大小不同的点符号来表示某种专题属性的强弱，根据属性数据表中字段的数值，按照某种运算法则来计算与字段值相对应的点符号的大小。图 5.20 是根据重庆市各地的人口密度数据得到的等级符号图。

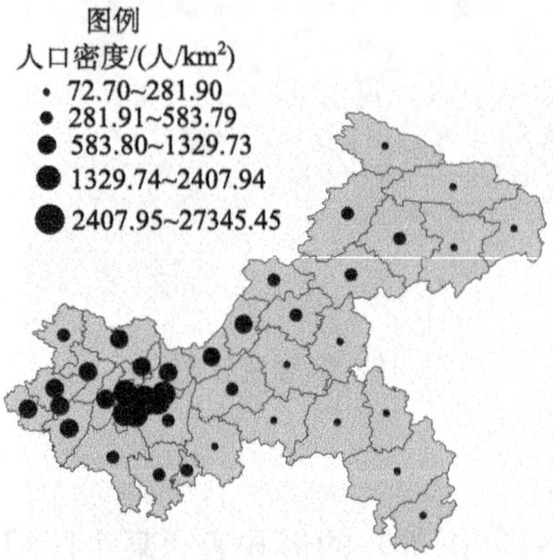

图 5.20　等级符号图

在 GIS 中，地图的颜色和符号可以随着用户需要的不同而采取不同的显示方式。ArcGIS 中，图层属性对话框的 Symbology 标签（图 5.21）下提供了多种符号化方法：单一符号（Single symbol）、分类符号（Categories）、分级符号（Graduated symbols）、分级色彩（Graduated colors）、比率符号（Proportional symbols）、点值符号（Dot density）、组合符号（Multiple Attributes）、统计图表符号（Charts）等，用户可根据自己的需求来选择。下面以等级符号图为例介绍专题地图的符号化过程。

1）打开图层的 Layer Properties 对话框，选择 Symbology 标签。在 Show 列表框中选择 Quantities 里的 Graduated Symbols。

2）在 Value 下拉框中设置分级所依据的字段，并在 Classification 中设置级别数量、分级方法等。

3）点击 Template 按钮设置符号样式。

4）在图例文本框中，对符号（Symbol）、范围（Range）、标签（Label）进行修改，最后点击确定完成专题地图的符号比。

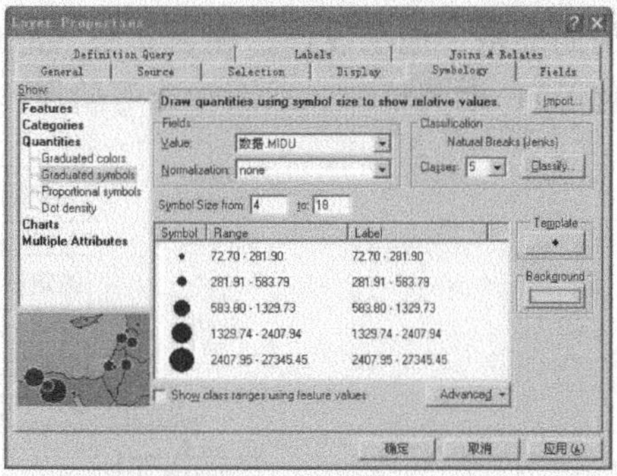

图 5.21　Symbology 显示框

在 show 列表框中，Graduated Colors、Proportional、Dot density 分别表示用等级色彩、比例符号、点密度来进行专题要素的符号化。

在 Categories 设置中，要选择属性值。Add All Values 表示添加所有的属性值，Add Value 可以选择性添加所需要符号化的属性值。在 Charts 中，可分别用饼状图、柱状图、堆积图来表示专题要素。在选择其中一种方式之后，需要选择两个或两个以上的制图字段，并设置其颜色。此外，还可通过上下箭头改变各个字段顺序，以调整字段符号在图例中的显示顺序。

在 ArcGIS 中，栅格数据专题地图的符号化方法不及矢量数据多，其符号化方法主要有分类栅格符号设置、分级栅格符号设置和栅格影像设置，其中栅格影像设置又分为单波段影像设置和多波段影像设置，但栅格数据的专题地图都是通过不同的颜色来表示不同的专题类别（图 5.22）。

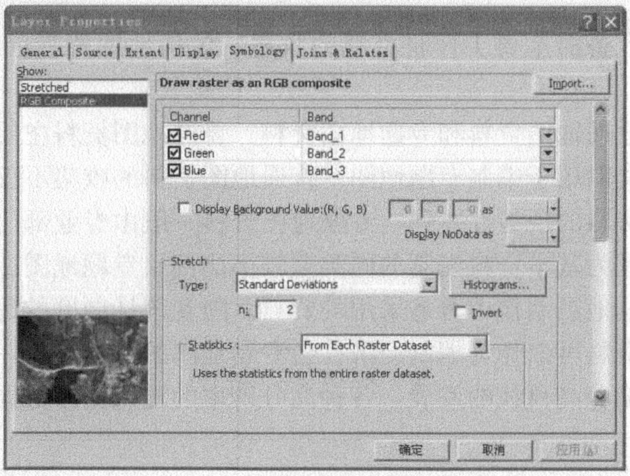

图 5.22　栅格数据符号化

4. 专题地图的制作

GIS 的专题地图的制作过程是空间对象的属性数据的符号化过程，是根据某个或某几个特定的专题信息对底图进行“渲染”的过程。在GIS中，专题地图的制作过程包括前期准备、地图设计、项目实施（地理底图和专题要素数据的输入、编辑与处理、符号化等）、地图整饰、地图输出等阶段（图5.23）。

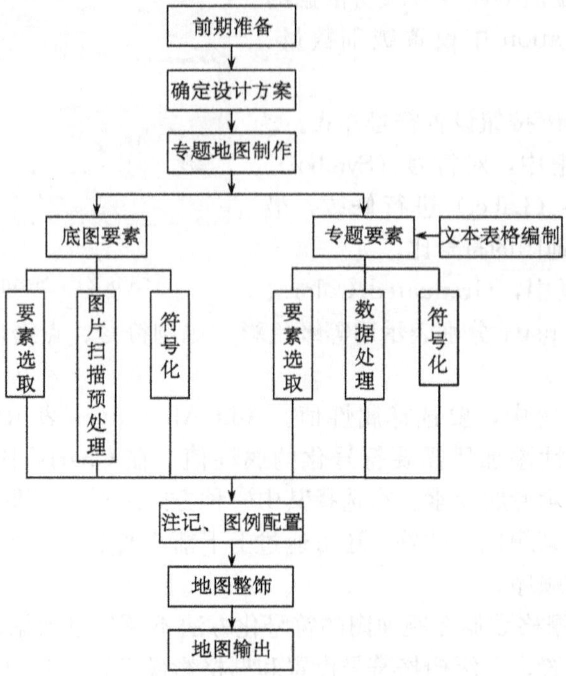

图5.23　专题地图制作过程

(1) 前期准备

专题地图前期准备的主要工作是资料的收集，包括地图资料、统计资料和影像资料等。

地图资料分为普通地图资料和专题地图资料。普通地图资料主要作为编制专题地图的底图，专题地图资料用于编制专题地图。普通地图资料的收集不仅要求覆盖全部的制图区域范围，而且资料的现势性要强；专题地图资料一般由专业部门提供，或是用已有的大比例尺专题地图为基本资料编制的同类型较小比例尺专题地图。

统计资料是专题地图制作中普遍采用的资料。随着统计制度的逐步健全，大量详细而精确的统计数据资料可以作为编制经济社会专题地图的基本资料，为这些专题地图的编制提供了方便。随着高科技的发展，各种高分辨率的遥感影像数据在地图制作中的应用也越来越广泛。

(2) 地图设计

专题地图的总体设计，是在任务和要求明确后初步提出的图幅基本轮廓，主要包括选择投影、明确比例尺、划定图幅范围、进行图面规划和绘制设计略图等内容。地图的设计，要求在规定的成图范围内充分而合理地利用幅面空间，统筹安排主图、附图、附表、图名、图例、比例尺、文字说明的位置，使图面达到清晰、美观和协调的效果。

(3) 底图、专题要素的选取与处理

专题地图的主要组成要素是底图要素和专题要素，因此专题地图的制作就包括对底图内容和对专题内容的选择、处理和符号化等操作。这里主要论述底图要素和专题要素的选取与处理。

底图要素的选取就是根据地图的用途来确定所要制作的专题地图的地理基础要素，包括制图区域的确定、区域内辅助专题信息表示的其他一些地理要素等。一般由于所反映的专题信息的不同，底图内容的选择标准、选择数量以及所选内容的详细程度也不相同。底图要素的选择有两种方式：一是人机交互获取方式；二是自动获取方式。

专题要素的选取是根据专题地图本身所反映的主题来确定的，一幅专题地图可以只反映一个主题，也可以反映多个主题。专题要素的选取一般采用交互的方式，因为用户对自己所做专题地图的专题信息总是很清楚的。

在选取了底图要素和专题要素后，还要对所选择的要素进行处理。例如，可以根据地图的用途需要确定采用哪一种地图投影。如果原始数据的坐标是地理坐标，则可能需要进行投影变换。如果原始数据是某种投影的坐标，可能需要进行投影转换，采用其他的地图投影。

(4) 图幅整饰

专题地图的制作不仅要有科学性，也要有艺术性。专题地图的最终设计，一定要将制图区域形状、图面尺寸、图例和文字说明、附图及图名等多方面的内容和因素综合考虑，统筹安排，以使整个地图图面更加生动，专题信息更加突出，从而获得更多的信息。基于这样的考虑，就需要对专题地图进行图幅整饰。

专题地图的图幅整饰内容包括图框设计、图名确定、比例尺确定、图例设计、附图设计、文字说明设计、图廓整饰等。

1) 图框设计。专题地图的设计图框，要使图面布置合理。

2) 图名。专题地图的图名要求简明概括图幅的主题，一般安放在图幅上方中央。字体要与图幅大小相称，以等线体或美术体为主。

3) 比例尺。比例尺有两种表示方法：一是用文字（如一比四百万）或数字（如 1∶4 000 000)表示；另一种是用图解比例尺表示。比例尺一般放在图例的下方，也可放置在图廓外下方中央或图廓内上方图名下处。

图解比例尺间隔有两种划分方法：一种是按单位图面长度（如厘米）划分，表明代表的实际长度；另一种是按单位实地长度（如千米）数划分，每格是按比例计算的图上长度。

4) 图例。图例符号是专题内容的表现形式，图例中符号的内容、尺寸和色彩应与图内一致。

5) 附图。附图是指主图外加绘的图件，如重点地区扩大图、内容补充图、主图位置示意图、图表等。在专题地图中，附图的作用主要是补充主图的不足，放置的位置灵活多变。

6) 文字说明。专题地图的文字说明和统计数字，要求简单扼要，一般安排在图例中或图中空隙处。其他有关的附注也应包括在文字说明中。

下面以中国人口密度图为例来简要说明利用 ArcGIS 软件进行地图整饰的过程。

1）图名设置。单击 ArcMap 窗口菜单 View 下的 Layout，打开版面视图。选择 Insert 菜单下的 Title，进行图名的设置，输入图名，调整文字大小，将图名放置到适当位置。可直接拖动文本框移动，也可通过修改文本框的属性设置位置和大小。

2）图例设置。单击 Insert 菜单下的 Legend，打开 Legend Wizard 对话框对其进行设置。添加数据层到 Legend Items 中，输入图例名称，设置文字的字体、大小、颜色及对齐方式。也可更改图例的边框样式、背景颜色、图例方框高度、轮廓线属性、方框色彩属性、图例符号间隔等。

3）比例尺设置。单击 Insert 菜单下的 Scale Bar（图解比例尺）或 Scale Text（数字比例尺）进行设置，包括选择比例尺类型，设置比例尺的符号类型、单位、分化、数字标注等。最后通过拖放或属性设置将比例尺放置在适当位置。

设置数字比例尺时，比例尺类型若选择 Relative，还需要设置 Page Unit 和 Map Unit。

4）指北针设置。单击 Insert 菜单下的 North Arrow，选择指北针类型，设置其大小、颜色、旋转角度等。

5）附图设置。单击 Insert 菜单下的 Data Frame 或 Picture 来添加附图。

总之，地图整饰具有一定的灵活性，可根据地图的性质和用途，恰当地选择表示方法，保证地图清晰易读，层次分明，又富有美感，使地图的形式和内容达到统一。

（5）地图输出

编制好的专题地图通常可以按照两种方式输出：第一种方式是借助打印机或绘图仪输出，也就是硬拷贝输出；第二种方式是将专题地图转换成通用格式的图像（JPG、TIFF、BMP 等）或 PDF 文件。打印输出前首先需要确定地图打印的比例尺，然后设置好打印机或绘图仪及其纸张尺寸，进行打印。对于格式转换输出的数字地图，关键是要设置好满足需要的栅格采样的分辨率。

5.3 电子地图

地图的数字形态是数字地图，即以数字形式表示的地图。电子地图是数字地图和 GIS 软件结合的产物，是以地图数据库为基础，以数字形式存储于计算机的硬盘、光盘等介质上，依托 GIS 工具，对地图实现输入、查询分析、输出，并能在电子屏幕上实时显示的可视地图，又称“屏幕地图”或“瞬时地图”。

5.3.1 电子地图的基本特征

与传统的纸质地图相比较，电子地图不仅保留了传统地图的许多优点，如数学基础、符号、色彩、图式和图例等，还具备许多纸质地图没有的特点。电子地图的主要优点有以下 5 个方面。

1. 数据扩展性强

电子地图数据库可包括图形、图像、文档、统计数据等多种形式，也可与视频、音频信号相连，数据类型与数据量的可扩展性比较强。

2. 可视化性能优越

电子地图的检索十分方便，多种数据类型、多个窗口可以在同一屏幕上分层、实时地进行动态显示（如三维动态立体图），还可采用闪烁、变色等手段来增强读图效果，且具有广泛的可操作性，用户界面十分友好。

3. 灵活性强

电子地图可以进行动态模拟，便于定性与定量分析；其信息的存储、更新以及通信方式较为简便，电子地图与输出设备相连，可将电子地图上的多种信息制成硬拷贝便于携带和交流，具有较强的灵活性，为地图及其相关信息深层次的应用打下了坚实的基础。

4. 制作周期短

电子地图提供的地理信息具有内容丰富、存储方便、标准化和规范化的特点，便于远程传输，可缩短大型序列地图集的生产周期和更新周期，降低生产成本。

5. 信息载负大

电子地图中，可以通过设置图层显示的比例尺范围，控制图层在一定的空间尺度内进行显示，从而极大地提高地图的信息载负量，避免出现纸质地图受幅面限制而出现的信息量不足的问题。此外，网络电子地图可以通过超链技术，与 Internet 上的几乎无限的信息资源相连，查询到与地图内容相关的各种信息。一些门户网站建立的网络电子地图还将综合信息与地图结合起来，使用户在查找地图的同时获得各方面的信息。

5.3.2 电子地图系统的运行环境

作为一种数字化产品，电子地图的运行环境和桌面 GIS 的环境类似，必须依靠一定的硬件和软件环境的支撑。电子地图运行的基本硬件环境包括彩色图形卡、数字化仪、扫描仪、高分辨率的彩色显示器、微机、硬拷贝机、绘图仪和光盘驱动器等（图 5.24）。其软件环境包括生成模块、分析模块、显示模块等（图 5.25）。

电子地图软件系统各个模块的基本功能如下。

生成模块：包括多种地图制图、文字编辑、图表生成、影像恢复、数据更新等功能。

分析模块：该模块的设计是依据用户的要求定制的，可以根据需求设计各种专用模块，如设置各种分析功能。

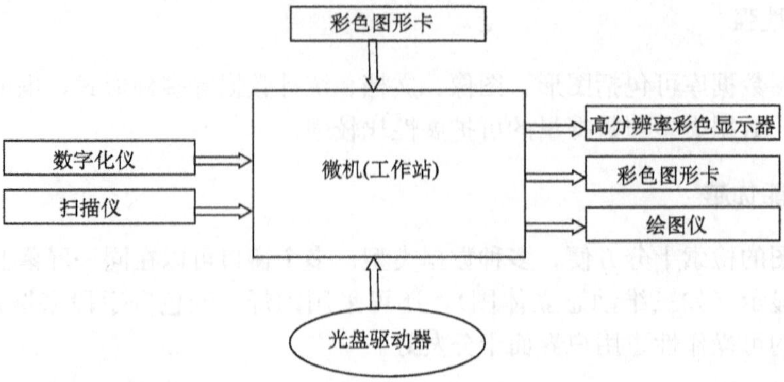

图 5.24　电子地图硬件环境示意图

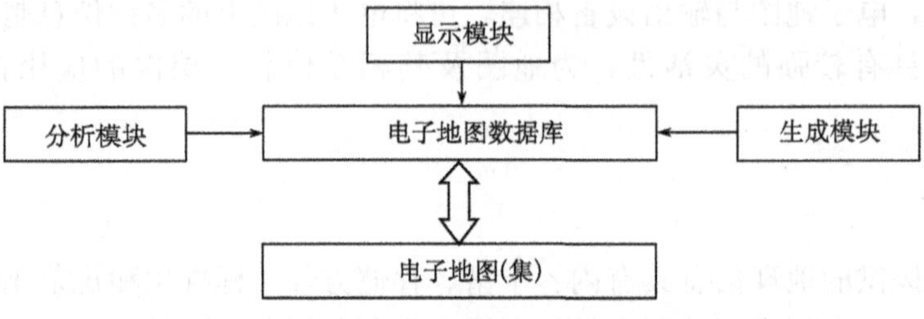

图 5.25　电子地图软件环境示意图

显示模块：由于电子地图的显示功能强大，相应的电子地图系统的显示模块不仅应当包括属性查询、静态显示、图形缩放等功能，还应具有强大的动态显示功能，能够进行图形滚动、闪烁、漫游、动态模拟等。

5.3.3　电子地图的应用

早期的电子地图是模拟地图的简单数字化，随着技术的发展，电子地图与全球定位系统相结合，从查询、量算的简单功能到特定的分析功能，同 GIS 的公众服务交叉融合，在航空领域、军事领域、汽车导航、政府宏观管理、科学研究、规划、预测、大众传播媒介、信息服务等领域中发挥着十分重要的作用。下面简单介绍几种电子地图的应用例子。

1. 导航电子地图

现代交通的发展导致交通体系日益复杂，地图成为人们出行的必备工具，导航电子地图因此产生。导航电子地图以 GPS 为定位工具，实现地图定位和可视化，并结合 GIS 的网络分析功能构成了完整的导航工具。例如，美国的 DeLome Street Atlas USA，日本的 Garmin，国内的有道道通、凯立德、灵图天行者、高德等。

2. 多媒体电子地图

多媒体电子地图用图、文、声三者结合的方式为用户提供不出门也能看世界的功能。它随时可以调看其他地方的景色图片，还可以以现有地图为底图制作专题地图，为用户提供各种服务。例如，Microsoft Virtual Globe、Google Earth 就是典型的多媒体电子地图。

3. 网络地图

网络地图又称为网上地图（WebMap），是指在万维网上浏览、制作和使用的地图。它不仅能利用闪烁或动画的手段实现地图的动态变化，还能使地图的内容实现动态更新，如 Maps. com 的气候图等。

4. 地形图

给电子地图形式的地形图配上空间数据可视化的功能，能够逼真地显示三维地形图，如果叠加上道路水系和居民点分布图，结合 GPS 还可以进行定位和导航。若将遥感影与三维地形叠加，则可得到更加逼真的地表立体效果。

5. 遥感电子地图

遥感数据可以被制作为电子地图，在此基础上叠加矢量化数据，不仅能使遥感电子地图具有缩放功能，还可以显示注记。

目前，电子地图系统方面的研究在各国开展得如火如荼，电子地图的应用必将进一步拓宽延伸到各个领域，发展前景良好。

5.3.4 电子地图的发布

电子地图是一种数字化产品，和纸质地图不同的是，电子地图作用的发挥必须依靠一定的硬件和软件环境的支持。使用者可以通过一些特定的读图软件（如 ESRI 公司的 ArcReader，Adobe 公司的 Adobe Reader 等）或互联网来观看电子地图产品。如果用户需要的只是静态的地图，制作者只需将用户需要的地图界面直接输出成 BMP、JPEG 等格式的图片，然后发布给用户观看即可。若用户需要的是动态地图，那么制作者就必须在电子地图成果的基础上建立电子地图发布与管理模型框架，实时更新电子地图有关的数据，以便使用者能根据最新数据做出适当的选择。

ArcGIS Publisher 是 ArcGIS Desktop 产品的扩展模块，它为用户提供了创建发布地图文件（PMFs）的能力，这种文件格式可以通过免费的地图阅读软件 ArcReader 被任何人共享和浏览。

以下是采用 ArcGIS 的 Publisher 工具进行静态地图发布的基本过程：

1）在 ArcMap 中，打开需要发布的地图（地图可采用 ArcGIS 安装目录：c：\ arcgis \ ArcTutor \ ArcReader and Publisher \ Gulf of St. Lawrence. mxd），并将地图按相对路径保存。

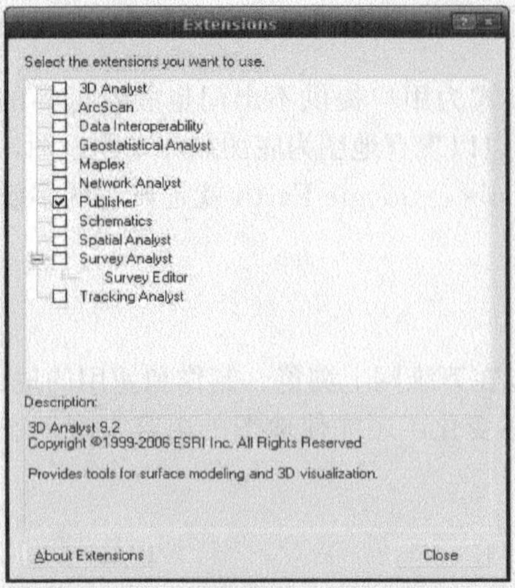

图 5.26　Extensions 对话框

2）点击 Tools 菜单下的 Extensions，选中 Publisher，点击 Close（图 5.26）。

3）右键点击任意工具条，打开 Publisher 工具条（图 5.27）。

4）点击 Publisher 工具条中的 Publish map 按钮，将地图发布至适当的位置（文件夹）。

5）用 ArcReader 打开已发布的地图，即可对地图进行浏览（图 5.28）。

ArcGIS Publisher PMFs 格式的文件还可以通过 ArcGIS Server 发布，在 Web 上浏览地图。

此外，ArcGIS 9.3 增加了导出地图到 Adobe PDF 格式的功能。要素属性包含在导出的 PDF 文件里，读者不仅可以在 Adobe Reader 9 中打开由 ArcGIS 制作的各种图形数据，还可以分图层显示要素信息，读取要素坐标、丈量尺寸等。

图 5.27　Publisher 工具条

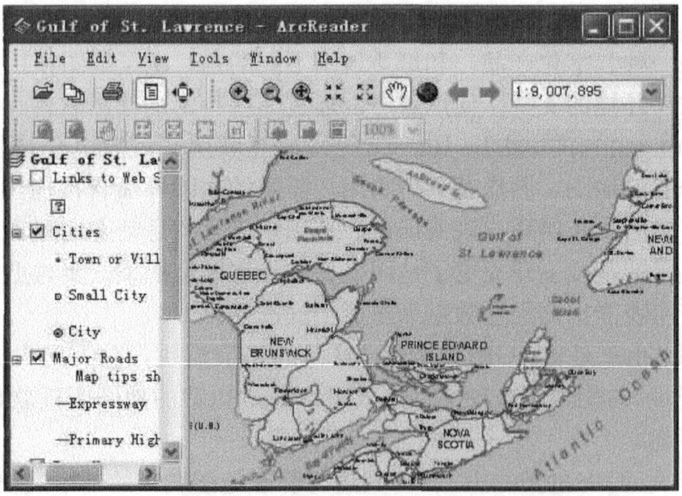

图 5.28　用 ArcReader 打开发布的地图

5.4　地理信息系统产品输出

GIS 产品是指经过系统处理和分析，直接提供给专业规划人员、研究人员、决策人员等使用者的各种地图、图表、图像、数字报表、文字报告等。GIS 产品输出就是指将 GIS 分析或查询检索的结果表示为某种用户需要的、可以理解的形式的过程，其主要表现形式是地图输出。

5.4.1　地理信息系统产品输出形式

1. 地图

GIS 中讲的地图是空间地理实体的符号化模型，是 GIS 产品的主要表现形式，它包含传统意义上的纸质地图，也包含由现代 GIS 技术生成的电子地图。根据地理空间实体的空间形态，常用的地图种类有点位符号图、线状符号图、面状符号图、等值线图、三维立体图、晕渲图等。具体说来，既可以是全要素地图，也可以是根据使用者需要的专题地图。

2. 图像

图像是空间地理实体的一种模型，它不采用符号化的方法，而是采用人的直观视觉变量（如灰度、颜色）来表示各个空间位置实体的质量特征。它一般将空间范围划分为若干个规则的单元，然后根据几个规则所确定的图像平面的相应位置，用直观视觉变量表示该单元的特征，如格网 DEM、正射影像图等栅格图像。

3. 统计图表或文字报告

通常，用统计图和文字报告来表示对地图数据库中的图形和属性数据分析处理后得到的各种表格、清单和查询报告等非空间数据。统计图将实体的特征和实体间与空间无关的相互关系用图形表示，将与空间无关的信息传递给使用者，让用户对这些信息有全面直观的了解。

统计图常用的形式有柱状图、饼状图、扇形图、直方图、折线图等；而统计表格将数据直接表现在表格中，用户可通过空间位置直接查看数据值。

此外，还可以将 GIS 产品输出形式分为软拷贝和硬拷贝两种方式。二者不同之处在于：软拷贝将图形、图像以及各类数据存储在硬盘、光盘等介质上，依靠计算机屏幕输出；而硬拷贝通过打印机或绘图仪等输出设备将各类图形和属性数据打印在纸质介质上。

在 ArcGIS 中，电子地图在输出或保存之前，往往需要对地图文档设置相对路径，即在文件（File）菜单中点击 Document Properties，在打开的对话框中，点击 Data Source Options 按钮，设置相对路径保存（Store relative path names to data sources）。这样，当地图文档及其相联系的数据位置发生移动后，只要相对位置关系没有发生改变，仍然能够打开该地图。

5.4.2 地理信息系统产品输出设备

1. 激光照排机

激光照排机主要由滚筒和曝光系统构成。绘图时，感光胶片利用紧合销钉、胶带或真空吸附装置固定于滚筒上，在滚筒转动过程中，光点以均匀的角步距通过氩气激光管在感光胶片上曝光，光点大小根据控制机从磁带或磁盘上送给栅格绘图机的像元的灰度值来确定。滚筒转动一圈，就绘完一行，量测螺杆系统便向前移动一个行宽，重复此过程直至全图绘完（图 5.29）。

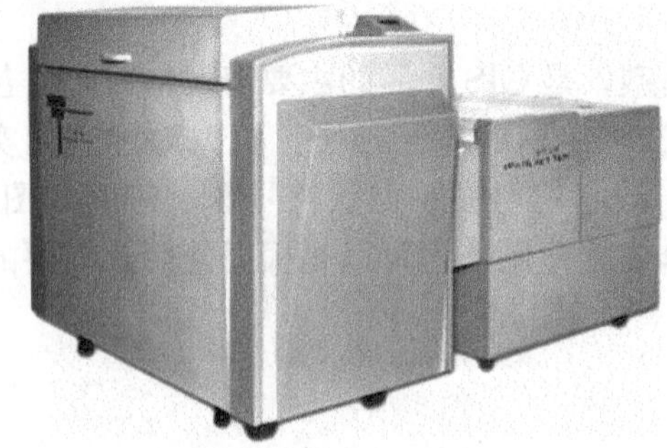

图 5.29 激光照排机

图 5.30 显示器

2. 显示器

显示器通过显示适配器与电脑相连，将电信号转换为可以直接用肉眼观察到的字符、图形或图像，它不仅能显示一般的图形，还能显示具有多种灰度和多种色彩的图像，因此在计算机地图制图、遥感图像处理和 GIS 中，都用显示器作为图形显示器。在 GIS 的应用中，数据输入、编辑、处理、检索等阶段都需要显示器来显示图像，随着用户要求的提高，对显示器的分辨率要求也相应提高（图 5.30）。

3. 打印机

点阵式打印机是比较常见的数据输出设备，输出图形质量粗糙、精度较低但是速度快，经常作为输出草图使用。喷墨打印机分为喷头墨盒一体化和分体式两种，喷头墨盒一体化能在更换墨盒的同时更换喷头，而分体式打印机打印质量较高，但随着使用时间增长，打印效果却越来越差。现在市场上流行的激光打印机就是阵列式打印机的一种，分辨率可达 600DPI 甚至 1200DPI，速度快、精度高，图形也相当美观（图 5.31）。

图 5.31　激光打印机

图 5.32　喷墨绘图仪

4. 喷墨绘图仪

喷墨绘图仪是一种栅格式的绘图设备，其构造与激光照排机相似，但它不是用光在感光胶片上曝光，而是同时用 CMYK4 种色液从 6 个喷嘴喷出墨点，墨点大小由栅格数据的像元大小控制，且按不同比例混合后再在纸上产生所希望的图形色调（图 5.32）。

复习思考题

1. 谈谈你对空间数据可视化的认识和理解。
2. 专题地图有哪些表示方法？如何制作专题地图？
3. 地图符号的构成要素有哪些？如何制作地图符号？
4. 电子地图与普通地图的区别在哪里？如何发布电子地图？试述电子地图的发展前景。

实验部分

实验二十二　中国人口密度图的制作

一、实验目的

了解专题地图的组成要素，掌握专题电子地图的制作方法。

二、实验内容

制作中国人口密度电子地图。

三、实验原理与方法

实验原理：专题地图相对于普通地图而言，突出反映一种或几种主题要素或现象。同普通地图一样，专题地图由图形要素、数学要素和辅助要素等构成，而图形要素包括地理底图要素和专题要素两大类。

实验方法：先将外部表格中的人口等数据连接至行政区划数据中，然后根据人口数量与面积，计算各省（自治区、直辖市）的人口密度，再对人口密度符号化，对地图进行整饰，最后输出专题地图。

四、实验设备与数据

（1）实验设备：计算机、绘图仪等。

（2）主要软件：ArcGIS、Microsoft Office 等。

（3）实验数据：随书光盘中提供的“实验 22”文件夹下的相关数据，它包括中国省级行政区划数据（China）、基础地理数据（city、railway、river、road）、各省人口数据（provincepopuation. xls）及南海诸岛 . jpg。

五、实验步骤

（1）打开 ArcMap，加载行政区划数据 Polygons 和人口数据表 Population$。

（2）右键点击 Polygons 图层，打开其属性表，新建一个长整型的字段 Density 用以存放人口密度。

（3）将 Population$ 表中的人口数据连接到 Polygons 的属性表中（具体连接方法见实验十）。

(4) 计算人口密度：在 Polygons 属性表的 Density 字段标题上右键点击选择 Field Calculator，在字段计算器的计算窗口中输入“［Population$. population］/(［Polygons. Shape _ Area］/1 000 000)”，点击 OK，生成各省人口密度数据（人/km^2）。

(5) 右键点击 Polygons 图层，选择 Properties，打开 Layer Properties 对话框，点击 Symbology 标签，在 Show 列表框中选择 Quantities→Graduated colors，然后在 Value 下拉列表框中选择 Density 字段，在 Normalization 下拉列表框中选择 none，在 Color Ramp 下拉框中选择适当的颜色，在 Classes 处选择 5 作为分类数量，点击 Classify 按钮，在 Classification 对话框中设置分类界线（Break Values）：100、200、500、1000、19 224，点击 OK 回到 Layer Properties 对话框。必要时可对颜色进行反转（点击 Symbol，选择 Flip Symbols)，修改各类符号的标签（直接点击标签），最后点击确定。

(6) 加载基础地理要素：加载 city、railway、river、road 等数据，对其进行符号化，并合理设置各图层叠置顺序及显示的比例尺范围（具体方法见实验五），以使图件清晰美观。

(7) 添加标注：右键点击 Polygons 图层，选择 Properties，打开 Layer Properties 对话框，点击 Lables 标签，选中 Lable features in this layer，在 Lable Field 中选择 Name 字段，设置文本符号，然后点击确定，则各省（自治区、直辖市）的名称将标注到图上。同理可以设置各省会城市的名称标注。

(8) 地图布局与整饰：将显示区从 Data View 切换至 Layout View，观察窗口的布局情况，完成以下操作：①页面设置：点击菜单 File→Page and Print Setup，设置打印机、纸张大小与方向等参数。本例中，根据数据的纵横比例，将纸张方向设置为横向 (Landscape)。②调整数据窗口，以适应版面布局的需要。③右键点击图形显示区，选择 Properties，在 Data Frame Properties 对话框中点击 Grids，点击 New Grid 按钮，其后全部采用默认值，为图形添加经纬网。④插入图片：点击菜单 Insert→Picture，将南海诸岛的图片加入窗口中，调整其大小，置于适当的位置。⑤插入图名、图例、比例尺：点击菜单 Insert→Title \ Legend \ Scale Bar，调整其设置，将其置于图中的适当位置。

(9) 保存地图。①点击菜单 File→Document Properties，在打开的对话框中点击 Data Source Options 按钮，选择 Store relative path names to data source，点击 OK，使地图按相对路径保存。②点击菜单 File→Save 或工具条上的 Save 按钮，保存地图文档 (中国人口密度图 . mxd)。

(10) 地图输出。①点击菜单 File→Export Map，设置输出路径和文件名，文件格式采用 JPEG，点击左下角的 Options 按钮进行输出参数设置。输出结果如图 5.33 所示。②重复上一步，将地图按 PDF 格式输出。③采用 5.3.4 节中的方法发布地图。④连接绘图仪或打印机，点击 File→Print，打印地图。

(11) 对输出的地图进行浏览与分析，找出可以改进之处。

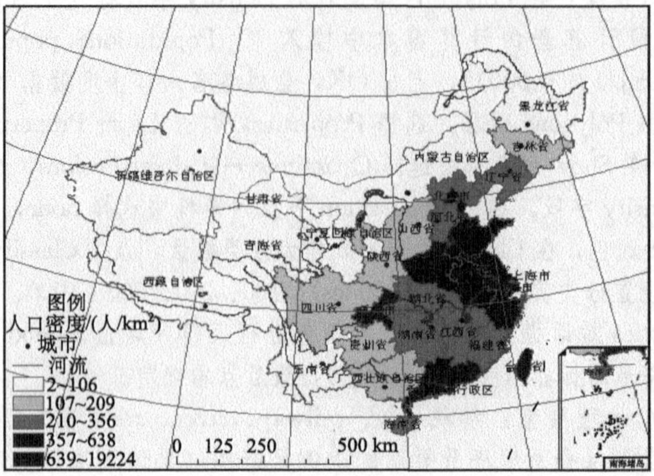

图 5.33　中国人口密度图

第 6 章　地理信息系统的开发与应用

内容提要：本章简要介绍了使用结构化生命周期法进行地理信息系统开发的基本过程，并对当前GIS的几种主要开发方式进行了详细的阐述，包括独立开发、基于宏语言的二次开发和集成二次开发，其后重点介绍了基于组件的GIS开发技术，并以ArcGIS Engine为例进行了详细剖析；本章还简要介绍了GIS应用模型的概念、内容，并结合GIS在生态建设、灾害评估、选址等方面的案例对GIS的应用模型做了进一步的介绍。

6.1 地理信息系统的开发

6.1.1 地理信息系统开发的一般过程

在大量的系统开发实践中，人们探索和发展了许多指导系统开发的理论和方法，如结构化生命周期法、原型法、面向对象的开发方法等，这些方法在地理信息系统的开发中也非常适用。GIS的开发是一项庞大的工程，它有既定的针对用户的目标，同时又有其阶段性，在常用的结构化生命周期法思想的指导下，可将地理信息系统开发的过程分为需求分析、可行性分析、系统分析、系统设计、系统实施、系统维护和评价等6个主要阶段（胡鹏等，2002）。

1. 需求分析

在整个GIS应用系统设计过程中，需求分析是基础和出发点。需求分析是对用户（群）的情况及要求进行调查分析。用户需求调查质量的好坏在很大程度上决定了一个地理信息系统的成败。需求分析的内容主要有以下几个方面（陈正江等，2005）：①用户性质、规模、结构、职责的调查；②用户研究领域状况调查；③用户数量调查；④用户基础状况调查；⑤潜在用户和地理信息系统的潜力调查。

在调查过程中，由于用户不一定了解地理信息系统，往往只能回答一般性的问题，提出笼统的要求。因此，未来系统究竟具备哪些功能和潜力，能为哪些行业服务、服务到什么水平，取得什么样的社会和经济效果，取决于设计者如何把握潜在用户的要求，在满足当前用户要求的前提下，归纳、抽象、推广到更广的用户需求上，这些只有在充分调查清楚用户需求的基础上才能完成。

2. 可行性分析

可行性分析是从社会、技术、经济三个方面对系统的必要性和实现目标的可能性进行分析，以确定用户的实力、系统环境、资料、数据、数据流量、硬件能力、软件系统、经费预算等。

在进行任何一项较大的系统开发前，必须要进行可行性分析和研究，其目的在于用最小的代价在尽可能短的时间内确定该系统是否能开发、是否值得开发、其中的问题能否解决等问题。可行性研究实质上是进行一次简化、压缩了的需求分析和设计，是在较高层次上以较抽象的方式进行的需求分析。

3. 系统分析

系统分析是应用系统论的思想和方法，确定系统的开发对象，把复杂的对象分解成简单的组成部分，找出这些部分的基本属性和彼此间的关系。它是系统调查分析阶段的最后一环，也是软件生存周期决定性的一步。只有通过系统分析，才能把软件功能和性能的总体概念描述为具体的软件需求规格说明，从而奠定软件开发的基础。该阶段的工作既是后续开发工作的依据，也是衡量一个信息系统优劣的依据。

4. 系统设计

地理信息系统的设计分为总体设计和详细设计两大部分。系统的总体设计，旨在建立系统的逻辑设计模型，它是系统建设中最重要的总控文件，它的关键问题是要能够把握系统，即牢牢地掌握系统的全貌，不能偏离总体目标。总体设计的任务要求系统设计人员遵循统一的准则和采用标准的工具来确定系统应包含哪些模块、用什么方法联结在一起，以构成一个最优的系统结构；详细设计是在总体设计的基础上，结合系统物理实现所进行的详细规划，旨在具体进行程序编码之前，根据总体设计文档，细化总体设计中已划分出的每个功能模块，为之确定具体的算法，并将它清晰、准确地描述出来，以便在具体编码阶段可以把这些描述直接翻译成用某种程序设计语言书写的程序。系统设计的好坏直接影响整个系统的质量及获得的经济效益，所以在进行系统设计时应遵循实用性、系统性、安全可靠性、可扩充性、适应性、经济性等原则。

5. 系统实施

与系统设计阶段相比，系统实施阶段的任务涉及的人力和物力都要多得多，很多有技术专长的工作人员参加到项目研制工作中，大量的组织协调工作，需要项目负责人进行全面的安排，因此，要制定详细的系统实施计划。

系统实施阶段主要包括：①系统硬件准备；②数据准备和数据库的建立；③系统模块的编制和调试；④用户主管人员和业务人员的组织、培训。

上述几个阶段的工作互为条件但又相互制约。系统详细设计完成后，程序员会根据详细设计的要求编写程序；人员的组织培训需要以系统的安装为基础；数据库的建立需要相关专业人员的协同工作才能完成。

6. 系统维护和评价

系统的维护和评价是系统开发的最后一个重要阶段，新开发的系统是否有持久的生命力就取决于此阶段的工作。GIS 维护的内容主要包括数据维护与更新和应用系统的维护与更新。为使系统适应复杂的人为和机器因素的影响，此期间对系统修改的内容可能是多方面的，如系统处理过程、程序、数据库等。系统评价是把即将投入使用的新系统与用户预期的目标进行比较，用不同的指标体现用户对新系统的满意度，从而确定是否对系统进行改进。

6.1.2 地理信息系统的三种常见开发方式

地理信息系统根据其内容可分为两大基本类型：一是应用型地理信息系统，它以某一专业领域的工作为主要内容，包括专题型地理信息系统和区域型地理信息系统；二是工具型地理信息系统，也就是可以对各种地理空间数据进行数据输入、存储、处理、分析和输出，并能用以建立应用型 GIS 的软件包。工具型地理信息系统是基于 GIS 的基础理论与技术建立的，能在很大程度上满足用户的应用需求，但在某些专业的应用领域，它却存在着无法弥补的缺陷。工具型地理信息系统的开发需要耗费大量的精力、时间、技术、资金，用户一般不会选择从底层开发专门的 GIS 软件，而是运用专门的 GIS 开发工具进行开发。应用型地理信息系统的开发已成为 GIS 在专业领域中应用的有力保障。应用型 GIS 有独立开发、基于宏语言的二次开发、集成二次开发等三种常见的开发方式（韩鹏等，2005）。

1. 独立开发

独立开发不依赖于任何 GIS 工具软件，从底层的空间数据采集、编辑到数据的处理分析再到结果输出，所有功能的算法都由开发者独立设计，然后选用某种程序设计语言，如 Visual C++、Visual C#、Visual Basic 等，在一定的操作系统平台上编程实现，有时也被称为底层开发。这种开发方式的优势在于它不依赖任何商业 GIS 工具软件，在这方面减少了开发成本，并且开发者拥有自己的版权。但对于大多数 GIS 开发者来说，能力、时间、财力方面的限制使其开发出来的产品很难在功能上与商业化 GIS 工具软件相比，而且在购买 GIS 工具软件上省下的费用可能还不足以弥补开发者在开发过程中所耗费的心血和代价。

2. 基于宏语言的二次开发

宏是一种解释性编程语言，宏程序是一连串的指令或函数的组合。随着 GIS 软件技术的发展，GIS 宏语言功能日趋完善，大多已属于高级宏语言。GIS 宏命令语言与其他 GIS 程序设计工具相比，最突出的优点在于它是服务于特定的 GIS 软件系统的，可以直接使用 GIS 软件系统内部指令或函数完成空间信息和属性数据的综合管理。如今的 GIS 工具软件大多提供了可供用户进行二次开发的宏语言，例如，ESRI 的 ArcInfo

提供了 AML 宏语言、MapInfo 公司研制的 MapInfo Professional 提供了 MapBasic 语言等。用户可以利用这些宏语言，以原 GIS 工具软件为开发平台，开发出针对不同应用对象的应用程序。这种方式可以节约大量的人力物力，但二次开发的宏语言功能较弱，且程序不能脱离 GIS 平台独立运行，用它们来开发应用程序难以满足高级复杂的需求。

3. 集成二次开发

集成二次开发是指利用专业的 GIS 技术或组件工具，如 OLE/DDE 技术、ArcObjects、MapX、SuperMap Objects 组件工具等为功能基础，以通用软件开发工具尤其是可视化开发工具，如 Delphi、Visual C＋＋、Visual Basic、Visual C＃ 等为开发平台，进行二者的集成开发，实现 GIS 的基本功能。目前集成二次开发中采用的技术方式主要有以下两种。

(1) OLE/DDE 技术

采用对象连接与嵌入（object linking and embedding，OLE）Automation 技术或利用动态数据交换（dynamic data exchange，DDE）技术，用软件开发工具开发前台可执行应用程序，以 OLE 自动化方式或 DDE 方式启动 GIS 工具软件在后台执行，利用回调技术动态获取其返回信息，实现应用程序中的地理信息处理功能。

(2) GIS 组件技术

利用 GIS 工具软件生产厂家提供的建立在 OCX 和 COM 技术基础上的 GIS 功能组件，如 ESRI 的 MapObjects 和 ArcObjects、MapInfo 公司的 MapX 等，在 Visual Basic 等编程工具编制的应用程序中，直接嵌入 GIS 功能，实现地理信息系统的各种基本功能。

通过对以上三种开发方式的对比可以发现：由于独立开发难度太大，非专业的 GIS 开发者很难独立开发应用型 GIS；基于宏语言的二次开发受 GIS 平台软件提供的编程语言的限制，无法全面应对 GIS 应用灵活性的特点。因此结合 GIS 工具软件与当今可视化开发语言的集成二次开发方式就成为 GIS 应用开发的主流。它的优点是既可以充分利用 GIS 工具软件对空间数据库的管理、分析功能，又可以利用其他可视化开发语言具有的高效、方便等编程优点。集成二次开发综合二者之所长，不仅能大大提高应用系统的开发效率，而且使用可视化软件开发工具开发出来的应用程序具有更好的外观效果，更强大的数据库功能，并且可靠性好、易于移植、便于维护。但这种方法唯一的缺点是前期经费投入比较大，需要同时购买 GIS 工具软件和可视化编程软件。

随着地理信息系统技术应用领域的不断扩展，系统开发人员迫切需要快速研发 GIS 基本功能的二次开发软件。为满足这种需求，众多 GIS 厂商相继推出了自己的二次开发产品，其中 ESRI 早期的 MapObjects 和当前的 ArcObjects 及 ArcGIS Engine、MapInfo 的 MapX 等比较具有代表性。

6.1.3 基于组件的地理信息系统开发

组件（component）是具有某种特定功能、能独立于应用程序而存在的二进制程序模块，它具有与外部程序或其他组件相连接的标准接口，因而可以用来组装或构建更复杂的程序功能单元。组件如同一堆各式各样的“积木”，不同的组件分别实现不同的功能，开发者可以根据需要把实现各种功能的“积木”搭建起来，进而构成应用系统。目前，组件技术已被作为一项非常成熟的技术引入 GIS 软件的设计与开发中。通过组件技术，用户可以根据需要把实现各种 GIS 功能的组件以部件化的形式组装起来，使得高效便捷地开发应用型地理信息系统成为可能。

1. GIS 组件的体系结构

GIS 组件通常有三层体系结构。

（1）基础组件

基础组件面向整个空间数据管理，提供基本的交互过程，处于平台最底层。

（2）高级通用组件

高级通用组件由基础组件构造而成，面向通用功能，如显示工具组件、选择工具组件、编辑工具组件、属性浏览组件等，它们之间的协同控制消息都被封装起来。这些组件经过封装后，使二次开发更为简单快捷。

（3）行业组件

行业组件是将行业应用的特定算法抽象出来，并将其固化到组件中最终形成的，它可以加速开发过程。以 GIS 在道路规划选址中的应用为例，除了需要 GIS 提供地图显示、信息查询等一般的 GIS 功能外，还需要专业应用功能，如缓冲区分析模型、道路影响范围规划模型、道路占地面积计算模型等。这时，就可以将这些专业应用功能封装起来，形成道路规划选址行业组件，使行业应用系统开发者通过设置各类参数、调用数据、接收数据等方法，简单方便地获取专业应用功能。

利用组件技术，各个 GIS 组件之间以及 GIS 组件与其他非 GIS 组件之间，可以方便地通过可视化开发工具进行集成，形成最终的 GIS 应用系统。

2. 主要的组件式 GIS 平台及其功能

目前，国内外有实力的 GIS 开发商都已开发出相应的 GIS 组件产品。国外有代表性的 GIS 组件产品有 ESRI 公司的 MapObjects（MO）、ArcObjects（AO）、ArcGIS Engine（AE），MapInfo 公司的 MapX、Intergraph 公司的 GeoMedia 等。国内具有代表性的 GIS 组件产品有北京超图公司的 SuperMap Objects、武汉吉奥公司开发的 GeoMap 等。

MapObjects 是一组地图软件的组件（ActiveX 控件），利用它可以在普通的编程语言上实现主要的地理信息系统功能（其中主要的就是电子地图的功能）。通过 MapObjects，用户可以灵活地建立合适的地图接口。在小内存空间中，能用多种工业标准程序环境去建立应用程序，能够联合使用 MapObjects 与其他软件去实现地图与用户信息的联系。

ArcObjects 是 ESRI 公司产品技术发展的一个跨时代的标志，是构建 ArcGIS 系列软件的基础和核心。ArcObjects 不但保留了 COM 定制的灵活性，同时还增添了其他组件开发工具中没有的高级分析功能，如空间分析、三维分析、网络分析等。通过它，GIS 程序员既可以定制小型应用系统，还可以开发出功能强大、运行稳定的高质量

GIS，这种可伸缩集成的灵活性保证了 ArcGIS 技术的开放性和扩展性。

ArcGIS Engine 是用于构建定制应用的一个完整的嵌入式的 GIS 组件库。使用 ArcGIS Engine，开发人员可以将 GIS 的功能融入许多应用程序中，例如，Microsoft Word 和 Excel，也可以将其加入其他用户的 GIS 应用解决方案中。ArcGIS Engine 可以用于 Windows、UNIX 和 Linux 等操作系统上，同时也支持多种的应用程序开发环境，例如，Visual Basic、Visual C＋＋、.NET，通用 C＋＋平台以及 Java 开发者常用的 ECLIPSE和 JBuilder。

MapX 是 MapInfo 公司向用户提供的具有强大地图分析功能的 ActiveX 控件产品。由于它是一种基于 Windows 操作系统的标准控件，因而能支持绝大多数标准的可视化开发环境（如 Visual C＋＋、Visual Basic、Delphi、PowerBuilder 等）。编程人员在开发过程中可以选用自己最熟悉的开发语言，轻松地将地图功能嵌入应用中，并且可以脱离 MapInfo 的软件平台运行。利用 MapX 能够简单快速地在企业应用中嵌入地图化功能，增强企业应用的空间分析能力，实现企业应用的增值。MapX 采用基于 MapInfo Professional 的相同的地图化技术，可以实现 MapInfo Professional 具有的绝大部分地图编辑和空间分析功能，同时，MapX 还提供各种工具、属性和方法的接口，使用户能够方便快捷地完成所需要的功能。

SuperMap Objects 是 SuperMap GIS 系列软件中的基础开发平台，是一套面向 GIS 应用系统开发者的新一代组件式 GIS 开发平台。SuperMap Objects 2008 是基于 Microsoft 的 COM 组件技术标准，以 ActiveX 控件的方式提供 GIS 功能的组件平台，适用于用户快速开发专业 GIS 应用系统，或者通过添加图形可视化、空间数据处理和数据分析等功能，为传统管理信息系统（MIS）增加 GIS 功能，它把 MIS 的应用提升到一个新的高度。

3. ArcGIS Engine

到 ArcGIS 8.3 为止，ArcObjects 还不是一个独立的应用产品，而是绑定在用户购买的 ArcGIS Desktop 产品中的软件开发包。也就是说，只要用户购买了 ArcGIS Desktop 的任何一个产品，都将拥有功能强大的 ArcObjects 组件集，利用 ArcObjects 提供的组件对象可进行应用开发。从 ArcGIS 9.0 开始，ESRI 推出了 ArcGIS Engine，从集合的角度来讲，ArcGIS Engine 是 ArcObjects 的一个子集。在 ArcGIS Engine 发布之前，基于 ArcObjects 的开发只能在庞大的 ArcGIS Desktop 框架下进行。ArcGIS Engine 产品使得 ArcObjects 可以作为独立的产品进行发布和使用，而不再依托于庞大的 ArcGIS Desktop 框架。

ArcGIS Engine 包含两个部分。

1）ArcGIS Engine 运行时（ArcGIS Engine Runtime）是一组包含 ArcGIS Engine 核心组件的工具以及扩展模块。它能够为用户提供一个运行 ArcGIS Engine 开发的应用程序的环境。

2）ArcGIS Engine 开发工具包（ArcGIS Engine Developer Kit）是由开发人员来开发客户化应用程序的一系列工具。

ArcGIS Engine 开发工具包中的几个常用控件如下（韩鹏等，2005）：

1）MapControl 控件和 PageLayoutControl 控件。MapControl 控件和 PageLayoutControl 控件分别对应了 ArcMap 中的“数据视图”和“布局视图”窗口，MapControl 封装了 Map 对象，PageLayoutControl 封装了 PageLayout 对象。用 ArcMap 制作的地图对象可以在 MapControl 和 PageLayoutControl 中打开，这样就节约了开发人员实现“读取图形数据”和“显示图形”两种功能的时间。从功能上来讲，两种控件的功能是相似的，主要功能有显示地图图层、放大、缩小、漫游、生成图形元素和图形整饰要素等。

2）TOCControl 控件。TOCControl 必须要与一个“伙伴控件”（Buddy Control）共同工作，“伙伴控件”可以是 MapControl、PageLayoutControl 或 SceneControl 控件。“伙伴控件”可以在设计时通过 TOCControl 属性页设置，或在驻留 TOCControl 的容器被显示时用 SetBuddyControl 方法通过编程设置。

3）ToolbarControl 控件。ToolbarControl 和 TOCControl 相同，也要与一个“伙伴控件”协同工作。“伙伴控件”可以是一个 MapControl、PageLayoutControl 或 SceneControl。同样，ToolbarControl 的“伙伴控件”也可以在设计时通过 ToolbarControl 属性页设置，或在驻留 ToolbarControl 的容器被显示时用 SetBuddyControl 方法通过编程设置。ToolbarControl 可以用来操作其“伙伴控件”显示的命令、工具和菜单。

4. 集成 GIS 二次开发程序实例

以上介绍了 ArcGIS Engine 开发工具包中常用的四种控件，有了这四种常用控件，几乎不用编写一句代码就可以实现一个简单的 GIS 开发。下面仅用这四种控件而不编写任何代码来开发一个小程序，以增加对控件的认识。本例是在假设 ArcGIS Engine 及 Microsoft Visual Studio 2005 安装完全的情况下进行的，选择 Microsoft Visual Studio 2005 中的 C# 作为开发语言。

1）打开 Microsoft Visual Studio 2005，选择菜单“文件”→“新建”，打开新建项目对话框，选择项目类型、模板，设置工程名称、保存路径，单击确定（图 6.1）。

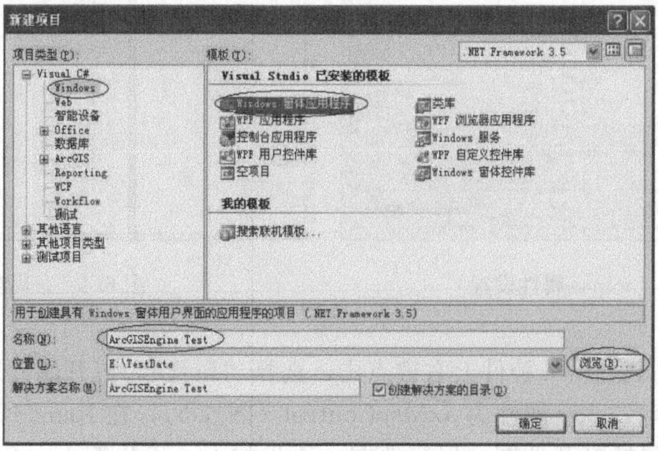

图 6.1　新建项目窗口

2）修改 Form1 的 text 属性为 ArcGISEngineTest，在工具箱任意处右键点击，添加选项卡，输入选项卡名称“ArcGISEngine 控件”，再在选项卡下点击，选择“选择项”，打开“选择工具箱项”，选择需要的控件（图 6.2）。

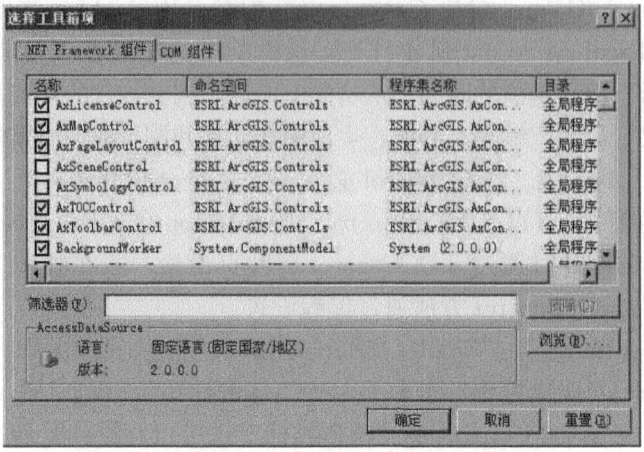

图 6.2　选择工具箱窗口

3）先向主窗体中添加 Panel 控件和 SplintContainer 控件，把 Panel 控件的 Dock 属性设置为 Top，SplintContainer 控件的 Dock 属性设置为 Fill，再向主窗体添加 License-Control 控件，并设置其 license 的属性（图 6.3）；向 Panel 控件中添加 ToolbarControl 控件，向 SplintContainer 控件的 Panel1 中添加 TOCControl 控件，向 Panel2 中添加 MapControl 控件，分别设置各个控件的 Dock 属性为 Fill，结果如图 6.4 所示。

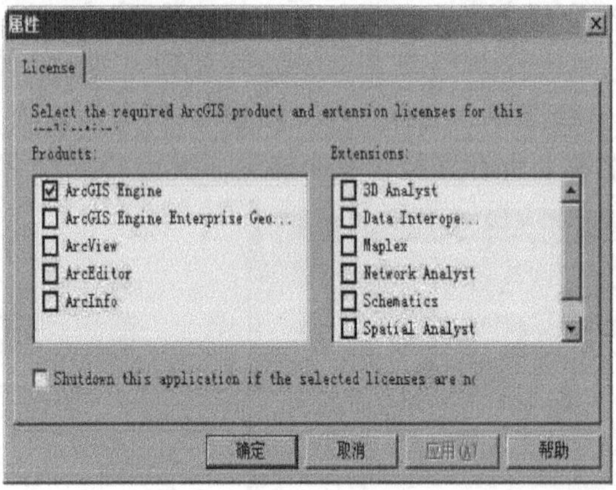

图 6.3　License 属性设置

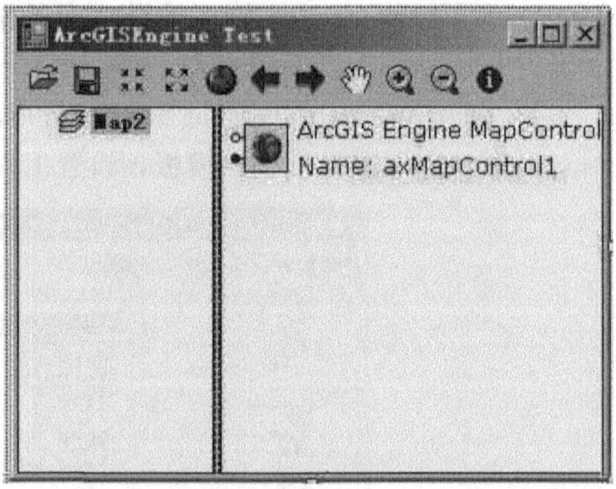

图 6.4　布局窗口

4）在 ToolbarControl 控件上右键点击，选择“属性”，打开属性对话框。在 General 选项卡设置其 Buddy 属性为 axMapControl（图 6.5），在 Items 选项卡中选择要添加的功能按钮，包括打开地图、保存地图、逐步放大、逐步缩小、全局视图、前一视图、后一视图、移动、放大、缩小、识别等（图 6.6）。

5）在 TOCControl 控件上右键点击，选择“属性”，设置其 Buddy 属性为 axMapControl，同时把相关属性选中（图 6.7）。

6）点击运行或按 F5 键，运行程序，加载数据后如图 6.8 所示。

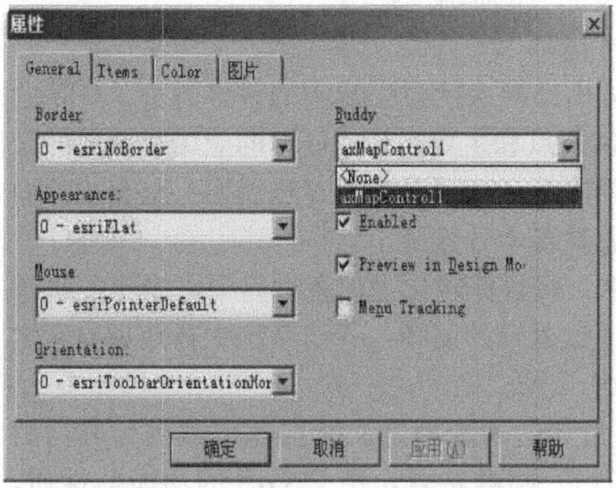

图 6.5　ToolbarControl 属性对话框

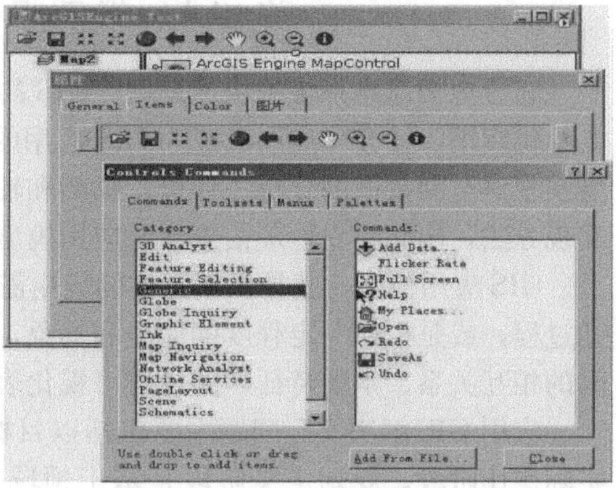

图 6.6　添加功能按钮对话框

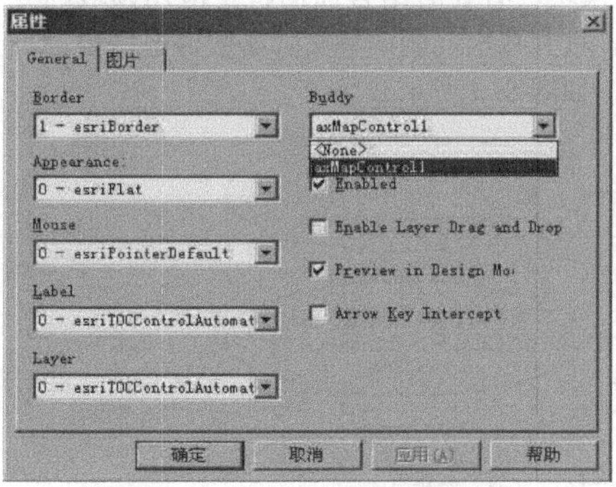

图 6.7　TOCControl 控件属性

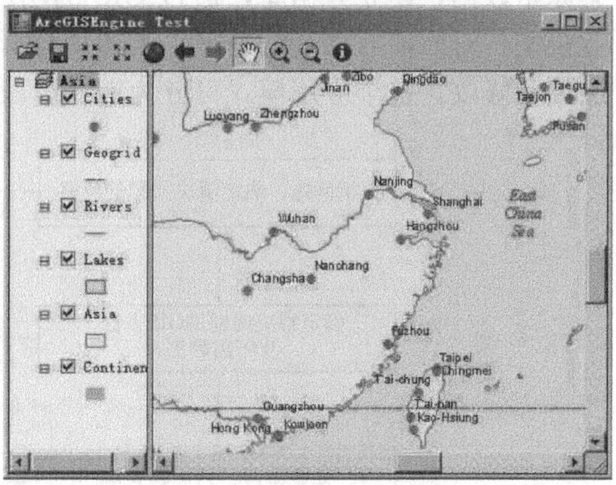

图 6.8　程序运行结果

6.2　地理信息系统的应用

地理信息系统的应用已经受到人们越来越多的关注，在数据处理领域，人们可以用现有的专业 GIS 软件解决相关问题；在数据管理领域，人们则可以根据数据的特性以及人们对管理工具的需要开发自己的管理系统；在数据分析方面，GIS 扮演着更为重要的角色。GIS 的应用正在从最初的数据管理、多源数据集成、显示和可视化表达，向 GIS 空间分析、DTM 的应用、GIS 与专业模型的结合分析以及 GIS 与决策支持系统集成应用的方向发展。但由于 GIS 与其他学科结合程度的限制，后两部分的应用还处于起步阶段，而 GIS 对数据的管理、空间分析、DTM 的应用都已经比较成熟。

6.2.1 地理信息系统应用模型

随着地理信息系统的快速发展，GIS 的应用已渗入社会生活中的许多方面。GIS 的专业化应用、社会化应用已成为 GIS 应用的出发点和主要目标。GIS 的应用最重要的是要实现对空间数据的分析、评价、预测和辅助决策，这一系列的过程需要一整套规范的实现方法，因此建立地理信息系统应用模型就显得十分重要了。

GIS 应用模型，就是根据具体的应用需求，将目标转化为信息世界中可操作的机理和过程，或是根据一定程度的简化和抽象，通过逻辑的演绎，弄清系统中各地理要素之间的相互关系、本质特征，并进行可视化表达。

应用 GIS 解决实际问题主要包括以目标为导向的规划定义阶段和以数据为导向的实际操作阶段。规划定义阶段是基于领域知识、问题特点，结合 GIS 的功能与性质，对问题进行抽象、分解，从而确定源问题与 GIS 的对应关系，建立应用 GIS 解决问题的方法与模型。实际操作阶段是应用 GIS 功能，按规划定义好的步骤求解问题，先采集原始数据，建立数据库，通过 GIS 的功能模块，必要时结合面向特定应用领域的专业模型，对原始数据进行处理、表达、分析，直到找出问题的答案，必要时还需要进行反馈和修改。整个应用模式可分为四个阶段，如图 6.9 所示。

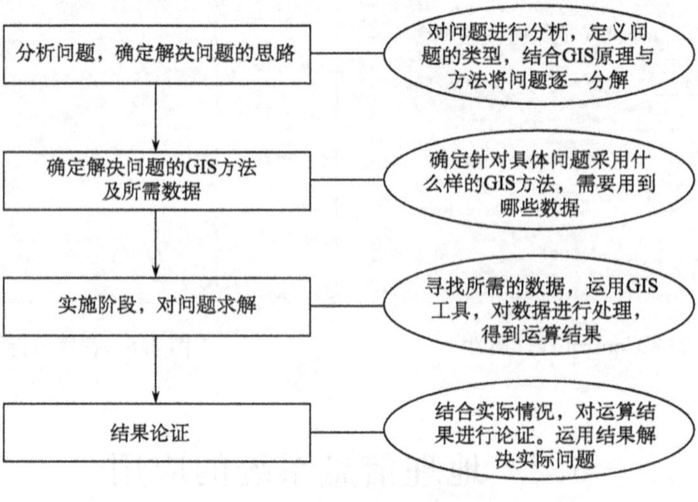

图 6.9 GIS 应用模型图

6.2.2 地理信息系统应用实例

由于 GIS 在空间数据处理、分析与制图等方面的功能，因此被广泛应用于涉及空间问题的众多领域。本书在第 1 章中简要介绍了 GIS 的常用领域，以下结合几个具体的案例说明 GIS 在各领域中如何应用。

实例一　GIS 在生态环境保护中的应用

人类是环境的产物，人类的生存和发展一刻也离不开环境，同时人类也在不断地改造环境，人类的任何行为都会对环境产生影响，反之，环境的任何改变也直接影响到人类的生存与发展。当今世界，各种生态环境问题日益突出，农业方面：水土流失加剧，湿地减少，土壤退化和沙化、荒漠化、盐碱化，以及滥用化肥农药而导致的土地功能衰退等。在工业方面：废水、废气、废渣不经有效达标治理的大量排放，导致河流、地下水、空气被污染。在资源方面：矿业盲目开采，森林乱采滥伐，加之灭绝性地捕杀珍稀濒危野生动植物，破坏了生物链，导致生物多样性无法得到保护。这些生态环境问题，不仅制约社会经济发展、影响社会稳定，更危及人类自身的安全，人类正在或即将经受破坏生态环境而引起的“报复”。日益恶化的生态环境，越来越受到全球的普遍关注。更多的人开始认识到，人类应当不断更新自己的观念，随时调整自己的行为，以实现人与环境的协调共处。保护生态环境也就是保护人类生存的基础和条件。

由于生态环境问题往往都与空间位置有关，因此，GIS 在该领域有着广泛的应用前景。在生态环境调查与动态监测方面，GIS 结合遥感技术，可以实现对地观测、数据获取、数据库建设、数据更新，通过动态跟踪与监测，实时了解生态环境状况的变化情况；在生态环境评估方面，GIS 可以整合多源空间数据，充分发挥其空间分析能力，评估生态环境的过去、现状和未来，了解其健康状况及驱动机制，为生态系统的调控提供决策支持；在生态规划方面，GIS 可以用于生态规划方案的制定和图件制作，特别是规划要素的空间布置与时间安排；在生态恢复与重建方面，GIS 可以支持对生态破坏情况的调查与分析，制订恢复与重建方案。

退耕还林工程是生态恢复与重建中的重要内容。根据我国的《退耕还林条例》，对山地丘陵区，水土流失严重、粮食产量低而不稳、坡度在 25°以上、农民已经承包或延包的坡耕地实行退耕；对平原区，风沙危害严重、粮食产量低而不稳、农民已经承包的沙化耕地实行退耕；生态脆弱和生态地位重要的区域，如江河两岸、湖库周围、山脉顶脊、重要风景名胜区等地区实行退耕。通过对耕地状况及当地的植被和小气候条件的分析，选择有效的手段将耕地恢复为适宜的森林、灌木丛或草地，从而达到恢复生态系统的土壤保持及水源涵养等功能的目的。因此，正确选择适宜退耕还林的区域，对生态环境保护具有重要意义。

根据国家的相关规定，某地区需要对本区域内的陡坡耕地逐步进行退耕还林。林业部门在制订退耕还林方案时，对哪些地方适宜退耕还林不太明确，而各村受利益驱使(退耕还林的财政补贴)，上报的需要退耕还林的面积普遍不真实。因此，林业部门迫切需要弄清需要退耕还林的区域及在各村的面积，从而制订合理的退耕方案，使生态环境建设真正具有成效。面对这一问题，可采用以下步骤进行解决。

一、明确问题

1）适宜退耕还林的区域。

2）各村退耕还林的面积。

二、信息提取与数据准备

1）本例中退耕的条件是陡坡，即坡度大于 25°，因此需要有地形数据（地形图或 DEM）。

2）退耕还林需要将耕地转换成其他地类，因此需要土地利用数据。

3）由于需要了解各村的退耕面积，因此还需要村级行政区划数据。

三、拟定解决方案

1）对该区域地形图中的等高线和高程点进行矢量化，并为其添加属性数据（高程）。

2）根据等高线和高程点，生成 DEM 数据（若已有 DEM 数据，可直接进入下一步）。

3）由 DEM 计算每个栅格像元的坡度，生成坡度数据。

4）对坡度数据进行重分类，提取出坡度大于 25°的区域。

5）从土地利用数据中提取出耕地，并将其转化为栅格数据。

6）将提取出的耕地数据与坡度数据进行地图代数运算，找出适宜退耕的区域。

7）对退耕还林的区域进行分区统计，计算各村退耕还林的面积。

四、方案实施

具体实施方案见实验十九。

实例二　GIS 技术在公共安全应急系统中的应用

近年来，世界范围内各种自然和人为灾害发生的频次和危害程度越来越高，极大地影响了公共安全。2001 年发生在美国的“9·11”恐怖袭击、2003 年发生在中国的“非典”（SARS）事件、2008 年四川汶川的“5·12”大地震，这些都让人历历在目。面对环境的日益恶化、自然灾害的频繁发生以及恐怖主义活动的猖獗，世界各国把维护公共安全提上了重要的议事日程。

在公共安全应急系统中，灾害管理贯穿于灾害前、灾害发生期和灾后重建三个阶段。灾害发生前主要有风险识别、缓解和灾前准备；灾害发生时，要采取紧急反应措施；灾后阶段主要是恢复和重建。特别是在灾前的风险识别阶段，要对灾害、风险和脆弱性方面做出准确的评估。这些评估有助于识别灾害的特征，如灾害的频率、大小和位置等，从而采取有效的措施，防范灾害的发生。

GIS 在公共安全应急系统中可以得到很好的应用。灾害前，GIS 可以收集整理相关数据、建立数据库和预警系统，为可能产生的灾害做好一切准备；灾害发生期 GIS 可以定位灾害和资源、进行灾害损失评估，提高快速反应和应急指挥能力；灾后阶段，GIS 可以用于制订恢复和重建方案。

某地区发生地震后，由于山体滑坡堵塞河道，在原河道上形成了一个特大面积的堰塞湖。由于堰塞湖的堵塞物不牢固，受冲刷、侵蚀、溶解后，堵塞体极易被破坏。一旦堵塞物被破坏，湖水便倾泻而下，形成洪灾，极其危险。面对紧急情况，指挥部迅速作出决定，在堰塞体上开挖泄洪槽，泄洪槽底部设计高程为 155m。同时指挥部需要确定上游淹没区范围，评估上游淹没区的财产损失，弄清堰塞湖所形成的水库库容，为下游抗拒可能发生的洪灾做好准备。堰塞湖剖面如图 6.10 所示。指挥部现有数据为堰塞湖地区的 DEM 数据和土地利用数据。

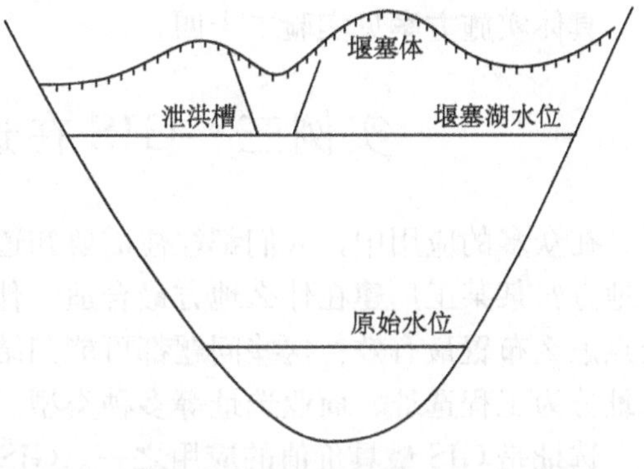

图 6.10　堰塞湖剖面图

结合 GIS 应用的模型，该问题可按以下步骤解决。

一、明 确 问 题

1）确定淹没区范围。

2）估算淹没区内经济损失。

3）计算堰塞湖形成的库容。

二、信息提取与数据准备

1）堰塞湖地区的 DEM 数据。

2）堰塞体所在位置。

3）土地利用现状数据（Landuse）。

4）泄洪槽底部高程。

5）不同地类受害损失单价表。

三、制订解决方案

1）根据堰塞湖泄洪槽底部高程，利用 DEM 数据找出堰塞湖淹没区范围。

2）将淹没区范围和土地利用现状数据进行空间叠加，计算出淹没区范围内所涉及的各种土地类型的面积。

3）依据不同地类的受灾损失单价表和面积计算淹没区内的经济损失。

4）根据堰塞湖的水位和DEM数据，估算堰塞湖所形成的水库库容。

四、实 施 方 案

具体实施方案见实验二十四。

实例三　GIS在选址问题上的应用

在众多的应用中，人们都往往需要知道关于位置的问题，例如，某某事件发生在什么地方？某某工厂建在什么地方最合适？什么地方是城市中最适宜建超市的位置？银行网点怎么布置最有效？这些问题都可能归结为选址问题。根据选址的目的不同，可以将选址分为工程选址、商业选址等多种类型。

选址是GIS最具价值的应用之一。GIS的核心功能之一是能够回答用户关于位置的问题，即事件发生在什么地方或什么地方最能满足用户需要。一般来说，选择一定的位置时，它应当满足一定的条件，例如，污水处理厂选址时应当考虑河流的下游、居住区应当选在工业区的上风方向、银行选址时应当考虑商业繁华程度。这些条件或因素，GIS可以搜集、整理、集成它们对应的数据，通过适当的模型，采用叠加分析等多种空间分析方法，找出适宜的地址方案，并以图表等多种形式提供给用户。

目前，在选址问题上，GIS在技术、人才、硬件等方面都已比较成熟，制约GIS在该领域广泛应用的主要问题在于数据本身及其共享的不足。在市场经济社会，除了科学研究、政府决策外，商业选址越来越受到人们的重视。以下以超市的选址为例，简要介绍GIS在商业选址中的应用。

超市的选址问题是一个复杂的综合性商业决策过程，既需要定性考虑，又需要定量分析。首先，应当找出影响超市选址的主要因素，如地块特点（形状、面积大小是否临街、有无交叉路口等）、人口状况（密度、文化程度、收入水平等）、交通状况（道路通达度、交通便利度等）、设施状况（学校、机关、企业、停车场等）、竞争环境（商店数量与面积、产品趋同程度等）；其次，根据这些因素，收集相关的数据，采用GIS对空间数据和属性数据进行输入、编辑、集成；再次，建立合适的模型，如多因素加权模型，确定模型中各因子的权重，并对各因子的指标进行量化；再次，采用缓冲区分析等方法将各因子对整个区域的作用（如实验十二）制成覆盖城市的栅格数据；再次，采用GIS的栅格数据叠加方法（地图代数），对各因子的作用分值加权求和；最后，对所得结果数据进行分级，得分较高的区域即是最适宜的超市位置。

事实上，实例一中关于退耕还林的问题以及实验十二中关于噪声的问题都涉及GIS在选址中的应用。以下以寻找被炸沉的航空母舰为例，具体说明如何应用GIS开展选址工作。

据美联社报道，美国海军“美国”号退役航空母舰已经于 2005 年 5 月 14 日在一系列爆破试验中沉入大西洋。据称这是迄今世界上被炸沉的最大型战舰。美海军武器司令部发言人透露，经过 25 天的爆破试验，这艘排水量 8.4 万 t、长 319m、为美国海军东征西讨 32 年的航母最终在距离海岸 97km 的水域沉入 1829m 深的海底。为避免过多泄露如何击沉航母的信息，美军方对试验内容严加控制，并谢绝外界观看和媒体采访。试验开始时美军也没有对外发布消息。美军发言人没有透露航母沉没的具体位置，但此前海军曾表示爆破试验将在北卡罗来纳州附近举行。海军于 3 月表示炸沉这艘庞然大物的目的是为研制新一代航母提供抗攻击能力的相关数据。

这一消息发布后，引起了外界强烈关注。许多潜水爱好者、军事爱好者都想亲眼目睹它的风采，因此，众人都在寻找它的沉没地点。

一、明确问题

寻找被炸沉的航空母舰的具体位置。

二、从背景材料中提取地理信息及所需数据

1）被炸沉的航空母舰在北卡罗来纳州附近，因此需要美国行政区划数据以获取该州的地理位置。

2）距离海岸线 97km 的水域，因此需要海岸线数据。

3）沉入 1829m 深的海底，因此需要海底地形数据。

三、拟定问题解决方案

1）从行政区划数据中找出北卡罗来纳州，并从其中提取海岸线数据。

2）对海岸线数据向海一侧生成距离 97km 的平行线。

3）在平行线周围建立一个 1000m 范围的缓冲区。

4）根据海底地形数据提取出深度为 1829m 左右（±50m）的区域。

5）将缓冲区与深度范围数据进行叠加，从而得到航母沉没的大致地点。

6）分析结果，若需要更准确的结果，需要缩小缓冲距离和深度范围。

四、方案实施

具体实施方案见实验二十五。

实例四　GIS 在国土资源信息化建设中的应用

国土资源是国家主权管辖范围内全部自然资源的总称，是经济社会发展的重要物质

基础。它包括土地资源、矿产资源、海洋资源、水资源、气候资源、生物资源和自然景观资源等。国土资源信息化建设是实现国土资源有效管理的重要途径。近年来，随着计算机、网络、GIS、遥感等技术的发展，国土资源信息化建设不仅是一种需要，而且也成为可能。我国的“金土工程”提出了“天上看、地上查、网上管”的国土资源管理的基本思路和方法，这其中的每一个方面，都有信息化的因素存在。

由于国土资源系统是一个随时和地理数据打交道的行业，无论是国土资源大调查，还是地籍调查、土地利用规划、建设用地审批，都离不开地理数据，因此从技术层面上，国土资源信息化建设有三个层次的问题：地理数据的收集、数据的管理和数据的应用。这三个方面中都有 GIS 广阔的应用空间。首先在数据收集方面，GIS 可以提供多种方式的数据处理工具。以 ArcGIS 为例，它不仅可以利用 ArcScan 工具对扫描所得的图像进行矢量化，利用 Editor 工具对数据进行采集、编辑，还可以利用空间建模工具 ModelBuilder，采用图解模型或脚本语言，以流程化、批量化的方式对数据进行处理。此外，还可以利用 ArcObjects 或 ArcGIS Engine 开发适合用户习惯和符合用户工作流程的专用数据处理工具。在数据管理方面，GIS 是国土资源数据库管理的重要工具。在 ArcGIS 中，可以利用面向对象的空间数据模型 GeoDatabase 来存储空间数据，可以利用 ArcToolbox 中的数据管理工具来进行日常数据的管理和维护、可以利用空间数据库引擎 ArcSDE，并结合企业级关系数据库系统（Oracle、SQL Server、DB2 等）来管理海量的空间数据。对由大量卫星影像和扫描图像组成的影像数据库，可以采用影像压缩管理工具 eYa Image 并配合 ArcSDE，以解决影像入库时间长、对存储设备和网络带宽要求高的问题。在数据应用方面，可以利用 GIS 制作国土资源领域的各种专题电子地图，可以以 GIS 为平台，开发各种应用管理信息系统（如地籍管理信息系统、土地开发整理系统等），以实现相关业务的网络化、自动化。应用系统的建设，是实现“网上管”的重要手段。

在土地资源管理领域，GIS 可以用于土地资源调查和评价、土地利用现状动态监测、城市地价评估、日常地籍管理、土地利用数据库、土地利用制图、土地利用总体规划、土地开发整理，建立土地管理信息系统、土地资源动态监测系统、城市地价管理系统、基于网络的土地利用总体规划管理信息系统等。

在矿产资源领域，GIS 可以用于煤田勘查、开采沉陷预测、找矿预测、金属矿产成矿预测与远景评估、编制矿产预测图、煤矿突水危险性预测、矿产资源管理、矿山空间数据库、建立矿区地理信息系统（MGIS）、矿山资源评价与管理决策支持系统、铁矿供水管网地理信息系统、面向 MGIS 的开采沉陷应用系统等。

在海洋领域，利用 GIS 技术可以对海岸带、海域、海底进行调查，获取各类空间数据，建立海洋数据库，如海洋资源数据库、海洋环境数据库、海况及海洋灾害数据库等；通过数据同化、数据复合、时空复合、三维模拟、虚拟现实等技术对海洋地理信息进行分析与模拟，生成各种电子图；建立各种海洋管理信息系统，如海域管理信息系统、海洋渔业管理信息系统、海洋环境保护管理系统、海况与海洋灾害应急对策系统、海域勘测与监控系统、海洋资源信息网站等。

实例五　GIS 在交通领域中的应用

人类社会的发展和人们的日常活动，诸如生产活动、贸易往来、社会交往和信息传递等都离不开交通。一个国家或地区的经济繁荣和科学文化发达等，也必须有相应的交通条件。交通是生产过程在流通领域的继续和进行社会再生产的必要条件，是沟通工农业之间、城乡之间、地区之间、企业之间经济活动的纽带，也是联系国内外的桥梁。良好的交通条件以及有效的运输活动，能使全部经济活动和人们日常生活正常进行。开采矿山资源、开拓贸易往来、开发经济落后地区、促进社会交往和旅游活动等都要依靠交通。因此，交通是国民经济活动的主要环节之一，在国民经济发展中起先行的作用。

由于交通所涉及的核心要素，如路网、站点等都具有空间特征，而 GIS 因其在空间数据管理、网络分析等方面具有很强的优势，因此 GIS 可以广泛应用于交通领域。在铁路方面，GIS 可以用于铁路资产管理、铁路设施（铁轨、车辆、通信和信号）管理、车辆跟踪、物流分析、紧急事故处理、联运管理、旅客信息管理、运输能力规划分析、市场分析、风险管理；在港口和水运管理方面，GIS 除了可以用于船只的合理调度和营运管理外，还可用于河床及航道的监测与分析；在航空方面，GIS 可以用于地面设备与机场控制区的设备管理、模拟飞行及噪声管理、机场与周边环境保护的管理、机场建设与维护、飞机起降操作、航运能力及航线规划；在公共交通方面，GIS 可以用于公交车辆的调度、车辆定位与自动跟踪、突发事故的迅速定位和事故分析、交通规划和建模分析、路线及交通信号的管理、公交车站和设施管理；在公路方面，GIS 可以用于包括公路规划、设计、施工、运行、维护和管理的各个方面，如最佳路径分析（最短路径、最低费用路径、最快路径等）、路网优化分析等。

复习思考题

1. GIS 的开发的一般过程是什么？各阶段应当注意什么问题？

2. GIS 常用的开发方法有哪些？各有什么优缺点？

3. 什么是基于组件的 GIS 开发？以 ArcGIS Engine 为例进行说明。

4. GIS 应用的一般模型是怎样的？

5. 如果某地区发生森林火灾，请问 GIS 在救灾过程中该怎样发挥作用？需要用到什么分析方法？涉及哪些数据？

6. GIS 的开发和应用之间有什么关系？如何将二者更好地结合起来？

实验部分

实验二十三　基于 ArcGIS Engine 的 GIS 二次开发

一、实验目的

了解 GIS 软件开发的一般过程，掌握使用 ArcGIS Engine 组件包进行 GIS 开发的基本方法，培养对 GIS 开发的兴趣。

二、实验内容

基于 ArcGIS Engine 开发一个小程序，以实现地图的添加、浏览（全图显示、漫游和缩放）和查询的功能。

三、实验原理与方法

实验原理：ArcGIS Engine 组件库中提供了全面的 COM 组件功能接口，所有支持 COM 编程环境的编程语言都可以调用其接口。C#语言有强大的类库，可方便地调用 ArcGIS Engine 组件库中的功能接口，实现 GIS 功能。

实验方法：以 Visual Studio 2005 为平台，运用 C#语言调用 ArcGIS Engine 组件库中相关功能接口，实现空间数据添加、放大、缩小、漫游、属性查询等功能。

四、实验设备与数据

(1) 实验设备：计算机。

(2) 主要软件：Visual Studio 2005、ArcGIS Engine 组件开发包。

(3) 实验数据：随书光盘中提供的“实验 23”文件夹下的地图文档及相关数据，该数据源于 C：\ Program Files \ ArcGIS \ Bin，并经适当修改。

五、实验步骤

(1) 打开 Visual Studio 2005，选择 C#语言创建一个 Windows 工程。设置主窗体的名称为 MapControlTest。

(2) 加载 MapControl 控件。在工具箱任意处单击右键，选择弹出菜单的菜单项→添加选项卡，生成新的选项卡，输入选项卡名称“ArcGISEngine 控件”。选中该选项卡，并在选项卡上单击右键，选择弹出菜单的菜单项→选择项，弹出“选择工具箱项”

对话框，在 .NET Framework Component 中选择 AxLicenseControl 及 AxMapControl 控件，单击确定关闭对话框；在“ArcGISEngine 控件”选项卡中出现了两个新的工具。首先加载 AxLicenseControl 控件，右键点击打开其属性窗口；在 Products 下选中 ArcGIS Engine；设置完属性后加载 AxMapControl 控件（注：若在工具箱内已有 Arc Engine 选项卡，则无需再进行添加选项卡选择项等操作，直接加载相应控件即可）。

(3) 加载 ToolStrip 控件并将其置于底层，设置 MapControl 控件的 Dock 属性为 Fill。

(4) 在 ToolStrip 控件中添加六个 Button 按钮，并在目录 C：\ Program Files \ ArcGIS \ Bin \ Icons 中选择与各功能对应的图标（根据软件安装位置的不同，该路径可能略有不同），其中各个按钮属性设置见表 6.1，完整界面布局如图 6.11 所示。

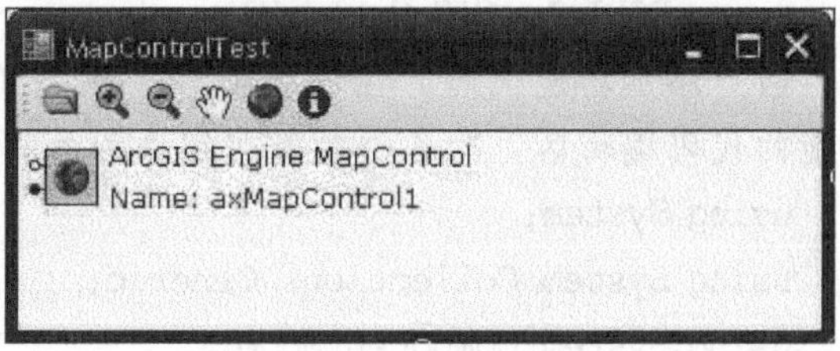

图 6.11 布局窗口

表 6.1 工具按钮属性设置

按钮功能	按钮图标及名称	Name 属性	ToolTipText 属性
打开地图	 folder _ open. bmp	toolbtnOpen	打开地图文档
放大	 zoom _ in _ tool _ 1. bmp	toolbtnZoomIn	放大
缩小	 zoom _ out _ tool _ 1. bmp	toolbtn ZoomOut	缩小
漫游	 pan _ 2. bmp	toolbtnPan	漫游
全局视图	 globe _ 7. bmp	toolbtnFullView	全局视图
属性查询	 information. bmp	toolbtnInfo	属性查询

(5) 引用 ESRI 对象库。在使用 ESRI 提供的 .NET 对象库之前，必须将必要的 ESRI 对象库引用到当前项目中。ESRI 对象库在安装 Devkit 开发包时被安装，默认的

安装路径为 ArcGIS 安装根目录\DotNet。

在“解决方案管理器”的引用中单击右键，选择“添加引用”，在“添加引用”对话框的 .NET 栏中依次选择添加 ESRI. ArcGIS. Controls、ESRI. ArcGIS. SystemUI、ESRI. ArcGIS. AxControls 三个对象库。

(6) 添加命名空间引用。进入代码编辑区，在最顶端加入以下语句，用以引入对象库。

```
using ESRI.ArcGIS.Controls;
using ESRI.ArcGIS.SystemUI;
```

(7) 添加功能代码。在设计窗口中双击工具条 ToolStrip1 上的不同图标，进入该功能的代码编辑区，为各个功能按钮添加处理方法，代码如下：

```
using System;
using System.Collections.Generic;
using System.ComponentModel;
using System.Data;
using System.Drawing;
using System.Text;
using System.Windows.Forms;
using ESRI.ArcGIS.Controls;
using ESRI.ArcGIS.SystemUI;

namespace MapControlTest
{
  public partial class Form1: Form
  {
    public Form1 ()
    {
      InitializeComponent ();
    }

    //实现地图加载功能
    private void toolbtnOpen_Click (object sender, EventArgs e)
    {
      OpenFileDialog mxdOpenFile = new OpenFileDialog ();
      mxdOpenFile.Filter = "mxd files (*.mxd)|*.mxd|layer files (*.lyr)
|*.lyr|shp files (*.shp)|*.shp";
      mxdOpenFile.InitialDirectory = @"C:\Program Files\ArcGIS";
      mxdOpenFile.Title = "选择打开的地图";
      DialogResult result = mxdOpenFile.ShowDialog ();
```

```
        if (result == DialogResult.OK)
        {
            axMapControl1.LoadMxFile (mxdOpenFile.FileName);
        }
    }
    //全局视图
    private void toolbtnFullView_Click (object sender, EventArgs e)
    {
        ICommand pCommand = new ControlsMapFullExtentCommand ();
        pCommand.OnCreate (axMapControl1.Object);
        pCommand.OnClick ();
    }
    //漫游
    private void toolbtnPan_Click (object sender, EventArgs e)
    {
        ICommand pCommand = new ControlsMapPanToolClass ();
        pCommand.OnCreate (axMapControl1.Object);
        axMapControl1.CurrentTool = pCommand as ITool;
    }
    //放大
    private void toolbtnZoomIn_Click (object sender, EventArgs e)
    {
        ICommand pCommand = new ControlsMapZoomInToolClass ();
        pCommand.OnCreate (axMapControl1.Object);
        axMapControl1.CurrentTool = pCommand as ITool;
    }
    //缩小
    private void toolbtnZoomOut_Click (object sender, EventArgs e)
    {
        ICommand pCommand = new ControlsMapZoomOutToolClass ();
        pCommand.OnCreate (axMapControl1.Object);
        axMapControl1.CurrentTool = pCommand as ITool;
    }
    //属性查询
    private void toolbtnInfo_Click (object sender, EventArgs e)
    {
        ICommand pCommand = new ControlsMapIdentifyToolClass ();
        pCommand.OnCreate (axMapControl1.Object);
```

```
            axMapControl1.CurrentTool = pCommand as ITool;
        }
    }
}
```

(8) 点击运行按钮 ▶ 或按 F5 键，编译运行程序，同时在相应目录下生成 EXE 可执行程序（缺省为项目位置下 bin \ Debug 目录）。

(9) 检验程序。用以上编译的程序打开“实验 23”文件夹中的地图文档或其他任何地图文档，并对其浏览和查询，以检查程序是否可靠。

六、注意事项

(1) 本实验通过调用 ESRI 类库中已有的功能实现了设计目标，较为简单。有兴趣的读者可以尝试添加其他要素实现更多的功能。

(2) 本实验是基于 C# 语言而设计的。读者也可以根据自己的背景选择其他开发语言参照本实验进行开发。

实验二十四　堰塞湖灾害评估

一、实验目的

了解公共安全问题的解决过程，学会综合运用 GIS 的各种工具和方法解决实际应用问题。

二、实验内容

根据相关信息，提取堰塞湖淹没区范围、估算淹没区内经济损失、计算堰塞湖的库容。

三、实验原理与方法

实验原理：地震形成的堰塞湖具有高度的危险性。根据地形等相关空间数据，利用 GIS 的分析功能，能够对灾害程度进行定量的评估。

实验方法：根据堰塞湖泄洪槽底部高程及堰塞体的位置，确定堰塞湖新增淹没区范围；将淹没区范围和土地利用现状数据进行空间叠加，计算出淹没区范围内所涉及的各种土地类型的面积，并依据相关资料评估淹没区内的经济损失；最后根据堰塞湖的水位和 DEM 数据，估算由于堰塞湖的形成而产生的水库库容。

四、实验设备与数据

（1）实验设备：计算机。

（2）主要软件：ArcGIS、Microsoft Office 等。

（3）实验数据：随书光盘中提供的“实验 24”文件夹下的相关数据，包括堰塞体位置 Barrier、DEM 数据 Elevation、土地利用数据 Landuse、统计表 .xls。

五、实验步骤

1. 分析背景材料，提取相关地理信息

从背景材料中（见 6.2.2 节实例二）可以看出，该案例中的关键信息是堰塞湖水面高程（泄洪槽底部高程）155m，它是解决目标问题（淹没范围、损失评估、新增库容）的主要依据。

2. 确定所需的数据

根据问题的需要，首先需要堰塞湖地区的 DEM 数据，其次是堰塞体所在位置的数据、该地区的土地利用数据、不同受害地类损失单价数据。

3. 拟定解决方案

根据工作任务及数据拟定解决方案（具体见 6.2.2 节实例二）。

4. 项目实施

（1）在 ArcCatalog 中新建一个 Shapefile（类型选择 Polygon，命名为 Mask）。

（2）打开 ArcMap，加载数据 Elevation、Landuse、Barrier 和 Mask。

（3）打开 Editor 工具条，设置 Mask 为目标图层，以 Barrier 中的堰塞体位置为基础画一多边形，其范围要覆盖堰塞体以上的所有区域，保存数据并停止编辑。

（4）点击菜单 Tools→Extensions，在 Spatial Analyst 复选框前打钩，激活空间分析模块，然后关闭对话框。

（5）打开 Spatial Analyst 工具条，设置空间分析环境：选择 Spatial Analyst→Options，将 general 中的工作空间设置为本实验数据所在的文件夹，Analysis mask 设置为“Mask”，并将 Cell Size 选项卡中的 Analysis Size 设定为“Same as Layer ‘Elevation’”。

（6）点击 Spatial Analyst→Reclassify，输入栅格数据选择 Elevation，点击 Classify 按钮，按照海拔将数据重分类为两级，分割点数值为 155m，设置 120m～155m New Values 为 1，155～330 New Values 为 NoData。在 Output Raster 中设定重分类后的栅格文件的保存路径，并设定数据名称为“FloodArea”，单击 OK，生成的数据即为堰塞湖淹没区范围。

（7）点击 Spatial Analyst→Options，设定 General 选项卡中 Analysis mask 为

“FloodArea”。

(8) 点击 Spatial Analyst→Convert→Features to Raster，将 Landuse 数据转换为栅格数据。Field 字段设定为地类代码（DLDM），输出数据命名为 Landgrid，单击 OK，即得到堰塞湖淹没区的土地利用数据。

(9) 将 Landgrid 的属性表输出为 dbf 文件，在 Excel 中打开该文件，根据像元数量及像元大小计算各类土地面积，并填入统计表 . xls 中，得到不同地类受灾面积统计表。

(10) 根据统计表 . xls 中的受灾面积及不同地类损失单价表，计算各类用地的经济损失，并填入不同地类损失计算结果表中。

(11) 点击菜单 Tools→Extensions，勾选 3D Analyst，激活 3D 分析模块。

(12) 打开 3D Analyst 工具条，点击 3D Analyst→Surface Analysis→Area and Volume Statistics 工具条，选择 Elevation 作为输入表面数据，在 Reference parameters 中设定 Height of plane 为 155m，选择 Calculate statistics below plane 选项。在 Output statistics 中点击 Calculate statistics 按钮，Volume 下方的值即为堰塞湖所形成的水库库容。

(13) 选择 Save/append statistics to text file，设置保存路径和名称，点击 Done 按钮，将计算结果保存至文本文件中。

六、注意事项

(1) 设置掩模有何作用？有无其他替代方法？

(2) 如果不用 3D Analyst 工具条中的 Area and Volume Statistics，如何计算堰塞湖新增的水库库容？

实验二十五　确定被炸沉的航空母舰位置

一、实验目的

了解选址问题的解决过程，学会综合运用 GIS 的各种工具和方法解决实际应用问题。

二、实验内容

根据相关信息，确定被炸沉航空母舰的位置。

三、实验原理与方法

实验原理：选址问题是 GIS 应用的重要方面。通过对选址条件的分析，制作符合条件的各项数据，将其进行叠加分析，从而可以获得满足条件的区域。

实验方法：根据背景材料，从中提取地理信息，准备相关数据，然后通过空间分析，确定被炸沉航空母舰的位置。

四、实验设备与数据

(1) 实验设备：计算机。

(2) 主要软件：ArcGIS。

(3) 实验数据：随书光盘中提供的“实验 25”文件夹下的相关数据，它包括美国行政区划数据（GeoData 中的 States）、海底地形数据（OceanDEM）。

五、实验步骤

1. 分析背景材料（见 6.6.2 节实例三），提取地理信息

从背景材料中，可以找出三个与位置相关的信息：一是北卡罗来纳州；二是距离海岸线 97km；三是水深 1829m。

2. 确定分析所需的数据

由于海岸线数据可以从北卡罗来纳州的数据中提取，因此本项研究所需要的数据仅两项：一是美国（或北卡罗来纳州）行政区划数据；二是海底地形数据。

3. 拟定解决方案

根据数据及目标，拟定解决方案（具体见 6.6.2 节）。

4. 项目实施

(1) 打开 ArcCatalog，浏览实验所用的数据，并在 GeoData 中的 USA 下新建一个名为 Coast 的图层，用于存放海岸线数据，图层类型选择 Line Features，其余采用默认值设置。

(2) 打开 ArcMap，加载美国行政区划数据 States、新建的 Coast 数据和海底地形数据（OceanDEM）。

(3) 提取北卡罗来纳州的行政区界：通过菜单 Selection→Select By Attributes，或通过浏览属性表等方式，选择 STATE_NAME 为 North Carolina 的要素。

(4) 打开 Editor 工具条，启动编辑任务，将 Target 设置为 Coast，先后点击复制、粘贴，将北卡罗来纳州的边界数据复制到 Coast 中。

(5) 采用 Editor 工具条上的 Split、Sketch、Trace 等工具，编辑 Coast，生成一条海岸线，删除其他要素，并保存数据。

(6) 选择海岸线，点击 Editor 工具条上的 Editor，在弹出菜单中选择 Copy Parallel，设置参数，在向海一侧生成一条距离海岸线 97 000m 的平行线，保存数据并停止编辑。

(7) 打开 ArcToolbox，点击 ArcToolbox→Analysis Tools→Proximity→Buffer，为 Coast 中的要素建立 1000m 的双侧缓冲区，删除海岸基线的缓冲区，保留海岸平行

线的缓冲区。

(8) 打开 Spatial Analyst 工具条，点击 Spatial Analyst→Options，将以上的缓冲区设置为掩模（Mask）。

(9) 点击 Spatial Analyst→Reclassify，打开重分类对话框，对海底地形数据 OceanDEM 进行重分类，将海深在 1879～1779m 的值设为 1，其余设为 NoData，输出栅格数据保留默认值，即<Temporary>。

(10) 分析结果（图中有值的区域即为分析结果），若符合要求，保存结果数据（右击重分类的结果图层，点击Data→Make Permanent 或 Export Data)。

六、注意事项

(1) 以上关于数据编辑、缓冲区、重分类等操作的过程未作充分说明，详细信息请参阅前述相关实验。

(2) 本实验中是将符合某一条件的数据（海岸线外 97km 附近的海域——缓冲区）作为掩模，然后再生成符合条件的另一栅格数据（深度范围——OceanDEM 中水深 1879～1779m 的区域），以此使结果数据符合两个条件。读者也可先单独生成符合条件的两个数据，然后采用 Raster Calculator 工具，进行栅格代数运算而获得结果。

第7章 地理信息系统的发展

内容提要：本章主要介绍了国内外GIS的发展过程和现状，并从GIS的发展历程中简单地分析了GIS的发展动力，包括用户的需要、技术的进步、应用方法论的提高以及有关组织机构的建立等几个方面；最后介绍了GIS的研究热点和发展趋势，包括网络GIS、网格GIS、多维GIS、互操作GIS、组件式GIS、数字地球以及云计算与GIS等内容。

7.1 地理信息系统的发展历程

地理信息系统产生于20世纪60年代的加拿大与美国，是人们为解决大量的土地利用调查数据问题而最先提出的。70年代，随着计算机技术的发展与应用，地理信息系统在数据管理和计算机辅助制图方面表现出明显的优势，许多国家逐渐开始重视GIS技术的研究，并加大了对GIS的投入，这促进了GIS技术的发展以及GIS在更多领域的应用。到80年代末，GIS技术日渐成熟，被广泛应用于与地理空间信息相关的各个领域。特别是90年代至今，随着互联网技术的发展与普及，地理信息系统的服务范围迅速扩大，用户需求快速增加，地理信息系统在全世界范围内得到了迅猛的发展。

7.1.1 地理信息系统的发展

地理信息系统是为解决资源与环境等空间相关问题而发展起来的。20世纪60年代中期，加拿大开始研究建立世界上第一个地理信息系统——加拿大地理信息系统(CGIS)，随后又出现了美国哈佛大学的SYMAP和GRID等系统。在日本、北美洲、西欧等发达国家，现在已建立了国家级、洲际以及各种专题性的地理信息系统（郭达志，2002）。我国GIS研究与应用是从70年代末80年代初开始起步的，在近30年的发展过程中，我国GIS在计算机辅助制图、资源环境信息系统研究与应用等方面开展了大量基础性的试验与研究工作，在理论、技术方法和实践经验等方面都取得了长足的进步。

1. 国外发展状况

20世纪60年代是地理信息系统的开拓阶段，这一时期主要注重空间数据的地学处理。1963年，加拿大测量学家Roger F. Tomlinson首先提出利用数字计算机来处理和分析大量的土地利用调查数据，这开创了利用计算机技术处理和分析地理空间数据的先河。之后，他建议加拿大土地调查局建立加拿大地理信息系统，以实现专题地图的叠加、面积量算、自然资源的管理和规划等工作（陈述彭等，1999）。与此同时，美国的Duane F. Marble在美国西北大学研究利用数字计算机研制数据处理软件系统，并提出建立地理信息系统的思想。不久之后，北美洲和西欧成立了许多与GIS有关的组织与机构，如美国城市和区域系统协会（URISA）、国际地理联合会（IGU）的地理数据收集和处理小组委员会（CGDSP）等，这些组织和机构相继组织了一系列的地理信息系统国际研讨会，极大地促进了地理信息系统知识与技术的传播和推广应用（邬伦等，2001）。

20世纪70年代，地理信息系统由雏形变成了实用型的应用系统，进入发展阶段。期间，由于计算机硬件和软件技术的飞速发展，空间数据的录入、存储、检索和输出等功能均得到了很大的增强，基于此，地理信息系统向实用化方向迅速发展。这一时期，美国、加拿大、英国、联邦德国、瑞典和日本等对GIS的研究均投入了大量的人力、物力和财力，先后建立了许多不同专题、不同规模、不同类型的各具特色的土地信息系统和地理信息系统。1972年，CGIS全面投入运行与使用，成为世界上第一个运行型的地理信息系统；1970～1976年，美国地质调查局（USGS）先后建成了50多个信息系统，分别用于获取和处理地质、地形和水资源等领域的空间信息；1974年，日本国土地理院开始建立数字国土信息系统，用于存储、处理和检索测量数据、航空像片信息、行政区划、土地利用、地形地质等信息；瑞典在中央、地区和城市三级建立了许多信息系统，如土地测量信息系统、斯德哥尔摩地理信息系统、城市规划信息系统等（黄杏元等，2001）。

20世纪80年代是地理信息系统普遍发展和推广应用的阶段。这一时期，计算机科学技术的飞速发展，为GIS的普及和推广应用提供了硬件基础，促使GIS的应用领域与范围不断扩大。GIS从资源管理、环境规划到应急反应，从商业服务区域划分到政治选举分区，逐渐从比较简单的、单一功能的、分散的系统发展到多功能的、共享的综合性信息系统，并向智能化方向发展；同时GIS开始与卫星遥感技术相结合，用于解决全球性的难题，例如，全球的沙漠化、全球可居住区的评价、厄尔尼诺现象及酸雨、核扩散等（汤国安和赵牡丹，2000）。在这一时期，市场上出现了一大批具有代表性的GIS软件，如Arc/Info、GeoMedia、MapInfo等。

20世纪90年代，地理信息系统进入普及阶段。由于计算机软件和硬件的迅速发展，计算机已进入千家万户，同时互联网用户也飞速增长。于是，地理信息系统开始进入寻常百姓的生活，逐渐成为人们生产生活的一部分。随着地理信息产业的建立和数字化信息产品在全世界的普及，GIS成为一个产业，投入使用的GIS逐渐增多，市场增长很快，地理信息系统已渗透到各行各业，成为人们生产、生活、学习和工作中不可缺少的工具和助手。社会大众对地理信息系统认识的普遍提高，用户需求的大幅度增加，促进了地理信息系统应用领域的扩大和应用水平的提高。另外，随着地理数据获取手段不断提高，数据范围不断扩大，国家级乃至全球性的地理信息系统已成为公众关注的焦点。

进入21世纪，随着GIS理论、方法和技术的成熟，其应用更加普及，目前涉及的领域已达100多个，并且从狭义的土地资源管理进入了广义的地理空间性质的自然资源管理、城市规划、生态建设及环境保护等诸多社会领域。随着 GIS 应用和研究的广泛开展，GIS 已经为人类解决与地理分布有关的问题提供了有力的技术支撑：它可以使人们方便地获取地球上与人类生存和发展有关的基于地理空间坐标作为参照的地学信息；可以将各类信息以一种通用的、一体化的和可视化的空间语言加以存储和表达，提供一致性的地理数据空间框架；可以真实地用图形展现地球表面事物或现象的现状、联系及动态变化规律；它与互联网结合，实现了人类对社会资源的共享和利用；它与 GPS 和电信公司结合，开创了 LBS（基于位置的服务）的个体客户服务业新时代。

历经近 50 年的发展，地理信息系统正在形成完整的技术系统，并逐渐建立其理论体系。从 GIS 的产生到现在，GIS 已从原来带有学术性质的基础研究逐步走向服务于企业、服务于管理的社会化应用研究，并且已广泛应用于科研教育、社会生产、管理决策等各个层面和领域，GIS 已成为信息产业的重要组成部分。

2. 国内发展状况

我国对地理信息系统的研究起步较晚，到 20 世纪 70 年代末才提出开展 GIS 研究的倡议，但是 30 多年的发展过程中，经过全国各 GIS 单位和工作人员的共同努力，我国地理信息系统事业发展迅速，取得了很大的进步。回顾我国 GIS 的发展历程，可以将其划分为准备、起步、发展、产业化、网络化 5 个阶段（郭达志，2002）。

（1）*准备阶段*（1978～1979 年）

我国最先主张将地理信息系统作为一个新学科和技术领域的是中国科学院院士陈述彭先生，他于 1978 年在杭州遥感学术讨论会上提出这一主张，它标志着我国开始组建队伍进行地理信息系统领域的探索性试验工作，标志着我国 GIS 研究工作的开始。这一阶段，地理信息系统研究的主要任务是：概念和理论体系的引入与建立；关于遥感分析、制图和数字地面模型的试验研究；软、硬件的引进；相应规范的研究；局部系统或试验系统的开发研究等。例如，1978 年中国科学院等全国 10 多个部委的有关科学工作者联合开展的腾冲航空遥感试验，第一次建立了地理信息分析学科组，以统计表、地图和航天遥感图像为信息源，探讨统计自动制图、数字地面模型建立和数字遥感图像处理分析等联合地理信息分析工作。这些具有 GIS 启蒙性研究的示范工程，为 GIS 在中国的全面发展奠定了基础（黄杏元，2004）。

（2）*起步阶段*（1980～1985 年）

这一阶段以 1980 年 1 月 19 日在中国科学院遥感应用研究所成立我国第一个地理信息系统研究室为标志。在最初的起步阶段，我国地理信息系统在理论探索、硬件组配、软件研制、规范制定、区域实验研究、局部系统建立、初步应用试验和技术队伍培养等方面都开展了工作，取得了进步，积累了经验，为在全国范围内展开地理信息系统的研究和应用奠定了基础。从 1984 年开始，国家测绘局测绘科学研究所着手组建中国国土基础信息系统，1985 年国家资源与环境信息系统实验室成立。在这一阶段，我国地理信息系统的发展具体进行了 5 个方面比较系统的研究，主要包括数据采集的预研究、区域信息系统模型试验、空间数据库研究、GIS 软件研制和 GIS 规范与标准研究（黄杏元，2004）。

(3) 发展阶段(1986～1995年)

这一阶段正是国际地理信息系统技术大发展的时期，其显著特点是地理信息系统应用领域迅速扩大，商业化的GIS软件进入市场。我国地理信息系统进入发展阶段的标志是从第七个五年计划(1986～1990年)开始，地理信息系统研究作为政府行为，被正式列入“七五”国家科技攻关计划，并且作为一个全国性的研究领域，逐步和国民经济建设相结合，并取得了重要的技术进步和实际应用效益。同时，许多部门开展了地理信息系统研究与开发工作，如全国性地理信息系统实体建设、区域地理信息系统研究和建设、城市地理信息系统、地理信息系统基础软件或专题应用软件的研制、地理信息系统的教育培训等。通过近5年的努力，地理信息系统技术在应用上开创了新的局面，并在全国性的应用、区域管理、规划和决策中取得了实际的效益。在“八五”国家科技攻关计划中，国家再次将地理信息系统列入其中，它有力地促进了地理信息系统在我国的健康发展。这一时期，国内主要的GIS平台有中国地质大学(武汉)的MapGIS和武汉大学的GeoStar等(黄杏元，2004)。

(4) 产业化阶段(1996～2000年)

自20世纪90年代以来，我国地理信息系统步入快速发展阶段，同时GIS的研究和应用正逐步形成行业，具备走向产业化的条件。1996年，为支持国产GIS软件的发展，国家科学技术委员会开始组织软件评测，并组织应用示范工程。这一举措极大地促进了国产GIS软件的发展与GIS的应用。此后，我国地理信息系统在技术研究、产品开发和成果应用等方面都取得了快速的进展。这一时期，地理信息系统的工作重心出现了明显的趋向，部分城市和沿海地区GIS建设率先进入实施阶段，并取得阶段性成果。期间，地理信息系统在国土资源、交通、农业、林业、通信、公安等诸多方面得到了广泛应用。

(5) 网络化与社会化阶段(2001年至今)

进入21世纪，随着国际互联网的普及和应用，我国地理信息系统也呈现出网络化的特点。这一时期，GIS与互联网的结合是我国GIS研究的主要内容，也是GIS领域的研究热点之一。GIS与互联网相结合，其最终目标是通过GIS与万维网技术(WWW技术)的有机结合，使GIS成为大众使用的技术和工具。近几年来，随着互联网技术的发展及国民经济信息化的推进，地理信息系统作为一种快捷方便的技术工具，已经融入人们的日常生活之中。从面向专业领域的项目开发到综合性城市与区域的可持续发展研究，从政府行为、学术行为发展到公民行为和信息共享，地理信息系统已成为信息社会的重要技术基础。

7.1.2 GIS的发展动力

发展动力是事物的发展过程中起推动作用的力量与因素。地理信息系统的存在与发展已经有近50年的历史，用户的需求、计算机科学技术的发展、理论方法的提高以及有关组织机构的建立等因素，极大地推动了地理信息系统的发展(陈述彭等，1999)。

1. 用户的需求

社会实践的需要始终是人类认识发展的强大动力。地理信息系统的发展正是由于人类生产生活的需要而产生并发展起来的。

随着社会的发展，社会信息与日俱增，这就需要对大量信息进行及时处理和分析，以便对相关问题作出实时响应，这种客观需要是地理信息系统产生与发展的根本动力。从GIS起源看，加拿大地理信息系统是应处理大量土地调查数据的要求而发展起来的，并在地图数据的扫描输入、空间分块与专题分层的数据结构等方面取得了重要的技术突破；Marble提出利用数字计算机研究的软件系统以支持大规模的城市交通研究。这两个最早的GIS研究都是为解决特殊问题、面向一定应用领域而开展的。随着GIS技术的发展与普及，GIS的应用领域不断拓展，应用需求不断增加，于是一些具有代表性的通用基础软件系统应运而生，如 Arc/Info（ArcGIS）、SYSTEM9 等。人们对地理信息系统认识的不断深入，加大了各领域对GIS技术发展的需求，如今，GIS不仅在社会经济、国防建设等方面发挥着重要作用，而且还走进了百姓的日常生活，被应用于公共应急事件的响应、城市建设与环境保护的协调发展以及工业、农业、商业、教育管理等各方面的社会服务。

2. 计算机科学技术的发展

地理信息系统是在计算机技术发展的前提下发展起来的，计算机技术作为地理信息系统有力的技术支撑，在一定程度上主导着地理信息系统的发展方向。

地理信息系统伴随着计算机技术的发展而不断进步。起初，由于计算机科学的兴起和它在航空摄影测量学与地图制图学中的应用，使计算机技术用于地理工作成为可能。后来，随着计算机硬件和软件技术的飞速发展，第三代计算机的出现推动了GIS的发展，促使GIS朝着实用方向迅速发展，GIS在很多领域得到应用。到了20世纪80年代，由于大规模和超大规模的集成电路问世，世界推出了第四代计算机。计算机性能提高，价格大幅度下降，为地理信息系统的普遍发展和推广应用创造了良好的条件。之后，随着计算机技术的继续发展，GIS与其他相关学科、技术不断集成，形成了一些基于现代先进技术、具有良好发展前景的GIS平台，其中主要有GIS与网络技术集成的网络地理信息系统、与多媒体技术集成的多媒体地理信息系统、与虚拟现实技术集成的虚拟地理信息系统以及开放地理信息系统等，这些都极大地促进了GIS的发展。

3. 理论方法的提高

GIS是计算机科学、地理学、测量学、地图学等多门学科综合的一种边缘性交叉学科。在地理信息系统的发展过程中，各种相关学科的理论与方法的发展也起到了至关重要的作用。例如，三维技术、图形图像处理、大规模集成电路、海量数据存储技术、互联网技术等诸多计算机科学技术的发展，都在不同方面为GIS的发展提供了最直接的动力；地理学的发展，使得新的地学方法理论在GIS中得到应用，从而为GIS提供了新的处理模型和方法；GPS、RTK、RS等测量技术方法的发展，使得地理空间数据的获取更加便捷、精确，能够为GIS更为及时迅速地提供所需要的数据；地图学的制图方法、地图综合等理论方法的发展，使得 GIS 在空间信息的表现形式、地图制图类型上都得到了极大的丰富，使得用户能够更加专业更加直观地表现各种需要的效果。

4. 相关组织机构的建立及专业人才的涌现

相关组织机构的建立及专业人才的涌现，对地理信息系统知识和技术的广泛传播起了重要作用，也是促进地理信息系统迅速发展的重要原因之一。

在地理信息系统的发展过程中，各种相关组织机构的建立，为 GIS 的发展发挥了重要的作用。这些组织机构还组织了一系列的地理信息系统国际讨论会，促进了地理信息系统知识和技术在各国之间的流通，推动了地理信息系统的进一步发展。随着地理信息系统在各国的不断发展，与之相关的专业人才也不断增加，许多大学开始提供地理信息系统培训，一些商业性的咨询服务公司也开始从事地理信息系统工作。进入 20 世纪 80 年代后，许多国家开始启动一些与地理信息系统相关的科研项目，建立了一些政府性、学术性的机构，例如，我国于 1985 年成立了资源与环境信息系统国家重点实验室，美国于 1987 年成立了国家地理信息与分析中心（NCGIA），英国于 1987 年成立了地理信息协会，我国于 1994 年成立了地理信息系统协会。同时，许多高校开设 GIS 专业，招收本科生、研究生。另一方面商业性的地理信息系统咨询公司大量涌现，并能够提供系列专业化服务。这些机构的建立和人才的大量涌现充分说明地理信息系统受到了许多国家、许多部门的重视，同时它们也促进了地理信息系统的广泛传播，推动了地理信息系统在全社会的普遍发展和应用。

7.2 地理信息系统的未来

近年来，地理信息系统发展迅速，许多计算机领域的新技术，如 Internet、虚拟现实、三维技术、图形图像处理和人工智能技术都在当前地理信息系统中得到了广泛应用。随着计算机技术的日益发展以及 GIS 的广泛应用，将会有越来越多的新技术和应用方法融入 GIS 中。

7.2.1 网络 GIS

网络 GIS（WebGIS）是指基于 Internet 平台，客户端应用软件采用 WWW 协议，运行在万维网上的地理信息系统，也称互联网 GIS。WebGIS 是利用互联网技术扩展和完善 GIS 的一项新技术，能够实现互联网环境下的空间信息发布、查询、管理和维护等 GIS 功能。WebGIS 以 WWW（world wide web）的 Web 页面作为 GIS 软件的用户界面，把 Internet 和 GIS 技术结合在一起，能够进行交互操作，是基于网络的客户机/服务器（Client/Server）系统。

和传统的 GIS 相比，网络 GIS 具有以下几个优点：适应性强——WebGIS 是基于互联网的，因而是全球的，而且它可以在各种不同的平台上运行；应用面广——WebGIS 的网络功能可使 WebGIS 应用到整个社会，实现 GIS 的广泛应用；现势性强——

WebGIS 能够进行地理信息的实时更新，使人们能得到最新信息和最新动态；除此之外，WebGIS 还有维护社会化和方便使用的特点。

WebGIS 的应用主要可以分为两类：一类是基于 Internet 的公共信息在线服务，为公众提供交通、旅游、餐饮娱乐、房地产、购物等与空间信息有关的信息服务，例如，美国生物资源中心将所有收集到的植被分类图上网发布，其中森林公园信息可以使旅游者通过因特网了解公园情况；另一类应用是基于 Intranet 的企业内部业务管理，用于帮助企业进行设备管理、线路管理以及安全监控管理等。

7.2.2　网格 GIS

网格 GIS 是网格及网格计算技术与 GIS 相结合而形成的新的发展方向，它是一种汇集和共享空间信息资源、进行一体化组织与处理，具有按需服务能力的空间信息基础设施。网格 GIS 的建立能够为用户在空间信息获取、共享、访问、分析和处理等方面提供技术支持，为空间信息应用提供一个强大的空间数据管理和信息处理基础设施。

作为 GIS 的进一步发展，网格 GIS 与传统的 GIS 相比具有明显的优势和特点，主要表现在高性能的计算、空间数据与 GIS 服务的高度共享、数据资源的安全性、逻辑结构上的对等性等方面。网格 GIS 的功能主要有空间资源共享、海量空间数据存储与处理、异地协同工作与异构系统支持等几个方面。基于网格 GIS 的功能和特点，其应用领域也十分广泛，不仅可以用于城市管理和房地产管理，而且在其他许多领域同样发挥着重要的作用，如资源勘测与调查、环境保护与监测、列车调度、疾病的预测与防控、灾害的防治与救护等。

7.2.3　多维 GIS

1. 三维 GIS

由于空间中的各种物体都是以三维空间的形式存在，因此二维 GIS 对于完整地描述地球上的对象就有一定的限制。而且随着 GIS 技术的发展，用户对 GIS 的要求也越来越高，他们需要更为直观、真实的三维 GIS 来作为交互式查询和分析的媒介。

真正的三维 GIS 必须支持真三维的矢量和栅格数据模型及以此为基础的三维空间数据库，解决三维空间操作和分析问题。三维 GIS 研究的主要方向有三维数据结构的研究、三维数据的生成和管理、空间数据的三维显示等。

现在许多行业对三维 GIS 的需求迫切，它们需要一种方法或技术来分析与模拟现实生活中的问题，因此三维 GIS 在未来的发展中有广阔的应用前景，诸如地质、矿山、海洋、城市地下管网、城市空间规划、城市景观分析、无线通信覆盖范围分析等都对三维 GIS 有迫切的需求。

2. 时态 GIS

传统的地理信息系统只考虑各种信息的空间特性，忽略了其时间特性。然而，在许多应用领域中，如环境监测、地震救援、天气预报等，GIS 所描述的现实世界是随时间连续变化的，而这种动态变化的规律在求解过程中起着十分重要的作用，因此在 GIS 的应用过程中就需要考虑时间因素。将时间的影响纳入 GIS 应用中，就形成了时态 GIS。

时态 GIS 不仅包含传统地理信息系统的空间特性，而且涵盖时间特性；它不仅反映事物和现象的存在状态，而且表达其发展变化过程及规律。时态 GIS 的操作对象除了常规的 GIS 信息外，重点是时空信息，其特点是在系统中增加对时间维的分析表达能力，提供历史分析与趋势分析的功能。时态 GIS 通过将时间属性信息添加到空间数据库中，能够展现和分析整个地理过程，可以重演历史，预测未来可能发生的变化。因此时态 GIS 在很多部门和领域得到了广泛的应用，例如，地籍变更、环境监测、抢险救灾、交通管理、森林退化、土地覆被变化、土壤侵蚀等。

7.2.4 组件式 GIS

组件式 GIS（ComGIS）是指基于组件对象平台，以一组具有某种标准通信接口的、允许跨语言应用的组件提供的 GIS，GIS 组件之间以及 GIS 组件与其他组件之间可以通过标准的通信接口实现交互。ComGIS 的基本思想是把 GIS 的功能模块划分为多个组件，每个组件完成不同的功能。各个 GIS 组件之间以及 GIS 组件与其他非 GIS 组件之间，可以方便地通过可视化的软件开发工具集成起来，形成最终的 GIS 应用系统。

基于 GIS 组件开发的 GIS 应用系统的优点主要有以下四个方面。

1）小巧灵活、价格便宜：用户可以根据需要调用 GIS 组件提供的功能，方便地组建自己的 GIS 应用系统，并获得较好的性价比。

2）开发便捷，使用方便：用户只要掌握基于 Windows 平台的通用编程环境（VB、VC＋＋、Delphi、PowerBuilder、.NET 等）以及组件式 GIS 各控件的属性、方法和事件，就能完成应用系统的开发。

3）无缝集成：应用 GIS 组件构造的 GIS 应用系统，允许将专业模型、GIS 组件、其他组件紧密地结合在统一的界面下，并通过相互协同工作，实现系统之间高效、无缝集成。

4）有利于 GIS 的普及推广：组件式技术已经成为计算机软件开发的标准。由于用户可以像使用其他 ActiveX 控件一样使用 GIS 组件，使 GIS 不仅是专家们的专业分析工具，也是普通用户对地理数据进行管理的可视化工具，这就推动了 GIS 大众化进程。

ComGIS 对各种开发环境开放，具有可视化的优点，大大提高了软件开发的效率，缩短开发周期，具有很大的应用潜力。例如，使用 ComGIS 进行土地利用信息系统二次开发可以实现高效、无缝的系统集成，可以充分利用用户原有的数据资源，保护用户原有的系统投资，因而更加贴近 GIS 用户的实际需要，具有良好的扩展性和强大的生命力。

7.2.5　互操作 GIS

互操作 GIS（Interoperable GIS）是指在计算机网络环境下，遵循一个公共接口标准，实现空间数据和数据处理功能共享和相互操作的 GIS。互操作主要指不同数据库中数据的直接共享、GIS 功能的共享以及网络上不同 GIS 站点之间的协同工作。互操作 GIS 之间能够自由交换彼此数据库中的信息，并且不同系统的软件功能模块能够协同处理这些信息。对系统而言，系统能彼此更安全地获取和处理对方的信息；对用户而言，用户能方便地查询到所需的信息，并能方便地使用各种不同类型和格式的数据；信息管理者能更好地管理信息，为用户服务，并将资源充分地提供给用户。

互操作 GIS 的特点如下：空间数据互操作；系统之间可自由交换空间对象及其他的空间信息；能够透明访问分布式异质环境下的空间数据库。

互操作地理信息系统的出现解决了传统 GIS 开发方式带来的数据语义表达上不可调和的矛盾，这是一个新的 GIS 集成平台，它实现了在异构下多个地理信息系统之间的互相通信和协作，以完成某一特定任务。

7.2.6　“5S”集成

“5S”是指地理信息系统、遥感、全球定位系统、数字摄影测量系统（digital photogrammetry system，DPS）和专家系统（expert system，ES）。“5S”技术的集成充分体现了学科发展从细分走向综合的趋势。

GIS 发展的重要趋势是与 GPS 和 RS 的集成（即“3S”集成），从而构成实时的、动态的 GIS。GPS 为 GIS 的快速定位和更新提供手段，遥感技术的多谱段、多时相、多传感器和多分辨率的特点，为 GIS 不断注入“燃料”，反过来又可利用 GIS 来支持从遥感影像数据中自动提取语义和非语义信息。DPS 为 GIS 提供精确、快速的地形等基础地理信息以及其他的地表特征。GIS 发展的另一个重要方向是智能化的决策支持系统，其中最主要的表现就是与专家系统（ES）的结合，相辅相成，提高了管理效率，同时也丰富了计算机技术在控制性规划管理中的应用，是目前辅助决策的一个重要的研究方向。

由上述“5S”技术整体结合所构成的系统是具有高度自动化、实时化和智能化的 GIS。这种系统不仅具有自动、实时地采集、处理和更新数据的功能，而且能够智能式地分析和运用数据，为各种应用提供科学的决策咨询。

7.2.7　GIS 社会化

GIS 社会化是 GIS 发展的必然趋势。随着计算机、网络技术等的不断深入，GIS 通过 WWW 功能得以扩展，真正成为一种大众使用的工具。从 WWW 的任意一个节点，Internet 用户可以浏览 WebGIS 站点中的空间数据，制作专题图以及进行各种空间检索和空间分析，从而使 GIS 进入千家万户。

在人们日常生活中，GIS 正潜移默化地改变着人们的生活方式。以往人们需要使用纸质地图来定向、定位和导航，而现在地图已经存储在数据库中，利用 WAP 网站就能够为用户提供各类城市信息的地理位置查询服务；从一个地点到另一个地点的最佳路线轻而易举地就可以使用 GIS 得到；到一个新地方，不需要再费力寻找餐馆、旅店、娱乐中心、购物中心、银行、旅游景点等，GIS 就是最好的向导。可见，GIS 不仅是社会生产的需要，而且极大地方便了人们的生活，逐渐成为人们生产生活的重要组成部分。

7.2.8　数字地球

数字地球（digital earth）是 GIS 在内容和结构两方面发展的最终统一，是 GIS 发展的最终目标。“数字地球”的概念由美国前副总统戈尔首次提出，并进行了简单的阐述：数字地球是一种可以嵌入海量地理数据、多分辨率和三维的地球的表示，其核心思想是用数字化的手段来处理整个地球的自然和社会活动诸方面的问题，最大限度地利用资源，并使用户能够通过一定方式方便地获得想要了解的有关地球的信息。

数字地球主要具有以下几个方面的特点：

1）数字地球的数据具有无边无缝的分布式数据层结构，包括多源多比例尺多分辨率数据、历史和现时数据、矢量和栅格格式数据。

2）数字地球具有一种可以迅速充实的、联网的地理数据库以及多种可以融合并显示多源数据的机制。

3）数字地球以图像、图形、图表、文本报告等多种形式分别提供免费或收费的全球范围的数据、信息、知识方面的服务。

4）数字地球中的数据和信息同时也可按普通、限制、保密等不同保密等级保存组织，不同的用户对不同的数据和信息具有不同的使用权限。

5）用户可以以多种方式从数字地球中获取信息。

数字地球的发展对人类社会和经济发展具有重要的意义，它的出现使得人类能够从全球的宏观角度，利用 GIS、RS 和 GPS 等技术对全球各种信息进行管理，为当前出现的资源环境、食品供应、人类安全、大气污染、水资源危机等全球性问题提供辅助决策；另外，数字地球同样能够帮助用户在大比例尺度下开展交通、农业、水利、土地、市政等常规 GIS 应用。在信息共享方面，数字地球融合了各种不同比例尺、不同类型、不同区域、不同数据源的海量数据，使得全球用户进行数据信息共享成为可能。

7.2.9　云计算与 GIS

云计算（cloud computing）是分布式处理（distributed computing）、并行处理（parallel computing）和网格计算（grid computing）的发展延伸。云计算依赖互联网进行数据交换传输，它的基本原理是，通过使计算分布在大量的分布式计算机上，而非本地计算机或远程服务器中，让用户能够将资源切换到需要的应用上，根据需求访问计算机和存储系统。简单地说，云计算就是用户可以将数据存在网上——远程的数据中心，需要的时候，只要通过互联网连接至数据中心便可以对数据进行浏览、操作。

云计算的主要特点有：

1）提供了最可靠、最安全的数据存储中心，用户不用担心数据丢失、病毒入侵等问题。

2）对用户端的设备要求低，使用方便。

3）能够实现不同设备间的数据与应用共享。

4）为用户使用网络提供了几乎无限多的可能，为存储和管理数据提供了几乎无限多的空间，也为用户完成各类应用提供了几乎无限强大的计算能力。

随着网络技术的发展，云计算的应用将越来越广泛，也必将对GIS领域产生深远的影响。在GIS中，云计算的主要功能在于数据的存储、维护以及共享。有了云计算，用户就不再需要大容量的存储设备来存储数据，也不需要对软件进行维护与更新，所有这些都可以由云计算的服务供应商来完成。另外，云计算提高了用户操作系统的运行速度，这为GIS用户处理数据以及相关内容的操作节约了时间。云计算与GIS的结合，定会将GIS推向一个崭新的发展阶段。

上述这些GIS的发展趋势并不是孤立的，而是相互影响、相互促进，它们涉及多学科的相互渗透、相互支撑，最终促进地理信息产业的建设与发展，使之能够更好地为人类了解和保护赖以生存的环境服务。相信在现代相关理论与技术的支撑下，在众多的基于位置服务的社会需求下，经过广大GIS工作人员的共同努力，GIS的发展必将迎来更美好的明天。

复习思考题

1. GIS产生与发展的背景有哪些？与哪些学科的发展密切相关？

2. 简述GIS的发展史，比较国内外GIS研究的侧重点。

3. GIS发展的动力是什么，如何理解？除了文中所提之外，还有哪些因素推动了GIS的发展？

4. 如何认识GIS产业的发展前景？

5. 试谈谈未来的GIS应当是什么样的。

主要参考文献

蔡孟裔，田德森，周占鳌 . 2000. 新编地图学教程 . 北京：高等教育出版社

陈述彭 . 2007. 地球信息科学 . 北京：高等教育出版社

陈述彭，鲁学军，周成虎 . 1999. 地理信息系统导论 . 北京：科学出版社

陈正江，汤国安，任晓东 . 2005. 地理信息系统设计与开发 . 北京：科学出版社

郭达志 . 2002. 地理信息系统原理与应用 . 徐州：中国矿业大学出版社

郭仁忠 . 2000. 空间分析 . 武汉：武汉测绘科技大学出版社

韩鹏，徐占华，褚海峰等 . 2005. 地理信息系统开发——ArcObjects 方法 . 武汉：武汉大学出版社

胡鹏，黄杏元，华一新 . 2002. 地理信息系统教程 . 武汉：武汉大学出版社

黄杏元 . 2004. 我国地理信息系统建设及进展 . 现代测绘，27（2）：3～4

黄杏元，马劲松，汤勤 . 2001. 地理信息系统概论（修订版）. 北京：高等教育出版社

靳军，刘建忠 . 2004. 国内外 GIS 软件的空间分析功能的比较 . 测绘工程，13（3）：58～61

廖克 . 2007. 地球信息科学导论 . 北京：科学出版社

陆守一 . 2004. 地理信息系统 . 北京：高等教育出版社

梅安新，彭望琭，秦其明等 . 2001. 遥感导论 . 北京：高等教育出版社

潘正风，杨正尧，程效军等 . 2004. 数字测图原理与方法 . 武汉：武汉大学出版社

汤国安，杨昕 . 2006. ArcGIS 地理信息系统空间分析实验教程 . 北京：科学出版社

汤国安，赵牡丹 . 2000. 地理信息系统 . 北京：科学出版社

汤国安，刘学军，闾国年等 . 2007. 地理信息系统教程 . 北京：高等教育出版社

王劲峰 . 2006. 空间分析 . 北京：科学出版社

邬伦，刘瑜，马修军等 . 2001. 地理信息系统——原理、方法和应用 . 北京：科学出版社

祝国瑞 . 2004. 地图学 . 武汉：武汉大学出版社

附录 1　GIS 常用术语对照

A

Absolute Pathname 绝对路径
Accessibility（数据的）可得性
Accidental Error 偶然误差
Accumulated Flow 累计流量
Accumulative Cost 累计成本
Accuracy（数据的）准确性
Acquisition Sensor 探测传感器
Active Data Frame 活动数据框
Actual Error 实际误差
Address Geocoding 地址地理编码
Address Matching 地址匹配
Adjacency Analysis 邻接分析
Adjustment 平差、校正
Adjustment in Group 分组平差
Adjustment of Control Network 控制网平差
Adjustment of Observations 测量平差
Adjustment of Triangulation 三角网平差
Affine Transformation 仿射变换
Aggregation 聚合
Allocation 分配、配置
Analysis Extent 分析范围
Analysis Mask 分析掩膜
Analytic Hierarchy Process，AHP 层次分析
Anchor Point 锚点
Angle Bisector 角平分线法
Animation 动画
Anisotropy 各向异性
Annotation 注记
Application in Geoscience 地学研究与应用
ARC Macro Language，AML ARC 宏语言
Arc-node Topology 弧段结点的拓扑关系
Arcsine Transformation 反正弦变换
Aspect 坡向
Atlas 地图集
Attribute Accuracy 属性精度
Attribute Data 属性数据
Attribute Error 属性误差
Attribute 属性
Autocorrelation 自相关
Automated Vectorization 自动矢量化
Automatic Data Acquisition，ADA 自动获取数据
Autonomy 自主性
Average Nearest Neighbor Distance 平均最邻近距离
Axis 轴线
Azimuthal Projection 方位投影

B

Barrier 障碍
Base Contour 基准等高线
Base Height 底高
Basin 流域、盆地
Batch Processing 批处理
Beijing Geodetic Coordinate System 1954 1954 年北京大地坐标系
Bezier Curves 贝赛尔曲线
Bilinear Interpolation 双线性插值
Bivariate Distribution 二元分布
Blank Map 轮廓地图
Block Encoding 块编码
Block Statistics 块统计
Border Information 图廓注记
Border Line 图廓线
Buffer Computation 缓冲区计算
Buffer Generation 缓冲区生成
Buffer Strip 缓冲带
Buffer 缓冲区
Build Topology 建立拓扑关系

C

Calibration 校正

Canada Geographic Information System，CGIS 加拿大地理信息系统
Cartesian Coordinate System 笛卡儿坐标系统
Cartographic Analysis 地图分析
Cartographic Annotation 地图注记
Cartographic Classification 地图分类
Cartographic Data Format Standard 地图数据格式标准
Cartographic Data Model 地图数据模型
Cartographic Database 地图数据库
Cartographic Data 地图数据
Cartographic Expert System 制图专家系统
Cartographic Feature 地图要素
Cartographic Generalization 制图综合
Cartographic Information 地图信息
Cartographic Modeling 地图建模
Cartographic Projection 地图投影
Cartographic Symbol 制图符号
Cell Resolution 像元分辨率
Cell Size 像元大小
Cell Statistics 像元统计
Cell Structure 像元结构
Cell 像元
Centerline Vectorization 中心线矢量化
Central Meridian 中央经线
Central Parallel 中央纬线
Central Projection 中心投影
Centroid 质心
Character Encoding 字符编码
Choropleth Mapping 分区制图
Circular 圆形（模型）
Clip Polygons 裁剪多边形
Cloud Computing 云计算
Cluster Analysis 聚类分析
Cluster Tolerance 聚类容限值
Coefficient of Correlation 相关系数
COGO Data 坐标几何数据
Column Chart 柱状图
Combination Error 复合误差
Compatibility（数据的）相容性
Completeness（数据的）完整性
Component GIS 组件式 GIS
Component 组件
Composite Feature 组合要素
Computer Graphics Technology 计算机图形技术
Computer Graphics 计算机图形学
Computer Mapping 计算机制图
Computer Science 计算机科学
Computer Aided Design，CAD 计算机辅助设计
Computer-Aided Mapping，CAM 计算机辅助制图
Computerization 电算化
Computerized Information 数字化信息
Conformal Projection 等角投影
Conic Projection 圆锥投影
Connectivity Analysis 连通分析
Connectivity Errors 连接错误
Connectivity 连通性
Consistency 一致性
Contiguity Analysis 邻接性分析
Contiguity 邻接性
Continuous Data 连续数据
Contour Interval 等高距
Contour 等高线、等值线
Control Network 控制网
Control Point 控制点
Control Survey 控制测量
Controlls 控件
Convex Edge 凸角圆弧法
Convex Hull 凸包
Convex Polygon 凸多边形
Coordinate Conversion 坐标变换
Coordinate System 坐标系统
Correction 校正
Correctness 精度
Correlation Analysis 相关分析
Corridor 狭长性地带、线路、通道
Cost Distance Analysis 成本距离分析
Cost Path 成本路径
Cost-Weighted Allocation 成本权重分配
Cost-Weighted Direction 成本权重方向
Cost-Weighted Distance 成本权重距离
Coverage Extent 图层范围
Coverage 图层
Crosscovariance 互协方差

Cubic Convolution Resampling 立方卷积重采样
Cylindrical Projections 圆柱投影

D

Dangling Arc 悬挂弧段
Dangling Node 悬挂结点
Dasymetric Mapping 分区密度制图
Data Accessibility 数据可访问性
Data Acquisition Equipment，DAE 数据采集设备
Data Analysis 数据分析
Data Attribute 数据属性
Data Base 数据库
Data Catalogue 数据目录
Data Classification 数据分类
Data Coding 数据编码
Data Compression 数据压缩
Data Control 数据控制
Data Conversion 数据转换
Data Coverage 数据层
Data Frame 数据框
Data Glove 数据手套
Data Integrity 数据完整性
Data Interoperability 数据互操作
Data management Tool 数据管理工具
Data Mining 数据挖掘
Data Quality Control 数据质量控制
Data Redundancy 数据冗余度
Data Relativity 数据相关度
Data Sharing 数据共享
Data Sources 数据源
Data Standardization 数据标准化
Database Management System，DBMS 数据库管理系统
Database Specification 数据库规范
Database System，DBS 数据库系统
Decimal Degree，DD 十进制度
Decision Support System，DSS 决策支持系统
Decoding 解码
Define Projection 定义投影
Defined Interval 自定义间距（分类）
Degrees of Freedom 自由度
Delaunay Triangles 狄洛尼三角形
Density Analysis 密度分析
Diffusion Analysis 扩散分析
Digital Earth 数字地球
Digital Elevation Model，DEM 数字高程模型
Digital Line Graphic，DLG 数字线划地图
Digital Orthophoto Map，DOM 数字正射影像图
Digital Photogrammetry System，DPS 数字摄影测量系统
Digital Raster Graphics，DRG 数字栅格地图
Digital Terrain Analysis，DTA 数字地形分析
Digital Terrain Model，DTM 数字地面模型
Digitizing 数字化
Directed Graph 有向图
Directed Polygon 有向多边形
Direction Angle 方向角
Discrete Data 离散数据
Discrete Point 离散点
Distance Analysis 距离分析
Distributed Computing 分布式计算
Distributed Processing 分布式处理
Domain 域
Dot Density 点密度
Dot Per Inch，DPI 每英寸点数
Douglas-Peucker Algorithm 道格拉斯-普克算法
Dynamic Data Exchange，DDE 动态数据交换

E

Edge Matching Problem 边沿不匹配
Edge Matching 接边、边沿匹配
Edge 边、弧
Electronic Data Processing，EDP 电子数据处理
Electronic Map 电子地图
Electronic Navigation Chart 电子航海图
Elevation 高程
Ellipsoid 椭球体
Empirical Covariance Functions 经验协方差函数
Encoding Model 编码模型
Encoding Rule 编码规则
Encoding 编码
Environmental Analysis 环境分析
Equal Area Projection 等积投影
Equal Interval 等间距（分类）
Equidistant Conic Map Projection 等距圆锥投影
Equidistant Cylindrical Map Projection 等距圆柱

投影
Equidistant Projection 等距投影
Erase Polygons 擦除多边形
Erase 擦除
Error Control 误差控制
Erroreous Polygon 错误多边形
Error 误差
Euclidean Distance 欧氏距离
Expert System，ES 专家系统
Exponential Semivariograms 指数半变异函数
Exponential 指数（模型）
Extensible Markup Language，XML 可扩展标记语言

F

Factor Analysis 要素分析
False Easting 东伪偏移
False Northing 北伪偏移
Feature Attribute 要素属性
Feature Class 要素类
Feature Codes 特征码
Feature Dataset 要素数据集
Feature Extraction 特征提取
Feature Generalization 要素综合
Feature Identifier 特征标识符
Feature 特征、要素
Field 字段
Fill Polygons 填充多边形
Filter 过滤
Flexibility 适应性
Flight Chart 航空图
Flipping 翻转
Flow Accumulation 流量累积
Flow Analysis 径流分析
Flow Direction 流向
Focal Flow 焦点流
Focal Statistics 焦点统计
Format Conversion 格式转换
Formatting 格式化
Frame of Reference 参考坐标系
Framework of Control 控制网
Free Projection 任意投影
Frequency Statistics 频数统计
Full Pathname 完全路径
Fully Digital Mapping 全数字化制图
Functional Surface 函数表面
Fuzzy Analysis 模糊分析
Fuzzy Tolerance 模糊容差

G

Gaussian 高斯（模型）
Gauss-Krüger Map Projection 高斯-克吕格投影
Generalization 概括
Geocentric Coordinate System 地心坐标系
Geocoding 地理编码
Geodatabase 地理数据库
GeoEntity 地理实体
Geographic Coordinate System 地理坐标系统
Geographic Space 地理空间
Geographical Data 地理数据
Geographical Information System，GIS 地理信息系统
Geographical Information 地理信息
Geography Network 地理网络
Geo-information Science 地球信息科学
Geometic Measurement 几何量算
Geometric Network 几何网络
Geoprocessing 地处理
Georeferencing 地理参考
Geospatial Database 地理空间数据库
Geostatistical Analysis 地统计分析
Global Functions 全局函数
Global Polynomial Interpolation 全局多项式插值
Global Positioning System，GPS 全球定位系统
Global Spatial Data Infrastructure，GSDI 全球空间数据基础设施
Graduated Color 渐变色
Graph Theory 图论
Gravity Computation 重心量算
Grayscale 灰度、灰阶
Greedy Method 贪婪算法
Grid Computing 网格计算
Grid Map Algebra 栅格地图代数运算
Grid Stacks 栅格堆栈
Grid 栅格

H

Hard Copy 硬拷贝
Hard Image 高反差影像
Harmonic Mean 调和平均数
Hatching 晕线
Height Datum 高程基准
Heighting 水准测量
Height 高程
Heterogeneity Database 异构型数据库
Hidden Attribute 隐含属性
Hierarchical Data Base 层次数据库
Hierarchy 分层结构
High Pass Filter 高通滤波器
High Resolution 高分辨率
Highest Elevation 制高点
Hill Shading 地形晕渲
Histogram Stretch 直方图拉伸
Hole 内多边形（岛）
Horizon Coordinate System 地平坐标系
Horizon Sweep 水平扫描
Horizontal Geodetic Datum 大地测量平面基准
Hot Spot Analysis 热点分析
Human Computer Interaction 人机交互
Hybrid Coding 混合编码
Hydrologic Analysis 水文分析
Hypsographic Curve 等高线
Hypsometric Map 地势图
Hypsometric Tinting or Layer Tinting 高程分层设色

I

Iconic Informatics 图像信息学
Identifier 标识符
Identify 识别（叠加）
Illuminated Contour 明暗等高线
Image Coding 图像编码
Image Compression 影像压缩
Image Correlation 影像相关
Image Digitization 图像数字化
Image Matching 影像匹配
Image Rectification 图像校正
Image Registration 图像配准
Image Transformation 图像变换
Indirected Graph 无向图
Inferential Statistics 统计推断
Information Extraction 信息提取
Information Infrastructure Management System, IIMS 信息基础设施管理系统
Information System 信息系统
Integrated Database 集成数据库
Integrated Global Observation System, IGOS 全球综合观测系统
Interaction 交互性
Interactive Digitizing 交互数字化
Interactive Vectorization 交互式矢量化
Interchange Format 交换格式
International Cartographic Association, ICA 国际制图协会
International Dateline 国际日期变更线
Interoperability 互操作
Interoperable GIS 互操作 GIS
Interpolation 插值
Intersect 相交
Inverse Distance Weighted, IDW 反距离权重
Isoline 等值线
Isoplethic Map 等值线图
Isotropy 各向同性、无向性、均质性

J

Join 连接

K

Kernel Density 核密度
Kernel Function 内核函数
Kriging 克里格
Krasovsky Ellipsoid 克拉索夫斯基椭球体

L

Label Grid Number 制图格网数字注记
Label 标注
Lambert Azimuthal Equal Area Projection 兰勃特等积方位投影
Lambert Conformal Conic Projection 兰勃特等角圆锥投影
Land Information System, LIS 土地信息系统
Land Parcel 地块
Land Resource Survey 土地资源调查

Land Use/Cover Change，LUCC 土地利用与土地覆被变化
Landsat Imagery 陆地卫星影像
Laser Plotter 激光绘图仪
Latitude-Longitude Coordinate System 经纬度坐标系
Latitude-Longitude Grid 经纬度格网
Latitude 纬度
Layer Index 图层索引
Layer Properties 图层属性
Layer 图层
Layout View 布局视图
Leaking Polygon 未闭合多边形
Least Cost Path 最低成本路径
Least Square Method 最小二乘法
Least Squares Adjustment 最小二乘法平差
Legend 图例
Lettering 地图注记
Level Control 水准测量控制
Level of Accuracy 地图精度级别
Level of Significance 显著性水平
Level Surface 水准面
Leveling Base 水准基点
Line Coverage 线图层
Line Entities 线实体
Line Generalization 线综合
Line Symbol 线状符号
Linear Distance Decay 线性距离衰退
Linear Referencing System 线性参照系统
Linear Regression 线性回归
Link 链、链接
Local Functions 局域函数
Local Polynomial Interpolation 局域多项式插值
Local Variation 局域变量
Locating System 定位系统
Location Accessibility Analysis 位置可达性分析
Location-based Service 基于位置的服务
Logical Consistency 逻辑一致性
Longitude 经度
Low Pass Filter 低通滤波器
Low Resolution 低分辨率

M

Magnetic North 磁北
Majority 众数
Make Permanent 永久保存
Manual Classify 手工分类
Many-to-many Relationships 多对多的关系
Many-to-one Relationships 多对一的关系
Map Algebra 地图代数
Map Documents 地图文档
Map Projection 地图投影
Mask 掩膜
Matrix 矩阵
Maximum Likelihood Classification 最大似然分类
Maximum 最大值
Mean 平均值
Measurement 量算
Median 中位数
Mercator Map Projection 墨卡托地图投影
Merge 合并
Meridian 经线
Metadata 元数据
Minimum Distance Routing 最短距离路径选择
Minimum-Maximum Stretch 极值拉伸
Minimum 最小值
Minority 寡数
Mollweide Map Projection 摩尔威特地图投影
Monochrome Images 单色影像
Moran's I 莫兰（空间自相关）指数
Mosaic 镶嵌
Multivariate Statistical Analysis 多元统计分析

N

NASA 美国宇航局
National Spatial Data Infrastructure，NSDI 国家空间数据基础设施
Natural Breaks（Jenks）Classification 自然断点分类
Natural Neighbor Interpolation 自然邻域插值
Nearest Distance 最近距离
Nearest Neighbor Resampling/Interpolation 最近邻重采样/插值
Nearest 最近邻法

Neighborhood Statistic 邻域统计
Network Analysis 网络分析
Network Model 网络模型
Network Topology 网络拓扑
Network 网络
NoData 无数据、空值
Node 节点
Noise Attenuation 噪声衰减
Noise Figure 噪声系数
Non-Spatial Information Data 非空间信息数据
Normal Distribution 正态分析
Normalization 归一化
North Arrow 指北针

O

Object Linking and Embedding，OLE 对象连接与嵌入
Object-Oriented Programming，OOP 面向对象程序设计
Observation Error 测量误差
Offset 偏移
One-to-many Relationships 一对多的关系
One-to-one Relationships 一对一的关系
On-Screen Digitizing 屏幕数字化
Open Geographic Information System，OpenGIS 开放式地理信息系统
Operations Research 运筹学
Optical Sensor 光学传感器
Optimal Path Selection 最优路径选择
Optimization 优化
Optimum Paths 最佳路径
Ordinary Least Squares，OLS 普通最小二乘法
Orientation 定向
Origin of a Coordinate 坐标原点
Origin of a Datum 基准点
Original Trace 清绘原图
Orthographic Map Projection 正射地图投影
Output Device 输出设备
Overflow Area 数据溢出区
Overlapping Polygon 多边形叠加
Overlay Analysis 叠加分析
Overlay 叠加
Overshoot/Undershoot 结点超出/不达

P

Page Layout 页面布局
Panchromatic Photography 全色摄影
Pantograph 缩放仪
Pan 移动
Parallax Plotter 视差测图仪
Parallax 视差
Parallel Computing 并行计算
Parallel Processing 并行处理
Parcel Consolidation 地块合并
Pass Point 加密点
Passive Remote Sensing 被动式遥感
Passive Sensor 被动传感器
Path Analysis 路径分析
Path Tracing 路径跟踪
Pattern Analysis 模式分析
Pattern Matching 模式匹配
Percent of Enlargement 缩放率
Percent of Slope 坡度百分比
Perpendicular Distance 垂直距离
Perspective Map Projection 透视地图投影
Phase Difference 相位差
Photocartography 影像地图制图学
Photogrammetric Digitizing 摄影测量数字化
Photogrammetry 摄影测量学
Photographic Interpretation 像片判读
Pie Chart 饼状图
Pixel 像素
Planar Projection 方位投影
Plane of Projection 投影面
Plane of Reference 参考平面
Planetable 平板仪
Planimetric Map 平面图
Planimetric Rectangular Coordinates 平面直角坐标
Point Entities 点实体
Polyconic Map Projection 多圆锥地图投影
Polygon Clipping 多边形裁剪
Polygon Closure 多边形闭合
Polygon Disslove 多边形融合
Polygon Merge 多边形合并
Polygon Overlay 多边形叠加
Polyline 折线

Polynomial Interpolation 多项式插值
Precision（数据的）精密度
Principal Component Analysis，PCA 主成成分分析
Profile Graph 剖面图
Projection 投影
Property 属性
Proximity Analysis 邻近性分析
Pseudo Node 伪节点
Pseudo Polygon 伪多边形

Q

Quad Tree 四叉树
Quadratic Drift 二次漂移（模型）
Qualitative Analysis 定性分析
Quality Control 质量控制
Quantile 分位数（分类）
Quantitative Analysis 定量分析
Quantization 量化
Quantizer 数字转化器
Query Language 查询语言
Quick Look Image 快视影像

R

Radial Basis Functions 径向基函数
Radiometric Correction 辐射校正
Random Error 随机误差
Range 数值范围、值域
Raster Calculator 栅格计算器
Raster Cell 栅格像元
Raster Dataset 栅格数据集
Rasterization 栅格化
Raster-To-Vector Conversion 栅格-矢量转换
Raster 栅格
Raw Data 原始数据
Real-time Data 实时数据
Reclassify 重分类
Rectangular Coordinate System 直角坐标系
Rectification 校正
Reduction by Projection 投影改正
Redundant Information 冗余信息
Re-entrant Polygon 凹多边形
Reference Data 参考数据
Reference Datum 参考基准
Reference System 参照系
Registration 配准
Regression Analysis 回归分析
Regular Error 系统误差
Relational Database 关系型数据库
Relative Pathname 相对路径
Relief Map 地势图
Remote Metering 遥测
Remote Sensing Image Processing 遥感图像处理
Remote Sensing，RS 遥感
Resample 重采样
Resolution 分辨率
Resource Allocation 资源分配
Resource Configuration 资源配置
Route Analysis 路径分析
Route 路径
Run-length Encoding 游程长度编码

S

Sampling 采样
Satellite Imagery 卫星影像
Scale 比例尺
Scanner 扫描仪
Scan 扫描
Scatter Plot/Diagram 散点图
Script 脚本
Semivariance 半变异函数
Shape Measurement 形状量算
Shortcut 快捷键
Shortest Path 最小成本路径
Simulation Model 模拟模型
Sketch 草图
Sliver Polygon 碎多边形
Slope 坡度
Smoothing Features 要素平滑
Snapping 捕捉
Soft Copy 软拷贝
Source（数据）源
Space 空间
Spatial Adjustment 空间调整
Spatial Analysis 空间分析
Spatial Autocorrelation 空间自相关

Spatial Data 空间数据
Spatial Information 空间信息
Spatial Reference 空间参考
Spatial Resolution 空间分辨率
Spectral Resolution 光谱分辨率
Spherical 球状（模型）
Spheroid（椭）球体
Spline Interpolation 样条插值
Stacked Chart 堆积图
Standard Deviation，STD 标准差
Statistical Analysis 统计分析
Straight-Line Allocation 直线分配
Straight-Line Direction 直线方向
Straight-Line Distance 直线距离
Stream Mode Digitizing 流模式数字化
Structured Query Language，SQL 结构化查询语言
Style Manager 样式管理器
Stylesheet 样式表
Suitability Modeling 适宜性建模
Summary Statistics 汇总统计、多元统计
Summary 汇总
Sum 总和
Supervised Classification 监督分类
Surface Analysis 表面分析
Surface-Weighted Allocation 表面权重分配
Surface-Weighted Direction 表面权重方向
Surface-Weighted Distance 表面权重距离
Survey Analysis 测量分析
Symbol（地图）符号
Symbolization 符号化
Symmetrical Difference 对称区别

T

Table of Contents，TOC 内容表
Tabular Analysis 图表分析
Tabular Data 图表数据
Tagged Image File Format，TIFF 标记图像文件格式
Tag 注记
Taxonomy 分类体系
Teleprocessing 远程信息处理
Template 模板
Temporal Acuracy 时间精度
Temporal Attribute 时间属性
Temporal Database 时态数据库
Temporal GIS 时态 GIS
Temporal Resolution 时间分辨率
Terrain 地形
Thematic Attribute 专题属性
Thematic Mapper，TM 专题制图仪
Thematic Map 专题地图
Thematic 专题
Thiessen Polygons 泰森多边形
Three-Dimension Map 三维地图
Threshold 阈值
Thumbnail 缩略图
Time Resolution 时间分辨率
Tolerance 容限值
Topical Map 主题地图
Topographic Map 地形图
Topographic Survey 地形测量
Topography 地形学
Topologic Properties 拓扑属性
Topological Coding 拓扑编码
Topological Data 拓扑数据
Topological Error 拓扑错误
Topological Overlay 拓扑叠加
Topology 拓扑学
Total Station Theodolite 全站仪
Tracing Digitizing 跟踪数字化
Tracking Analysis 跟踪分析
Transfer Format 转换格式
Transfer Standard 转换标准
Transformation 转换
Transparency 透明度
Transverse Mercator Projection 横轴墨卡托投影
Trend Analysis 趋势分析
Trend Surface Analysis 趋势面分析
Triangular Digital Terrain Model 三角网数字地形模型
Triangulated Irregular Network，TIN 三角形不规则网
Triangulation Network 三角网
Turning 拐角点

U

Uncertainty 不确定性
Unified Data Structure 一体化数据结构
Unified Modeling Language，UML 一体化建模语言
Union of Inputs 并集
Union 合并
Unit Error 单元误差
Universal Transverse Mercator，UTM 通用横轴墨卡托
Unsupervised Classification 非监督分类
Update 数据更新
Upright Projection 垂直投影
Upstream Tracing 溯源跟踪
Urban Geographic Information System，UGIS 城市地理信息系统
US Geological Service，USGS 美国地质调查局
User Coordinate System，UCS 用户坐标系
User Identifier，User-ID 用户标识码
User-Oriented Information System 面向用户的信息系统
Utility Information System 公共设施信息系统

V

Validation 验证
Validity 有效性
Value Domain 值域
Variance Analysis 方差分析
Variance 方差
Variant 变量
Variety 单元值中不同数值的个数
Vector Data Model 矢量数据模型
Vector Data Structure 矢量数据结构
Vector Data 矢量数据
Vectorization 矢量化
Vector-To-Raster Conversion 矢量-栅格转换
Vector 矢量
Verifiability 置信度
Verification 确认
Vertex 折点
Vertical Coordinates 垂直坐标
Vertical Datum 高程基准
Vertical Projection 垂直投影
Vertical Survey 高程测量
Vertice 端点
Viewshed Analysis 视域分析
Viewshed 视域
Virtual Geographic Environment 虚拟地理环境
Virtual Reality，VR 虚拟现实
Visibility Analysis 可视性分析
Visual Interpretation 目视判读
Visualization of Spatial Information 空间信息可视化
Visualization 可视化

W

Watershed 流域
Wave Band 波段
Wave Length 波长
Web GIS 网络地理信息系统
Web Map 网络地图
Weed Tolerance 坐标间隔容限度
Weeding 清除多余坐标点
Weighted Distance Function 加权距离函数
Weird Polygon 复杂多边形
Working Directory 工作目录
Workspace 作业空间
World Coordinate System 世界坐标系统
World Geodetic System，WGS 世界大地坐标系

Z

Z Fator 高程变换系数
Zonal Analysis 分区分析
Zonal Fill 分区填充
Zonal Functions 分区函数
Zonal Statistics 分区统计
Zone Generation 区域生成
Zone of Interpolation 内插区
Zone 分带
Zoom In/Out 放大/缩小

附录 2 GIS 相关资源

1. GIS 相关书籍

Bernhardsen T. 2006. 地理信息系统导论 . 王浒，李浩川译 . 北京：机械工业出版社
Chang Kang-tsung. 2009. 地理信息系统导论（第 3 版）. 陈健飞等译 . 北京：科学出版社
边馥苓 . 1996. 地理信息系统原理和方法 . 北京：测绘出版社
陈俊，宫鹏 . 1998. 实用地理信息系统——成功地理信息系统的建设与管理 . 北京：科学出版社
陈述彭 . 1999. 城市化与城市地理信息系统 . 北京：科学出版社
陈述彭 . 2003. 地学的探索 . 第六卷——地球信息科学 . 北京：科学出版社
承继成，李琦，易善桢 . 1999. 国家空间信息基础设施与数字地球 . 北京：清华大学出版社
程雄，王红 . 2004. GIS 软件应用——ARC/INFOR 软件操作与应用 . 武汉：武汉大学出版社
崔铁军 . 2007. 地理空间数据库原理 . 北京：科学出版社
崔伟宏 . 1995. 空间数据结构研究 . 北京：中国科学技术出版社
崔屹 . 2000. 图像处理与分析——数学形态学方法及应用 . 北京：科学出版社
党安荣，贾海峰，易善桢等 . 2003. ArcGIS 8 Desktop 地理信息系统应用指南 . 北京：清华大学出版社
杜道生，陈军，李征航 . 1995. RS GIS GPS 的集成与应用 . 北京：测绘出版社
樊红 . 1999. ARC/INFO 应用与开发技术 . 武汉：武汉测绘科技大学出版社
傅仲良 . 2008. ArcObjects 二次开发教程 . 北京：测绘出版社
龚健雅 . 1999. 当代 GIS 的若干理论与技术 . 武汉：武汉测绘科技大学出版社
龚健雅 . 2001. 地理信息系统基础 . 北京：科学出版社
龚强 . 2004. GIS 及空间数据组织管理 . 哈尔滨：哈尔滨地图出版社
郭达志 . 2002. 地理信息系统基础与应用 . 北京：中国矿业大学出版社
郭德方 . 1987. 遥感图像的计算机处理和模式识别 . 北京：电子工业出版社
胡毓钜，龚剑文，黄伟 . 1981. 地图投影 . 北京：测绘出版社
黄幼才 . 1995. GIS 空间数据误差分析和处理 . 北京：中国地质大学出版社
黎夏，刘凯 . 2006. GIS 与空间分析——原理与方法 . 北京：科学出版社
李德仁，龚健雅，边馥苓 . 1993. 地理信息系统导论 . 北京：测绘出版社
李德仁，王树良，李德毅 . 2006. 空间数据挖掘理论与应用 . 北京：科学出版社
李德仁，关泽群 . 2002. 空间信息系统的集成与实现 . 武汉：武汉大学出版社
李建松 . 2006. 地理信息系统原理 . 武汉：武汉大学出版社
李志林 . 2000. 数字高程模型 . 武汉：武汉测绘科技大学出版社
刘明德，林杰斌 . 2006. 地理信息系统 GIS 理论与实务 . 北京：清华大学出版社
刘湘南，黄方，王平等 . 2005. GIS 空间分析原理与方法 . 北京：科学出版社
刘耀林 . 2004. 地理信息系统 . 北京：中国农业出版社
刘瑜，张晶，马修军等 . 2001. 地理信息系统——原理、方法和应用 . 北京：科学出版社
史文中 . 1998. 空间数据误差处理的理论与方法 . 北京：科学出版社

汤国安，张友顺，刘泳梅等．2004．遥感数字图像处理．北京：科学出版社
王家耀，孙群，王光霞等．2006．地图学原理与方法．北京：科学出版社
邬伦，任伏虎，谢昆青等．1994．地理信息系统教程．北京：北京大学出版社
邬伦，张晶，赵伟．2002．地理信息系统．北京：电子工业出版社
吴信才．2002．地理信息系统原理与方法．北京：电子工业出版社
吴信才．2004．MAPGIS地理信息系统．北京：电子工业出版社
徐建华．2002．现代地理学中的数学方法．北京：高等教育出版社
张超，陈丙咸．1995．地理信息系统．北京：高等教育出版社
张超．2003．地理信息系统实习教程．北京：高等教育出版社
张力果，赵淑梅，周占鳌．1990．地图学．北京：高等教育出版社
中国21世纪议程管理中心．1999．中国地理信息元数据标准研究．北京：科学出版社
周成虎，骆剑承，杨晓梅等．1999．遥感影像地学理解与分析．北京：科学出版社
周成虎，孙战利，谢一春．1999．地理元胞自动机研究．北京：科学出版社
周启明，刘学军．2006．数字地形分析．北京：科学出版社
朱长青，史文中．2006．空间分析建模与原理．北京：科学出版社
朱德海，严泰来，杨永侠．2000．土地管理信息系统．北京：中国农业大学出版社
朱华统．1986．大地坐标系的建立．北京：测绘出版社
祝国瑞，郭礼珍，尹贡白等．2000．地图设计与编绘．武汉：武汉大学出版社
Bernhardsen T. 2002. Geographic Information Systems：An Introduction (3rd Edition) . New York：John Wiley & Sons，Inc
Burrough P A. 1986. Principles of Geographical Information System for Land Resources Assessment. Oxford：Clarendon Press
Davis B E. 1996. GIS：A Visual Approach (Second Edition) . Santa Fe，NM：Onword Press
Demers M N. 1999. Fundamentals of Geographic Information Systems (Second Edition) . New York：John Wiley & Sons，Inc
Fischer M M，Nijkamp P. 1993. Geographic Information Systems，Spatial Modelling and Policy Evaluation. Berlin：Springer-Verlag
Fotheringham S，Rogerson P. 1994. Spatial Analysis and GIS. London：Taylor and Francis
Goodchild M F. 1999. Interoperating Geographic Information Systems. Boston ：Kluwer Academic Publishers
Kreveld M V，Nievergelt J，Thomas R et al. 1997. Algorithmic Foundations of Geographic Information Systems. Berlin：Springer
Longley P A，Batty M. 1996. Advanced Spatial Analysis. New York：ESRI Press
Longley P A，Goodchild M F，Maguire D J et al. 1993. Geographic Information Systems and Science. New York：John Wiley & Sons，Inc
Marble D F，Calkins H W，Peuquet D J. 1984. Basic Readings In Geographic Information System. New York：Spad Systems Ltd
Robert L，Derek T. 1992. Fundamentals of Spatial Information Systems. London：Academic Press
Samet H. 1990. The Design And Analysis of Spatial Data Structure. Massachusetts：Addison-Wesley Publishing Company，Inc

2. GIS 相关期刊

《中国科学（D辑）》	中国科学院、国家自然科学基金委员会主办
《地理学报》	中国地理学会和中国科学院地理科学与资源研究所主办
《地理研究》	中国科学院地理科学与资源研究所主办
《遥感学报》	中国科学院遥感应用研究所主办
《地理科学》	中国科学院长春地理研究所主办
《地球信息科学》	中国科学院地理科学与资源研究所主办
《地理科学进展》	国家自然科学基金委员会地球科学部，中国科学院资源环境科学与技术局，中国科学院资源环境科学信息中心主办
《地理与地理信息科学》	河北省地理科学研究所，北京大学遥感与地理信息系统研究所主办
《地理空间信息》	湖北省测绘行业协会，湖北省测绘学会主办
《测绘与空间地理信息》	黑龙江省测绘学会主办
《地图》	中国地图出版社主办
《遥感信息》	科学技术部国家遥感中心，中国测绘科学研究院主办
《遥感技术与应用》	中国科学院遥感联合中心，中国科学院资源环境科学信息中心主办
《计算机工程》	华东计算机技术研究所，上海计算机学会主办
《计算机工程与应用》	华北计算技术研究所主办
《测绘学报》	中国测绘学会主办
《测绘通报》	中国地图出版社主办
《武汉大学学报：信息科学版》	武汉大学主办
《测绘科学》	中国测绘科学研究院主办
《测绘学院学报》	信息工程大学测绘学院主办
《GIS 开发者》	中国科学院地理信息产业发展中心（GISCHINA 网站）主办
《GIS 时代》	教育部地理信息系统软件及其应用工程研究中心主办
《计算机学报》	中国计算机学会，中国科学院计算技术研究所主办
《中国图像图形学报》	中国科学院遥感应用研究所，中国图像图形学学会，北京应用物理与计算数学研究所主办
《计算机研究与发展》	中国科学院计算技术研究所，中国计算机学会主办

GEO World	地学世界
GEO Asia/Pacific	亚太地学
Journal of Geographical Sciences	地理学报
GEO Info Systems	地学信息系统
GEO Europe	欧洲地学
Business Geographics	商业地理图解
Transactions in GIS	地理信息系统学报
International Journal of Geographical Information Science	国际地理信息科学学报
International Journal of Remote Sensing	国际遥感杂志
Geoinformatica	地学信息
Cartography and Geographic Information Science	制图学与地理信息科学
Geographical Systems	地理系统

Remote Sensing of the Environment	环境遥感
Photogrammetric Engineering and Remote Sensing	摄影测量工程与遥感
ISPRS Journal of Photogrammetry and Remote Sensing	国际摄影测量与遥感
Computers & Geosciences	计算机与地球科学
Computers, Environment and Urban Systems	计算机、环境与城市系统
Spatial Cognition and Computation	空间认知与计算
Journal of Geographic Information and Decision Analysis	地理信息与决策分析学报

3. GIS 相关网络资源

中国地理信息系统协会	http://www.cagis.org.cn
资源与环境信息系统国家重点实验室	http://www.lreis.ac.cn
武汉大学测绘遥感信息工程国家重点实验室	http://www.lmars.whu.edu.cn
中国科学院地理科学与资源研究所	http://www.igsnrr.ac.cn
中国科学院遥感应用研究所	http://www.irsa.ac.cn
中国地理学会	http://www.gsc.org.cn
国家基础地理信息中心	http://ngcc.sbsm.gov.cn/Guide/Default.aspx
国家基础地理信息系统	http://nfgis.nsdi.gov.cn
中国地图出版社	http://www.chinamap.com
中国科学院遥感卫星地面站	http://www.rsgs.ac.cn
国家遥感中心	http://www.nrscc.gov.cn
国家测绘局	http://www2.sbsm.gov.cn
中国测绘科学研究院	http://www.casm.cngov.net
国家航天局	http://www.cnsa.gov.cn/n615708/index.html
北京大学遥感与地理信息系统研究所	http://www.soft6.com/company/54459
武汉大学测绘学院	http://www.sgg.whu.edu.cn
武汉大学遥感信息工程学院	http://rsgis.whu.edu.cn
北京师范大学地理学与遥感科学学院	http://geog.bnu.edu.cn
南京师范大学地理科学学院	http://dky.njnu.edu.cn
美国环境系统研究所（ERSI）	http://www.esri.com
ESRI 资源中心站点	http://resources.esri.com
ESRI Support Center	http://support.esri.com
ESRI 开发者网络（EDN）	http://edn.esri.com
ESRI 中国（北京）有限公司	http://www.esrichina-bj.cn
ESRI 中国社区	http://bbs.esrichina-bj.cn/ESRI/index.php
ESRI 中国（北京）培训中心	http://training.esrichina-bj.cn
ESRI 在线技术支持中心	http://support.esrichina-bj.cn
ESRI 产品博客（blog）	http://blogs.esri.com
ESRI 播客（Podcast）	http://www.esri.com/news/podcasts
Mapinfo 公司	http://www.mapinfo.com.cn/location/integration
ERDAS Inc.	http://www.erdas.com
阿波罗科技集团	http://www.apollotg.com
德国西门子公司 SICAD	http://www.sicad.com.cn
Intergraph 公司	http://www.intergraph.com

AutoDesk 公司	http://www.autodesk.com/mapguide
奔特力公司	http://www.bentley.com
北京超图软件股份有限责任公司	http://www.supermap.com.cn
中地数码集团	http://www.mapgis.com.cn
北京灵图软件技术有限公司	http://www.lingtu.com.cn
武汉吉奥信息技术有限公司	http://www.geostar.com.cn
北京吉威数源信息技术有限公司	http://www.geostar.com.cn
北京国遥万维信息技术有限公司	http://www.ncg.ac.cn
北京国遥新天地信息技术有限公司	http://www.ev-image.com
适普软件公司	http://www.supresoft.com.cn/chinese/index.htm
图强地理信息技术有限公司	http://www.gisempire.com
北京东方泰坦科技股份有限公司	http://www.otitan.com/show.shtml
国际摄影测量与遥感学会	http://www.isprs.org/sitemap.aspx
美国国家航天航空局	http://www.nasa.gov
美国地质测量局	http://www.usgs.gov
美国国家地球物理数据中心	http://www.ngdc.noaa.gov
中国科学院资源环境科学数据中心	http://www.resdc.cn/first.asp
地球系统科学数据共享平台	http://www.geodata.cn/Portal/index.jsp
中国西部环境与生态科学数据中心	http://westdc.westgis.ac.cn
数字地球	http://www.digitalearth.cn
图行天下	http://www.go2map.com
Google Earth	http://earth.google.com
Google 地图	http://maps.google.com
GIS 帝国论坛	http://www.gisempire.com/bbs
地理信息系统论坛	http://www.gisforum.net
GIS 空间站	http://www.gissky.net
GIS 大学论坛	http://www.gisuniversity.net
中国 GIS 时代网	http://www.gistime.com
中国 GIS 资讯网	http://www.gissky.com
中国地理信息网	http://www.gisie.net
地理信息系统世界	http://www.gisky.com
集思学院	http://www.cngis.org/bbs
GIS 公园	http://www.gispark.com
GIS 动力站	http://www.gispower.org/index.html
地理信息系统中文门户网站	http://www.ggiiss.com
无忧 GIS	http://www.51gis.com
华夏土地论坛	http://www.hxland.com
视迅传媒（3S News）	http://www.3snews.net
3sdn	http://www.3sdn.net
GIS Development	http://www.gisdevelopment.net
GeoCommunity	http://www.geocomm.com
GIS DAY	http://www.gisday.com
GIS Lounge	http://gislounge.com

GIS User	http://www.gisuser.com
Directions Magazine	http://www.directionsmag.com
GISCafe	http://www.giscafe.com
GeoPlace	http://www.geoplace.com/ME2/Default.asp
UCL Center for advanced spatial analysis	http://www.casa.ucl.ac.uk